# 应用随机过程简明教程

刘守生　编著

科 学 出 版 社

北　京

## 内 容 简 介

本书介绍随机过程的基本理论及其应用，其主要内容有：概述与预备知识、Poisson 过程、离散参数的 Markov 链、连续参数的 Markov 链、平稳过程和随机分析、平稳过程通过线性系统的分析等。对更新过程、鞅论、排队论、时间序列分析以及最优估计理论等内容，只在相关章节作了简要介绍。本书采用非测度论方式讲述随机过程理论，具有高等数学、线性代数和概率统计等基础知识的读者即可顺利阅读全书。

本书可作为非数学专业研究生或高年级本科生教学用书，也可供科技工作者参考。

**图书在版编目（CIP）数据**

应用随机过程简明教程 / 刘守生编著. -- 北京 ：科学出版社, 2025. 1.

ISBN 978-7-03-080891-2

Ⅰ. O211.6

中国国家版本馆 CIP 数据核字第 20248YV002 号

责任编辑：李静科　范培培 / 责任校对：彭珍珍

责任印制：张　伟 / 封面设计：无极书装

科学出版社 出版

北京东黄城根北街 16 号

邮政编码: 100717

http://www.sciencep.com

北京天宇星印刷厂印刷

科学出版社发行　各地新华书店经销

*

2025 年 1 月第　一　版　开本：720×1000　1/16

2025 年 1 月第一次印刷　印张：17 1/2

字数：348 000

**定价：118.00 元**

(如有印装质量问题，我社负责调换)

# 前　言

随机过程是研究不确定现象动态变化规律的一门数学学科，是初等概率论的自然延伸，是研究自然科学、工程科学以及社会科学中随机现象的重要工具。在诸如电子信息、通信、计算机科学、自动化、经济数学以及国防工程等众多领域，随机过程都得到了广泛应用，现已成为高等院校普遍为研究生开设的一门重要专业基础课。

本书着重讨论随机过程的基本理论和基本方法，并重点介绍几种常用的随机过程。本书首先介绍学习随机过程必备的预备知识以及通过概率分布和数字特征研究随机过程统计特性的两类基本方法；然后展开讲解 Poisson 过程、离散参数与连续参数的 Markov 链、平稳过程和随机分析以及对平稳过程通过线性系统的分析。对更新过程、鞅论、排队论、时间序列分析以及最优估计理论，限于篇幅，本书只是以简介的方式融到相关章节。书中每章都配有一定数量难易适中的习题，并在书末附有参考答案。本书可作为高等院校工科研究生或高年级本科生教学用书，也可供科学技术工作者阅读使用。

本书是一本应用随机过程简明教程。内容选取既注重理论，又力求联系工程实践；概念讲解既注重表述准确明晰，又力求其直观性和物理背景；理论推导既注重严谨，又力求通俗易懂；书中既有较多的应用实例，又有较丰富的习题。本书采用非测度论方式讲述随机过程理论, 个别定理的证明因需较深数学知识从而未给出，初衷是便于对只学过高等数学、线性代数和概率统计等基础数学课程的读者，在学习随机过程这门具有一定难度的数学课程时，能重拾自信。

本书编写得到了陆军工程大学数学教研室同志们的支持和帮助；也得到了一些兄弟院校同仁的关心和鼓励；同时，还参考了大量优秀教材和文献，从中获得了许多有益的启示。作者在此一并向他们表示衷心的感谢。

本书的出版得到了陆军工程大学基础部领导和各部门同志的关心和大力帮助，也得到了科学出版社李静科老师的鼎力支持，在此致以诚挚的谢意！

由于作者水平有限，书中疏漏在所难免，恳请读者批评指正。

作　者

2024 年 6 月

# 目　　录

# 第一章　概述与预备知识

## 第一节　随机过程的基本概念

### 一、 随机过程的直观描述

我们知道，概率论是研究和揭示随机现象统计规律性的一门数学学科。初等概率论主要研究的对象是随机变量和随机向量，但在许多实际问题中, 需要对随机现象做连续不断的观察, 以观察研究对象随时间推移的演变过程，这样观察到的随机变量族就是一个随机过程。可见，随机过程与随机变量的关系有点类似录像片和定格在每一时刻的照片的关系。

**例 1.1.1**　某地未来一天的气温在每一时刻都是随机变量，于是，这 24 小时的气温就构成了一个随机过程。

**例 1.1.2**　在电路中由于电阻内自由电子的随机热运动，电阻两端的电压有随机的起伏，这种电压称为热噪声电压。它是依赖于时间 $t$ 的随机变量 $V(t)$，因而在未来一段时间内的热噪声电压 $V(t)$ 是一个随机过程。

**例 1.1.3**　$X(n)$ 是第 $n$ 次 Bernoulli 试验的结果，每次“成功”的概率是 $p$，“失败”的概率是 $1-p$，则随机变量序列 $X_1, X_2, \cdots$ 是一个随机过程，并称具有这种特性的随机过程为 Bernoulli 过程或 Bernoulli 随机序列。

**例 1.1.4　信道模型**　如图 1.1.1 所示，在整个传输过程中的 $X(t), Y(t), N(t)$ 都是随机过程。

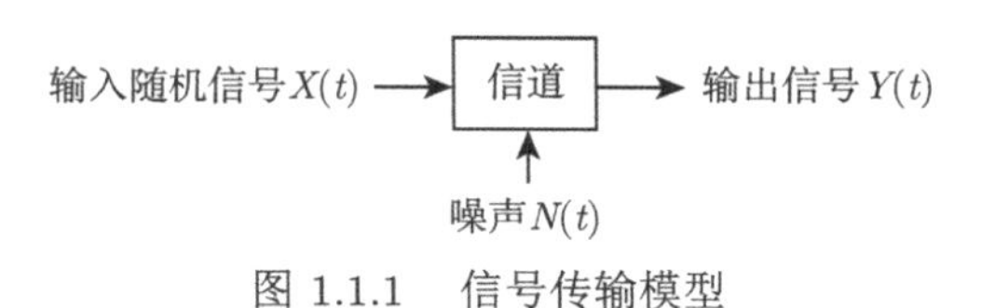


图 1.1.1　信号传输模型

通过上述实例可见，随机过程可用随机变量族来直观描述，但其严格的数学定义是建立在概率空间上的。下面在回顾随机变量定义的基础上，给出随机过程的定义。

## 二、 随机过程的定义

1. 概率空间

我们在初等概率定义了随机试验的样本空间 $\Omega$，以及定义在 $\Omega$ 事件域 $\mathcal{F}$(称为 $\sigma$-代数) 上的事件概率 $P$ ($P$ 为 $\mathcal{F}$ 上的一个实值集函数)，三元总体 $(\Omega, \mathcal{F}, P)$ 则构成了一个**概率空间**。

2. 随机变量

**定义 1.1.1** 设随机试验的概率空间为 $(\Omega, \mathcal{F}, P)$，如果对每一个 $\omega \in \Omega$，都有一个确定的实数 $X(\omega)$ 与之对应，且对任意实数 $x$，都有 $\{\omega : X(\omega) \leqslant x\} \in \mathcal{F}$，则称 $X(\omega)$ 是定义在 $(\Omega, \mathcal{F}, P)$ 上的**随机变量**，简记为 $X$。

由于理论研究的需要, 以 $(\Omega, \mathcal{F}, P)$ 上的两个随机变量分别作为实部和虚部可定义一个复随机变量。

3. 随机过程

**定义 1.1.2** 给定 $(\Omega, \mathcal{F}, P)$ 和参数集 $T \subseteq (-\infty, +\infty)$，若对每一个 $t \in T$，都有一个定义在该概率空间上的随机变量 $X(t, \omega)$ 与之对应，则称随机变量族 $\{X(t, \omega), t \in T, \omega \in \Omega\}$ 是 $(\Omega, \mathcal{F}, P)$ 上的**随机过程**，简记为 $\{X(t), t \in T\}$ 或 $X(t)$。

$X(t)$ 的值通常可理解为过程在 $t$ 时刻所处的状态，$\{X(t), t \in T\}$ 所有可能的状态集合 $E$ 称为该随机过程的**状态空间**。参数集 $T$ 通常称为**时间参数集**，当然它并非只表示时间，如在例 1.1.1 中，把气温改为某地明天 8 点海拔高度 $t$ 处的气压值，这个随机过程的参数集就是空间的高度集。

4. 样本函数

**定义 1.1.3** 对随机过程 $\{X(t), t \in T\}$ 做一次试验，则在整个 $T$ 上全程观测的结果是 $t$ 的确定函数，记为 $x(t), t \in T$，这样的函数叫做一个**样本函数**，其图形叫做**样本曲线**，也叫一个**轨道**。

如果随机过程 $\{X(t), t \in T\}$ 的每一次全程试验结果都由 $\Omega$ 中的某个 $\omega$ 与之对应，样本函数就是固定 $\omega_0$ 时 $t$ 的确定函数 $x(t, \omega_0), t \in T$，当然固定时间参数 $t_0$ 时，$X(t_0, \omega), \omega \in \Omega$ 则表示一个随机变量。

## 三、 随机过程的分类

随机过程的类型很多，可针对不同特性进行分类。

1) 按照参数集 $T$ 和状态空间 $E$ 是离散还是连续可分为以下四种类型：

(1) 离散参数、离散状态的随机过程；

(2) 离散参数、连续状态的随机过程；

(3) 连续参数、离散状态的随机过程；

(4) 连续参数、连续状态的随机过程。

离散参数的随机过程也称**随机序列**或**时间序列**，离散状态的随机过程也称**可列过程**或**随机链**。

2) 按照随机过程在不同时刻的概率关系，常见的过程有：

(1) Markov 过程；

(2) 平稳过程；

(3) 鞅过程。

从随机过程的定义可以看出，随机过程就是一族随机变量，研究随机过程的统计特性，首先要掌握随机变量、随机向量以及特征函数、概率母函数等基础概率论知识和重要研究工具，下面利用一定篇幅对预备知识进行选择性的介绍。

## 第二节 全概率公式的推广式

从简单到复杂、从已知到未知的认知规律贯穿于随机过程学习的始终，全概率公式的应用就是最好的体现。在初等概率论中，全概率公式研究怎样从计算一些较简单事件概率来推算较复杂事件的概率，而在随机过程中经常遇到的由已知概率分布求未知分布、已知数字特征计算未知数字特征问题，这些问题均可由推广的全概率公式解决。

**定义 1.2.1** 称一组事件 $B_1, B_2, \cdots, B_n$ 为样本空间 $\Omega$ 的一个**划分**，如果满足 $B_i \cap B_j = \varnothing (i \neq j)$ 且 $\bigcup\limits_{i=1}^{n} B_i = \Omega$。

可见，样本空间 $\Omega$ 的一个划分 $B_1, B_2, \cdots, B_n$，就是指在每次随机试验中，事件 $B_1, B_2, \cdots, B_n$ 中必有一个且仅有一个发生。当然，划分 $\Omega$ 的事件个数也可能为无数个，即为 $B_1, B_2, \cdots$。

**定理 1.2.1**(全概率公式) 设事件 $B_1, B_2, \cdots$ 为样本空间 $\Omega$ 的一个划分，且 $P(B_i) > 0, i = 1, 2, \cdots$，则对任何一个事件 $A$ 有

$$P(A) = \sum_{i=1}^{+\infty} P(B_i) P(A|B_i) \tag{1.2.1}$$

一般地，划分可用来表示按某种信息分成的不同情况总和，若划分越细，则相应的信息分类越详尽。有时这种对样本空间的划分可通过一个离散随机变量取所有不同值来完成。全概率公式应用范围也可拓展到求**全分布**、**全密度**以及**全期望**等，公式的具体形式也是多种多样的，为了表述方便，我们把这些推广公式都

统一称为**全概率公式**。下面仅举几例，主要是理解全概率公式的本质含义，做到灵活运用。

**全概率公式的推广形式：**

$$\begin{aligned}&(1)\ P(A)=\sum_i P\{Y=y_i\}P(A|Y=y_i)\\&(2)\ F_X(x)=\sum_i P\{Y=y_i\}F_{X|Y}(x|Y=y_i)\\&(3)\ E(X)=\sum_i P\{Y=y_i\}E(X|Y=y_i)\end{aligned}\tag{1.2.2}$$

这里，$F_X(x)$ 是随机变量 $X$ 的分布函数，$E(X)$ 是 $X$ 的数学期望，$Y$ 为离散随机变量。虽然所求量可能没有出现 $Y$，但它与 $Y$ 有着密切关系。这类公式应用的前提就是在 $Y$ 取具体值的条件下，所求量变得容易计算。把 $Y$ 推广到一般的实随机变量时，上述公式的求和变成了积分：

$$\begin{aligned}&(1)\ P(A)=\int_{-\infty}^{+\infty}P(A|Y=y)\mathrm{d}F_Y(y)\\&(2)\ F_X(x)=\int_{-\infty}^{+\infty}F_{X|Y}(x|y)\mathrm{d}F_Y(y)\\&(3)\ E(X)=\int_{-\infty}^{+\infty}E(X|Y=y)\mathrm{d}F_Y(y)\end{aligned}\tag{1.2.3}$$

这里的积分是 Riemann-Stieltjes 积分，它是 Riemann 积分的推广，其中的随机变量也包括离散型随机变量，详细定义和性质可参考有关数学分析教材。

当式中的 $Y$ 是连续型随机变量时，$\mathrm{d}F_Y(y)=f_Y(y)\mathrm{d}y$，推广形式可以写成熟悉的 Riemann 积分形式：

$$\begin{aligned}&(1)\ P(A)=\int_{-\infty}^{+\infty}P(A|Y=y)f_Y(y)\mathrm{d}y\\&(2)\ F_X(x)=\int_{-\infty}^{+\infty}F_{X|Y}(x|y)f_Y(y)\mathrm{d}y\\&(3)\ E(X)=\int_{-\infty}^{+\infty}E(X|Y=y)f_Y(y)\mathrm{d}y\end{aligned}\tag{1.2.4}$$

当 $Y$ 是离散型随机变量时，我们通过 Dirac 函数 $\delta(x)$ 来定义 $Y$ 的概率密度函数。$\delta(x)$ 是满足如下条件的广义函数：

(1) 当 $x\neq 0$ 时，$\delta(x)=0$；

(2) $\int_{-\infty}^{+\infty}\delta(x)\mathrm{d}x=1$。

Dirac 函数也称为**单位冲激函数**，或简称为 **$\delta$-函数**，具有性质：对任意连续函数 $h(x)$，有 $\int_{-\infty}^{+\infty} h(x)\delta(x-x_0)\mathrm{d}x = h(x_0)$。

若离散型随机变量 $Y$ 的分布函数是 $F_Y(y)$，分布律为

$$P\{Y=y_i\}=p_i,\quad i=1,2,\cdots$$

令

$$f_Y(y)=\sum_i p_i\delta(y-y_i)$$

根据 $\delta$-函数的性质知，$\int_{-\infty}^{y} f_Y(t)\mathrm{d}t = P\{Y\leqslant y\}=F_Y(y)$，即这样定义的 $f_Y(y)$ 就是离散随机变量 $Y$ 的概率密度函数。同样，若二维随机向量 $(X,Y)^{\mathrm{T}}$ 的分布律为 $P\{X=x_i,Y=y_j\}=p_{ij}, i=1,2,\cdots;j=1,2,\cdots$，则 $(X,Y)^{\mathrm{T}}$ 的概率密度函数为

$$f_{X,Y}(x,y)=\sum_i\sum_j p_{ij}\delta(x-x_i)\delta(y-y_j)$$

于是，当离散型随机变量 $Y$ 的分布律为 $P\{Y=y_i\}=p_i, i=1,2,\cdots$ 时，全概率公式的积分表达式 (1.2.3) 就变为了 (1.2.2) 式。

**例 1.2.1**　设 $X$ 与 $Y$ 为相互独立且分别服从参数为 $\lambda,\mu$ 的指数分布，求概率 $P\{X<Y\}$。

**解**　由公式知

$$\begin{aligned}
P\{X<Y\}&=\int_{-\infty}^{+\infty} P\{X<Y\,|Y=y\}f_Y(y)\mathrm{d}y\\
&=\int_{0}^{+\infty} P\{X<y\,|Y=y\}\mu e^{-\mu y}\mathrm{d}y\\
&=\int_{0}^{+\infty} P\{X<y\}\mu e^{-\mu y}\mathrm{d}y\\
&=\int_{0}^{+\infty} (1-e^{-\lambda y})\mu e^{-\mu y}\mathrm{d}y\\
&=\frac{\lambda}{\lambda+\mu}
\end{aligned}$$

**例 1.2.2**　假设某一天进入华夏商场的顾客数服从参数为 $\lambda$ 的 Poisson 分布，而在华夏商场里每个顾客购买洗衣机的概率为 $p$(不考虑一次买多台的情况)，且

每位顾客是否购买洗衣机是独立的, 问这天在华夏商场内售出洗衣机的台数服从什么分布?

**解**　记 $X$ 为华夏商场售出洗衣机的台数, 而 $N$ 为这天进入华夏商场的人数, 由全概率公式知

$$P\{X=k\}=\sum_{n=0}^{+\infty}P\{X=k\mid N=n\}P\{N=n\}=\sum_{n=0}^{+\infty}P\{X=k\mid N=n\}\frac{\lambda^n e^{-\lambda}}{n!}$$

在已知有 $N=n$ 位顾客进入华夏商场的条件下, 由于每位顾客是否购买洗衣机是独立的, 所以华夏商场售出洗衣机的台数服从参数为 $n$ 和 $p$ 的二项分布, 即

$$P\{X=k\,|N=n\}=\begin{cases}\mathrm{C}_n^k p^k(1-p)^{n-k}, & n\geqslant k\\ 0, & n<k\end{cases}$$

故

$$\begin{aligned}P\{X=k\}&=\sum_{n=k}^{+\infty}\mathrm{C}_n^k p^k(1-p)^{n-k}\frac{\lambda^n e^{-\lambda}}{n!}\\&=\sum_{n=k}^{+\infty}\frac{n!}{k!(n-k)!}\frac{(\lambda p)^k[\lambda(1-p)]^{n-k}e^{-\lambda}}{n!}\\&=\frac{(\lambda p)^k e^{-\lambda}}{k!}\sum_{n=k}^{+\infty}\frac{[\lambda(1-p)]^{n-k}}{(n-k)!}\\&=\frac{(\lambda p)^k e^{-\lambda}}{k!}\sum_{i=0}^{+\infty}\frac{[\lambda(1-p)]^{i}}{i!}\\&=\frac{(\lambda p)^k e^{-\lambda}}{k!}e^{\lambda(1-p)}\\&=\frac{(\lambda p)^k e^{-\lambda p}}{k!}\end{aligned}$$

即 $X$ 服从参数为 $\lambda p$ 的 Poisson 分布。

需特别强调的是，(1.2.3) 式中的全期望公式

$$E(X)=\int_{-\infty}^{+\infty}E(X|Y=y)\mathrm{d}F_Y(y)$$

可写成

$$E(X)=E[E(X|Y)] \tag{1.2.5}$$

(1.2.5) 式就是**条件数学期望** $E(X|Y)$ 的重要性质。关于条件数学期望的更多性质见第三章第七节离散鞅论简介。

**例 1.2.3** 困在矿井中的一矿工，离开原地有三个通道可供他选择，第一个通道要走 3 小时可到达安全地带，第二个通道要走 5 小时又返回原处，第三个通道要走 7 小时也返回原处。设任一时刻该矿工在原地都等可能地选中其中一个通道，试问他到达安全地点平均要花多长时间。

**解** 设 $X$ 表示矿工到达安全地点所需时间，$Y$ 表示他选定的通道，则由 (1.2.5) 式可知

$$\begin{aligned}E(X) &= P\{Y=1\}E(X|Y=1)+P\{Y=2\}E(X|Y=2)\\&\quad+P\{Y=3\}E(X|Y=3)\\&=\frac{1}{3}[E(X|Y=1)+E(X|Y=2)+E(X|Y=3)]\\&=\frac{1}{3}\{3+[5+E(X)]+[7+E(X)]\}=5+\frac{2}{3}E(X)\end{aligned}$$

解得 $E(X)=15$，即他到达安全地点平均要花 15 小时。

**注** 要审慎利用全概率公式计算中心矩，因为条件下的中心矩，其中心是全局的期望，不要理解成在该条件下的期望，如对实随机变量 $X$，不能按下面式子求。

$$\begin{aligned}D(X) &= \int_{-\infty}^{+\infty} E\{[X^2-(E(X))^2]|Y=y\}\mathrm{d}F_Y(y)\\&=\int_{-\infty}^{+\infty}\{E(X^2|Y=y)-[E(X|Y=y)]^2\}\mathrm{d}F_Y(y)\end{aligned}$$

问题出在什么地方呢？正确解法应该是

$$\begin{aligned}D(X) &= \int_{-\infty}^{+\infty} E\{[X-E(X)]^2|Y=y\}\mathrm{d}F_Y(y)\\&=\int_{-\infty}^{+\infty} E\{[X^2-2XE(X)+(E(X))^2]|Y=y\}\mathrm{d}F_Y(y)\\&=\int_{-\infty}^{+\infty}\{E(X^2|Y=y)-2E(X|Y=y)E(X)+[E(X)]^2\}\mathrm{d}F_Y(y)\\&=\int_{-\infty}^{+\infty} E(X^2|Y=y)\mathrm{d}F_Y(y)-2\int_{-\infty}^{+\infty} E(X|Y=y)\mathrm{d}F_Y(y)E(X)+[E(X)]^2\end{aligned}$$

$$= \int_{-\infty}^{+\infty} E(X^2|Y=y)\mathrm{d}F_Y(y) - [E(X)]^2$$

或写成

$$D(X) = \int_{-\infty}^{+\infty} E(X^2|Y=y)\mathrm{d}F_Y(y) - \left[\int_{-\infty}^{+\infty} E(X|Y=y)\mathrm{d}F_Y(y)\right]^2$$

事实上，也可直接由原点矩求出

$$\begin{aligned} D(X) &= E(X^2) - [E(X)]^2 \\ &= \int_{-\infty}^{+\infty} E(X^2|Y=y)\mathrm{d}F_Y(y) - \left[\int_{-\infty}^{+\infty} E(X|Y=y)\mathrm{d}F_Y(y)\right]^2 \end{aligned}$$

## 第三节　特征函数和母函数

由于随机变量的特征函数和分布函数之间存在着一一对应关系，所以特征函数蕴含着随机变量的全部特征，它也因此而得名。特征函数的定义决定了它又是类似 Fourier 变换和 Laplace 变换的积分变换，具有许多良好的分析性质。因此，特征函数是研究和分析随机变量性质的重要工具。特别地，在研究仅取非负整数值的随机变量时，以母函数代替特征函数表述起来更加方便，所以本节对母函数也一并给予介绍。

### 一、 特征函数

1. 特征函数的定义

**定义 1.3.1**　若随机变量 $X$ 的分布函数为 $F_X(x)$，则称

$$\varphi_X(u) = E(e^{juX}) = \int_{-\infty}^{+\infty} e^{jux}\mathrm{d}F_X(x), \quad j=\sqrt{-1}, \quad u \in R \tag{1.3.1}$$

为随机变量 $X$ 的**特征函数**，有时也称为分布函数 $F_X(x)$ 的特征函数。

由于 $\left|e^{juX}\right| = 1$，所以对任意随机变量 $X$，其特征函数总是存在的。

对离散型随机变量 $X$，若分布律为 $P\{X=x_i\} = p_i\ , i=1,2,\cdots$，则其特征函数为 $\varphi_X(u) = \sum\limits_i p_i e^{jux_i}$；若 $X$ 是连续型随机变量，概率密度函数为 $f_X(x)$，其特征函数则为 $\varphi_X(u) = \int_{-\infty}^{+\infty} e^{jux} f_X(x)\,\mathrm{d}x$。

2. 特征函数的性质

(1) $\varphi_X(0)=1, |\varphi_X(u)| \leqslant \varphi_X(0)=1, \varphi_X(-u)=\overline{\varphi_X(u)}$。

(2) 特征函数在 $R$ 上一致连续。

(3) 设 $Y=aX+b$, $\varphi_X(u)$ 已知, 则 $\varphi_Y(u)=e^{jbu}\varphi_X(au)$。

(4)$\varphi_X(u)$ 是非负定的函数，即对于任意的正整数 $n$ 及任意的实数 $u_1,u_2,\cdots,u_n$ 与复数 $\lambda_1,\lambda_2,\cdots,\lambda_n$，总有

$$\sum_{k=1}^{n}\sum_{j=1}^{n}[\varphi_X(u_k-u_j)\lambda_k\overline{\lambda_j}] \geqslant 0$$

这里，$\overline{\lambda_j}$ 是 $\lambda_j$ 的共轭复数。

(5) 设 $X_1,X_2,\cdots,X_n$ 相互独立，$Y=\sum\limits_{i=1}^{n}X_i$, 则有

$$\varphi_Y(u)=\prod_{i=1}^{n}\varphi_{X_i}(u)$$

(6) 设随机变量 $X$ 的 $n$ 阶矩存在, 则 $X$ 的特征函数的任意 $k(k\leqslant n)$ 阶导数也存在, 且

$$\varphi_X^{(k)}(0)=j^kE(X^k),\quad k\leqslant n$$

(7) 特征函数与分布函数存在一一对应的关系。

**证明**　(1)　$\varphi_X(0)=E(e^{jX\cdot 0})=1$

$$|\varphi_X(u)|=\left|\int_{-\infty}^{+\infty}e^{jux}\mathrm{d}F_X(x)\right| \leqslant \int_{-\infty}^{+\infty}|e^{jux}|\mathrm{d}F_X(x)=\int_{-\infty}^{+\infty}\mathrm{d}F_X(x)=\varphi_X(0)=1$$

$$\varphi_X(-u)=\int_{-\infty}^{+\infty}e^{-jux}\mathrm{d}F_X(x)=\overline{\int_{-\infty}^{+\infty}e^{jux}\mathrm{d}F_X(x)}=\overline{\varphi_X(u)}$$

(2) 由于

$$\begin{aligned}|\varphi_X(u+h)-\varphi_X(u)| &= \left|\int_{-\infty}^{+\infty}[e^{j(u+h)x}-e^{jux}]\mathrm{d}F_X(x)\right| \\ &= \left|\int_{-\infty}^{+\infty}e^{jux}(e^{jhx}-1)\mathrm{d}F_X(x)\right| \\ &\leqslant \int_{-\infty}^{+\infty}\left|e^{jux}\right|\left|e^{jhx}-1\right|\mathrm{d}F_X(x)\end{aligned}$$

$$
\begin{aligned}
&= \int_{-\infty}^{+\infty} \left| 2je^{\frac{jhx}{2}} \frac{e^{\frac{jhx}{2}} - e^{-\frac{jhx}{2}}}{2j} \right| \mathrm{d}F_X(x) \\
&= 2\int_{-\infty}^{+\infty} \left| je^{\frac{jhx}{2}} \right| \left| \sin\left(\frac{hx}{2}\right) \right| \mathrm{d}F_X(x) \\
&= 2\int_{-\infty}^{+\infty} \left| \sin\left(\frac{hx}{2}\right) \right| \mathrm{d}F_X(x)
\end{aligned}
$$

要证 $\varphi_X(u)$ 在 $R$ 上一致连续, 就是任取 $\varepsilon > 0$, 对 $R$ 上任意的 $u$，都能找到与 $u$ 无关的 (即一致的) $\delta$，使得当 $|h| < \delta$ 时，恒有 $|\varphi_X(u+h) - \varphi_X(u)| < \varepsilon$ 成立。

因为 $F_X(x)$ 是一个分布函数，即无穷积分 $\int_{-\infty}^{+\infty} \mathrm{d}F_X(x) = 1$ 是收敛的，于是存在正数 $A$，使得 $\int_{|x| \geqslant A} \mathrm{d}F_X(x) < \frac{\varepsilon}{4}$ 成立。

再考虑积分区间在 $(-A, A)$ 的情况，取 $\delta = \frac{\varepsilon}{2A}$，则当 $|h| < \delta$ 时，$\left|\frac{hx}{2}\right| < \frac{\delta A}{2} = \frac{\varepsilon}{4}$，所以有 $\left|\sin\left(\frac{hx}{2}\right)\right| \leqslant \left|\frac{hx}{2}\right| < \frac{\varepsilon}{4}$。于是，有

$$
\begin{aligned}
|\varphi_X(u+h) - \varphi_X(u)| &\leqslant 2\int_{-\infty}^{+\infty} \left| \sin\left(\frac{hx}{2}\right) \right| \mathrm{d}F_X(x) \\
&= 2\int_{|x| \geqslant A} \left| \sin\left(\frac{hx}{2}\right) \right| \mathrm{d}F_X(x) + 2\int_{|x| < A} \left| \sin\left(\frac{hx}{2}\right) \right| \mathrm{d}F_X(x) \\
&\leqslant 2\int_{|x| \geqslant A} \mathrm{d}F_X(x) + 2\int_{|x| < A} \frac{\varepsilon}{4} \mathrm{d}F_X(x) \\
&= 2\int_{|x| \geqslant A} \mathrm{d}F_X(x) + \frac{\varepsilon}{2}\int_{|x| < A} \mathrm{d}F_X(x) \\
&\leqslant 2\int_{|x| \geqslant A} \mathrm{d}F_X(x) + \frac{\varepsilon}{2}\int_{-\infty}^{+\infty} \mathrm{d}F_X(x) < \frac{\varepsilon}{2} + \frac{\varepsilon}{2} = \varepsilon
\end{aligned}
$$

可见，特征函数 $\varphi_X(u)$ 在 $R$ 上一致连续。

(3) $\varphi_Y(u) = E(e^{juY}) = E[e^{ju(aX+b)}] = E[e^{j(au)X} e^{jbu}]$

$$
= E[e^{j(au)X}]E(e^{jbu}) = e^{jbu}\varphi_X(au)
$$

(4) $$\sum_{k=1}^{n}\sum_{j=1}^{n}[\varphi_X(u_k-u_j)\lambda_k\overline{\lambda_j}]=\sum_{k=1}^{n}\left\{\sum_{j=1}^{n}[\lambda_k\overline{\lambda_j}E[e^{j(u_k-u_j)X}]]\right\}$$

$$=\sum_{k=1}^{n}\sum_{j=1}^{n}\left[\lambda_k\overline{\lambda_j}\int_{-\infty}^{+\infty}e^{j(u_k-u_j)x}\mathrm{d}F_X(x)\right]$$

$$=\int_{-\infty}^{+\infty}\sum_{k=1}^{n}\sum_{j=1}^{n}[\lambda_k\overline{\lambda_j}e^{j(u_k-u_j)x}]\mathrm{d}F_X(x)$$

$$=\int_{-\infty}^{+\infty}\left[\sum_{k=1}^{n}\lambda_k e^{ju_kx}\right]\left[\overline{\sum_{j=1}^{n}\lambda_j e^{ju_jx}}\right]\mathrm{d}F_X(x)$$

$$=\int_{-\infty}^{+\infty}\left|\sum_{k=1}^{n}\lambda_k e^{ju_kx}\right|^2\mathrm{d}F_X(x)\geqslant 0$$

(5) 因为 $X_1,X_2,\cdots,X_n$ 相互独立, 则有

$$\varphi_Y(u)=E(e^{juY})=E\left[e^{ju\left(\sum\limits_{i=1}^{n}X_i\right)}\right]=E\left(\prod_{i=1}^{n}e^{juX_i}\right)=\prod_{i=1}^{n}(Ee^{juX_i})=\prod_{i=1}^{n}\varphi_{X_i}(u)$$

(6) 因随机变量 $X$ 的 $n$ 阶矩存在, 所以 $X$ 的任意 $k\,(k\leqslant n)$ 阶矩也存在，即

$$\int_{-\infty}^{+\infty}|x|^k\,\mathrm{d}F_X(x)<+\infty$$

而

$$\left|\frac{\mathrm{d}^k e^{jux}}{\mathrm{d}u^k}\right|=\left|j^k x^k e^{jux}\right|=|x|^k$$

所以 $\varphi_X(u)=\int_{-\infty}^{+\infty}e^{jux}\mathrm{d}F_X(x)$ 的 $k$ 阶导数存在，且

$$\varphi_X^{(k)}(u)=\int_{-\infty}^{+\infty}\frac{\mathrm{d}^k e^{jux}}{\mathrm{d}u^k}\mathrm{d}F_X(x)=j^k\int_{-\infty}^{+\infty}x^k e^{jux}\mathrm{d}F_X(x)$$

令 $u=0$，则

$$\varphi_X^{(k)}(0)=j^k\int_{-\infty}^{+\infty}x^k\mathrm{d}F_X(x)=j^kE(X^k)$$

性质 (7) 的证明见参考文献 (叶尔骅和张德平，2005)。

3. 几种常见分布的特征函数

(1) **点分布**：$P\{X=c\}=1$，

$$\varphi_X(u)=e^{juc}$$

(2) **两点分布** (或 **0-1 分布**)：$X\sim B(1,p)$ $(0<p<1)$，

$$\varphi_X(u)=(1-p)+pe^{ju}$$

(3) **二项分布**：$X\sim B(n,p)$ $(0<p<1)$，

$$\varphi_X(u)=[(1-p)+pe^{ju}]^n$$

(4)**Poisson 分布**：$X\sim \pi(\lambda)$ $(\lambda>0)$，

$$\varphi_X(u)=e^{-\lambda(1-e^{ju})}$$

(5) **均匀分布**：$X\sim U(-a,a)$ $(a>0)$，

$$\varphi_X(u)=\frac{\sin au}{au}$$

(6) **指数分布**：$X\sim E(\lambda)$ $(\lambda>0)$，

$$\varphi_X(u)=\frac{\lambda}{\lambda-ju}$$

(7) **正态分布**：$X\sim N(\mu,\sigma^2)$ $(\sigma>0)$，

$$\varphi_X(u)=e^{j\mu u-\frac{1}{2}\sigma^2u^2}$$

以上公式，(1) 和 (2) 的推导很直接，(3) 二项分布的特征函数由 (2) 两点分布和性质 (5) 立得。现推导其他分布的特征函数。

(4)Poisson 分布：$X\sim\pi(\lambda)$。因为 $X$ 的分布律为

$$P\{X=k\}=\frac{\lambda^k e^{-\lambda}}{k!},\quad k=0,1,2,\cdots$$

所以

$$\varphi_X(u)=\sum_{k=0}^{+\infty}\left(\frac{\lambda^k e^{-\lambda}}{k!}e^{jku}\right)=e^{-\lambda}\sum_{k=0}^{+\infty}\frac{(\lambda e^{ju})^k}{k!}=e^{-\lambda}e^{\lambda e^{ju}}=e^{-\lambda(1-e^{ju})}$$

(5) 均匀分布：$X \sim U(-a,a)$。因为 $X$ 的概率密度函数为

$$f_X(x)=\begin{cases}\dfrac{1}{2a}, & -a<x<a\\ 0, & 其他\end{cases}$$

所以

$$\begin{aligned}\varphi_X(u)&=\int_{-a}^{a}e^{jux}\frac{1}{2a}\mathrm{d}x=\frac{1}{2jau}e^{jux}\Big|_{-a}^{a}\\&=\frac{e^{jau}-e^{-jau}}{2jau}=\frac{1}{au}\frac{e^{jau}-e^{-jau}}{2j}\\&=\frac{\sin au}{au}\end{aligned}$$

(6) 指数分布：$X \sim E(\lambda)$。因为 $X$ 的概率密度函数为

$$f_X(x)=\begin{cases}\lambda e^{-\lambda x}, & x\geqslant 0\\ 0, & x<0\end{cases}$$

所以

$$\begin{aligned}\varphi_X(u)&=\int_{0}^{+\infty}e^{jux}\lambda e^{-\lambda x}\mathrm{d}x=\lambda\int_{0}^{+\infty}e^{(ju-\lambda)x}\mathrm{d}x\\&=\frac{\lambda}{ju-\lambda}e^{(ju-\lambda)x}\Big|_{0}^{+\infty}=\frac{\lambda}{\lambda-ju}\end{aligned}$$

(7) 正态分布：$X \sim N(\mu,\sigma^2)$。因为 $Y=\dfrac{X-\mu}{\sigma}\sim N(0,1)$，所以可以先求标准正态分布 $Y\sim N(0,1)$ 的特征函数。

$Y$ 的概率密度函数为

$$f_Y(y)=\frac{1}{\sqrt{2\pi}}e^{-\frac{y^2}{2}}$$

所以

$$\varphi_Y(u)=\int_{-\infty}^{+\infty}e^{juy}\frac{1}{\sqrt{2\pi}}e^{-\frac{y^2}{2}}\mathrm{d}y=\frac{1}{\sqrt{2\pi}}\int_{-\infty}^{+\infty}e^{juy-\frac{y^2}{2}}\mathrm{d}y$$

这是一个含参变量 $u$ 的积分，由于被积函数关于 $u$ 的偏导数绝对可积，即

$$\int_{-\infty}^{+\infty}\left|jye^{juy-\frac{y^2}{2}}\right|\mathrm{d}y=\int_{-\infty}^{+\infty}\left|ye^{-\frac{y^2}{2}}\right|\mathrm{d}y=2\int_{0}^{+\infty}ye^{-\frac{y^2}{2}}\mathrm{d}y$$

$$= -2\int_0^{+\infty} e^{-\frac{y^2}{2}}\mathrm{d}\left(-\frac{y^2}{2}\right) = -2e^{-\frac{y^2}{2}}\Big|_0^{+\infty} = 2 < +\infty$$

因此对含参变量 $u$ 的积分进行求导，可先对被积函数求导再积分，即

$$\begin{aligned}
\varphi_Y'(u) &= \frac{1}{\sqrt{2\pi}}\int_{-\infty}^{+\infty}\frac{\mathrm{d}e^{juy-\frac{y^2}{2}}}{\mathrm{d}u}\mathrm{d}y = \frac{j}{\sqrt{2\pi}}\int_{-\infty}^{+\infty} ye^{juy-\frac{y^2}{2}}\mathrm{d}y \\
&= \frac{-j}{\sqrt{2\pi}}\int_{-\infty}^{+\infty} e^{juy}\mathrm{d}e^{-\frac{y^2}{2}} = \frac{-j}{\sqrt{2\pi}}e^{juy-\frac{y^2}{2}}\Big|_{-\infty}^{+\infty} + \frac{j}{\sqrt{2\pi}}\int_{-\infty}^{+\infty} e^{-\frac{y^2}{2}}\mathrm{d}e^{juy} \\
&= -\frac{u}{\sqrt{2\pi}}\int_{-\infty}^{+\infty} e^{juy-\frac{y^2}{2}}\mathrm{d}y = -u\varphi_Y(u)
\end{aligned}$$

于是，有

$$\varphi_Y'(u) + u\varphi_Y(u) = 0$$

解此微分方程，得

$$\varphi_Y(u) = ce^{-\frac{u^2}{2}}$$

由于 $\varphi_Y(0) = 1$，因此 $c = 1$，故

$$\varphi_Y(u) = e^{-\frac{u^2}{2}}$$

由于 $X = \sigma Y + \mu$，根据特征函数性质 (3)，得

$$\varphi_X(u) = e^{j\mu u}\varphi_Y(\sigma u) = e^{j\mu u}e^{-\frac{(\sigma u)^2}{2}} = e^{j\mu u - \frac{1}{2}\sigma^2 u^2}$$

4. 逆转公式

由性质 (7) 知，一个随机变量的特征函数与其分布是相互唯一确定的，根据特征函数与 Fourier 变换在数学上的内在联系以及 Fourier 变换的逆变换公式，得出以下由连续型随机变量特征函数求概率密度函数的逆转公式。

**定理 1.3.1**　对连续型随机变量 $X$，其特征函数为 $\varphi_X(u)$，则 $X$ 的概率密度函数

$$f_X(x) = \frac{1}{2\pi}\int_{-\infty}^{+\infty}\varphi_X(u)e^{-jux}\mathrm{d}u$$

称上式为**逆转公式**。

5. 随机向量的特征函数

**定义 1.3.2** 随机向量 $X=(X_1,X_2,\cdots,X_n)^{\mathrm{T}}$ 的特征函数定义为

$$\varphi_X(u_1,u_2,\cdots,u_n)=E\left[\exp\left(\sum_{i=1}^{n}ju_iX_i\right)\right] \tag{1.3.2}$$

**性质** (1) $\varphi_X(u_1,u_2,\cdots,u_n)$ 在 $R^n$ 上一致连续，且

$$|\varphi_X(u_1,u_2,\cdots,u_n)|\leqslant\varphi_X(0,0,\cdots,0)=1$$

$$\varphi_X(-u_1,-u_2,\cdots,-u_n)=\overline{\varphi_X(u_1,u_2,\cdots,u_n)}$$

(2) $X_1,X_2,\cdots,X_n$ 相互独立等价于 $\varphi_X(u_1,u_2,\cdots,u_n)=\prod_{i=1}^{n}\varphi_{X_i}(u_i)$。

(3) 若 $E\left(X_1^{i_1}X_2^{i_2}\cdots X_n^{i_n}\right)$ 存在，则

$$E\left(X_1^{i_1}X_2^{i_2}\cdots X_n^{i_n}\right)=(-j)^{i_1+i_2+\cdots+i_n}\left.\frac{\partial^{i_1+i_2+\cdots+i_n}\varphi(u_1,u_2,\cdots,u_n)}{\partial_{u_1}^{i_1}\partial_{u_2}^{i_2}\cdots\partial_{u_n}^{i_n}}\right|_{(0,0,\cdots,0)}$$

(4) $\varphi_{X_i}(u_i)=\varphi_X(0,\cdots,0,u_i,0,\cdots,0)$ 是 $X_i$ 的特征函数，也称为 $X$ 的边缘特征函数。

(5) 随机向量的分布函数与其特征函数相互唯一确定。

这些性质基本上都是一维随机变量特征函数性质的拓展，这里就不再证明了。

**注** 1. 性质 (2) 与一维随机变量特征函数性质 (5) 的异同处：

设 $X_1,X_2,\cdots,X_n$ 相互独立，当 $X=\sum_{i=1}^{n}X_i$ 时，则有 $\varphi_X(u)=\prod_{i=1}^{n}\varphi_{X_i}(u)$；当 $X=(X_1,X_2,\cdots,X_n)^{\mathrm{T}}$ 时，则有 $\varphi_X(u)=\prod_{i=1}^{n}\varphi_{X_i}(u_i)$，这里，$u=(u_1,u_2,\cdots,u_n)^{\mathrm{T}}$。

2. 当 $X=(X_1,X_2,\cdots,X_n)^{\mathrm{T}}$，$x=(x_1,x_2,\cdots,x_n)^{\mathrm{T}}$ 时，我们知道 $X_1,X_2,\cdots,X_n$ 相互独立等价于密度函数 $f_X(x)=\prod_{i=1}^{n}f_{X_i}(x_i)$，由性质 (5) 和随机向量的逆转公式可知，$X_1,X_2,\cdots,X_n$ 相互独立也等价于 $\varphi_X(u)=\prod_{i=1}^{n}\varphi_{X_i}(u_i)$。

## 二、 母函数

对于取值非负整数的随机变量，其母函数有着良好的性质且又便于计算和分析，因此引入母函数是非常必要的。

1. 母函数的定义

**定义 1.3.3** 若随机变量 $X$ 只取非负整数值, 且对应的分布为

$$P\{X=k\}=p_k, \quad k=0,1,2,\cdots$$

则称

$$P_X(s)=\sum_k p_k s^k$$

为 $X$ 的**概率母函数**，简称**母函数**。

**说明** (1) 母函数的一般定义是对数列而言的，即各项之和不一定为 1；

(2) $P_X(s)$ 是 $s$ 的解析函数，由于 $p_k$ 满足归一性，所以幂级数在 $|s| \leqslant 1$ 内是绝对且一致收敛的；

(3) 母函数与特征函数的关系：

$$\varphi_X(u)=P_X(e^{ju})$$

2. 母函数的性质

(1) $P_X(1)=1$；

(2) $E(X)=P'_X(1), E[X(X-1)]={P''}_X(1),\cdots,E[X(X-1)\cdots(X-k)]=P_X^{(k+1)}(1)$，于是，有 $E(X)=P'_X(1), D(X)=P''_X(1)+P'_X(1)-[P'_X(1)]^2$；

(3) $X$ 与 $Y$ 独立等价于 $P_{X+Y}(s)=P_X(s)P_Y(s)$；

(4) $X$ 的分布与其概率母函数相互唯一确定。

3. 几种分布的母函数

二项分布： $p_k=\mathrm{C}_n^k p^k q^{n-k}, \quad p+q=1, \quad P(s)=(ps+q)^n$

几何分布： $p_k=pq^{k-1}$, $k=1,2,\cdots,p+q=1, \quad P(s)=\dfrac{ps}{1-qs}$

Poisson 分布： $p_k=\dfrac{\lambda^k e^{-\lambda}}{k!}, \quad P(s)=e^{-\lambda(1-s)}$

**例 1.3.1** 已知随机变量 $X$ 与 $Y$ 相互独立，并且服从 Poisson 分布，相应的参数是 $\lambda_1$ 和 $\lambda_2$。试分别用 (1) 初等概率知识；(2) 特征函数法；(3) 母函数法证明 $Z=X+Y$ 也服从 Poisson 分布，且参数为 $\lambda_1+\lambda_2$。

**证明** (1)
$$\begin{aligned}P\{Z=k\}&=P\{X+Y=k\}\\&=\sum_{i=0}^{k}P\{X=i\}P\{Y=k-i|X=i\}\\&=\sum_{i=0}^{k}P\{X=i\}P\{Y=k-i\}\end{aligned}$$

$$= \sum_{i=0}^{k} \frac{\lambda_1^i e^{-\lambda_1}}{i!} \frac{\lambda_2^{k-i} e^{-\lambda_2}}{(k-i)!}$$

$$= \frac{1}{k!} \sum_{i=0}^{k} \mathrm{C}_k^i \lambda_1^i \lambda_2^{k-i} e^{-(\lambda_1+\lambda_2)}$$

$$= \frac{(\lambda_1+\lambda_2)^k e^{-(\lambda_1+\lambda_2)}}{k!}$$

所以

$$Z = X + Y \sim \pi(\lambda_1 + \lambda_2)$$

(2) 因为

$$\varphi_X(u) = e^{-\lambda_1(1-e^{ju})}, \quad \varphi_Y(u) = e^{-\lambda_2(1-e^{ju})}$$

所以

$$\varphi_Z(u) = \varphi_X(u)\varphi_Y(u) = e^{-(\lambda_1+\lambda_2)(1-e^{ju})}$$

故

$$Z = X + Y \sim \pi(\lambda_1 + \lambda_2)$$

(3) 因为

$$P_X(s) = e^{-\lambda_1(1-s)}, \quad P_Y(s) = e^{-\lambda_2(1-s)}$$

所以

$$P_Z(s) = P_X(s)P_Y(s) = e^{-(\lambda_1+\lambda_2)(1-s)}$$

故

$$Z = X + Y \sim \pi(\lambda_1 + \lambda_2)$$

**注**　该结论可推广至多个随机变量的和。

## 第四节　正 态 分 布

由于在自然和社会现象中的大量随机变量都服从或近似服从正态分布，因此正态随机变量在初等概率论中占有重要的地位。同样，正态过程也是一种重要的随机过程。本节对正态随机变量的分布和性质进行归纳总结，为后续过程的展开学习奠定基础。

## 一、 一维正态分布

若 $X \sim N(\mu, \sigma^2)$，则 $X$ 的概率密度函数为

$$f(x) = \frac{1}{\sqrt{2\pi}\sigma} e^{-\frac{(x-\mu)^2}{2\sigma^2}}$$

特征函数为

$$\varphi(u) = e^{j\mu u - \frac{1}{2}\sigma^2 u^2}$$

特别地，当 $X \sim N(0,1)$ 时，有

$$f(x) = \frac{1}{\sqrt{2\pi}} e^{-\frac{x^2}{2}}, \quad \varphi(u) = e^{-\frac{u^2}{2}}$$

## 二、 二维正态分布

若 $\begin{pmatrix} X \\ Y \end{pmatrix} \sim N\left(\begin{pmatrix} \mu_1 \\ \mu_2 \end{pmatrix}, \begin{pmatrix} \sigma_1^2 & r\sigma_1\sigma_2 \\ r\sigma_1\sigma_2 & \sigma_2^2 \end{pmatrix}\right)$，则 $\begin{pmatrix} X \\ Y \end{pmatrix}$ 的概率密度函数为

$$f(x,y) = \frac{1}{2\pi\sigma_1\sigma_2\sqrt{1-r^2}} \exp\left\{-\frac{1}{2(1-r^2)}\left[\left(\frac{x-\mu_1}{\sigma_1}\right)^2 \right.\right.$$
$$\left.\left. -2r\left(\frac{x-\mu_1}{\sigma_1}\right)\left(\frac{y-\mu_2}{\sigma_2}\right) + \left(\frac{y-\mu_2}{\sigma_2}\right)^2\right]\right\}$$

特征函数为

$$\varphi(u_1, u_2) = \exp\left[j(\mu_1 u_1 + \mu_2 u_2) - \frac{1}{2}(\sigma_1^2 u_1^2 + 2r\sigma_1\sigma_2 u_1 u_2 + \sigma_2^2 u_2^2)\right]$$

## 三、 $n$ 维正态分布

$n$ 维随机向量 $X = (X_1, X_2, \cdots, X_n)^{\mathrm{T}}$ 服从正态分布, 记为

$$X = (X_1, X_2, \cdots, X_n)^{\mathrm{T}} \sim N(\mu, B)$$

这里，$\mu = (\mu_1, \mu_2, \cdots, \mu_n)^{\mathrm{T}}$ 为均值向量，$B = (b_{ij})_{n\times n}$ 为协方差阵。由 $b_{ij} = \mathrm{Cov}(X_i, X_j)$ 可推出 $B$ 为非负定矩阵 (也称半正定矩阵)。

当 $|B| = 0$ 时，$X$ 为退化的正态分布。

当 $|B| > 0$ 时，$X$ 为非退化的正态分布，其概率密度函数和特征函数分别为

$$f_X(x_1, x_2, \cdots, x_n) = (2\pi)^{-\frac{n}{2}} |B|^{-\frac{1}{2}} \exp\left[-\frac{1}{2}(x-\mu)^{\mathrm{T}} B^{-1}(x-\mu)\right] \tag{1.4.1}$$

$$\varphi_X(u_1,u_2,\cdots,u_n)=E\left\{\exp\left[j\sum_{i=1}^{n}(u_iX_i)\right]\right\}=E(e^{ju^{\mathrm{T}}X})=\exp\left\{j\mu^{\mathrm{T}}u-\frac{1}{2}u^{\mathrm{T}}Bu\right\} \tag{1.4.2}$$

这里，$x=(x_1,x_2,\cdots,x_n)^{\mathrm{T}}$，$u=(u_1,u_2,\cdots,u_n)^{\mathrm{T}}$。

$B=\mathrm{diag}(\sigma_1^2,\sigma_2^2,\cdots,\sigma_n^2)$ 等价于 $X_1,X_2,\cdots,X_n$ 相互独立，也等价于

$$f_X(x_1,x_2,\cdots,x_n)=\prod_{i=1}^{n}f_{X_i}(x_i)$$

或

$$\varphi_X(u_1,u_2,\cdots,u_n)=\prod_{i=1}^{n}\varphi_{X_i}(u_i)$$

为了表述方便，当 $|B|>0$ 时，即 $B$ 是正定矩阵时，称 $X$ 服从正态分布，其概率密度函数为 (1.4.1) 式。一般地，即 $B$ 是半正定矩阵时，称 $X$ 服从 Gauss 分布，其分布可通过满足 (1.4.2) 式的特征函数来定义，只是当 $|B|=0$ 时其概率密度函数不能再由 (1.4.1) 式给出。本书后面对 $|B|=0$ 的情况不予考虑，即认为正态分布和 Gauss 分布是同一分布。

## 四、 线性变换

对正态随机向量 $X=(X_1,X_2,\cdots,X_n)^{\mathrm{T}}$ 作线性变换，可利用随机向量的一般变换公式求新随机向量的分布。

下面不加证明地给出变换公式。

**定理 1.4.1** 已知随机向量 $X=(X_1,X_2,\cdots,X_n)^{\mathrm{T}}$ 的密度函数为 $f_X$,若变换

$$\begin{cases} Y_1=g_1(X_1,X_2,\cdots,X_n)\\ Y_2=g_2(X_1,X_2,\cdots,X_n)\\ \qquad\cdots\cdots\\ Y_n=g_n(X_1,X_2,\cdots,X_n)\end{cases}$$

满足以下条件：

(1) 存在唯一的反函数组

$$\begin{cases} X_1=g_1^{-1}(Y_1,Y_2,\cdots,Y_n)\\ X_2=g_2^{-1}(Y_1,Y_2,\cdots,Y_n)\\ \qquad\cdots\cdots\\ X_n=g_n^{-1}(Y_1,Y_2,\cdots,Y_n)\end{cases}$$

(2) $g_i, g_i^{-1}(i=1,2,\cdots,n)$ 都是连续函数且都存在偏导数，则随机向量 $Y=(Y_1,Y_2,\cdots,Y_n)^{\mathrm{T}}$ 的密度函数

$$f_Y(y_1,y_2,\cdots,y_n)=|J|\,f_X(g_1^{-1}(y_1,y_2,\cdots,y_n),\cdots,g_n^{-1}(y_1,y_2,\cdots,y_n)) \quad (1.4.3)$$

这里

$$J=\frac{\partial(g_1^{-1},\cdots,g_n^{-1})}{\partial(y_1,\cdots,y_n)}$$

为 Jacobi 行列式，式子成立的范围是反函数组存在的区域，在其他地方的密度函数为零。

**注**　(1) 如反函数不唯一，则 $f_Y$ 为 (1.4.3) 式同类型各项之和，有几个分支就对应有几项。

(2) 若新变量个数 $m$ 少于原变量个数 $n$，可补充 $n-m$ 个新变量后再使用公式。

若对正态随机向量作线性变换，还可借助特征函数给出如下重要结论。

**定理 1.4.2**　$X=(X_1,X_2,\cdots,X_n)^{\mathrm{T}}\sim N(\mu,B)$ 的充分必要条件是 $X_1,X_2,\cdots,X_n$ 的任何一个线性组合 $Z=\sum\limits_{i=1}^{n}a_iX_i=a^{\mathrm{T}}X\sim N(a^{\mathrm{T}}\mu,a^{\mathrm{T}}Ba)$。

**证明　必要性**　因为

$$\begin{aligned}\varphi_Z(u)&=E\left[e^{ju(a^{\mathrm{T}}X)}\right]=E\left[e^{j(ua^{\mathrm{T}})X}\right]\\&=\exp\left\{j\left(ua^{\mathrm{T}}\right)\mu-\frac{1}{2}\left(ua^{\mathrm{T}}\right)B(ua)\right\}\\&=\exp\left\{j\left(a^{\mathrm{T}}\mu\right)u-\frac{1}{2}(a^{\mathrm{T}}Ba)u^2\right\}\end{aligned}$$

所以

$$Z\sim N\left(a^{\mathrm{T}}\mu,a^{\mathrm{T}}Ba\right)$$

**充分性**　因为

$$Z\sim N\left(a^{\mathrm{T}}\mu,a^{\mathrm{T}}Ba\right)$$

所以

$$\varphi_Z(u)=E\left[e^{ju(a^{\mathrm{T}}X)}\right]=\exp\left\{j(a^{\mathrm{T}}\mu)u-\frac{1}{2}\left(a^{\mathrm{T}}Ba\right)u^2\right\}$$

令 $u=1$，则有

$$E\left[e^{j(a^{\mathrm{T}}X)}\right]=\exp\left\{j\left(a^{\mathrm{T}}\mu\right)-\frac{1}{2}\left(a^{\mathrm{T}}Ba\right)\right\}$$

即

$$\varphi_X(a_1,a_2,\cdots,a_n)=\exp\left\{ja^{\mathrm T}\mu-\frac{1}{2}a^{\mathrm T}Ba\right\}$$

故有

$$X\sim N(\mu,B)$$

从定理 1.4.2 可知，即使 $X_1$，$X_2$ 都服从正态分布，$(X_1,X_2)^{\mathrm T}$ 也不一定服从二维正态分布。

**定理 1.4.3**　若 $X=(X_1,X_2,\cdots,X_n)^{\mathrm T}\sim N(\mu,B)$，$C=(c_{ij})_{m\times n}$，则

$$Y=CX\sim N(C\mu,CBC^{\mathrm T})$$

**证明**　因为

$$\begin{aligned}\varphi_Y(u_1,u_2,\cdots,u_m)&=E\left[e^{ju^{\mathrm T}Y}\right]=E\left[e^{ju^{\mathrm T}(CX)}\right]\\&=E\left[e^{j(u^{\mathrm T}C)X}\right]=\exp\left\{j(u^{\mathrm T}C)\mu-\frac{1}{2}(u^{\mathrm T}C)B(u^{\mathrm T}C)^{\mathrm T}\right\}\\&=\exp\left\{ju^{\mathrm T}(C\mu)-\frac{1}{2}u^{\mathrm T}\left(CBC^{\mathrm T}\right)u\right\}\end{aligned}$$

所以

$$Y\sim N\left(C\mu,CBC^{\mathrm T}\right)$$

定理 1.4.3 表明，正态随机向量经线性变换后仍为正态随机向量。根据实对称矩阵的性质，可得以下推论。

**推论**　若正态随机向量 $X\sim N(\mu,B)$，则存在一个正交变换 $Y=CX$，使得 $Y$ 是一个具有独立正态分布分量的随机向量，它的均值向量为 $C\mu$，协方差阵为对角阵，对角线上的元素恰为 $B$ 的特征值。

**例 1.4.1**　已知随机过程 $X(t)=A+Bt,t\geqslant 0$，其中 $A,B$ 是独立随机变量，且均服从标准正态分布 $N(0,1)$。(1) 对任意固定的 $t$，求 $X(t)$ 的分布；(2) 对任意固定的 $t_1,t_2$，求 $(X(t_1),X(t_2))^{\mathrm T}$ 的分布。

**解**　(1) $X(t)=A+Bt=(1,t)\begin{pmatrix}A\\B\end{pmatrix}$，而

$$\begin{pmatrix}A\\B\end{pmatrix}\sim N\left(\begin{pmatrix}0\\0\end{pmatrix},\begin{pmatrix}1&0\\0&1\end{pmatrix}\right)$$

由定理 1.4.2 得

$$X(t) \sim N\left((1,t)\begin{pmatrix}0\\0\end{pmatrix},(1,t)\begin{pmatrix}1&0\\0&1\end{pmatrix}\begin{pmatrix}1\\t\end{pmatrix}\right)$$

所以

$$X(t) \sim N\left(0,1+t^2\right)$$

(2) 由定理 1.4.3 立得

$$\begin{pmatrix}X(t_1)\\X(t_2)\end{pmatrix} \sim N\left(\begin{pmatrix}0\\0\end{pmatrix},\begin{pmatrix}1+t_1^2 & 1+t_1t_2\\1+t_1t_2 & 1+t_2^2\end{pmatrix}\right)$$

**例 1.4.2** 设 $X=(X_1,X_2,X_3)^{\mathrm{T}} \sim N(\mu,B)$，且

$$\mu=(0,0,0)^{\mathrm{T}},\quad B=\begin{pmatrix}2&2&-2\\2&5&-4\\-2&-4&4\end{pmatrix}$$

求 $X_1,X_2$ 的联合分布。

**解** 由定理 1.4.3 得

$$\begin{aligned}\begin{pmatrix}X_1\\X_2\end{pmatrix}&=\begin{pmatrix}1&0&0\\0&1&0\end{pmatrix}\begin{pmatrix}X_1\\X_2\\X_3\end{pmatrix}\\&\sim N\left(\begin{pmatrix}1&0&0\\0&1&0\end{pmatrix}\begin{pmatrix}0\\0\\0\end{pmatrix},\begin{pmatrix}1&0&0\\0&1&0\end{pmatrix}\right.\\&\quad\left.\times\begin{pmatrix}2&2&-2\\2&5&-4\\-2&-4&4\end{pmatrix}\begin{pmatrix}1&0&0\\0&1&0\end{pmatrix}^{\mathrm{T}}\right)\end{aligned}$$

所以

$$\begin{pmatrix}X_1\\X_2\end{pmatrix} \sim N\left(\begin{pmatrix}0\\0\end{pmatrix},\begin{pmatrix}2&2\\2&5\end{pmatrix}\right)$$

# 第五节　随机过程的分布

研究随机现象，主要是研究它的统计规律性，而概率分布则包含了它的所有统计特性。描述随机现象的量从简单到复杂依次为随机变量、随机向量和随机过程。随机变量的统计规律可由它的分布函数来刻画；随机向量的统计规律可由分量的联合分布函数来刻画；那么，随机过程的统计规律则可由它的有限维分布函数族来刻画。

## 一、有限维分布函数的定义

**定义 1.5.1**　对于随机过程 $\{X(t), t \in T\}$，任取正整数 $n$ 及 $t_1, t_2, \cdots, t_n \in T$，随机向量 $(X(t_1), X(t_2), \cdots, X(t_n))^{\mathrm{T}}$ 的联合分布函数

$$
\begin{aligned}
&F_X(x_1, x_2, \cdots, x_n; t_1, t_2, \cdots, t_n) \\
&= P\{X(t_1) \leqslant x_1, X(t_2) \leqslant x_2, \cdots, X(t_n) \leqslant x_n\}
\end{aligned} \tag{1.5.1}
$$

称为 $X(t)$ 的**有限维分布函数**，其全体称为 $X(t)$ 的**有限维分布函数族**。

$$
\begin{aligned}
&f_X(x_1, x_2, \cdots, x_n; t_1, t_2, \cdots, t_n) \\
&= \frac{\partial^n F_X(x_1, x_2, \cdots, x_n; t_1, t_2, \cdots, t_n)}{\partial x_1 \partial x_2 \cdots \partial x_n}
\end{aligned} \tag{1.5.2}
$$

称为 $X(t)$ 的**有限维概率密度函数**，其全体称为 $X(t)$ 的**有限维概率密度函数族**。

$$
\varphi_X(u_1, u_2, \cdots, u_n; t_1, t_2, \cdots, t_n) = E\left\{\exp\left(j \sum_{i=1}^{n} u_i X(t_i)\right)\right\} \tag{1.5.3}
$$

称为 $X(t)$ 的**有限维特征函数**，其全体称为 $X(t)$ 的**有限维特征函数族**。

## 二、有限维分布函数的性质

(1) **对称性**　对于 $\{t_1, t_2, \cdots, t_n\}$ 的任意排列 $\{t_{i_1}, t_{i_2}, \cdots, t_{i_n}\}$，有

$$
F_X(x_1, x_2, \cdots, x_n; t_1, t_2, \cdots, t_n) = F_X(x_{i_1}, x_{i_2}, \cdots, x_{i_n}; t_{i_1}, t_{i_2}, \cdots, t_{i_n})
$$

(2) **相容性**　当 $m < n$ 时，有

$$
\begin{aligned}
&F_X(x_1, x_2, \cdots, x_m; t_1, t_2, \cdots, t_m) \\
&= F_X(x_1, x_2, \cdots, x_m, +\infty, \cdots, +\infty; t_1, t_2, \cdots, t_m, \cdots, t_n)
\end{aligned}
$$

反过来, 满足以上性质的有限维分布函数族, 必决定一个随机过程。

**定理 1.5.1** (Kolmogrov 存在性定理) 设已给参数集 $T$ 以及满足对称性和相容性的有限维分布函数族 $\Re$, 则必存在一个随机过程，使得它的有限维分布函数族恰好就是 $\Re$。

证明 (略)。

## 三、联合有限维分布函数

**定义 1.5.2** 对于随机过程 $\{X(t),t\in T\}$ 和 $\{Y(t),t\in T\}$, 任取正整数 $m$，$n$ 及 $t_1,t_2,\cdots,t_m\in T,t_1',t_2',\cdots,t_n'\in T$, 则两个随机过程 $X(t)$,$Y(t)$ 的**联合有限维分布函数**定义为

$$
\begin{aligned}
&F_{X,Y}(x_1,\cdots,x_m;t_1,\cdots,t_m;y_1,\cdots,y_n;t_1',\cdots,t_n')\\
=&P\{X(t_1)\leqslant x_1,\cdots,X(t_m)\leqslant x_m,Y(t_1')\leqslant y_1,\cdots,Y(t_n')\leqslant y_n\}
\end{aligned}
$$

若随机过程 $X(t)$, $Y(t)$ 的任意联合有限维分布函数满足

$$
\begin{aligned}
&F_{X,Y}(x_1,\cdots,x_m;t_1,\cdots,t_m;y_1,\cdots,y_n;t_1',\cdots,t_n')\\
=&F_X(x_1,\cdots,x_m;t_1,\cdots,t_m)F_Y(y_1,\cdots,y_n;t_1',\cdots,t_n')
\end{aligned}
$$

或

$$
\begin{aligned}
&f_{X,Y}(x_1,\cdots,x_m;t_1,\cdots,t_m;y_1,\cdots,y_n;t_1',\cdots,t_n')\\
=&f_X(x_1,\cdots,x_m;t_1,\cdots,t_m)f_Y(y_1,\cdots,y_n;t_1',\cdots,t_n')
\end{aligned}
$$

则称随机过程 $X(t)$ 与 $Y(t)$ **相互独立**。

**例 1.5.1** 已知随机过程 $X(t)=A+Bt,t\geqslant 0$，其中 $A,B$ 是独立随机变量，且均服从标准正态分布 $N(0,1)$，求 $X(t)$ 的一、二维概率密度函数。

**解** 同例 1.4.1(略)。

**例 1.5.2** 设随机过程 $X(t)=A\cos t,-\infty<t<+\infty$，其中，$A$ 是随机变量且具有概率分布律

| $A$ | 1 | 2 | 3 |
|---|---|---|---|
| $P$ | $\frac{1}{3}$ | $\frac{1}{3}$ | $\frac{1}{3}$ |

求:(1) 一维分布函数 $F\left(x;\frac{\pi}{4}\right)$ 和 $F\left(x;\frac{\pi}{2}\right)$;(2) 二维分布函数 $F\left(x_1,x_2;0,\frac{\pi}{3}\right)$ 及概率密度函数 $f\left(x_1,x_2;0,\frac{\pi}{3}\right)$。

**解**　(1) 因为 $X\left(\frac{\pi}{4}\right)=\frac{\sqrt{2}}{2}A$，所以

| $X\left(\frac{\pi}{4}\right)$ | $\frac{\sqrt{2}}{2}$ | $\sqrt{2}$ | $\frac{3\sqrt{2}}{2}$ |
|---|---|---|---|
| $P$ | $\frac{1}{3}$ | $\frac{1}{3}$ | $\frac{1}{3}$ |

故，有

$$F\left(x;\frac{\pi}{4}\right)=P\left\{X\left(\frac{\pi}{4}\right)\leqslant x\right\}=\begin{cases}0, & x<\frac{\sqrt{2}}{2}\\ \frac{1}{3}, & \frac{\sqrt{2}}{2}\leqslant x<\sqrt{2}\\ \frac{2}{3}, & \sqrt{2}\leqslant x<\frac{3\sqrt{2}}{2}\\ 1, & x\geqslant\frac{3\sqrt{2}}{2}\end{cases}$$

同理可得

$$F\left(x;\frac{\pi}{2}\right)=P\{0\leqslant x\}=\begin{cases}0, & x<0\\ 1, & x\geqslant 0\end{cases}$$

(2) $F\left(x_1,x_2;0,\frac{\pi}{3}\right)=P\left\{A\leqslant x_1,\frac{A}{2}\leqslant x_2\right\}=P\{A\leqslant x_1,A\leqslant 2x_2\}$

$$=P\{A\leqslant\min\{x_1,2x_2\}\}$$

$$=\begin{cases}0, & x_1<1\text{ 或 }x_2<\frac{1}{2}\\ \frac{1}{3}, & 1\leqslant x_1<2,x_2\geqslant\frac{1}{2}\text{ 或 }\frac{1}{2}\leqslant x_2<1,x_1\geqslant 1\\ \frac{2}{3}, & 2\leqslant x_1<3,x_2\geqslant 1\text{ 或 }1\leqslant x_2<\frac{3}{2},x_1\geqslant 2\\ 1, & \text{其他}\end{cases}$$

因为

| $X(0)$ \ $X\left(\frac{\pi}{3}\right)$ | $\frac{1}{2}$ | $1$ | $\frac{3}{2}$ |
|---|---|---|---|
| 1 | $\frac{1}{3}$ | 0 | 0 |
| 2 | 0 | $\frac{1}{3}$ | 0 |
| 3 | 0 | 0 | $\frac{1}{3}$ |

所以

$$f\left(x_1,x_2;0,\frac{\pi}{3}\right)=\sum_{i=1}^{3}\sum_{j=1}^{3}p_{ij}\delta\left(x_1-i\right)\delta\left(x_2-\frac{j}{2}\right)$$

$$=\frac{1}{3}\sum_{i=1}^{3}\left[\delta\left(x_1-i\right)\delta\left(x_2-\frac{i}{2}\right)\right]$$

**例 1.5.3**　设有某通信系统，它的信号是脉宽为 $T_0$ 的脉冲信号，信号的周期也是 $T_0$。如果脉冲的幅度是随机的，且幅度服从正态分布 $N(0,\sigma^2)$，不同周期内的幅度 $X_i,X_k(i\neq k)$ 是相互独立的。脉冲起始时间与 $t=0$ 的时间差 $u$ 是均匀分布在 $(0,T_0)$ 上的随机变量，它和脉冲幅度也是相互独立的 (这种信号是脉冲幅度调制信号)。可见幅度 $X(t)$ 是一个具有连续时间和连续状态的随机过程, 其样本曲线如图 1.5.1 所示。

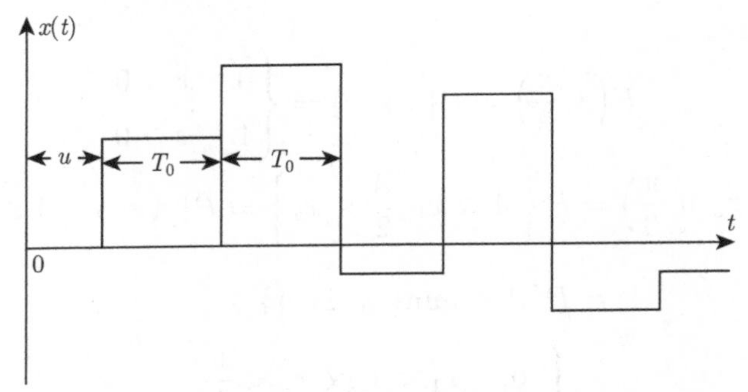


图 1.5.1　$X(t)$ 的样本函数

对任取的两个时刻 $t_1,t_2$，求该随机过程 $X(t)$ 所取值 $X(t_1),X(t_2)$ 的联合概率密度函数。

**解**　(1) 当 $|t_1-t_2|>T_0$ 时，$X(t_1),X(t_2)$ 独立同分布，于是

$$f(x_1,x_2;t_1,t_2)=\frac{1}{2\pi\sigma^2}\exp\left\{-\frac{x_1^2+x_2^2}{2\sigma^2}\right\}$$

(2) 当 $|t_1-t_2|\leqslant T_0$ 时，$t_1,t_2$ 可能在同一脉冲，也可能不在同一脉冲。用 $C$ 表示事件 “$t_1,t_2$ 在同一脉冲”，下面求 $P(C)$。

不妨设 $t_1\leqslant t_2$，令 $t_1$ 所在的脉冲起点为 $t_0$，则 $t_0$ 为随机变量，且 $t_0\sim U(t_1-T_0,t_1)$。求 $P(C)$ 就是要看 $t_0$ 在哪个区间取值时，事件 $C$ 能发生，当然，一定要清楚这时的 $t_1,t_2$ 是固定的，$t_0$ 是随机变量。

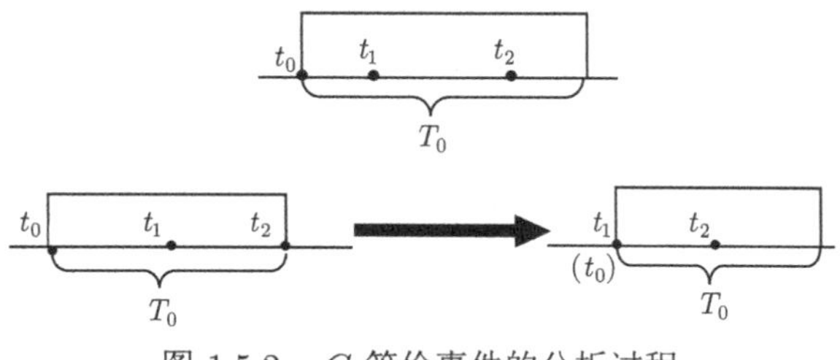


图 1.5.2　$C$ 等价事件的分析过程

从图 1.5.2 知，$C$ 发生等价于 $\{t_2 - T_0 \leqslant t_0 \leqslant t_1\}$，所以

$$P(C) = \frac{t_1 - (t_2 - T_0)}{T_0} = 1 - \frac{t_2 - t_1}{T_0}$$

去掉假设条件 $t_1 \leqslant t_2$，则有

$$P(C) = 1 - \frac{|t_1 - t_2|}{T_0}$$

由全概率公式得

$$\begin{aligned}
f(x_1, x_2; t_1, t_2) &= P(C) f(x_1, x_2; t_1, t_2|C) + P(\bar{C}) f(x_1, x_2; t_1, t_2|\bar{C}) \\
&= \left(1 - \frac{|t_1 - t_2|}{T_0}\right) f(x_1, x_2; t_1, t_2|C) + \frac{|t_1 - t_2|}{T_0} f(x_1, x_2; t_1, t_2|\bar{C}) \\
&= \left(1 - \frac{|t_1 - t_2|}{T_0}\right) \frac{1}{\sqrt{2\pi}\sigma} \exp\left\{-\frac{x_1^2}{2\sigma^2}\right\} \delta(x_1 - x_2) \\
&\quad + \frac{|t_1 - t_2|}{T_0} \frac{1}{2\pi\sigma^2} \exp\left\{-\frac{x_1^2 + x_2^2}{2\sigma^2}\right\}
\end{aligned}$$

因为当 $t_1, t_2$ 处在同一脉冲周期时，$X(t_1), X(t_2)$ 取相同的值，所以上式的第一项出现了 $\delta(x_1 - x_2)$，它等价于分布函数中对应的这一项是

$$\frac{1}{\sqrt{2\pi}\sigma} \left(1 - \frac{|t_1 - t_2|}{T_0}\right) \int_{-\infty}^{\min\{x_1, x_2\}} \exp\left\{-\frac{v^2}{2\sigma^2}\right\} \mathrm{d}v$$

从例 1.5.3 的结果也可以看出，均服从正态分布的随机变量 $X(t_1), X(t_2)$，其联合分布是一个连续和离散的混合型分布，并非二维正态分布。

如果本题幅度服从正态分布 $N(0, \sigma^2)$ 改为离散分布，设只能独立地等可能取 $-1$ 和 $1$ 两个值，其他条件不变，那么，$X(t_1), X(t_2)$ 的联合概率密度函数变为如下形式。

(1) 当 $|t_1 - t_2| > T_0$ 时，

$$
\begin{aligned}
f(x_1,x_2;t_1,t_2) &= f(x_1;t_1)f(x_2;t_2) \\
&= \left[\frac{1}{2}\delta(x_1+1)+\frac{1}{2}\delta(x_1-1)\right]\left[\frac{1}{2}\delta(x_2+1)+\frac{1}{2}\delta(x_2-1)\right] \\
&= \frac{1}{4}[\delta(x_1+1)+\delta(x_1-1)][\delta(x_2+1)+\delta(x_2-1)]
\end{aligned}
$$

(2) 当 $|t_1 - t_2| \leqslant T_0$ 时，

$$
\begin{aligned}
f(x_1,x_2;t_1,t_2) &= P(C)f(x_1,x_2;t_1,t_2|C)+P(\bar{C})f(x_1,x_2;t_1,t_2|\bar{C}) \\
&= \left(1-\frac{|t_1-t_2|}{T_0}\right)f(x_1,x_2;t_1,t_2|C)+\frac{|t_1-t_2|}{T_0}f(x_1,x_2;t_1,t_2|\bar{C}) \\
&= \left(1-\frac{|t_1-t_2|}{T_0}\right)\left[\frac{1}{2}\delta(x_1+1)\delta(x_2+1)+\frac{1}{2}\delta(x_1-1)\delta(x_2-1)\right] \\
&\quad+\frac{|t_1-t_2|}{T_0}\left[\frac{1}{2}\delta(x_1+1)+\frac{1}{2}\delta(x_1-1)\right]\left[\frac{1}{2}\delta(x_2+1)+\frac{1}{2}\delta(x_2-1)\right] \\
&= \frac{1}{2}\left(1-\frac{|t_1-t_2|}{T_0}\right)[\delta(x_1+1)\delta(x_2+1)+\delta(x_1-1)\delta(x_2-1)] \\
&\quad+\frac{|t_1-t_2|}{4T_0}[\delta(x_1+1)+\delta(x_1-1)][\delta(x_2+1)+\delta(x_2-1)]
\end{aligned}
$$

## 第六节　随机过程的数字特征

有限维分布函数族虽然能全面描述随机过程的统计规律性，但是，求随机过程的具体分布函数有时并不容易，况且很多实际问题也只需知道随机过程某些方面的特征即可，而不用花费过多精力求分布。这些刻画某一方面特征的量称为数字特征。我们知道，随机变量常用的数字特征有数学期望、方差以及协方差等，更一般的数字特征为各种矩。相应地，随机过程常用的数字特征有均值函数、方差函数、协方差函数以及各种矩函数，研究这些数字特征在理论上和实践上都具有重要意义。

### 一、 随机过程在一个时刻的数字特征

随机过程 $\{X(t), t\in T\}$ 在一个时刻的数字特征主要有：

1. 均值函数

$$m_X(t)=E[X(t)]=\int_{-\infty}^{+\infty}x\mathrm{d}F_X(x;t),\quad t\in T$$

2. 方差函数

$$\sigma_X^2(t)=D[X(t)]=\int_{-\infty}^{+\infty}|X(t)-m_X(t)|^2\,\mathrm{d}F_X(x;t),\quad t\in T$$

若 $X(t),Y(t)$ 为实随机过程，则**复随机过程** $Z(t)=X(t)+jY(t)$ 的均值函数 $m_Z(t)=m_X(t)+jm_Y(t)$，**方差函数** $\sigma_Z^2(t)=\sigma_X^2(t)+\sigma_Y^2(t)$。

均值函数和方差函数是反映随机过程在任一个时刻处的数字特征，但不包含不同时刻的任何相关信息，而这也是刻画随机过程非常重要的特征。

## 二、 随机过程在两个时刻的数字特征

随机过程 $\{X(t),t\in T\}$ 在两个时刻的数字特征主要有：

1. 自相关函数

$$R_X(s,t)=E[X(s)\overline{X(t)}],\quad s,t\in T$$

2. 协方差函数

$$C_X(s,t)=E\{[X(s)-m_X(s)][\overline{X(t)-m_X(t)}]\},\quad s,t\in T$$

自相关函数与协方差函数的关系：

$$C_X(s,t)=R_X(s,t)-m_X(s)\overline{m_X(t)}$$

特别地

(1) $m_X(t)\equiv 0\Rightarrow C_X(s,t)=R_X(s,t)$

(2) $s=t\Rightarrow \sigma_X^2(t)=C_X(t,t)=R_X(t,t)-|m_X(t)|^2$

可见，均值函数和自相关函数是基本数字特征。

**例 1.6.1**　已知 $g(t)$ 为确定信号，随机变量 $Y$ 的分布律为

| $Y$ | $-1$ | $1$ |
|---|---|---|
| $P$ | $\frac{1}{2}$ | $\frac{1}{2}$ |

定义随机过程 $X(t)=Yg(t)$，求：

(1) $m_X(t)$; (2) $\sigma_X^2(t)$; (3) $R_X(s,t)$; (4) $C_X(s,t)$。

答案：(1) 0；(2) $|g(t)|^2$；(3) $g(s)\overline{g(t)}$；(4) $g(s)\overline{g(t)}$。

**例 1.6.2** 已知随机初相信号 $X(t)=a\cos(\omega t+\Theta)$，其中 $a,\omega$ 均为正常数，$\Theta\sim U(0,2\pi)$，求：(1) $m_X(t)$; (2) $R_X(s,t)$。

**解** (1) $m_X(t)=E[a\cos(\omega t+\Theta)]=\displaystyle\int_0^{2\pi} a\cos(\omega t+\theta)\frac{1}{2\pi}\mathrm{d}\theta=0$

(2) $R_X(s,t)=E[X(s)X(t)]=E[a^2\cos(\omega s+\Theta)\cos(\omega t+\Theta)]$

$$
\begin{aligned}
&=\int_0^{2\pi} a^2\cos(\omega s+\theta)\cos(\omega t+\theta)\frac{1}{2\pi}\mathrm{d}\theta\\
&=\frac{a^2}{4\pi}\int_0^{2\pi}\{\cos[\omega(s+t)+2\theta]+\cos[\omega(s-t)]\}\mathrm{d}\theta\\
&=\frac{a^2}{2}\cos[\omega(s-t)]=\frac{a^2}{2}\cos\omega\tau
\end{aligned}
$$

可见 $R_X(s,t)$ 只与 $\tau=s-t$ 有关。

**例 1.6.3** 随机点过程

$$
X(t)=\begin{cases}1, & \text{在 } (0,t] \text{ 内随机点出现偶数次}\\ -1, & \text{在 } (0,t] \text{ 内随机点出现奇数次}\end{cases}
$$

已知随机点在 $(a,b]$ 内出现的次数 $N(a,b]$ 服从 Poisson 分布，且有

$$
P\{N(t_0,t_0+t]=k\}=\frac{e^{-\lambda t}(\lambda t)^k}{k!}\hat{=}p_k(t)
$$

求：(1) $m_X(t)$; (2) $R_X(s,t)$。

**解** (1) $m_X(t)=1\cdot P\{X(t)=1\}+(-1)P\{X(t)=-1\}$

$$
\begin{aligned}
&=1\cdot\left(1+\frac{(\lambda t)^2}{2!}+\frac{(\lambda t)^4}{4!}+\cdots\right)e^{-\lambda t}\\
&\quad+(-1)\cdot\left(\frac{(\lambda t)^1}{1!}+\frac{(\lambda t)^3}{3!}+\cdots\right)e^{-\lambda t}\\
&=\left(1-\frac{(\lambda t)^1}{1!}+\frac{(\lambda t)^2}{2!}-\frac{(\lambda t)^3}{3!}+\frac{(\lambda t)^4}{4!}+\cdots\right)e^{-\lambda t}\\
&=e^{-\lambda t}\cdot e^{-\lambda t}=e^{-2\lambda t}
\end{aligned}
$$

(2) 不妨设 $s \leqslant t$，则

$$\begin{aligned}R_X(s,t) &= E[X(s)X(t)] = 1 \cdot P[X(s)X(t)=1] + (-1) \cdot P[X(s)X(t)=-1] \\ &= 1 \cdot P\{(s,t]\text{内随机点出现偶数次}\} + (-1) \cdot P\{(s,t]\text{内出现奇数次}\} \\ &= E[X(t-s)] = e^{-2\lambda(t-s)}\end{aligned}$$

去掉条件 $s \leqslant t$，得

$$R_X(s,t) = e^{-2\lambda|s-t|}$$

## 三、 两随机过程的数字特征

1. 数字特征

(1) **互相关函数**

$$R_{XY}(s,t) = E[X(s)\overline{Y(t)}], \quad s,t \in T$$

(2) **互协方差函数**

$$C_{XY}(s,t) = E\{[X(s)-m_X(s)]\overline{[Y(t)-m_Y(t)]}\}, \quad s,t \in T$$

2. 两随机过程的关系

利用数字特征可以定义两随机过程的正交和不相关：

(1) $X(t)$ 与 $Y(t)$ 正交 $\Leftrightarrow$ 任取 $s,t \in T, R_{XY}(s,t) \equiv 0$；

(2) $X(t)$ 与 $Y(t)$ 不相关 $\Leftrightarrow$ 任取 $s,t \in T, C_{XY}(s,t) \equiv 0$。

在上一节利用分布函数定义了两随机过程的独立：

(3) $X(t)$ 与 $Y(t)$ 独立，等价于对任取的正整数 $m,n$ 和 $t_i, t_j' \in T$，有

$$\begin{aligned}&F_{X,Y}(x_1,\cdots,x_m;t_1,\cdots,t_m;y_1,\cdots,y_n;t_1',\cdots,t_n') \\ \equiv\, &F_X(x_1,\cdots,x_m;t_1,\cdots,t_m)F_Y(y_1,\cdots,y_n;t_1',\cdots,t_n')\end{aligned}$$

因为 $X(t)$ 与 $Y(t)$ 独立，则任取 $s,t \in T$, 有 $E[X(s)\overline{Y(t)}] = m_X(s)\overline{m_Y(t)}$, 所以，$X(t)$ 与 $Y(t)$ 独立可推出 $X(t)$ 与 $Y(t)$ 不相关。

3. 信号的迭加

对于系统的输入信号 $X(t)$、信道噪声 $N(t)$,系统输出信号 $W(t) = X(t)+N(t)$ 的自相关函数为

$$R_W(s,t) = R_X(s,t) + R_{XN}(s,t) + R_{NX}(s,t) + R_N(s,t)$$

特别地，当 $X(t)$ 与 $N(t)$ 正交时，有

$$R_W(s,t) = R_X(s,t) + R_N(s,t)$$

## 第七节　几种重要的随机过程

本节简单介绍几种常用的随机过程。

### 一、 二阶矩过程

1. 二阶矩过程的定义

**定义 1.7.1**　在任意时刻均值函数和方差函数均存在的过程称为**二阶矩过程**。

2. 二阶矩过程的性质

(1) 二阶矩过程的自相关函数存在；

(2) 二阶矩过程的自相关函数具有非负定性。

3. 几种常用的二阶矩过程

(1) 正态过程。

**定义 1.7.2**　任意有限维分布都是正态分布的过程称为**正态过程**，也叫 **Gauss 过程**。

**定义 1.7.3**　任意联合有限维分布都是正态分布的两个正态过程称为**联合正态过程**，也叫**联合 Gauss 过程**。

因为正态过程在任意时刻的均值函数和方差函数均存在，所以它是一种特殊的二阶矩过程。正态过程的分布完全由均值函数和方差函数所确定，使得正态过程比一般的过程更便于进行数学处理。

(2) 宽平稳过程。

**定义 1.7.4**　满足 (1) $m_X(t)=$ 常数; (2) $R_X(s,t)=R_X(s-t)$ 的过程 $X(t)$ 称为**宽平稳过程**。

宽平稳过程是一种重要的二阶矩过程，也是随机分析的主要研究对象。不同于用数字特征定义宽平稳过程，严平稳过程则是用有限维分布来定义的，这些我们将在第五章进行详细讲解。

(3) 正交增量过程。

**定义 1.7.5**　若二阶矩过程 $\{X(t),t\in T\}$ 满足: 任取 $t_1<t_2\leqslant t_3<t_4\in T$, 都有

$$E\{[X(t_2)-X(t_1)][\overline{X(t_4)-X(t_3)}]\}=0$$

则称 $X(t)$ 为**正交增量过程**。

**定理 1.7.1**　若正交增量过程 $\{X(t),t\geqslant 0\}$ 的 $X(0)=0$ 且 $m_X(t)=0$, 则

$$C_X(s,t)=R_X(s,t)=\sigma_X^2(\min\{s,t\})$$

**证明**　不妨设 $s \geqslant t \geqslant 0$，则

$$\begin{aligned}C_X(s,t) = R_X(s,t) &= E[X(s)\overline{X(t)}] \\ &= E\{[X(s)-X(t)+X(t)][\overline{X(t)-X(0)}]\} \\ &= E\{[X(s)-X(t)][\overline{X(t)-X(0)}]\} + E[X(t)\overline{X(t)}] \\ &= 0 + E\left[|X(t)-m_X(t)|^2\right] = \sigma_X^2(t)\end{aligned}$$

所以，对一般的 $s,t \geqslant 0$，有

$$C_X(s,t) = R_X(s,t) = \sigma_X^2(\min\{s,t\})$$

## 二、 几种增量过程

1. 正交增量过程

在二阶矩过程中已讲。

2. 独立增量过程

**定义 1.7.6**　若过程 $\{X(t), t\in T\}$ 对任取的

$$t_1 < t_2 \leqslant t_3 < t_4 \leqslant \cdots \leqslant t_{2k} < t_{2k+1} \leqslant \cdots$$

都有

$$X(t_2)-X(t_1), \quad X(t_4)-X(t_3), \quad \cdots, \quad X(t_{2k+1})-X(t_{2k}), \quad \cdots$$

相互独立，则称 $X(t)$ 为**独立增量过程**。

若令 $Y(t)=X(t)-m_X(t)$，可由定理 1.7.1 立得如下结论。

**定理 1.7.2**　若独立增量过程 $\{X(t), t\geqslant 0\}$ 的 $X(0)$=0，则

$$C_X(s,t) = \sigma_X^2(\min\{s,t\})$$

特别地，再当 $m_X(t)=0$ 时，有

$$C_X(s,t) = R_X(s,t) = \sigma_X^2(\min\{s,t\})$$

3. 平稳增量过程

**定义 1.7.7**　若过程 $\{X(t), t\in T\}$ 对任意 $t_1, t_2, t_1+s, t_2+s \in T$，都有 $X(t_2)-X(t_1)$ 与 $X(t_2+s)-X(t_1+s)$ 同分布，则称 $X(t)$ 为**平稳增量过程**，或称 $X(t)$ 满足齐次性。

**注**　平稳增量过程与平稳过程是不同的两类过程。

## 三、 Markov 过程

1. Markov 过程的定义

**定义 1.7.8**　设 $\{X(t), t \in T\}$ 是一个随机过程，若对于任意正整数 $n$ 及 $t_1 < t_2 < \cdots < t_n < t \in T$ 和任意的实数 $x, x_1, x_2, \cdots, x_n$，都有

$$\begin{aligned} &P\{X(t) \leqslant x | X(t_1) = x_1, X(t_2) = x_2, \cdots, X(t_n) = x_n\} \\ =& P\{X(t) \leqslant x | X(t_n) = x_n\} \end{aligned} \tag{1.7.1}$$

则称 $\{X(t), t \in T\}$ 为 **Markov 过程**，(1.7.1) 式称为 **Markov 性或无后效性**。

若 $\{X(t), t \in T\}$ 的状态空间 $E$ 是离散状态集，Markov 过程的定义可改为：

**定义 1.7.8′**　设 $\{X(t), t \in T\}$ 是一个随机过程，若对于任意正整数 $n$ 及 $t_1 < t_2 < \cdots < t_n < t \in T$ 和任意状态 $i, i_1, i_2, \cdots, i_n \in E$，都有

$$\begin{aligned} &P\{X(t) = i | X(t_1) = i_1, X(t_2) = i_2, \cdots, X(t_n) = i_n\} \\ =& P\{X(t) = i | X(t_n) = i_n\} \end{aligned} \tag{1.7.2}$$

则称 $\{X(t), t \in T\}$ 为 **Markov 链** (简称**马链**)，(1.7.2) 式称为 Markov 性或无后效性。

如果把 $i_n$ 作为“现在”，$i_n$ 以后的时刻作为“将来”，$i_n$ 以前的时刻作为“过去”，那么 Markov 性可解释为：过程在现在状态已知的条件下，将来所处状态与过去的状态无关。这里特别强调的是，不要认为 Markov 过程将来所处状态与过去的状态没有任何关系，而是只有现在的状态知道了，过去的状态才对将来处于什么状态不起作用。

2. Markov 过程的性质

**定理 1.7.3**　若独立增量过程 $\{X(t), t \geqslant 0\}$ 的 $X(0) = 0$，则 $X(t)$ 为 Markov 过程。

**证明**　以 Markov 链为例。

对于任意正整数 $n$ 及 $t_1 < t_2 < \cdots < t_n < t \in T$，因为 $X(0) = 0$，所以有

$$\begin{aligned} &P\{X(t) = i | X(t_1) = i_1, X(t_2) = i_2, \cdots, X(t_n) = i_n\} \\ =& P\{X(t) - X(t_n) = i - i_n | X(t_1) - X(0) = i_1, \\ &X(t_2) - X(t_1) = i_2 - i_1, \cdots, X(t_n) - X(t_{n-1}) = i_n - i_{n-1}\} \\ =& P\{X(t) - X(t_n) = i - i_n\} \end{aligned}$$

又因为

$$
\begin{aligned}
& P\{X(t)=i|X(t_n)=i_n\} \\
=& P\{X(t)-X(t_n)=i-i_n|X(t_n)-X(0)=i_n\} \\
=& P\{X(t)-X(t_n)=i-i_n\}
\end{aligned}
$$

于是，有

$$
P\{X(t)=i|X(t_1)=i_1,X(t_2)=i_2,\cdots,X(t_n)=i_n\}=P\{X(t)=i|X(t_n)=i_n\}
$$

所以 $X(t)$ 为 Markov 过程。

3. Markov 过程的特例

下面介绍两种重要的独立、平稳增量过程。

1) Poisson 过程

**定义 1.7.9**　设 $X(t)(t\geqslant 0)$ 表示事件 $A$ 在 $(0,t]$ 内发生的次数，且满足：

(1) $X(0)=0$;

(2) $X(t)$ 为独立、平稳增量过程;

(3) 任取 $t>0$，有

$$
P\{X(t)=k\}=\frac{e^{-\lambda t}(\lambda t)^k}{k!},\quad k=0,1,2\cdots
$$

则称 $X(t)$ 为 **Poisson 过程**。

Poisson 过程的实际背景是考虑一类计数的随机现象。通常可理解为到服务区接受服务的“顾客”个数，这里的“顾客”可以是人，当然也可以是飞机、机床、电话呼唤或者事故等，为它们服务的“服务员”可以是人，也可以是跑道、维修工人、电话中继线或者事故分析中心等。

根据 Poisson 分布的性质和定理 1.7.2、定理 1.7.3，可得 Poisson 过程的如下性质。

**定理 1.7.4**　设 $\{X(t),t\geqslant 0\}$ 是 Poisson 过程，则

(1) $E[X(t)]=D[X(t)]=\lambda t$;

(2) $R_X(s,t)=\lambda^2 st+\lambda\min\{s,t\}$;

(3) $C_X(s,t)=\lambda\min\{s,t\}$;

(4) Poisson 过程为 Markov 链。

2) Wiener 过程

**定义 1.7.10**　设 $\{X(t),t\geqslant 0\}$ 是一个实过程，且满足：

(1) $X(0)=0$;

(2) $X(t)$ 为独立、平稳增量过程;

(3) 任取 $s,t>0$，有 $X(t)-X(s)\sim N\left(0,\sigma^2\left|t-s\right|\right)$。

则称 $X(t)$ 为 **Wiener 过程**，也叫 **Brown 运动**。特别地，当 $\sigma^2=1$ 时，$X(t)$ 为标准 **Wiener 过程**。

Wiener 过程最初用来描述物理中的 Brown 运动，就是悬浮在液体或气体中的微粒所做的不规则运动。这种不规则的运动现象由英国植物学家 Robert Brown 于 1827 年发现，并于 1905 年由 Einstein 首次给出了物理解释，1918 年由 Wiener 给出了上述数学模型。

**定理 1.7.5**　设 $\{X(t),t\geqslant 0\}$ 是 Wiener 过程，则

(1) $E[X(t)]=0, D[X(t)]=\sigma^2 t$;

(2) $R_X(s,t)=C_X(s,t)=\sigma^2\min\{s,t\}$;

(3) Wiener 过程为 Markov 过程;

(4) Wiener 过程为 Gauss 过程。

(1)—(3) 可根据正态分布的性质和定理 1.7.2、定理 1.7.3 得出，以下给出 (4) 的证明。

任取正整数 $n$ 及 $0\leqslant t_1\leqslant t_2\leqslant\cdots\leqslant t_n$，则

$$X(t_1)-X(0),\quad X(t_2)-X(t_1),\quad \cdots,\quad X(t_n)-X(t_{n-1})$$

为相互独立的正态随机变量序列。

因为

$$\begin{pmatrix} X(t_1)\\ \vdots \\ X(t_n)\end{pmatrix}=\begin{pmatrix} 1 & 0 & \cdots & 0\\ 1 & 1 & \cdots & 0\\ \vdots & \vdots & & \vdots\\ 1 & 1 & \cdots & 1\end{pmatrix}\begin{pmatrix} X(t_1)-X(0)\\ X(t_2)-X(t_1)\\ \vdots\\ X(t_n)-X(t_{n-1})\end{pmatrix}$$

而

$$\begin{pmatrix} X(t_1)-X(0)\\ X(t_2)-X(t_1)\\ \vdots\\ X(t_n)-X(t_{n-1})\end{pmatrix}\sim N\left(\begin{pmatrix}0\\0\\ \vdots\\ 0\end{pmatrix},\sigma^2\begin{pmatrix} t_1 & 0 & \cdots & 0\\ 0 & t_2-t_1 & \cdots & 0\\ \vdots & \vdots & & \vdots\\ 0 & 0 & \cdots & t_n-t_{n-1}\end{pmatrix}\right)$$

由正态随机向量的线性变换性质知，$(X(t_1),X(t_2),\cdots,X(t_n))^{\mathrm{T}}$ 服从正态分布。因此，$X(t)$ 为正态过程亦即 Gauss 过程。

Wiener 过程的上述性质决定了其具有重要的理论意义和工程应用价值。

## 习　题　1

1.1　设 $X, Y, Z$ 的联合概率密度函数为

$$f(x,y,z)=\begin{cases}\dfrac{1}{8\pi^3}(1-\sin x\sin y\sin z), & 0\leqslant x\leqslant 2\pi, 0\leqslant y\leqslant 2\pi, 0\leqslant z\leqslant 2\pi\\ 0, & \text{其他}\end{cases}$$

试证 $X, Y, Z$ 两两独立，但不相互独立。

1.2　求 $W=X+Y+Z$ 的概率密度函数，已知 $X, Y, Z$ 的联合概率密度函数为

$$f(x,y,z)=\begin{cases}6(1+x+y+z)^{-4}, & x>0, y>0, z>0\\ 0, & \text{其他}\end{cases}$$

1.3　设 $\{X_j, j\geqslant 1\}$ 是相互独立的同分布的 Bernoulli 随机变量序列，其中 $P\{X_j=1\}=p$，$P\{X_j=0\}=1-p$。令 $S_N=\sum\limits_{i=0}^{N}X_i(X_0=0)$，其中 $N$ 为与随机序列 $\{X_j\}$ 相互独立的随机变量，且服从参数为 $\lambda$ 的 Poisson 分布。证明随机变量 $S_N$ 是服从参数为 $\lambda p$ 的 Poisson 分布。

1.4　设随机变量 $X$ 和 $Y$ 独立，其中 $X$ 的概率分布律为 $P\{X=1\}=0.3$，$P\{X=2\}=0.7$，而 $Y$ 的概率密度函数为 $f(y)$，求随机变量 $U=X+Y$ 的概率密度函数 $g(u)$。

1.5　从数集 $\{1,2,\cdots,N\}$ 中等可能不放回地依次取出两个数 $X_1, X_2$，求 $P\{X_2>X_1\}$。

1.6　设随机变量 $X$ 的概率密度函数为

$$f_X(x)=\begin{cases}2e^{-2x}, & x\geqslant 0\\ 0, & x<0\end{cases}$$

求 $X$ 的特征函数。

1.7　设随机变量 $X$ 的概率密度函数为

$$f_X(x)=\frac{\alpha}{2}e^{-\alpha|x|},\quad -\infty<x<+\infty$$

其中 $\alpha>0$ 为常数，求 $X$ 的特征函数。

1.8　设随机变量 $X$ 的概率密度函数 (Cauchy 分布) 为

$$f_X(x)=\frac{\alpha}{\pi(x^2+\alpha^2)},\quad -\infty<x<+\infty$$

其中 $\alpha>0$ 为常数，

(1) 求 $X$ 的特征函数 $\varphi_X(t)$；

(2) 通过 $\varphi_X(t)$ 讨论 $X$ 的均值和方差。

1.9　设随机变量 $X$ 服从均匀分布，其概率密度函数为

$$f_X(x)=\begin{cases}\dfrac{1}{\pi}, & |x|<\dfrac{\pi}{2}\\ 0, & \text{其他}\end{cases}$$

$Y=\sin X$，试用特征函数法求 $Y$ 的概率密度函数 $f_Y(y)$。

1.10 设二维随机变量 $(X,Y)$ 的特征函数为

$$\varphi_{X,Y}(u,v)=\frac{a^2}{(a-ju)(a-jv)}$$

其中 $a$ 为正常数。求 $(X,Y)$ 的概率密度函数 $f_{X,Y}(x,y)$。

1.11 用特征函数法证明：如随机变量 $X$ 和 $Y$ 对任意的非负整数 $k$ 和 $n$ 都满足 $E(X^nY^k)=E(X^n)E(Y^k)$，则 $X$ 和 $Y$ 相互独立。

1.12 设随机变量 $X_1,X_2,\cdots,X_n$ 相互独立，且分别具有概率密度函数 $f_1(x),f_2(x),\cdots,f_n(x)$，令

$$Y_1=X_1,\quad Y_2=X_1+X_2,\quad \cdots,\quad Y_n=X_1+X_2+\cdots+X_n$$

试证随机向量 $(Y_1,Y_2,\cdots,Y_n)^{\mathrm{T}}$ 的联合概率密度函数是

$$f(y_1,y_2,\cdots,y_n)=f_1(y_1)\,f_2(y_2-y_1)\cdots f_n\,(y_n-y_{n-1})$$

1.13 设 $X$ 和 $Y$ 是相互独立的随机变量，且它们均服从 $N(\mu,\sigma^2)$，试求随机变量 $U=aX+bY$ 和 $V=aX-bY$ 的相关系数以及 $U$，$V$ 的二维概率密度函数。(常数 $a$，$b$ 均为正数。)

1.14 设 $n$ 维正态随机向量 $X=(X_1,X_2,\cdots,X_n)^{\mathrm{T}}$ 各分量的均值为 0，即 $E(X_i)=0(i=1,2,\cdots n)$，它的协方差矩阵为对称阵

$$B=\begin{pmatrix}1 & 1 & 1 & \cdots & 1 & 1 & 1\\ & 2 & 2 & \cdots & 2 & 2 & 2\\ & & 3 & \cdots & 3 & 3 & 3\\ & & & \ddots & \vdots & \vdots & \vdots\\ & & & & n-2 & n-2 & n-2\\ & & & & & n-1 & n-1\\ & & & & & & n\end{pmatrix}$$

求它的概率密度函数。

1.15 设 $n$ 维正态随机向量 $X=(X_1,X_2,\cdots,X_n)^{\mathrm{T}}$ 各分量的均值为 $E(X_i)=i\ (i=1,2,\cdots,n)$，各分量间的协方差为

$$b_{m,i}=n-|m-i|,\quad m,i=1,2,\cdots,n$$

设随机变量 $Y=\sum_{i=1}^{n}X_i$，求 $Y$ 的特征函数。

1.16 设有 $n$ 维随机向量 $X=(X_1,X_2,\cdots,X_n)^{\mathrm{T}}$ 服从正态分布，各分量的均值为

$E(X_i)=a(i=1,2,\cdots,n)$，其协方差矩阵为对称阵

$$B=\begin{pmatrix} \sigma^2 & a\sigma^2 & 0 & 0 & \cdots & 0 \\ & \sigma^2 & a\sigma^2 & 0 & \cdots & 0 \\ & & \sigma^2 & a\sigma^2 & \cdots & 0 \\ & & & \ddots & & \vdots \\ & & & & & \sigma^2 \end{pmatrix}$$

试求其特征函数。

1.17 设三维正态随机向量 $X=(X_1,X_2,X_3)^{\mathrm{T}}$ 的概率密度函数为

$$f_X(x_1,x_2,x_3)=C\exp\left\{-\frac{1}{2}\left(2x_1^2-x_1x_2+x_2^2-2x_1x_3+4x_3^2\right)\right\}$$

(1) 证明：经过线性变换

$$Y=AX=\begin{pmatrix} 1 & -\frac{1}{4} & -\frac{1}{2} \\ 0 & 1 & -\frac{2}{7} \\ 0 & 0 & 1 \end{pmatrix}\begin{pmatrix} X_1 \\ X_2 \\ X_3 \end{pmatrix}$$

得随机变量 $Y=(Y_1,Y_2,Y_3)^{\mathrm{T}}$，则 $Y_1,Y_2,Y_3$ 是相互独立的随机变量；

(2) 求 $C$ 值。

1.18 设 $X_1,X_2$ 为相互独立且均服从 $N(0,1)$ 的随机变量，定义二维随机向量

$$Y^{\mathrm{T}}=(Y_1,Y_2)=\begin{cases}(X_1,|X_2|), & X_1\geqslant 0\\ (X_1,-|X_2|), & X_1<0\end{cases}$$

试证 $Y_1,Y_2$ 都服从正态分布，但 $Y$ 不服从二维正态分布。

1.19 随机变量 $X_1,X_2,\cdots,X_n$ 相互独立且同分布，其和服从正态分布。证明 $X_1,X_2,\cdots,X_n$ 的每一个随机变量都服从正态分布。

1.20 某公共汽车站停放着两辆公共汽车 $A$ 和 $B$，从 $t=1$ 开始有一个乘客到达车站，然后每隔单位时间 1 就有一乘客到达车站。设每一乘客以概率 $\frac{1}{2}$ 登上 $A$ 车，以概率 $\frac{1}{2}$ 登上 $B$ 车，各乘客登上哪一辆车是相互独立的。$X_i$ 代表 $t=i$ 时乘客登上 $A$ 车的状态，即乘客登上 $A$ 车，则 $X_i=1$，乘客登上 $B$ 车，则 $X_i=0$。于是，在不考虑公共汽车的最大载客量时，当 $t=n$ 时在 $A$ 车上的乘客数为 $Y_n=\sum\limits_{i=1}^{n}X_i, n\geqslant 1$。

(1) 求随机过程 $Y_n$ 的一维概率分布，即求 $P\{Y_n=k\}, k=0,1,2,\cdots,n$；

(2) 当任意一个公共汽车上到达 10 个乘客时，该车即开车，求 $A$ 车的出发时间 $n$ 的概率分布。

1.21　利用抛掷一枚均匀硬币的试验定义一个随机过程：

$$X(t)=\begin{cases}\cos\dfrac{\pi}{2}t, & \text{出现正面},\\ t, & \text{出现反面},\end{cases}\qquad t\in(-\infty,+\infty)$$

(1) 求 $X(t)$ 的一维分布函数 $F_X(x;1)$ 和 $F_X(x;2)$；

(2) 求 $X(t)$ 的二维分布函数 $F_X(x_1,x_2;1,2)$。

1.22　设有随机过程 $X(t)$，它的样本函数为周期性的锯齿波，周期为 $T$，图中画出了两个样本函数图。各样本函数具有同一形式的波形，其区别仅在于锯齿波的起点位置不同。设在 $t=0$ 后的第一个零值点位于 $\tau_0$，$\tau_0$ 是一个随机变量，它均匀分布在 $(0,T)$ 内。若锯齿波的幅度为 $A$，求随机过程 $X(t)$ 的一维概率密度函数。

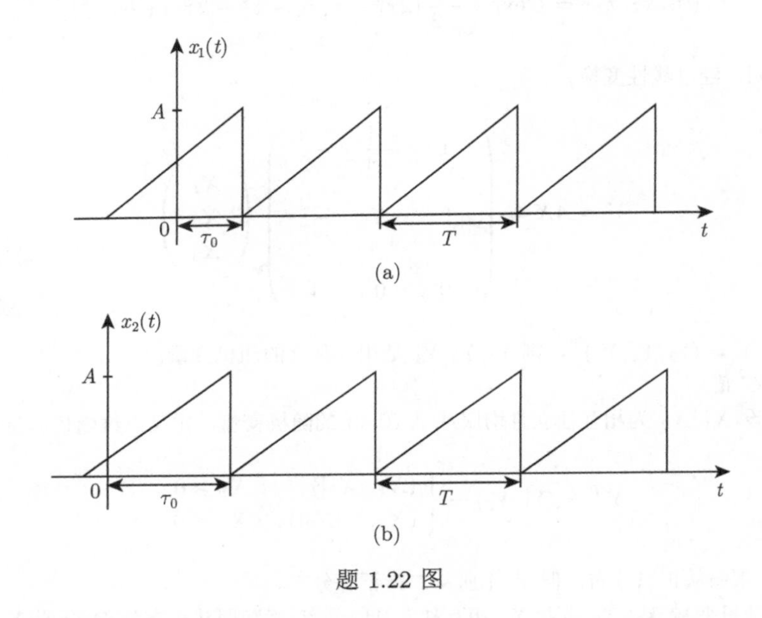


题 1.22 图

1.23　设有实随机过程 $X(t)$，并设 $x$ 是一实数，定义另一个随机过程

$$Y(t)=\begin{cases}1, & X(t)\leqslant x\\ 0, & X(t)>x\end{cases}$$

试证 $Y(t)$ 的均值函数和自相关函数分别为随机过程 $X(t)$ 的一维和二维分布函数。

1.24　设有一采用脉宽调制以传递信息的简单通信系统，脉冲的重复周期为 $T$，每一个周期传递一个值；脉冲宽度受到随机信息的调制，使每个脉冲的宽度均匀分布于 $(0,T)$ 内，而且不同周期的脉宽是相互独立的随机变量；脉冲的幅度为常数 $A$。也就是说，这个通信系统传送的信号为随机脉宽等幅度的周期信号，它是一个随机过程 $X(t)$，图中画出了它的样本函数。试求 $X(t)$ 的一维概率密度函数 $f(x;t)$。

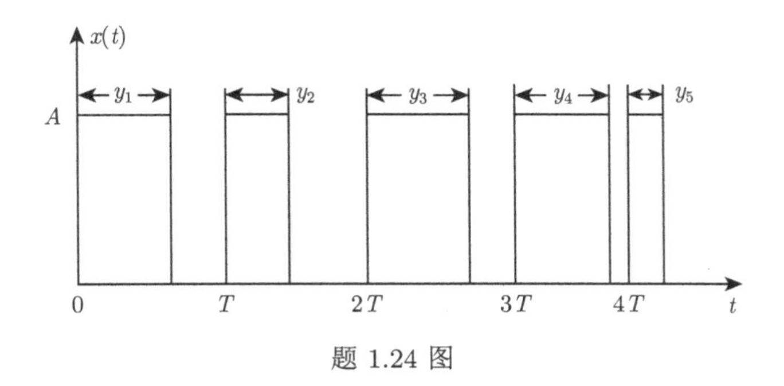


题 1.24 图

1.25 将 1.22 题中锯齿波过程做一点改动，使锯齿波的幅度 $A$ 服从 Maxwell 分布的随机变量，其概率密度函数为

$$f_A(a)=\begin{cases}\dfrac{\sqrt{2}a^2}{\alpha^3\sqrt{\pi}}\exp\left\{-\dfrac{a^2}{2\alpha^2}\right\}, & a\geqslant 0\\ 0, & a<0\end{cases}$$

其中 $\alpha$ 为正常数。图中给出一个典型的样本函数，$\tau_0$ 的定义和 1.22 题同。假设不同锯齿波的幅度 $A$ 之间相互独立。求 $X(t)$ 的一维概率密度函数 $f(x;t)$。

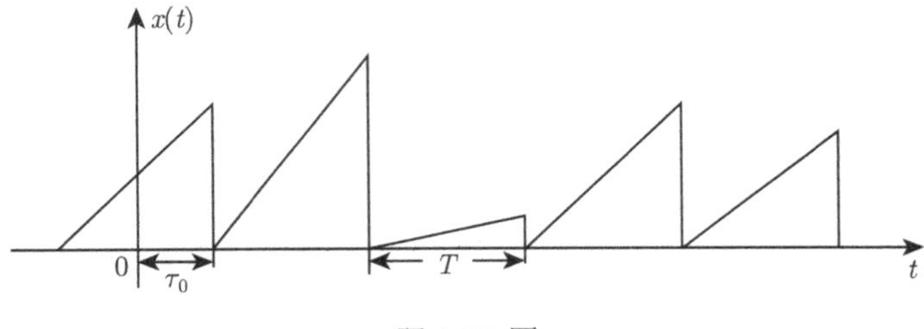


题 1.25 图

1.26 设随机过程 $X(t)$ 的均值函数为 $m_X(t)$，协方差函数为 $C_X(t_1,t_2)$，$g(t)$ 为确定性函数。求随机过程 $Y(t)=X(t)+g(t)$ 的均值函数和方差函数。

1.27 随机过程 $X(t)=A\sin(\omega t+\Theta)$，其中 $A$ 和 $\omega$ 均是正常数，$\Theta$ 是在 $(-\pi,\pi)$ 内均匀分布的随机变量，求 $Y(t)=X^2(t)$ 的自相关函数。

1.28 设有一个随机过程 $X(t)$ 作为下图所示的线性系统的输入，系统的输出为 $Y(t)$，若 $X(t)$ 的相关函数 $R_X(t_1,t_2)$ 已知，试求输出随机过程 $Y(t)$ 的相关函数。

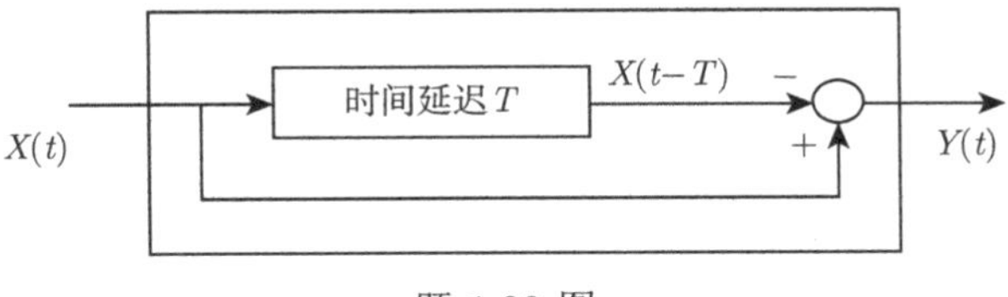


题 1.28 图

1.29 设 $\{X(t), t \in T\}$ 是一个随机电报信号，其自相关函数为 $R_X(t_1, t_2) = a^2 e^{-2b|t_1 - t_2|}$，$A$ 是与 $X(t)$ 独立的实随机变量，试求 $Y(t) = AX(t)$ 的自相关函数。

1.30 设有随机过程 $X(t) = Ag(t)$，其中 $A$ 是随机变量，$g(t)$ 是时间的确定性函数，试求 $X(t)$ 的自相关函数。

1.31 已知随机过程 $X(t)$，$Y(t)$ 的均值和自相关函数分别为 $m_X(t)$，$m_Y(t)$，$R_X(t_1, t_2)$，$R_Y(t_1, t_2)$，构造两个新的随机过程：$Z(t) = X(t) + Y(t)$，$W(t) = 2X(t) + Y(t)$，试求当两个随机过程 $X(t)$ 与 $Y(t)$

(1) 相互独立；

(2) 互相正交

时的 $R_Z(t_1, t_2), R_W(t_1, t_2), R_{ZW}(t_1, t_2), R_{WZ}(t_1, t_2)$。

1.32 设 $Y(t) = a(t)X(b(t))$，$a(t)$，$b(t)$ 均是时间 $t$ 的确定性函数，已知随机过程 $X(t)$ 的均值 $m_X(t)$ 和自相关函数 $R_X(t_1, t_2)$，求 $m_Y(t)$ 及 $R_Y(t_1, t_2)$。

1.33 设有两个随机过程 $X(t) = \cos(\omega t + \Theta), Y(t) = \sin(\omega t + \Theta)$，其中 $\omega > 0$ 为常数，$\Theta$ 是在 $(0, 2\pi)$ 区间均匀分布的随机变量，试讨论两随机过程的独立性、相关性及正交性。

1.34 设随机过程 $X(t)$ 的均值和自相关函数分别为 $m_X(t)$ 和 $R_X(t_1, t_2)$，令 $Y(t) = aX(t) + b$，其中 $a, b$ 为实常数，求 $X(t)$ 和 $Y(t)$ 的互相关函数。

1.35 已知随机变量 $X$ 和 $Y$ 的联合概率密度函数为

$$f(x, y) = \frac{1}{2\pi\sigma_1\sigma_2\sqrt{1 - r^2}} \exp\left\{-\frac{1}{2(1 - r^2)}\left(\frac{x^2}{\sigma_1^2} - \frac{2rxy}{\sigma_1\sigma_2} + \frac{y^2}{\sigma_2^2}\right)\right\}$$

证明下列各式：

(1)$E(XY) = r\sigma_1\sigma_2$；

(2)$E(X^2Y^2) = (2r^2 + 1)\sigma_1^2\sigma_2^2$。

1.36 二项式计数过程 $S_n = \sum\limits_{i=1}^{n} X_i$，$S_0 = 0$，其中 $X_i (i = 1, 2, \cdots, n)$ 是相互独立且同为参数为 $p$ 的 Bernoulli 随机变量，即 $P\{X_i = 1\} = p, P\{X_i = 0\} = 1 - p = q$，试求 $S_n$ 的均值、方差和协方差函数。

1.37 设独立增量过程 $\{X(t), t \geqslant 0\}$ 的 $X(0) = 0$，方差函数为 $\sigma_X^2(t)$。随机变量 $Z$ 服从标准正态分布，若对任意的 $t \geqslant 0$，$Z$ 与 $X(t)$ 相互独立。求随机过程 $Y(t) = X(t) + Z$ 的协方差函数。

1.38 设 Wiener 过程 $\{X(t), t \geqslant 0\}$ 的 $E[X^2(t)] = \sigma^2 t$，任取一组时刻 $0 \leqslant t_1 < t_2 < \cdots < t_N$，求 $X(t)$ 的概率密度函数 $f_X(x_1, x_2, \cdots, x_N; t_1, t_2, \cdots, t_N)$。

1.39 设 $\{X(t), t \geqslant 0\}$ 是 Wiener 过程，令 $Y(t) = e^{-\alpha t} X(e^{2\alpha t})$，其中常数 $\alpha > 0$，证明 $Y(t)$ 是宽平稳过程。

1.40 两个随机过程 $X(t), Y(t)$ 分别有

$$X(t) = U\cos\omega t + V\sin\omega t$$
$$Y(t) = Z\cos(\omega t + \Theta)$$

其中 $\omega > 0$ 为常数，随机变量 $U$，$V$ 相互独立且均服从正态分布 $N(0, \sigma^2)$，$Z$，$\Theta$ 为相互独

立的随机变量，$\Theta$ 均匀分布在 $[0,2\pi]$ 上，$Z$ 服从瑞利 (Rayleigh) 分布，其概率密度函数为

$$f(z)=\begin{cases}\dfrac{z}{\sigma^2}e^{-z^2/2\sigma^2}, & z>0\\ 0, & z\leqslant 0\end{cases}$$

证明 $X(t),Y(t)$ 具有完全相同的有限维分布。

1.41 设 $\{W(t),t\geqslant 0\}$ 为 Wiener 过程，$a>0$ 为常数，求下列随机过程的协方差函数：

(1) $W(t+a)-W(a)$；

(2) $W(t+a)-W(t)$；

(3) $W^2(t)$。

1.42 设 $X,Y$ 是相互独立且均服从 $N\left(0,\dfrac{1}{2}\right)$ 的随机变量，求 $E(|X-Y|)$。

# 第二章 Poisson 过程

Poisson 过程是一类较为简单但却非常重要的过程，它在天文学、物理学、生物学、排队论以及可靠性理论等领域都有着广泛的应用，我们在第一章中曾作了简单介绍，本章将对它的性质展开讨论。

## 第一节 Poisson 过程的概念

### 一、计数过程

在现实生活和工程实践中，经常遇到关于随机事件流的计数问题，这就是下面要定义的计数过程。

**定义 2.1.1** 称随机过程 $\{N(t), t \geqslant 0\}$ 为**计数过程**，若 $N(t)$ 表示事件 $A$ 在 $(0, t]$ 内发生的次数，且 $N(t)$ 满足下列条件：

(1) $N(t) \geqslant 0, N(0) = 0$；

(2) 若 $s < t$，则 $N(s) \leqslant N(t)$；

(3) 当 $s < t$ 时，$N(t) - N(s)$ 表示事件 $A$ 在 $(s, t]$ 内发生的次数。

Poisson 过程是最重要的一类计数过程。

### 二、Poisson 过程的等价定义

在第一章我们曾对 Poisson 过程作过如下定义。

**定义 1.7.9** 设 $X(t)(t \geqslant 0)$ 表示事件 $A$ 在 $(0, t]$ 内发生的次数，且满足：

(1) $X(0) = 0$；

(2) $X(t)$ 为独立、平稳增量过程；

(3) 任取 $t > 0$，有

$$P\{X(t) = k\} = \frac{e^{-\lambda t}(\lambda t)^k}{k!}, \quad k = 0, 1, 2 \cdots$$

则称 $X(t)$ 为 **Poisson 过程**。

利用计数过程还可对 Poisson 过程给出如下新定义。

**定义 2.1.2** 称计数过程 $\{X(t), t \geqslant 0\}$ 为具有参数 $\lambda$ 的 Poisson 过程，若满足下列条件：

(1) $X(t)$ 为独立、平稳增量过程；

(2) $X(t)$ 对于充分小的正数 $h$，有

$$P\{X(h)=1\}=\lambda h+o(h),\quad P\{X(h)=0\}=1-\lambda h+o(h) \tag{2.1.1}$$

参数 $\lambda$ 也称为 Poisson 过程的**强度**或**到达率**。条件 (2) 说明，在一个充分小的时间间隔内，随机事件至多发生一次。这种假设在通常情况下是能够满足的，因此也称该条件为普通性条件。

**定理 2.1.1** Poisson 过程的两定义等价。

**证明** 因为两定义都满足 $X(0)=0$ 和独立、平稳增量条件，所以只需证最后一条可相互替代即可。

(1) 证定义 1.7.9 $\Rightarrow$ 定义 2.1.2。

$$P\{X(h)=1\}=\frac{(\lambda h)^1e^{-\lambda h}}{1!}=\lambda h(1-\lambda h+o(h))=\lambda h+o(h)$$

同理

$$P\{X(h)=0\}=1-\lambda h+o(h)$$

(2) 证定义 2.1.2 $\Rightarrow$ 定义 1.7.9。

令 $p_k(t)=P\{X(t)=k\},k=0,1,2,\cdots$，则

$$\begin{aligned}p_0(t+h)&=P\{X(t+h)=0\}=P\{X(t+h)-X(0)=0\}\\&=P\{X(t)-X(0)=0,X(t+h)-X(t)=0\}\\&=P\{X(t)-X(0)=0\}P\{X(t+h)-X(t)=0\}\\&=P\{X(t)=0\}P\{X(t+h)-X(t)=0\}\\&=P\{X(t)=0\}P\{X(h)=0\}\\&=p_0(t)[1-\lambda h+o(h)]=p_0(t)-\lambda hp_0(t)+o(h)\end{aligned}$$

故

$$\frac{p_0(t+h)-p_0(t)}{h}=-\lambda p_0(t)+\frac{o(h)}{h}$$

令 $h\to 0$，得

$$p_0'(t)=-\lambda p_0(t)$$

解此微分方程，再考虑到初始条件 $p_0(0)=P\{X(0)=0\}=1$，可得

$$p_0(t)=e^{-\lambda t}$$

同理，有

$$p_k(t+h) = P\{X(t+h) = k\} = P\{X(t+h) - X(0) = k\}$$

由全概率公式，得

$$\begin{aligned} p_k(t+h) &= \sum_{i=0}^{k} P\{X(t) - X(0) = i\} P\{X(t+h) - X(0) = k | X(t) - X(0) = i\} \\ &= \sum_{i=0}^{k} P\{X(t) - X(0) = i\} \\ &\quad \times P\{X(t) - X(0) = i, X(t+h) - X(t) = k - i | X(t) - X(0) = i\} \end{aligned}$$

由独立、平稳增量性，得

$$\begin{aligned} p_k(t+h) &= \sum_{i=0}^{k} P\{X(t) - X(0) = i\} P\{X(t+h) - X(t) = k - i\} \\ &= \sum_{i=0}^{k} P\{X(t) - X(0) = i\} P\{X(h) - X(0) = k - i\} \\ &= \sum_{i=0}^{k-2} P\{X(t) = i\} P\{X(h) = k - i\} \\ &\quad + \sum_{i=k-1}^{k} P\{X(t) = i\} P\{X(h) = k - i\} \\ &= o(h) + P\{X(t) = k-1\} P\{X(h) = 1\} \\ &\quad + P\{X(t) = k\} P\{X(h) = 0\} \\ &= p_{k-1}(t)[\lambda h + o(h)] + p_k(t)[1 - \lambda h + o(h)] + o(h) \\ &= \lambda h p_{k-1}(t) + (1 - \lambda h) p_k(t) + o(h) \end{aligned}$$

故

$$\frac{p_k(t+h) - p_k(t)}{h} = -\lambda p_k(t) + \lambda p_{k-1}(t) + \frac{o(h)}{h}$$

令 $h \to 0$，得

$$p_k'(t) = -\lambda p_k(t) + \lambda p_{k-1}(t) \tag{2.1.2}$$

以下用数学归纳法证明

$$p_k(t)=\frac{e^{-\lambda t}(\lambda t)^k}{k!},\quad k=0,1,2\cdots$$

(1) 当 $k$=0 时，$p_0(t)=e^{-\lambda t}$ 前面已证出。

(2) 假设 $k-1(k\geqslant 1)$ 时，有 $p_{k-1}(t)=\dfrac{e^{-\lambda t}(\lambda t)^{k-1}}{(k-1)!}$ 成立，以下证明 $p_k(t)=\dfrac{e^{-\lambda t}(\lambda t)^k}{k!}$ 也成立。

把 $p_{k-1}(t)=\dfrac{e^{-\lambda t}(\lambda t)^{k-1}}{(k-1)!}$ 代入式 (2.1.2)，得

$$p_k'(t)=-\lambda p_k(t)+\lambda\frac{e^{-\lambda t}(\lambda t)^{k-1}}{(k-1)!}$$

解此一阶线性常系数非齐次微分方程，得

$$p_k(t)=e^{-\lambda t}\left[\int\lambda\frac{e^{-\lambda t}(\lambda t)^{k-1}}{(k-1)!}e^{\lambda t}\mathrm{d}t+c\right]=e^{-\lambda t}\left[\frac{(\lambda t)^k}{k!}+c\right]$$

因为 $P\{X(0)=0\}=1$，所以 $p_k(0)=P\{X(0)=k\}=0\,(k\geqslant 1)$，代入上式，可求得 $c=0$。故

$$p_k(t)=\frac{e^{-\lambda t}(\lambda t)^k}{k!}$$

综上所述两定义等价。

# 第二节　Poisson 过程的基本性质

## 一、 Poisson 过程的数字特征

在第一章的定理 1.7.4 中，我们给出了 Poisson 过程的如下数字特征：

(1) $E[X(t)]=D[X(t)]=\lambda t$;

(2) $R_X(s,t)=\lambda^2 st+\lambda\min\{s,t\}$;

(3) $C_X(s,t)=\lambda\min\{s,t\}$。

此外，Poisson 过程还有其他一些丰富性质。

## 二、 Poisson 过程与指数分布的关系

首先复习两个常见的分布。

1. 指数分布

若 $\xi \sim E(\lambda)$，则概率密度函数为

$$f(t)=\begin{cases}\lambda e^{-\lambda t}, & t\geqslant 0\\ 0, & t<0\end{cases} \tag{2.2.1}$$

分布函数为

$$F(t)=P\{\xi\leqslant t\}=\begin{cases}1-e^{-\lambda t}, & t\geqslant 0\\ 0, & t<0\end{cases} \tag{2.2.2}$$

因而，有

$$P\{\xi>t\}=\begin{cases}e^{-\lambda t}, & t\geqslant 0,\\ 1, & t<0\end{cases} \Leftrightarrow \xi\sim E(\lambda) \tag{2.2.3}$$

2. Erlang 分布

若随机变量序列 $\xi_1,\xi_2,\cdots,\xi_n$ 独立同分布，且 $\xi_i\sim E(\lambda), i=1,2,\cdots,n$, 则称随机变量 $\xi=\sum\limits_{i=1}^{n}\xi_i$ 服从参数为 $\lambda$ 的 $n$ 阶 Erlang 分布，其概率密度函数为

$$f(t)=\begin{cases}\lambda\dfrac{(\lambda t)^{n-1}}{(n-1)!}e^{-\lambda t}, & t\geqslant 0\\ 0, & t<0\end{cases} \tag{2.2.4}$$

分布函数为

$$F(t)=\begin{cases}\displaystyle\sum_{k=n}^{+\infty}\frac{(\lambda t)^k}{k!}e^{-\lambda t}=1-\sum_{k=0}^{n-1}\frac{(\lambda t)^k}{k!}e^{-\lambda t}, & t\geqslant 0\\ 0, & t<0\end{cases} \tag{2.2.5}$$

下面利用 Erlang 分布与 Poisson 分布和指数分布的关系，来搭建 Poisson 过程与指数分布的关系。

设 $\{X(t),t\geqslant 0\}$ 为计数过程，$X(t)$ 表示事件 $A$ 在 $(0,t]$ 内的发生次数。$W_n$ 表示事件 $A$ 第 $n$ 次发生的时刻，$T_n$ 为事件 $A$ 第 $n-1$ 次与第 $n$ 次发生的时间间隔，即 $T_n=W_n-W_{n-1}$(令 $W_0=0$)。

**定理 2.2.1**　计数过程 $X(t)$ 是参数为 $\lambda$ 的 Poisson 过程的充要条件是随机事件发生的时间间隔序列 $T_1,T_2,\cdots$ 独立同服从参数为 $\lambda$ 的指数分布。

**证明　充分性**　由条件知 $X(t)$ 具有独立、平稳增量性，且 $X(0)=0$，又因为 $T_i \sim E(\lambda), i=1,2,\cdots$，所以 $W_n = T_1+T_2+\cdots+T_n$ 服从参数为 $\lambda$ 的 $n$ 阶 Erlang 分布。于是，有

$$
\begin{aligned}
P\{X(t)=n\} &= P\{W_n \leqslant t, W_{n+1}>t\} = P\{W_n \leqslant t\} - P\{W_{n+1} \leqslant t\} \\
&= \left(1-\sum_{k=0}^{n-1}\frac{(\lambda t)^k}{k!}e^{-\lambda t}\right) - \left(1-\sum_{k=0}^{n}\frac{(\lambda t)^k}{k!}e^{-\lambda t}\right) = \frac{(\lambda t)^n}{n!}e^{-\lambda t}
\end{aligned}
$$

所以，$X(t)$ 是参数为 $\lambda$ 的 Poisson 过程。

**必要性**　1° 对任意实数 $t$，当 $t<0$ 时，$P\{T_1>t\}=1$，当 $t \geqslant 0$ 时，

$$
P\{T_1>t\} = P\{X(t)-X(0)=0\} = P\{X(t)=0\} = e^{-\lambda t}
$$

故

$$
T_1 \sim E(\lambda)
$$

2°　对任意正实数 $s,t$，因为

$$
P\left\{T_2>t|T_1=s\right\} = P\{\text{在}(s,s+t]\text{内事件}A\text{发生零次}|T_1=s\}
$$

又因为 $X(t)$ 具有独立、平稳增量性，所以该条件概率等于

$$
P\{X(s+t)-X(s)=0\} = P\{X(t)-X(0)=0\} = P\{X(t)=0\} = e^{-\lambda t}
$$

可见，$P\{T_2>t|T_1=s\}=e^{-\lambda t}$ 与 $s$ 无关，所以 $T_2$ 与 $T_1$ 独立。于是，有

$$
P\{T_2>t|T_1=s\} = P\{T_2>t\} = e^{-\lambda t}
$$

综上，有 $T_2$ 与 $T_1$ 独立且也服从 $E(\lambda)$。

同理可证 $T_n$ 与 $T_1,T_2,\cdots,T_{n-1}$ 独立且同服从 $E(\lambda)$，即若假设 $T_1,T_2,\cdots,T_{n-1}$ 独立且同服从 $E(\lambda)$，则也有 $T_1,T_2,\cdots,T_n$ 独立且同服从 $E(\lambda)$，由数学归纳法知 $T_1,T_2,\cdots$ 相互独立且都服从 $E(\lambda)$。

**注**　当随机事件发生的时间间隔序列 $T_1,T_2,\cdots$ 独立且同服从于一个一般分布时，计数过程 $X(t)$ 称为更新过程 (见本章第六节)。可见，Poisson 过程是一种特殊的更新过程。

为了直观简明表述 Poisson 过程随机事件发生时间的内在规律，我们后面都采用排队论对随机事件的称呼，称随机发生的事件为顾客，称随机事件发生的时间为顾客到达时间。于是，$W_n$ 表示第 $n$ 个顾客到达的时刻，$T_n$ 为第 $n-1$ 个顾客与第 $n$ 个顾客到达时刻的时间间隔，即 $T_n=W_n-W_{n-1}$，也称表述这些顾客到达规律的 Poisson 过程为 Poisson 流。

## 三、 到达时间的分布

由定理 2.2.1 和 $n$ 阶 Erlang 分布的概率密度函数可推得 Poisson 过程的顾客到达时间分布。

**定理 2.2.2** 设 $X(t)$ 是参数为 $\lambda$ 的 Poisson 过程，则第 $n$ 个顾客到达时刻 $W_n$ 服从 $n$ 阶 Erlang 分布，其概率密度函数为

$$f_{W_n}(t)=\begin{cases}\lambda\dfrac{(\lambda t)^{n-1}}{(n-1)!}e^{-\lambda t}, & t\geqslant 0\\ 0, & t<0\end{cases}\tag{2.2.6}$$

## 四、 到达时间的条件分布

已知 $X(t)$ 是参数为 $\lambda$ 的 Poisson 过程，设 $0\leqslant s\leqslant t$，则

$$\begin{aligned}P\{W_1\leqslant s|X(t)=1\}&=\frac{P\{W_1\leqslant s,X(t)=1\}}{P\{X(t)=1\}}\\&=\frac{P\{X(s)-X(0)=1,X(t)-X(s)=0\}}{P\{X(t)=1\}}\\&=\frac{P\{X(s)=1\}P\{X(t-s)=0\}}{P\{X(t)=1\}}=\frac{\lambda se^{-\lambda s}e^{-\lambda(t-s)}}{\lambda te^{-\lambda t}}=\frac{s}{t}\end{aligned}$$

于是，有下面结论成立。

**定理 2.2.3** 设 $X(t)$ 是参数为 $\lambda$ 的 Poisson 过程，已知 $X(t)=1$，则第一个顾客的到达时间服从 $[0,t]$ 上的均匀分布。

该定理的结论可推广至一般情况。

**定理 2.2.4** 设 $X(t)$ 是参数为 $\lambda$ 的 Poisson 过程，已知 $X(t)=n$，则这 $n$ 个顾客的到达时间 $W_1<W_2<\cdots<W_n$ 的联合分布与 $n$ 个相互独立且服从 $U[0,t]$ 的随机变量顺序统计量的联合分布相同，其联合概率函数为

$$f(t_1,t_2,\cdots,t_n)=\begin{cases}\dfrac{n!}{t^n}, & 0\leqslant t_1<t_2<\cdots<t_n\leqslant t\\ 0, & \text{其他}\end{cases}\tag{2.2.7}$$

**证明** 在已知 $X(t)=n$ 的条件下，给定 $0\leqslant t_1<t_2<\cdots<t_n<t_{n+1}=t$ 及充分小的正数 $h_i$，使得 $t_i+h_i<t_{i+1},i=1,2,\cdots,n$，考虑这 $n$ 个顾客到达时间 $W_1<W_2<\cdots<W_n$ 的联合分布函数的全增量为

$$P\{t_1<W_1<t_1+h_1,\cdots,t_n<W_n<t_n+h_{n+1}|X(t)=n\}$$

$$=\frac{P\{\text{每一}(t_i,t_i+h_i]\text{中事件只发生一次，其余时间无事件发生}\}}{P\{X(t)=n\}}$$

$$=\frac{\lambda h_1 e^{-\lambda h_1}\cdots\lambda h_n e^{-\lambda h_n}e^{-\lambda(t-h_1-\cdots-h_n)}}{(\lambda t)^n e^{-\lambda t}/n!}=\frac{n!h_1\cdots h_n}{t^n}$$

所以

$$\frac{P\{t_1<W_1<t_1+h_1,\cdots,t_n<W_n<t_n+h_{n+1}|X(t)=n\}}{h_1\cdots h_n}=\frac{n!}{t^n}$$

令 $h_i\to 0, i=1,2,\cdots,n$，则有 $W_1,W_2,\cdots,W_n$ 的联合概率密度函数为

$$f(t_1,t_2,\cdots,t_n)=\begin{cases}\dfrac{n!}{t^n}, & 0\leqslant t_1<t_2<\cdots<t_n\leqslant t\\ 0, & \text{其他}\end{cases}$$

由定理 2.2.4 知，$E\left(\sum\limits_{i=1}^{n}W_i\right)=\dfrac{nt}{2}$。

**例 2.2.1**　设 $N(t)$ 是参数为 $\lambda$ 的 Poisson 过程，$0<t_1<t_2<t$，$0\leqslant k\leqslant n$，试求

$$P\{N(t_2)-N(t_1)=k|N(t)=n\}$$

**解**　$P\{N(t_2)-N(t_1)=k|N(t)=n\}$

$$=\sum_{i=0}^{n-k}\frac{P\{N(t_1)=i\}P\{N(t_2-t_1)=k\}P\{N(t-t_2)=n-i-k\}}{P\{N(t)=n\}}$$

$$=\left(\sum_{i=0}^{n-k}\frac{(\lambda t_1)^i e^{-\lambda t_1}}{i!}\cdot\frac{[\lambda(t-t_2)]^{n-k-i}e^{-[\lambda(t-t_2)]}}{(n-k-i)!}\right)$$

$$\cdot\frac{[\lambda(t_2-t_1)]^k e^{-[\lambda(t_2-t_1)]}}{k!}\Bigg/\frac{(\lambda t)^n e^{-\lambda t}}{n!}$$

$$=\frac{[\lambda(t-t_2+t_1)]^{n-k}}{(n-k)!}\cdot\frac{[\lambda(t_2-t_1)]^k}{(\lambda t)^n}\cdot\frac{n!}{k!}$$

$$=\mathrm{C}_n^k\left(\frac{t_2-t_1}{t}\right)^k\left(1-\frac{t_2-t_1}{t}\right)^{n-k}$$

**例 2.2.2**　设 $X(t)$ 是参数为 $\lambda$ 的 Poisson 过程，$k\leqslant n$，求在 $X(t)=n$ 的条件下，$W_k$ 的条件概率密度函数。

**解** 设 $0 \leqslant s < s+h \leqslant t$，则

$$
\begin{aligned}
&P\{W_k \in (s, s+h] | X(t) = n\} \\
&= \frac{(\lambda s)^{k-1} e^{-\lambda s}}{(k-1)!} \cdot \frac{(\lambda h)^1 e^{-\lambda h}}{1!} \cdot \frac{[\lambda(t-s-h)]^{n-k} e^{-[\lambda(t-s-h)]}}{(n-k)!} \Bigg/ \frac{(\lambda t)^n e^{-\lambda t}}{n!} \\
&= \frac{n!}{(k-1)!(n-k)!} \cdot \frac{h}{t} \cdot \left(\frac{s}{t}\right)^{k-1} \cdot \left(\frac{t-s-h}{t}\right)^{n-k} \\
&= \frac{n!}{(k-1)!(n-k)!} \cdot \frac{s^{k-1}(t-s)^{n-k}}{t^n} h + o(h)
\end{aligned}
$$

所以

$$
\frac{P\{W_k \in (s, s+h] | X(t) = n\}}{h} = \frac{n!}{(k-1)!(n-k)!} \cdot \frac{s^{k-1}(t-s)^{n-k}}{t^n} + \frac{o(h)}{h}
$$

令 $h \to 0$，则 $W_k$ 的条件概率密度函数为

$$
f(s) = \frac{n!}{(k-1)!(n-k)!} \cdot \frac{s^{k-1}(t-s)^{n-k}}{t^n} = \mathrm{C}_n^1 \frac{1}{t} \mathrm{C}_{n-1}^{k-1} \left(\frac{s}{t}\right)^{k-1} \left(1 - \frac{s}{t}\right)^{n-k}
$$

**例 2.2.3** 假设从零时起，乘客按参数为 $\lambda$ 的 Poisson 过程来到车站等候汽车。若首班车在 $t$ 时刻出发，且此时已到达车站的乘客全部上车。求在 $(0, t]$ 内到达的乘客等待时间总和的数学期望。

**解** 设 $X(t)$ 为在 $(0, t]$ 内到达的乘客数，$W_i$ 是第 $i$ 个乘客到达车站的时刻。考虑到 $X(t)$ 也有为零的可能，此时的等待时间为零。于是，在 $(0, t]$ 内到达的乘客等待时间总和记为

$$
W = \sum_{i=0}^{X(t)} (t - W_i)
$$

这里，规定 $t - W_0 = 0$。因为顾客的到达时间 $W_1 < W_2 < \cdots < W_{X(t)}$ 的联合分布与 $X(t)$ 个相互独立且服从 $U[0, t]$ 的随机变量顺序统计量的联合分布相同，所以

$$
\begin{aligned}
E(W) &= E\left[\sum_{i=0}^{X(t)} (t - W_i)\right] \\
&= \sum_{n=0}^{+\infty} P\{X(t) = n\} E\left[\sum_{i=0}^{X(t)} (t - W_i) \middle| X(t) = n\right]
\end{aligned}
$$

$$
\begin{aligned}
&= 0 + \sum_{n=1}^{+\infty} P\{X(t)=n\} E\left[\sum_{i=1}^{n}(t-W_i)\middle| X(t)=n\right] \\
&= \sum_{n=1}^{+\infty} P\{X(t)=n\} E\left[\sum_{i=1}^{n}(t-W_i)\right] \\
&= \sum_{n=1}^{+\infty} P\{X(t)=n\} E\left(nt-\sum_{i=1}^{n}W_i\right) \\
&= \sum_{n=1}^{+\infty} P\{X(t)=n\} \left[nt-E\left(\sum_{i=1}^{n}W_i\right)\right] \\
&= \sum_{n=1}^{+\infty} \left[P\{X(t)=n\}\left(nt-\frac{nt}{2}\right)\right] = \sum_{n=1}^{+\infty}\left[P\{X(t)=n\}\frac{nt}{2}\right] \\
&= \frac{t}{2}\sum_{n=1}^{+\infty} nP\{X(t)=n\} = \frac{t}{2}\sum_{n=0}^{+\infty} nP\{X(t)=n\} \\
&= \frac{t}{2}E[X(t)] = \frac{\lambda t^2}{2}
\end{aligned}
$$

# 第三节　Poisson 过程的合成与分解

## 一、 Poisson 过程的合成

**定理 2.3.1**　设 $X_1(t)$ 与 $X_2(t)$ 是参数为 $\lambda_1$ 和 $\lambda_2$ 的 Poisson 过程，若 $X_1(t)$ 与 $X_2(t)$ 独立，则 $X(t)=X_1(t)+X_2(t)$ 是参数为 $\lambda=\lambda_1+\lambda_2$ 的 Poisson 过程。

**证明**　因 $X_1(t)$ 与 $X_2(t)$ 是相互独立的 Poisson 过程，所以 $X(t)$ 也满足: (1) $X(0)=0$；(2) $X(t)$ 为独立、平稳增量过程。又因为

$$
\begin{aligned}
&P\{X_1(t)+X_2(t)=k\} \\
&= \sum_{i=0}^{k} P\{X_1(t)=i\}P\{X_1(t)+X_2(t)=k|X_1(t)=i\} \\
&= \sum_{i=0}^{k} P\{X_1(t)=i\}P\{X_2(t)=k-i|X_1(t)=i\} \\
&= \sum_{i=0}^{k} P\{X_1(t)=i\}P\{X_2(t)=k-i\}
\end{aligned}
$$

$$= \sum_{i=0}^{k} P\{X_1(t)=i\}P\{X_2(t)=k-i\}$$

$$= \frac{1}{k!}\sum_{i=0}^{k} \mathrm{C}_k^i(\lambda_1 t)^i(\lambda_2 t)^{k-i}e^{-(\lambda_1+\lambda_2)t}$$

$$= \frac{((\lambda_1+\lambda_2)t)^k e^{-(\lambda_1+\lambda_2)t}}{k!} = \frac{(\lambda t)^k e^{-\lambda t}}{k!}$$

所以 $X(t)=X_1(t)+X_2(t)$ 是参数为 $\lambda=\lambda_1+\lambda_2$ 的 Poisson 过程。

这个结论可推广至 $n$ 个 Poisson 过程的合成。

## 二、 Poisson 过程的分解

**定理 2.3.2** 设在 $[0,t]$ 内到达总系统的顾客数 $N(t)$ 是参数为 $\lambda$ 的 Poisson 过程，到达总系统的顾客分别以概率 $p$ 和 $q=1-p$ 进入分支系统 1 和分支系统 2，则在 $[0,t]$ 内进入分支系统 1 和分支系统 2 的顾客数 $X(t)$ 和 $Y(t)$，是相互独立且参数分别为 $p\lambda$ 和 $q\lambda$ 的 Poisson 过程。

**证明** (1) 因 $N(0)=0$，所以 $X(0)=0, Y(0)=0$。

(2) 因为

$$P\{X(s+t)-X(s)=k\}$$

$$= \sum_{n=k}^{+\infty} P\{N(s+t)-N(s)=n\}P\{X(s+t)-X(s)=k|N(s+t)-N(s)=n\}$$

$$= \sum_{n=k}^{+\infty} \frac{(\lambda t)^n e^{-\lambda t}}{n!}\mathrm{C}_n^k p^k q^{n-k} = \frac{p^k e^{-\lambda t}}{k!}\sum_{n=k}^{+\infty}\frac{(\lambda t)^{n-k}q^{n-k}}{(n-k)!}(\lambda t)^k$$

$$= \frac{(\lambda p t)^k e^{-\lambda t}}{k!}e^{\lambda q t} = \frac{(\lambda p t)^k e^{-\lambda p t}}{k!}$$

与 $s$ 无关，所以 $X(t)$ 具有平稳增量性，且

$$P\{X(t)=k\} = \frac{(\lambda p t)^k e^{-\lambda p t}}{k!}$$

又因 $N(t)$ 具有独立增量性，易知 $X(t)$ 也具有独立增量性。综上 (1) 和 (2) 可知，$X(t)$ 是参数为 $p\lambda$ 的 Poisson 过程。

同理可证 $Y(t)$ 是参数为 $q\lambda$ 的 Poisson 过程。

(3) 任取 $m,n\in E$，因为

$$P\{X(t)=m, Y(t)=n\} = P\{X(t)=m, N(t)=m+n\}$$

$$
\begin{aligned}
&= P\{N(t)=m+n\}P\{X(t)=m|N(t)=m+n\}\\
&= \frac{(\lambda t)^{m+n}e^{-\lambda t}}{(m+n)!}\mathrm{C}_{m+n}^{m}p^m q^n = \frac{(\lambda pt)^m e^{-\lambda pt}}{m!}\cdot\frac{(\lambda qt)^n e^{-\lambda qt}}{n!}\\
&= P\{X(t)=m\}\cdot P\{Y(t)=n\}
\end{aligned}
$$

所以，$X(t)$ 和 $Y(t)$ 在同一时刻独立。据此再利用特征函数可证得 $X(t)$ 和 $Y(t)$ 两个过程独立 (略)。

**例 2.3.1** 设 $N_1(t)$ 与 $N_2(t)$ 分别是参数为 $\lambda_1$ 和 $\lambda_2$ 的相互独立的 Poisson 过程，$W_k^{(i)}(i=1,2)$ 为 $N_i(t)$ 的第 $k$ 次事件发生的时刻，求 $P\{W_k^{(1)}<W_1^{(2)}\}$。

**解法一** 采用全概率公式法

$$
\begin{aligned}
&P\{W_k^{(1)}<W_1^{(2)}\}\\
&=\int_0^{+\infty}P\{W_k^{(1)}<W_1^{(2)}|W_k^{(1)}=x\}f_{W_k^{(1)}}(x)\mathrm{d}x\\
&=\int_0^{+\infty}e^{-\lambda_2 x}\lambda_1\frac{(\lambda_1 x)^{k-1}}{(k-1)!}e^{-\lambda_1 x}\mathrm{d}x\\
&=\frac{\lambda_1^k}{(k-1)!}\int_0^{+\infty}x^{k-1}e^{-(\lambda_1+\lambda_2)x}\mathrm{d}x\\
&=\frac{\lambda_1^k}{(k-1)!}\frac{k-1}{\lambda_1+\lambda_2}\int_0^{+\infty}x^{k-2}e^{-(\lambda_1+\lambda_2)x}\mathrm{d}x=\cdots\\
&=\frac{\lambda_1^k}{(k-1)!}\frac{(k-1)!}{(\lambda_1+\lambda_2)^{k-1}}\int_0^{+\infty}e^{-(\lambda_1+\lambda_2)x}\mathrm{d}x\\
&=\frac{\lambda_1^k}{(k-1)!}\frac{(k-1)!}{(\lambda_1+\lambda_2)^{k}}=\left(\frac{\lambda_1}{\lambda_1+\lambda_2}\right)^k
\end{aligned}
$$

**说明** 若用

$$
\begin{aligned}
&P\{W_k^{(1)}<W_1^{(2)}\}\\
&=\int_0^{+\infty}P\{W_k^{(1)}<W_1^{(2)}|W_1^{(2)}=x\}f_{W_1^{(2)}}(x)\mathrm{d}x\\
&=\int_0^{+\infty}P\{W_k^{(1)}<x\}\lambda_2 e^{-\lambda_2 x}\mathrm{d}x=\cdots
\end{aligned}
$$

计算也可以，但计算较繁琐，这如同在计算重积分时，化为累次积分一定要注意积分次序是一样的。

**解法二** 采用 Poisson 流合成法。

因 $N_1(t)$ 与 $N_2(t)$ 是参数为 $\lambda_1$ 和 $\lambda_2$ 的相互独立的 Poisson 流，由定理 2.3.1 知，将两支 Poisson 流合成后形成的顾客流 $N(t) = N_1(t) + N_2(t)$ 是参数为 $\lambda = \lambda_1 + \lambda_2$ 的 Poisson 流。因为 Poisson 流的参数就是顾客到达的速率，所以到达 $N(t)$ 的顾客为分别以概率 $p = \dfrac{\lambda_1}{\lambda}$ 和 $q = \dfrac{\lambda_2}{\lambda}$ 来自 $N_1(t)$ 和 $N_2(t)$ 的顾客，事件 $\{W_k^{(1)} < W_1^{(2)}\}$ 表示合成顾客流的前 $k$ 个顾客均来自 $N_1(t)$。根据 Poisson 过程的性质知，顾客的到达时间间隔相互独立且均服从同一分布，所以 $N(t)$ 的每一次顾客到达可看作一次 Bernoulli 试验，可能的结果有两个：要么来自 $N_1(t)$，要么来自 $N_2(t)$，概率分别为 $p = \dfrac{\lambda_1}{\lambda}$ 和 $q = \dfrac{\lambda_2}{\lambda}$。于是，前 $k$ 个顾客均来自 $N_1(t)$ 的概率为 $p^k$，即

$$P\{W_k^{(1)} < W_1^{(2)}\} = \left(\frac{\lambda_1}{\lambda_1 + \lambda_2}\right)^k$$

## 第四节 非齐次 Poisson 过程

Poisson 过程具有的平稳增量性即齐次性，在很多情况下是不满足的，如通过某路口的机动车数量，就有上下班时的高峰时段和深夜的低谷时段，非齐次 Poisson 过程就是一种不满足齐次性但仍具有独立增量性的计数过程，它是 Poisson 过程的推广。

**定义 2.4.1** 称计数过程 $\{X(t), t \geqslant 0\}$ 为具有强度函数 $\lambda(t)$ 的**非齐次 Poisson 过程**，若满足下列条件：

(1) $X(t)$ 为独立增量过程；

(2) $X(t)$ 对于充分小的正数 $h$，有

$$\begin{aligned} &P\{X(t+h) - X(t) = 1\} = \lambda(t)h + o(h) \\ &P\{X(t+h) - X(t) \geqslant 2\} = o(h) \end{aligned} \tag{2.4.1}$$

**定理 2.4.1** 对于非齐次 Poisson 过程 $\{X(t), t \geqslant 0\}$，定义 $m(t) = \displaystyle\int_0^t \lambda(\tau)\mathrm{d}\tau$，则

(1) $P\{X(t+s) - X(t) = n\} = \dfrac{(m(t+s) - m(t))^n e^{-(m(t+s)-m(t))}}{n!}$

$$n = 0, 1, 2, \cdots \tag{2.4.2}$$

(2) $m_X(t) = \sigma_X^2(t) = \displaystyle\int_0^t \lambda(\tau)\mathrm{d}\tau$

证明思路类似齐次 Poisson 过程，在此略。

从定理 2.4.1 看出，非齐次 Poisson 过程 $X(t)$ 的均值函数 $m_X(t)=\int_0^t \lambda(\tau)\mathrm{d}\tau$，即 $(0,t]$ 内平均计数次数是强度函数 $\lambda(t)$ 的积分，因此，$\lambda(t)$ 也称为顾客流 $X(t)$ 的平均到达速率。

**例 2.4.1**　某灯具店每天早上 8 点开始营业，据不完全统计，从早上 8 点到上午 11 点，平均顾客到达速率呈线性增加，在 8 点顾客到达速率为 5 人/时，11 点到达最高峰 20 人/时，从上午 11 点到下午 1 点，平均顾客到达速率维持不变，均为 20 人/时。从下午 1 点到 6 点，平均顾客到达速率呈线性下降，到下午 6 点降为 10 人/时。假定顾客数在不相重叠的时间间隔内是相互独立的。求：(1) 上午 8 点半到 9 点半间无顾客到达该店的概率为多少？(2) 平均每天有多少顾客光顾该店？

**解**　将一天的营业时间平移为 0 点至 10 点，$X(t)$ 表示 $[0,t]$ 时间段内光顾该店的顾客数，则由题意知 $\{X(t),t\geqslant 0\}$ 为非齐次 Poisson 过程，其顾客平均到达速率为

$$\lambda(t)=\begin{cases}5+5t, & 0\leqslant t<3\\ 20, & 3\leqslant t<5\\ 20-2(t-5), & 5\leqslant t\leqslant 10\end{cases}$$

顾客平均到达速率的变化曲线见图 2.4.1。

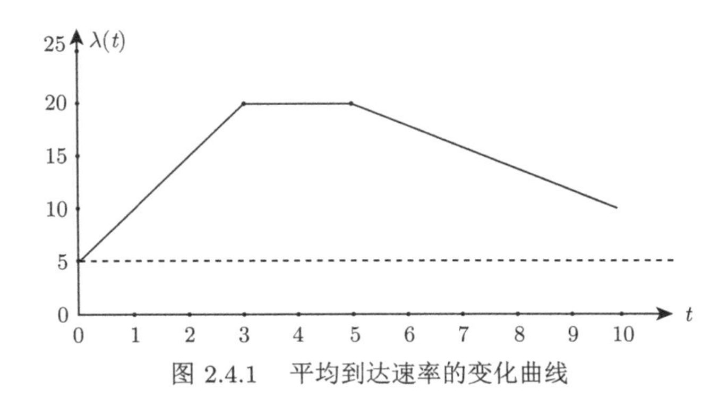


图 2.4.1　平均到达速率的变化曲线

(1) 由于在 8 点半到 9 点半间到达该店顾客的平均数为

$$m_X(1.5)-m_X(0.5)=\int_{0.5}^{1.5}\lambda(t)\mathrm{d}t=\int_{0.5}^{1.5}5(1+t)\mathrm{d}t=10$$

故

$$P\{X(1.5)-X(0.5)=0\}=\frac{(m_X(1.5)-m_X(0.5))^0 e^{-(m_X(1.5)-m_X(0.5))}}{0!}$$
$$=e^{-10}\approx 0.454\times 10^{-4}$$

(2) 平均每天光顾该店的顾客数为

$$\begin{aligned}m_X(10)&=\int_0^{10}\lambda(t)\mathrm{d}t\\&=\int_0^3 5(1+t)\mathrm{d}t+\int_3^5 20\mathrm{d}t+\int_5^{10}[20-2(t-5)]\mathrm{d}t\\&=37.5+40+75=152.5\end{aligned}$$

## 第五节 复合 Poisson 过程

当 Poisson 顾客流每次来的不止一个顾客，而是一批且每批的数量都是同一个随机变量时，这种情况的顾客流就是本节介绍的复合 Poisson 过程。

**定义 2.5.1** 设随机过程 $\{N(t),t\geqslant 0\}$ 为 Poisson 过程，$\{Y_n,n=1,2,\cdots\}$ 为独立同分布的随机变量序列，且 $Y_n$ 与 $N(t)$ 也独立，则称

$$X(t)=\sum_{n=0}^{N(t)}Y_n \tag{2.5.1}$$

为**复合 Poisson 过程** (规定 $Y_0=0$)。

**定理 2.5.1** 设 $X(t)=\sum\limits_{n=0}^{N(t)}Y_n$ 为一复合 Poisson 过程，若 $Y_n$ 和 $N(t)$ 的概率母函数分别为 $F(s)$ 和 $G_t(s)$，则 $X(t)$ 的概率母函数为

$$H_t(s)=G_t[F(s)]=e^{-\lambda t[1-F(s)]} \tag{2.5.2}$$

且当 $E(Y_n^2)<+\infty$ 时，有 $E[X(t)]=\lambda tE(Y_n),D[X(t)]=\lambda tE(Y_n^2)$。

**证明** $H_t(s)=\sum\limits_{k=0}^{+\infty}P\{X(t)=k\}s^k$

$$=\sum_{k=0}^{+\infty}s^k\sum_{m=0}^{+\infty}P\{N(t)=m\}P\{X(t)=k|N(t)=m\}$$

$$
\begin{aligned}
&= \sum_{k=0}^{+\infty} s^k \sum_{m=0}^{+\infty} P\{N(t)=m\} P\left\{\sum_{n=0}^{N(t)} Y_n = k \middle| N(t)=m\right\} \\
&= \sum_{k=0}^{+\infty} s^k \sum_{m=0}^{+\infty} P\{N(t)=m\} P\left\{\sum_{n=0}^{m} Y_n = k \middle| N(t)=m\right\} \\
&= \sum_{k=0}^{+\infty} s^k \sum_{m=0}^{+\infty} P\{N(t)=m\} P\left\{\sum_{n=0}^{m} Y_n = k\right\} \\
&= \sum_{m=0}^{+\infty} P\{N(t)=m\} \cdot \sum_{k=0}^{+\infty} s^k P\left\{\sum_{n=0}^{m} Y_n = k\right\} \\
&= \sum_{m=0}^{+\infty} P\{N(t)=m\}[F(s)]^m \\
&= G_t[F(s)] = \exp\{-\lambda t[1-F(s)]\}
\end{aligned}
$$

所以当 $E(Y_n^2) < +\infty$ 时，有

$$
E[X(t)] = H_t'(1) = \lambda t F'(1) = \lambda t E(Y_n)
$$

$$
\begin{aligned}
D[X(t)] &= H''(1) + H'(1) - [H'(1)]^2 \\
&= [(\lambda t F'(1))^2 + \lambda t F''(1)] + \lambda t F'(1) - (\lambda t F'(1))^2 \\
&= [\lambda t E(Y_n)]^2 + \lambda t[E(Y_n^2) - E(Y_n)] + \lambda t E(Y_n) - [\lambda t E(Y_n)]^2 = \lambda t E(Y_n^2)
\end{aligned}
$$

**例 2.5.1**　设移民到某区定居的户数 $N(t)$ 是一 Poisson 过程，平均每周有两户定居，每户的人口数是与 $N(t)$ 独立的随机变量，若以 $Y_n$ 代表第 $n$ 户的人口数，$Y_n$ 之间相互独立，且分布律为

| $Y_n$ | 1 | 2 | 3 | 4 |
|---|---|---|---|---|
| $P$ | $\frac{1}{6}$ | $\frac{1}{3}$ | $\frac{1}{3}$ | $\frac{1}{6}$ |

求五周内到该地区移民数的均值和方差。

**解**　若以 $X(t)$ 表示 $[0,t]$ 时间内的移民总数，则

$$
X(t) = \sum_{n=0}^{N(t)} Y_n
$$

若以周为时间单位，则 $N(t)$ 是 $\lambda=2$ 的 Poisson 流，于是 $X(t)$ 为复合 Poisson 过程，根据定理 2.5.1 得

$$E[X(t)]=\lambda tE(Y_n),\quad D[X(t)]=\lambda tE(Y_n^2)$$

因为

$$E(Y_n)=\frac{5}{2},\quad E(Y_n^2)=\frac{43}{6}$$

所以

$$E[X(5)]=25,\quad D[X(5)]=\frac{215}{3}$$

# 第六节　更新过程简介

## 一、 更新过程

1. 引出背景

更新过程是 Poisson 过程的一个推广。在 Poisson 过程中，相邻“顾客”到达的时间间隔是相互独立且服从同一指数分布的随机变量，现在把这个指数分布换为一般分布，Poisson 过程就拓展成了一个更新过程。以下关于机器零部件更新次数的例子也许可以看出更新过程名称中“更新”的含义。

设某机器中有一个零件，它在使用中一旦发生了故障即刻换为新零件而使机器保持正常工作。假设更换新零件不耗费时间，该种零件的使用寿命即每个零件能连续工作的时间是服从同一分布的随机变量，且它们之间相互独立。用 $N(t)$ 表示机器从开始工作到 $t$ 时刻该零件更新的次数，则 $N(t)$ 就是一个更新过程。当机器更换了新零件后，由于新零件的使用寿命同分布，因此，从概率上讲是原过程的再现，即机器获得了新生，更换零件的时刻也称为再生点，自然这样的过程被称为“更新过程”。

2. 定义

**定义 2.6.1**　设非负随机变量序列 $X_1,X_2,\cdots$ 独立同分布，分布函数为 $F(t)$，且 $F(0)<1$。令 $S_0=0,\ S_k=X_1+X_2+\cdots+X_k(k\geqslant 1)$，如图 2.6.1 所示。记

$$N(t)=\max\{k:S_k\leqslant t,t\geqslant 0\}$$

则称 $\{N(t),t\geqslant 0\}$ 为**更新过程**，$X_k$ 为第 $k$ 次**更新间距**，$S_k$ 为第 $k$ 次**更新时刻**。特别地，当 $X_i\sim E(\lambda)$ 时，$N(t)$ 为 Poisson 过程。

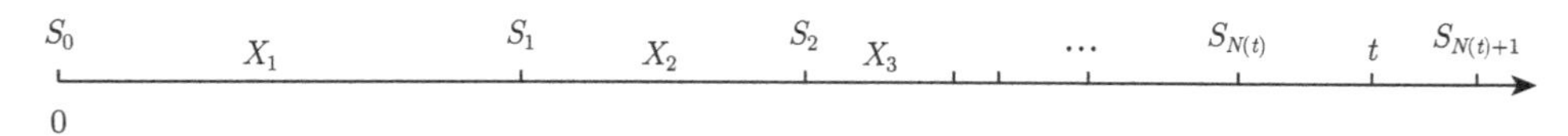


图 2.6.1　更新过程直观图示

## 二、 更新过程的绝对 (瞬时) 分布

**定理 2.6.1**　设 $\{N(t), t \geqslant 0\}$ 为更新过程，则 $N(t)$ 的绝对分布为

$$P\{N(t)=n\}=F^{*(n)}(t)-F^{*(n+1)}(t) \tag{2.6.1}$$

这里 $F^{*(n)}(t)$ 为 $F(t)$ 的 $n$ 重卷积，是 $S_n$ 的分布函数。

**证明**　$P\{N(t)=n\}=P\{S_n \leqslant t, S_{n+1}>t\}$

$$\begin{aligned}
&=P\{S_n \leqslant t\}-P\{S_{n+1} \leqslant t\}\\
&=P\{X_1+X_2+\cdots+X_n \leqslant t\}\\
&\quad -P\{X_1+X_2+\cdots+X_{n+1} \leqslant t\}\\
&=F^{*(n)}(t)-F^{*(n+1)}(t)
\end{aligned}$$

**例 2.6.1**　设更新过程 $\{N(t), t \geqslant 0\}$ 的更新时间间隔 $X_k$ 均服从几何分布

$$P\{X_k=i\}=p(1-p)^{i-1}, \quad i \geqslant 1, \quad 0<p<1$$

求 $P\{N(t)=n\}$。

**解**　因为

$$P\{S_k=j\}=\mathrm{C}_{j-1}^{k-1} p^k(1-p)^{j-k}$$

所以

$$P\{S_k \leqslant t\}=\sum_{j=k}^{[t]} \mathrm{C}_{j-1}^{k-1} p^k(1-p)^{j-k}$$

于是，有

$$\begin{aligned}
P\{N(t)=n\}&=P\{S_n \leqslant t, S_{n+1}>t\}\\
&=P\{S_n \leqslant t\}-P\{S_{n+1} \leqslant t\}\\
&=\sum_{j=n}^{[t]} \mathrm{C}_{j-1}^{n-1} p^n(1-p)^{j-n}-\sum_{j=n+1}^{[t]} \mathrm{C}_{j-1}^{n} p^{n+1}(1-p)^{j-n-1}
\end{aligned}$$

这里，$[t]$ 为不超过 $t$ 的最大整数。

### 三、 更新函数

前面学习了更新过程的绝对分布，下面看它的数字特征。

**定义 2.6.2** 称更新过程 $\{N(t), t \geqslant 0\}$ 的均值函数 $M(t) = E[N(t)]$ 为**更新函数**，其导函数 $m(t) = M'(t)$ 称为**更新密度或更新强度函数**。

**定理 2.6.2** 设 $\{N(t), t \geqslant 0\}$ 为更新过程，则

$$M(t) = \sum_{k=1}^{+\infty} P\{S_k \leqslant t\} = \sum_{k=1}^{+\infty} F^{*(k)}(t) \tag{2.6.2}$$

**证明**

$$\begin{aligned}
M(t) &= E[N(t)] = \sum_{n=0}^{+\infty} nP\{N(t) = n\} \\
&= \sum_{n=0}^{+\infty}\left(\sum_{k=1}^{n} 1\right) P\{N(t) = n\} = \sum_{n=0}^{+\infty}\sum_{k=1}^{n} P\{N(t) = n\} \\
&= \sum_{k=1}^{+\infty}\sum_{n=k}^{+\infty} P\{N(t) = n\} = \sum_{k=1}^{+\infty} P\{N(t) \geqslant k\} \\
&= \sum_{k=1}^{+\infty} P\{S_k \leqslant t\} = \sum_{k=1}^{+\infty} F^{*(k)}(t)
\end{aligned}$$

**推论** 若对任意 $t \geqslant 0$，都有 $F(t) < 1$，则 $M(t) < \dfrac{F(t)}{1 - F(t)}$。

**证明** 由 $F(t)$ 的单调性，得

$$F^{*(2)}(t) = \int_0^t F(t - x)\mathrm{d}F(x) \leqslant F(t)\int_0^t \mathrm{d}F(x) \leqslant F(t)(F(t) - F(0)) \leqslant F^2(t)$$

利用数学归纳法可证得

$$F^{*(k)}(t) \leqslant F^k(t)$$

因为对任意 $t \geqslant 0$，都有 $F(t) < 1$，所以

$$M(t) = \sum_{k=1}^{+\infty} F^{*(k)}(t) \leqslant \sum_{k=1}^{+\infty} F^k(t) = \frac{F(t)}{1 - F(t)}$$

### 四、 更新方程

更新方程是研究更新理论的重要工具，首先给出一般更新方程的定义。

**定义 2.6.3** 设函数 $g(t),h(t)$ 是定义在 $t \geqslant 0$ 上的函数，$F(t)$ 是分布函数，未知函数 $g(t)$ 满足积分方程

$$g(t) = h(t) + \int_0^t g(t-x)\mathrm{d}F(x) \tag{2.6.3}$$

称此方程为**更新方程**。

**定理 2.6.3** $M(t)(t \geqslant 0)$ 满足以下更新过程

$$M(t) = F(t) + \int_0^t M(t-x)\mathrm{d}F(x) \tag{2.6.4}$$

**证明** 
$$\begin{aligned} M(t) &= \sum_{k=1}^{+\infty} F^{*(k)}(t) = F(t) + \sum_{k=2}^{+\infty} F^{*(k)}(t) \\ &= F(t) + \sum_{k=2}^{+\infty} \int_0^t F^{*(k-1)}(t-x)\mathrm{d}F(x) \\ &= F(t) + \int_0^t \sum_{k=2}^{+\infty} F^{*(k-1)}(t-x)\mathrm{d}F(x) \\ &= F(t) + \int_0^t \sum_{n=1}^{+\infty} F^{*(n)}(t-x)\mathrm{d}F(x) \\ &= F(t) + \int_0^t M(t-x)\mathrm{d}F(x) \end{aligned}$$

可见，已知更新时间间隔的分布函数 $F(t)$，解更新方程也可得更新函数 $M(t)$。

## 五、 更新定理

更新理论的一个重要问题是更新函数 $M(t)$ 的极限性态，即当 $t \to +\infty$ 时，更新 $M(t)$ 的极限性态，更新定理给出了有关结论，我们不加证明地予以给出，详细证明过程见文献 (林元烈，2002)。

1. 基本更新定理

**定理 2.6.4**

$$\lim_{t \to +\infty} \frac{M(t)}{t} = \begin{cases} \dfrac{1}{E(X_k)}, & E(X_k) < +\infty \\ 0, & E(X_k) = +\infty \end{cases} \tag{2.6.5}$$

定理 2.6.4 可直观解释为，机器长时间工作后单位时间内更新零件的期望次数也称为**更新率**，等于平均更新时间的倒数。

2. 关键更新定理

**定理 2.6.5**　设 $Q(t)$ 在区间 $[0,+\infty)$ 内是一个非负的不增函数，$\int_0^{+\infty} Q(t)\mathrm{d}t < +\infty$，则

$$\lim_{t\to+\infty}\int_0^{+\infty} Q(t-x)\mathrm{d}M(x)=\begin{cases}\dfrac{1}{E(X_k)}\displaystyle\int_0^{+\infty} Q(t)\mathrm{d}t, & E(X_k)<+\infty\\ 0, & E(X_k)=+\infty\end{cases} \tag{2.6.6}$$

**定义 2.6.4**　非负随机变量 $X$ 称为**格点的**，若存在 $d\geqslant 0$，使得 $\sum_{n=0}^{+\infty} P\{X=nd\}=1$，即若 $X$ 只取某个非负数 $d$ 的整数倍，则 $X$ 是格点的。具有该性质的最大的 $d$ 称为 $X$ 的**周期** ($d$ 为集合 $\{nd{:}P\{X{=}nd\}{>}0\}$ 的最大公约数)。若 $X$ 是格点的，$F(t)$ 是 $X$ 的分布函数，则称 $F(t)$ 是格点的。

**定理 2.6.6**　如果更新分布函数 $F(t)$ 不是更新格点分布函数，则对每个 $h>0$，有

$$\lim_{t\to+\infty}\frac{M(t)-M(t-h)}{h}=\begin{cases}\dfrac{1}{E(X_k)}, & E(X_k)<+\infty\\ 0, & E(X_k)=+\infty\end{cases} \tag{2.6.7}$$

**定理 2.6.7**　如果更新分布函数 $F(t)$ 为具有周期 $d$ 的格点分布函数，则

$$\lim_{n\to+\infty}\sum_{m=1}^{+\infty} P\{S_m=nd\}=\begin{cases}\dfrac{d}{E(X_k)}, & E(X_k)<+\infty\\ 0, & E(X_k)=+\infty\end{cases} \tag{2.6.8}$$

利用关键更新定理可以证明元件的剩余寿命和年龄的极限分布。

## 六、 剩余时间的分布

**定义 2.6.5**　对更新过程 $N(t)$，在时刻 $t$ 开始观察到下一次更新事件发生，这段时间称为“剩余时间”，也叫“剩余寿命”，记为 $R_t$。反之，从 $t$ 时刻开始算起，到上一次更新时刻的时间间隔称为“年龄”，记为 $A_t$，$I_t \triangleq A_t+R_t$ 称为“寿命”，如图 2.6.2 所示。

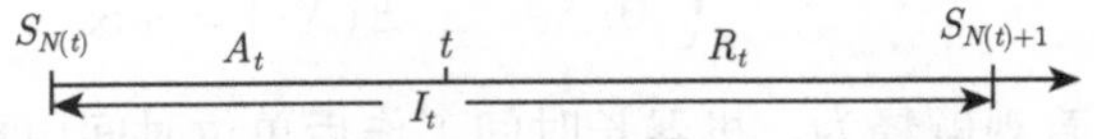

$S_{N(t)}$　$A_t$　$t$　$R_t$　$S_{N(t)+1}$

$I_t$

图 2.6.2　“年龄”和“寿命”的直观图示

**定理 2.6.8** 随机变量 $\lim\limits_{t\to+\infty} R_t$ 的概率密度函数为 $f(x)=\dfrac{1-F(x)}{E(X_k)}$。

证明见文献 (林元烈，2002)。

## 习 题 2

2.1 设 $\{N(t),t\geqslant 0\}$ 是参数为 $\lambda$ 的 Poisson 过程，试计算

$$E\{[N(t)-E(N(t))][N(t+\tau)-E(N(t+\tau))]\}$$

2.2 通过一观察岗的汽车运输流 $\{X(t),t\geqslant 0\}$ 为强度等于每分钟 30 辆的 Poisson 流。试求 $n$ 辆汽车 (一辆接一辆) 通过该观察岗的时间需要多于 $N$ 秒的概率。

2.3 已知 $\{X(t),t\geqslant 0\}$ 是速率为 $\lambda$ 的 Poisson 过程，令 $W_k$ 表示过程中第 $k$ 次事件发生时刻。定义 $A_k$ 为事件 $\{t<W_k\leqslant t+\Delta t\}$，求 $P(A_k)$ 及 $f_{W_k}(t)=\lim\limits_{\Delta t\to 0}\dfrac{P(A_k)}{\Delta t}$。

2.4 设 $\{N(t),t\geqslant 0\}$ 是一 Poisson 过程，若有两时刻 $s,t$, 且 $s<t$, 试证明

$$P\{N(s)=k\mid N(t)=n\}=\mathrm{C}_n^k\left(\frac{s}{t}\right)^k\left(1-\frac{s}{t}\right)^{n-k},\quad k=0,1,2,\cdots,n$$

2.5 设顾客以速率为 $\lambda$ 的 Poisson 流到达银行。若已知在第一个小时内有两个顾客抵达银行，问:

(1) 这两个顾客均在最初的 20 分钟内抵达银行的概率为多少?

(2) 至少有一个顾客在最初的 20 分钟内抵达银行的概率为多少?

2.6 设有两个相互独立的 Poisson 过程 $\{X(t),t\geqslant 0\}$ 和 $\{Y(t),t\geqslant 0\}$，两个过程的事件出现速率分别为 $\lambda_1$ 和 $\lambda_2$。试证明在过程 $\{X(t),t\geqslant 0\}$ 的两个相邻事件间，过程 $\{Y(t),t\geqslant 0\}$ 出现 $k$ 个事件的概率为

$$p_k=\left(\frac{\lambda_1}{\lambda_1+\lambda_2}\right)\left(\frac{\lambda_2}{\lambda_1+\lambda_2}\right)^k,\quad k=0,1,2,\cdots$$

2.7 在某交通道上设置了一个车辆记录器，记录南行、北行车辆的总数。设 $X(t)$ 代表在 $(0,t]$ 内南行的车辆数，$Y(t)$ 代表 $(0,t]$ 内北行的车辆数，$X(t),Y(t)$ 是相互独立的 Poisson 过程，设 $\lambda_1,\lambda_2$ 分别为单位时间内南行、北行的平均车辆数。如果在 $t$ 时刻车辆记录器记录的总车辆数为 $n$，问其中 $k$ 辆属于南行车的概率为多少?

2.8 设 $\{X_1(t),t\geqslant 0\}$, $\{X_2(t),t\geqslant 0\}$, $\{X_3(t),t\geqslant 0\}$ 是三个相互独立且参数分别为 $\lambda_1,\lambda_2,\lambda_3$ 的 Poisson 过程。当 $X_1(t)+X_2(t)+X_3(t)=n$ 时，求 $X_1(t)=k,X_2(t)=j$ 发生的条件概率，即 $P\{X_1(t)=k,X_2(t)=j\mid X_1(t)+X_2(t)+X_3(t)=n\}$。

2.9 设某电话总机共有 $n$ 部分机，第 $i$ 部分机的呼唤流 (即在 $(0,t]$ 内电话呼唤次数) 是参数为 $\lambda_i$ 的 Poisson 过程，且各分机的呼唤是相互独立的，令 $N(t)$ 表示 $(0,t]$ 内总机得到的呼唤总数。试用特征函数法证明 $\{N(t),t\geqslant 0\}$ 是参数为 $\sum\limits_{i=1}^n\lambda_i$ 的 Poisson 过程。

2.10 组成系统的两种元件遇到下列不同类型的振动时遭受破坏情况如下：出现第一种类型振动，将使甲元件立即失效，乙元件不受影响；出现第二种类型振动，将使乙元件立即失效，

甲元件不受影响；出现第三种类型振动，将使甲、乙两元件同时立即失效。在区间 $(0,t]$ 内出现第 $i\,(i=1,2,3)$ 种类型振动的次数 $N_i(t)$ 均为 Poisson 流；出现这三种类型振动的事件是相互独立的，且出现速率分别为 $\lambda_1,\lambda_2,\lambda_3$，又设 $X_1$ 代表元件甲的寿命，$X_2$ 代表元件乙的寿命。任取 $s,t\geqslant 0$，试证明：

(1) $P\{X_1\geqslant s\}=\exp\{-(\lambda_1+\lambda_3)\,s\}$；

(2) $P\{X_2\geqslant t\}=\exp\{-(\lambda_2+\lambda_3)\,t\}$；

(3) $P\{X_1\geqslant s,X_2\geqslant t\}=\exp\{-\lambda_1 s-\lambda_2 t-\lambda_3\max\{t,s\}\}$。

2.11 设有一脉冲串送入计数器，在 $(0,t]$ 内出现的脉冲数是参数为 $\lambda$ 的 Poisson 过程。脉冲到达计数器可以被记录，也可能不被记录。每一个脉冲能被记录的概率为 $p$，不同的脉冲是否被记录是相互独立的。设 $X(t)$ 是在 $(0,t]$ 内被记录的脉冲数。

(1) 求 $P\{X(t)=k\},\quad k=0,1,2,\cdots$；

(2) 给定 $t\geqslant 0$，$X(t)$ 是否服从 Poisson 分布?

2.12 设有一非齐次的 Poisson 过程 $\{N(t),t\geqslant 0\}$，其中

$$\lambda(t)=\frac{1}{2}(1+\cos\omega t)$$

$\omega$ 为非零常数。求：

(1) 过程 $\{N(t),t\geqslant 0\}$ 的均值 $E[N(t)]$；

(2) 过程 $\{N(t),t\geqslant 0\}$ 的方差 $D[N(t)]$。

2.13 设有非齐次 Poisson 过程 $\{N(t),t\geqslant 0\}$，它的随机事件出现的速率函数 $\lambda(t)=t^2+2t\ (t\geqslant 0)$，求在 $t=1$ 与 $t=2$ 之间出现 $n$ 个事件的概率。

2.14 设 $\{X(t),t\geqslant 0\}$ 是一个参数为 $\lambda$ 的 Poisson 过程。

(1) 证明 $X(t)$ 的一维特征函数为

$$\varphi_X(u;t)=e^{\lambda t\left(e^{ju}-1\right)}$$

(2) 若 $t_2>t_1$，$m$ 和 $n$ 是两个非负整数，证明：

$$P\{X(t_1)=m,X(t_2)=m+n\}=\frac{\lambda^{m+n}t_1^m(t_2-t_1)^n}{m!n!}e^{-\lambda t_2}$$

2.15 已知 $N_1(t)$ 是参数为 $\lambda$ 的 Poisson 过程，令 $N_2(t)=N_1^2(t)$。试问 $N_2(t)$ 是 Poisson 过程吗？求 $E[N_2(t)]$ 和 $D[N_2(t)]$。

2.16 设 $\{N_1(t),t\geqslant 0\}$ 和 $\{N_2(t),t\geqslant 0\}$ 是两个相互独立的 Poisson 过程。$C$ 是任意的常数。试问下列过程是否一定是 Poisson 过程？为什么？

(1) $N_1(t)+N_2(t)$；(2) $N_1(t)-N_2(t)$；(3) $N_1(t)-C$；(4) $CN_1(t)$。

2.17 设有复合 Poisson 过程 $\left\{X(t)=\sum\limits_{n=0}^{N(t)}Y_n,t\geqslant 0\right\}$，其中 $Y_0=0,\{Y_n,n=1,2,3,\cdots\}$ 是相互独立且同分布的随机变量序列，$\{N(t),t\geqslant 0\}$ 是参数为 $\lambda$ 的 Poisson 过程，$\{Y_n,n=1,2,3,\cdots\}$ 和 $N(t)$ 也是相互独立的，求复合 Poisson 过程 $\{X(t),t\geqslant 0\}$ 的一维特征函数 $\varphi_X(u;t)$。

如果 $\{Y_n, n=1,2,3,\cdots\}$ 的概率分布为

$$P\{Y_n=1\}=\frac{\lambda_1}{\lambda_1+\lambda_2},\quad P\{Y_n=-1\}=\frac{\lambda_2}{\lambda_1+\lambda_2}$$

且 Poisson 过程 $\{N(t), t\geqslant 0\}$ 的参数为 $\lambda=\lambda_1+\lambda_2$，试证明 $\{X(t), t\geqslant 0\}$ 的一维特征函数为

$$\varphi_X(u;t)=\exp\{\lambda_1 te^{ju}+\lambda_2 te^{-ju}-\lambda t\}$$

2.18 假设学生来到图书馆门口的规律符合速率为 $\lambda$ 的 Poisson 过程，每个到达学生因符合条件能进入图书馆的概率为 $p$。每个学生能否进入图书馆是独立的。令 $X(t)$ 是在 $(0,t]$ 内进入图书馆的学生数。

(1) 求 $P\{X(t)=k\}, k=0,1,2,\cdots$；

(2) $X(t)$ 是 Poisson 过程吗?

2.19 一个出版商通过邮寄订阅方式为某单位销售杂志，顾客响应符合一天平均速率为 6 的 Poisson 过程。他们分别以 1/2，1/3 和 1/6 的概率订阅 1 年、2 年或 3 年的杂志，顾客们的选择是相互独立的，且与订阅杂志的顾客数也是独立的。对于每次订阅，出版商可从每个订阅 $i$ 年的订单中得 $i$ 元手续费 ($i$ =1, 2, 3)。令 $X(t)$ 表示出版商在 $t$ 天内由订阅杂志而得到的总手续费。求数学期望 $E[X(t)]$ 和方差 $D[X(t)]$。

2.20 设某更新过程 $N(t)$ 的更新时间间隔 $\{X_n, n=1,2,3,\cdots\}$ 服从 Poisson 分布，其均值为 $\mu$，即

$$P\{X_n=k\}=\frac{\mu^k e^{-\mu}}{k!},\quad k=0,1,2,\cdots$$

(1) 求第 $n$ 次更新时刻 $S_n$ 的分布；

(2) 计算 $P\{N(t)=n\}$。

2.21 在使用中的一部机器，或因损坏而更新，或因使用 $T$ 时而更新。如果相继更新机器的使用时间是相互独立的随机变量，且具有相同的连续分布函数 $F(t)$，其相应的概率密度函数为 $f(t)$，试证明：

(1) 长期工作机器的更新率为 $\left\{\int_0^T tf(t)\mathrm{d}t+T[1-F(T)]\right\}^{-1}$；

(2) 长期工作中使用的机器，单位时间内因机器损坏而被更新的比例为 $F(T)\bigg/\left\{\int_0^T tf(t)\mathrm{d}t+T[1-F(T)]\right\}$。

# 第三章　离散参数的 Markov 链

Markov 过程因在信息与通信工程、自动控制、数字计算、金融证券、工程技术及生物科学等领域的广泛应用，而备受广大科学工作者和工程技术人员的重视。在第一章我们曾简单介绍了 Markov 链的概念。本章将展开讲解时间参数离散的 Markov 链。

## 第一节　离散参数 Markov 链的概念

### 一、 定义

对时间参数集为 $T=\{0,1,2,\cdots\}$ 的 Markov 链，我们在第一章给出了如下的定义。

**定义 1.7.8′**　设 $\{X(t),t\in T\}$ 是一个随机过程，若对于任意正整数 $n$ 及 $t_1<t_2<\cdots<t_n<t\in T$ 和任意状态 $i,i_1,i_2,\cdots,i_n\in E$，都有

$$\begin{aligned}&P\{X(t)=i|X(t_1)=i_1,X(t_2)=i_2,\cdots,X(t_n)=i_n\}\\&=P\{X(t)=i|X(t_n)=i_n\}\end{aligned}\tag{1.7.2}$$

则称 $\{X(t),t\in T\}$ 为 **Markov 链** (简称**马链**)，(1.7.2) 式称为 **Markov 性**或**无后效性**。

为了便于判定离散参数 Markov 链，下面直接给出其等价定义。

**定义 3.1.1**　设 $\{X(n),n=0,1,2,\cdots\}$ 为随机过程，若对于任意正整数 $n$ 及任取的状态 $i_k\in E$，$k=0,1,2,\cdots,n,n+1$，都有

$$\begin{aligned}&P\{X(n+1)=i_{n+1}|X(0)=i_0,X(1)=i_1,\cdots,X(n)=i_n\}\\&=P\{X(n+1)=i_{n+1}|X(n)=i_n\}\end{aligned}\tag{3.1.1}$$

则称 $X(n)$ 为 **Markov 链**。

**复习链式法则：**

$$\begin{aligned}&P\{X(0)=i_0,X(1)=i_1,\cdots,X(n)=i_n\}\\&=P\{X(0)=i_0\}P\{X(1)=i_1|X(0)=i_0\}P\{X(2)=i_2|X(0)=i_0,X(1)=i_1\}\end{aligned}$$

$$\cdots P\{X(n)=i_n|X(0)=i_0,X(1)=i_1,\cdots,X(n-1)=i_{n-1}\}$$
$$=P\{X(0)=i_0\}P\{X(1)=i_1|X(0)=i_0\}P\{X(2)=i_2|X(1)=i_1\}$$
$$\cdots P\{X(n)=i_n|X(n-1)=i_{n-1}\}$$

可见，若已知 $X(0)$ 的分布，Markov 链 $X(n)$ 的有限维分布可完全由如下形式的条件概率

$$P\{X(k+1)=j|X(k)=i\}$$

所决定，这个条件概率就是能反映 Markov 链本质特性的转移概率。

## 二、 转移概率

**定义 3.1.2** 设 $\{X(n),n=0,1,2,\cdots\}$ 为随机过程，对任意 $i,j\in E$，记

$$p_{ij}(n)=P\{X(n+1)=j|X(n)=i\} \tag{3.1.2}$$

则称 $p_{ij}(n)$ 为 Markov 链 $X(n)$ 在 $n$ 时刻由 $i$ 状态一步转移到 $j$ 状态的**转移概率**，$X(n)$ 的**一步转移概率矩阵**记为 $P(n)=(p_{ij}(n))$。当 $p_{ij}(n)$ 与 $n$ 无关时，该 Markov 链称为**齐次 Markov 链**，$p_{ij}(n)$ 记为 $p_{ij}$。此时 (一步) 转移概率矩阵记为 $P=(p_{ij})$。

**例 3.1.1 带吸收壁的随机游动** 一质点只在数轴上的 1, 2, 3, 4, 5 之间做随机游动。当质点位于 2, 3, 4 之一时，下一时刻右移一格的概率为 $p\,(0<p<1)$，左移一格的概率为 $q\,(q=1-p)$。当质点位于 1 或 5 时，它不再移动，永远停留在 1 或 5。可认为在 1 和 5 处均设置有吸收壁，1 和 5 也被称为**吸收状态**。若用 $X(n)$ 表示质点在 $n$ 时所处位置，则随机过程 $\{X(n),n=0,1,2,\cdots\}$ 的状态空间 $E=\{1,2,3,4,5\}$，$X(n)$ 将来的状态由现在的位置完全决定。所以 $X(n)$ 是齐次 Markov 链。

下面计算一步转移概率。

当 $i=2,3,4$ 时，

$$p_{ij}=\begin{cases}p, & j=i+1\\ q, & j=i-1\\ 0, & \text{其他}\end{cases}$$

当 $i=1,5$ 时，

$$p_{ij}=\begin{cases}1, & j=i\\ 0, & \text{其他}\end{cases}$$

所以 $X(n)$ 的一步转移概率矩阵为

$$P=\begin{pmatrix}1&0&0&0&0\\ q&0&p&0&0\\ 0&q&0&p&0\\ 0&0&q&0&p\\ 0&0&0&0&1\end{pmatrix}$$

**例 3.1.2 带反射壁的随机游动** 在例 3.1.1 中，对质点的移动作如下改动，位于 1 时，下一步以概率 1 反射到 2，位于 5 时下一步以概率 1 反射到 4，可认为在 1 和 5 处均设置有反射壁，其他移动规律不变。同样 $X(n)$ 将来的状态仍由现在的位置完全决定。所以 $X(n)$ 也是齐次 Markov 链。它的一步转移概率矩阵变为

$$P=\begin{pmatrix}0&1&0&0&0\\ q&0&p&0&0\\ 0&q&0&p&0\\ 0&0&q&0&p\\ 0&0&0&1&0\end{pmatrix}$$

一般地，我们把所有元素非负且每行元素之和均为 1 的方阵称为**随机矩阵**。可见，Markov 链的转移概率矩阵一定是随机矩阵。

## 三、 $k$ 步转移概率

**定义 3.1.3** 称 $p_{ij}^{(k)}(n)=P\{X(n+k)=j|X(n)=i\}$ 为 Markov 链 $X(n)$ 在 $n$ 时刻由 $i$ 状态经 $k$ 步转移到 $j$ 状态的转移概率，$X(n)$ 的 **$k$ 步转移概率矩阵**记为 $P^{(k)}(n)=\left(p_{ij}^{(k)}(n)\right)$。对于齐次 Markov 链，$p_{ij}^{(k)}(n)$ 与 $n$ 无关，$p_{ij}^{(k)}(n)$ 记为 $p_{ij}^{(k)}$，此时 $k$ 步转移概率矩阵记为 $P^{(k)}=\left(p_{ij}^{(k)}\right)$。

特别规定：

$$p_{ij}^{(0)}=\delta_{ij}=\begin{cases}1, & i=j\\ 0, & i\neq j\end{cases}$$

已知一步转移概率，可通过以下定理和推论求多步转移概率。

**定理 3.1.1**　对于齐次 Markov 链 $X(n)$，有以下 Chapman-Kolmogorov(C-K) **方程**成立：

$$p_{ij}^{(k+l)} = \sum_{s \in E} p_{is}^{(k)} p_{sj}^{(l)} \tag{3.1.3}$$

**证明**　根据全概率公式和 Markov 性，有

$$\begin{aligned}
p_{ij}^{(k+l)} &= P\{X(n+k+l)=j|X(n)=i\} \\
&= \sum_{s\in E} P\{X(n+k)=s, X(n+k+l)=j|X(n)=i\} \\
&= \sum_{s\in E} p_{is}^{(k)} P\{X(n+k+l)=j|X(n)=i, X(n+k)=s\} \\
&= \sum_{s\in E} p_{is}^{(k)} P\{X(n+k+l)=j|X(n+k)=s\} \\
&= \sum_{s\in E} p_{is}^{(k)} p_{sj}^{(l)}
\end{aligned}$$

**推论**　(1) $p_{ij}^{(n)} = \sum\limits_{s_1\in E}\sum\limits_{s_2\in E}\cdots\sum\limits_{s_{n-1}\in E} p_{is_1}p_{s_1s_2}\cdots p_{s_{n-1}j}$

(2) $P^{(n)} = PP^{(n-1)} = P^2P^{(n-2)} = \cdots = P^n$

## 四、 初始分布和绝对分布

**定义 3.1.4**　称 $p_j = P\{X(0)=j\}$ 和 $p_j(n) = P\{X(n)=j\}(j\in E)$ 分别为 $X(n)$ 的**初始概率**和**绝对概率** (**或瞬时概率**)。$\{p_j, j\in E\}$ 和 $\{p_j(n), j\in E\}$ 分别称为 $X(n)$ 的**初始分布**和**绝对分布**，简记为 $\{p_j\}$ 和 $\{p_j(n)\}$。当状态空间为 $E=\{0,1,2,\cdots\}$ 时，行向量 $\vec{P}(0)=(p_0,p_1,\cdots)$ 和 $\vec{P}(n)=(p_0(n),p_1(n),\cdots)$ 分别称为 $X(n)$ 的**初始概率向量**和**绝对概率向量**。

**定理 3.1.2**　对于齐次 Markov 链 $X(n)$，对任意 $j\in E$，$p_j(n)$ 有以下性质：

(1) $p_j(n) = \sum\limits_{i\in E} p_i p_{ij}^{(n)}$

(2) $p_j(n) = \sum\limits_{i\in E} p_i(n-1) p_{ij}$

(3) $\vec{P}(n) = \vec{P}(0)P^n$

(4) $\vec{P}(n) = \vec{P}(n-1)P$

**证明**　(1) $p_j(n) = P\{X(n) = j\}$

$$= \sum_{i \in E} P\{X(0) = i\} P\{X(n) = j | X(0) = i\}$$

$$= \sum_{i \in E} p_i p_{ij}^{(n)}$$

(2) $p_j(n) = P\{X(n) = j\}$

$$= \sum_{i \in E} p\{X(n-1) = i\} p\{X(n) = j | X(n-1) = i\}$$

$$= \sum_{i \in E} p_i(n-1) p_{ij}$$

性质 (3) 与 (4) 为性质 (1) 与 (2) 的矩阵表达式，结论自然成立。

**定理 3.1.3**　设 $X(n)$ 为齐次 Markov 链,则对任取的 $n \in N$ 和 $i_0, i_1, \cdots, i_n \in E$，有

$$P\{X(0) = i_0, X(1) = i_1, \cdots, X(n) = i_n\} = p_{i_0} p_{i_0 i_1} p_{i_1 i_2} \cdots p_{i_{n-1} i_n} \tag{3.1.4}$$

**证明**　$P\{X(0) = i_0, X(1) = i_1, \cdots, X(n) = i_n\}$

$$= P\{X(0) = i_0\} P\{X(1) = i_1 | X(0) = i_0\}$$

$$\cdot P\{X(2) = i_2 | X(0) = i_0, X(1) = i_1\}$$

$$\cdots P\{X(n) = i_n | X(0) = i_0, X(1) = i_1, \cdots, X(n-1) = i_{n-1}\}$$

$$= P\{X(0) = i_0\} P\{X(1) = i_1 | X(0) = i_0\} P\{X(2) = i_2 | X(1) = i_1\}$$

$$\cdots P\{X(n) = i_n | X(n-1) = i_{n-1}\}$$

$$= p_{i_0} p_{i_0 i_1} p_{i_1 i_2} \cdots p_{i_{n-1} i_n}$$

**推论**　设 $X(n)$ 为齐次 Markov 链，则对任取的 $n \in N$ 和 $i_0, i_1, \cdots, i_n \in E$，有

$$P\{X(1) = i_1, X(2) = i_2, \cdots, X(n) = i_n\} = \sum_{i \in E} p_i p_{i i_1} p_{i_1 i_2} \cdots p_{i_{n-1} i_n} \tag{3.1.5}$$

**例 3.1.3**　从数 $1, 2, \cdots, N$ 中任取一个数记为 $X_1$，再从 $1, 2, \cdots, X_1$ 中任取一数记为 $X_2$，如此继续下去，从 $1, 2, \cdots, X_{n-1}$ 中任取一数记为 $X_n$，试问 $\{X_n, n \geqslant 1\}$ 是否构成 Markov 链？如是 Markov 链，则写出一步转移概率矩阵。

**解**　$\{X_n, n \geqslant 1\}$ 的状态空间 $E = \{1, 2, \cdots, N\}$。给定 $X_n = i$，由于 $X_{n+1}$ 是从 $1, 2, \cdots, X_n$ 即 $1, 2, \cdots, i$ 中任取的一个数，所以 $X_{n+1}$ 的分布只与 $i$ 有关，

而与 $X_m(m<n)$ 的取值无关，由 Markov 链的定义知，$\{X_n, n\geqslant 1\}$ 是 Markov 链，又因这时 $X_{n+1}$ 的分布与 $n$ 也无关，故 $\{X_n, n\geqslant 1\}$ 还是齐次 Markov 链。因为

$$p_{ij}=P\{X_{n+1}=j|X_n=i\}=\begin{cases}\dfrac{1}{i}, & 1\leqslant j\leqslant i\\ 0, & i<j\leqslant N\end{cases}$$

所以一步转移概率矩阵为

$$P=\begin{pmatrix}1 & 0 & \cdots & 0\\ \dfrac{1}{2} & \dfrac{1}{2} & \cdots & 0\\ \vdots & \vdots & & \vdots\\ \dfrac{1}{N} & \dfrac{1}{N} & \cdots & \dfrac{1}{N}\end{pmatrix}$$

**例 3.1.4** 设随机序列 $X(n), n=0,1,2,\cdots$ 独立同分布，状态空间 $E=\{0,1,2,\cdots\}$。已知

$$P\{X(n)=i\}=p_i,\quad n=0,1,2,\cdots$$

令 $Y(n)=\sum\limits_{k=0}^{n}X(k)$，证明 $\{Y(n), n\geqslant 0\}$ 是齐次 Markov 链并写出一步转移概率矩阵 $P$。

**解** $\{Y(n), n\geqslant 0\}$ 的状态空间 $E=\{0,1,2,\cdots\}$。给定 $Y_n=i$，由于

$$Y(n+1)=\sum_{k=0}^{n+1}X(k)=\sum_{k=0}^{n}X(k)+X(n+1)=Y(n)+X(n+1)=i+X(n+1)$$

而随机序列 $X(n), n=0,1,2,\cdots$ 又独立同分布，所以 $Y(n+1)$ 分布只与 $i$ 和 $X(n+1)$ 有关，而与 $X(m)(m<n)$ 的取值无关，故也与 $Y(m)(m<n)$ 的取值无关。由 Markov 链的定义知，$\{Y(n), n\geqslant 0\}$ 是 Markov 链，又因 $X(n+1)$ 的分布与 $n$ 无关，所以 $Y(n+1)$ 的分布也与 $n$ 无关，因此 $\{Y(n), n\geqslant 0\}$ 还是齐次 Markov 链。

因为

$$\begin{aligned}p_{ij}&=P\{Y(n+1)=j|Y(n)=i\}\\&=P\left\{i+X(n+1)=j\,\middle|\,\sum_{k=0}^{n}X(k)=i\right\}\end{aligned}$$

$$
\begin{aligned}
&= P\left\{X(n+1) = j - i \,\middle|\, \sum_{k=0}^{n} X(k) = i\right\} \\
&= P\{X(n+1) = j - i\} = \begin{cases} p_{j-i}, & j \geqslant i \\ 0, & 0 \leqslant j < i \end{cases}
\end{aligned}
$$

所以一步转移概率矩阵为

$$
P = \begin{pmatrix} p_0 & p_1 & p_2 & \cdots \\ 0 & p_0 & p_1 & \cdots \\ 0 & 0 & p_0 & \cdots \\ \vdots & \vdots & \vdots & \ddots \end{pmatrix}
$$

## 第二节　Markov 链的典型例子

Markov 链的应用十分广泛，本节将由简单到复杂讲解几个 Markov 链的典型实例。

**例 3.2.1　Ehrenfest 模型**

这是 Ehrenfest 于 1906 年在讨论统计力学的循环问题时提出的模型。设坛中共放有 $c$ 个红色或者黑色的球，从中任取一球不放回，但换一个另一种颜色的球放入坛中。经过 $n$ 次摸换后，坛中的红球数用 $X(n)$ 表示，求 $X(n)$ 的转移概率。

**解**　$X(n)$ 的状态空间 $E = \{0, 1, \cdots, c\}$。给定 $X(n) = i$，由于经过第 $n$+1 次摸换后，坛中的红球数 $X(n+1)$ 的取值只与 $i$ 有关，而与 $X(m)(m < n)$ 的大小无关。由 Markov 链的定义知，$X(n)$ 是 Markov 链，又因这时 $X(n+1)$ 的分布与 $n$ 也无关，故 $X(n)$ 还是齐次 Markov 链，其转移概率为

$$
p_{ij} = P\{X(n+1) = j | X(n) = i\} = \begin{cases} i/c, & j = i - 1 \\ 1 - i/c, & j = i + 1 \\ 0, & \text{其他} \end{cases}
$$

**例 3.2.2　Polya 模型**

Polya 模型以匈牙利高寿数学家 Polya (1887—1985) 名字命名，主要用于描述传染病、舆情等蔓延现象。设坛中放有 $r$ 个红球、$b$ 个黑球，从中任取一球, 然后放回坛中，并再放入 $a$ 个同色球。经过 $n$ 次摸放后，坛中的红球数用 $X(n)$ 表示，求 $X(n)$ 的转移概率。

**解**　$X(n)$ 的状态空间为 $\{r, r+a, r+2a, \cdots\}$。给定 $X(n) = i$，由于经过第 $n$+1 次摸放后，坛中的红球数 $X(n+1)$ 可能是 $i + a$，也可能是 $i$，$X(n+1)$ 的

取值与 $X(m)(m<n)$ 的大小无关。由 Markov 链的定义知，$X(n)$ 是 Markov 链，但因经过 $n$ 次摸放后，坛中的总球数为 $r+b+na$，这时 $X(n+1)$ 的分布与 $n$ 有关，故 $X(n)$ 是非齐次 Markov 链，其转移概率为

$$p_{ij}(n)=P\{X(n+1)=j|X(n)=i\}=\begin{cases}1-\dfrac{i}{b+r+na}, & j=i\\ \dfrac{i}{b+r+na}, & j=i+a\\ 0, & \text{其他}\end{cases}$$

**例 3.2.3　天气预报问题**

在天气预报中，若假定任意一天的天气需由其前两天的天气来决定，并规定：若昨日、今日都下雨 (RR)，则明日有雨的概率为 0.7；若昨日无雨、今日有雨 (NR)，则明日有雨的概率为 0.5；若昨日有雨、今日无雨 (RN)，则明日有雨的概率为 0.4；若昨日无雨、今日无雨 (NN)，则明日有雨的概率为 0.2。若某周的周一、周二均下雨，求该周的周四也下雨的概率。

**解**　若用 $X(n)$ 表示第 $n$ 天的天气，则由条件知 $X(n)$ 不是 Markov 链，直接用 $X(n)$ 无法求解该题。

若设 $Y(n)=(X(n-1),X(n))$，则 $Y(n)$ 就是一个齐次 Markov 链。当用 0 表示状态：昨日下雨和今日下雨 (RR)，1, 2, 3 分别表示 (NR), (RN), (NN)，则其状态空间为 $E=\{0, 1, 2, 3\}$，且

$$P=\begin{pmatrix}0.7 & 0 & 0.3 & 0\\ 0.5 & 0 & 0.5 & 0\\ 0 & 0.4 & 0 & 0.6\\ 0 & 0.2 & 0 & 0.8\end{pmatrix}$$

由 C-K 方程，得

$$p_{00}^{(2)}=p_{00}p_{00}+p_{01}p_{10}+p_{02}p_{20}+p_{03}p_{30}=0.49$$

$$p_{01}^{(2)}=p_{00}p_{01}+p_{01}p_{11}+p_{02}p_{21}+p_{03}p_{31}=0.12$$

于是，周四有雨的概率是

$$p=p_{00}^{(2)}+p_{01}^{(2)}=0.49+0.12=0.61$$

**例 3.2.4　误码率问题**

在某数字通信系统中传递 0, 1 两种信号，且传递要经过许多级。每级中由于噪声的存在会引起接收信号的误差。如果发报站发出信号 0, 1 后，收报站收到信

号 0, 1 的概率 (称为保真率) 分别为 $p, q\,(0 < p, q < 1)$，则各级发报状态和收报状态之间的转移概率矩阵 (即一步转移概率矩阵) 为

$$P = \begin{pmatrix} p & 1-p \\ 1-q & q \end{pmatrix}$$

求 $P^{(n)}$。

**解** 首先将 $P$ 对角化，即求 $P$ 的特征值和特征向量。由

$$|\lambda E - P| = \begin{vmatrix} \lambda - p & p-1 \\ q-1 & \lambda - q \end{vmatrix} = \lambda^2 - (p+q)\lambda + p + q - 1 = 0$$

解得 $\lambda_1 = 1, \lambda_2 = p + q - 1$。

当 $\lambda_1 = 1$ 时，由 $\begin{pmatrix} 1-p & p-1 \\ q-1 & 1-q \end{pmatrix}\begin{pmatrix} x_1 \\ x_2 \end{pmatrix} = 0$ 解得相应特征向量为 $(1,1)^{\mathrm{T}}$。

当 $\lambda_2 = p + q - 1$ 时，由 $\begin{pmatrix} q-1 & p-1 \\ q-1 & p-1 \end{pmatrix}\begin{pmatrix} x_1 \\ x_2 \end{pmatrix} = 0$ 解得相应特征向量为 $(p-1, 1-q)^{\mathrm{T}}$。

令 $Q = \begin{pmatrix} 1 & p-1 \\ 1 & 1-q \end{pmatrix}$，则 $Q^{-1}PQ = \begin{pmatrix} 1 & 0 \\ 0 & p+q-1 \end{pmatrix}$，即

$$P = Q\begin{pmatrix} 1 & 0 \\ 0 & p+q-1 \end{pmatrix}Q^{-1},$$

于是

$$\begin{aligned} P^{(n)} = P^n &= Q\begin{pmatrix} 1 & 0 \\ 0 & p+q-1 \end{pmatrix}^n Q^{-1} = Q\begin{pmatrix} 1 & 0 \\ 0 & (p+q-1)^n \end{pmatrix}Q^{-1} \\ &= \begin{pmatrix} 1 & p-1 \\ 1 & 1-q \end{pmatrix}\begin{pmatrix} 1 & 0 \\ 0 & (p+q-1)^n \end{pmatrix} \cdot \frac{1}{2-p-q}\begin{pmatrix} 1-q & 1-p \\ -1 & 1 \end{pmatrix} \\ &= \frac{1}{2-p-q}\begin{pmatrix} 1-q & 1-p \\ 1-q & 1-p \end{pmatrix} \\ &\quad + \frac{1}{2-p-q}\begin{pmatrix} (1-p)(p+q-1)^n & -(1-p)(p+q-1)^n \\ -(1-q)(p+q-1)^n & (1-q)(p+q-1)^n \end{pmatrix} \end{aligned}$$

故

$$P^{(n)} \xrightarrow{n \to +\infty} \frac{1}{2-p-q}\begin{pmatrix} 1-q & 1-p \\ 1-q & 1-p \end{pmatrix}$$

可见当传输级数足够多时，误码率趋于稳定。

**例 3.2.5　离散分枝过程 (生物繁殖模型)**

设 $X(n)$ 表示一种生物群体第 $n$ 代个体的数目，不同个体产生下一代的个体数 $Y_i$ 之间相互独立且同分布。已知该群体原有 $k$ 个个体，即 $X(0)=k$，且

$$P\{Y_i=k\}=p_k \quad (k=0,1,2,\cdots)$$

$$X(n+1)=\sum_{i=0}^{X(n)} Y_i \quad (\text{规定}Y_0=0)$$

求 $X(n)$ 的一维分布。

**解**　给定 $X(n)=j$，由于 $X(n+1)$ 的分布只与 $j$ 及 $Y_i$ 的分布有关，而与 $X(m)$ $(m<n)$ 的取值无关，由 Markov 链的定义知，$\{X(n),\ n\geqslant 1\}$ 构成 Markov 链，又因这时 $X(n+1)$ 的分布与 $n$ 也无关，故 $\{X(n), n\geqslant 1\}$ 还是齐次 Markov 链。

用母函数法求 $X(n)$ 的一维分布。

设 $Y_i$ 的母函数为 $F(s)$，$X(n)$ 的母函数为 $G_n(s)$，则

$$\begin{aligned}
G_{n+1}(s)=E(s^{X(n+1)})&=\sum_{k=0}^{+\infty} P\{X(n)=k\}\{E(s^{X(n+1)})|X(n)=k\}\\
&=\sum_{k=0}^{+\infty} P\{X(n)=k\}\left\{E\big(s^{\sum\limits_{i=0}^{k} Y_i}\big)\Big|X(n)=k\right\}\\
&=\sum_{k=0}^{+\infty} P\{X(n)=k\}\left\{E\big(s^{\sum\limits_{i=0}^{k} Y_i}\big)\right\}\\
&=\sum_{k=0}^{+\infty} P\{X(n)=k\}[F(s)]^k=G_n[F(s)]=G_{n-1}[F(F(s))]\\
&\hat{=} G_{n-1}[F^{(2)}(s)]=G_{n-2}[F^{(3)}(s)]=\cdots=G_0[F^{(n+1)}(s)]
\end{aligned}$$

因为 $X(0)=k$，所以 $G_0(s)=s^k$，故有

$$G_n(s)=G_0[F^{(n)}(s)]=[F^{(n)}(s)]^k$$

**讨论生物灭绝问题**

设 $k=1$，则该群体第 $n$ 代灭绝的概率为 $G_n(0)=F^{(n)}(0)$，那么最终灭绝的概率是否为 $\sum\limits_{n=1}^{+\infty} F^{(n)}(0)$ 呢？答案是否定的，因为前一代灭绝的事件包含在下一代灭绝的事件中。下面是正确解法。

设最初只有一个个体时，最终灭绝的事件为 $A$。令 $\rho = P(A)$，则

$$\rho = P(A) = \sum_{k=0}^{+\infty} P\{Y_1 = k\} P\{A|Y_1 = k\} = \sum_{k=0}^{+\infty} P\{Y_1 = k\} \rho^k = F(\rho)$$

可见，$\rho$ 是方程 $\rho = F(\rho)$ 的解。

由归一性知，$\rho = 1$ 一定是解。另外，可以证明当 $E(Y_1) \leqslant 1$ 时，$(0,1)$ 内无根；当 $E(Y_1) > 1$ 时，$(0,1)$ 内有唯一实根。

## 第三节　状态的性质

本章后面几节均讨论齐次 Markov 链 $\{X(n), n = 0, 1, 2, \cdots\}$ 的有关概念和性质，没有特别情况不再每次重述。

### 一、 状态之间的关系

1. 可达与互通

**定义 3.3.1**　设 $i, j \in E$，如果存在 $n > 0$，使 $p_{ij}^{(n)} > 0$，则称状态 $i$ **可达**状态 $j$，记作 $i \to j$；如果 $i \to j$ 且 $j \to i$，则称状态 $i$ 与 $j$ **互通**，记作 $i \leftrightarrow j$。

下面是可达与互通的性质。

**定理 3.3.1**　(1) 若 $i \to j, j \to k$，则 $i \to k$ (传递性)；

(2) 若 $i \leftrightarrow j, j \leftrightarrow k$，则 $i \leftrightarrow k$ (传递性)；

(3) $i \leftrightarrow j \Leftrightarrow j \leftrightarrow i$ (对称性)。

**证明**　(1) 因为 $i \to j, j \to k$，所以存在 $m > 0, n > 0$，使得 $p_{ij}^{(m)} > 0$ 和 $p_{jk}^{(n)} > 0$ 成立。根据 C-K 方程，有

$$p_{ik}^{(m+n)} = \sum_{s \in E} p_{is}^{(m)} p_{sk}^{(n)} \geqslant p_{ij}^{(m)} p_{jk}^{(n)} > 0$$

所以有 $i \to k$。

(2) 由 (1) 可达的传递性成立可得互通的传递性也成立。

(3) 显然成立。

2. 闭集与不可约集

**定义 3.3.2**　设 $C \subseteq E$，如果对任取 $i \in C$ 及 $j \notin C$，都有 $p_{ij} = 0$，则称 $C$ 为**闭集**，如果闭集 $C$ 不含非空的真子闭集，则称 $C$ 为**不可约集 (或不可分集)**，又称**基本闭集**。如果 $E$ 为不可约集，则称该 Markov 链为**不可约 Markov 链**。

显然，$E$ 是最大闭集。一个吸收状态构成最小闭集。

Markov 链的“状态转移概率图”比该链的转移概率矩阵能更形象地描述各状态之间的关系，如某 Markov 链转移概率矩阵为

$$P=\begin{pmatrix} \frac{1}{2} & 0 & 0 & \frac{1}{2} & 0 \\ \frac{1}{2} & 0 & \frac{1}{2} & 0 & 0 \\ 0 & 0 & 1 & 0 & 0 \\ 1 & 0 & 0 & 0 & 0 \\ 0 & 1 & 0 & 0 & 0 \end{pmatrix}$$

其状态转移概率图见图 3.3.1。不难看出，$\{3\}$, $\{1, 4\}$, $\{1, 3, 4\}$, $\{1, 2, 3, 4\}$ 和 $\{1, 2, 3, 4, 5\}$ 都是闭集，基本闭子集即不可约集只有 $\{3\}$ 和 $\{1, 4\}$。

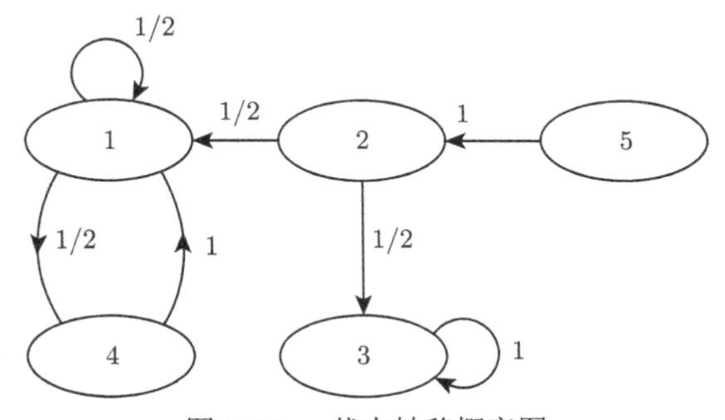


图 3.3.1　状态转移概率图

下面是闭集的性质。

**定理 3.3.2**　(1) 设 $C\subseteq E$，则 $C$ 是闭集 $\Leftrightarrow$ 任取 $i\in C$ 及 $j\notin C$，对任意的 $n\in N$，都有 $p_{ij}^{(n)}=0$。

(2) 设 $C$ 是闭集，则

(i) 任取 $i\in C$，有 $\sum\limits_{k\in C}p_{ik}=1$；　　(3.3.1)

(ii) 任取 $i,j\in C$，有 $p_{ij}^{(m+n)}=\sum\limits_{k\in C}p_{ik}^{(m)}p_{kj}^{(n)}$。　　(3.3.2)

(3) 设 $C$ 是闭集，则 $C$ 为不可约集的充要条件是：任取 $i,j\in C$，有 $i\leftrightarrow j$。

**证明**　(1) 和 (2) 由闭集的定义立即可以得到。下面证明 (3)。

**充分性**　用反证法。假设 $C$ 是可约闭集，则存在闭集 $F\subset C$，且 $C-F\neq\varnothing$(空集)。任取 $i\in F$ 及 $j\in C-F$，由 $F$ 为闭集知 $i$ 不能可达 $j$。因条件是 $i,j\in C$ 时，有 $i\leftrightarrow j$ 成立，与 $i$ 不能可达 $j$ 矛盾，故 $C$ 是不可约集。

**必要性**　也用反证法。假设存在 $i, j \in C$，但 $i$ 不能可达 $j$。

记 $F = \{k : i \to k, k \in C\}$，因为 $j \notin F$，所以 $C - F \neq \varnothing$；又由 (2) 知，$F \neq \varnothing$。

还用反证法证 $F$ 是闭集。

假设 $F$ 不是闭集，则存在 $k_1 \in F, k_2 \in C - F$，且 $k_1 \to k_2$，因为 $i \to k_1$，所以 $i \to k_2$。故有 $k_2 \in F$，这与 $k_2 \notin F$ 矛盾。可见 $F$ 是闭集。

$F$ 是闭集与 $C$ 是不可约集矛盾。所以，对任取 $i, j \in C$，总有 $i \leftrightarrow f$。

**推论**　Markov 链 $X(n)$ 为不可约链的充要条件是：对任意 $i, j \in E$，总有 $i \leftrightarrow j$。

## 二、 状态的分类

### 1. 周期性

**定义 3.3.3**　设 $i \in E$，若 $A_i = \{n : n \geqslant 1, p_{ii}^{(n)} > 0\}$ 是一个非空的正整数集，$d_i$ 为其所有因素的最大公约数，则 $d_i$ 称为 $i$ 的**周期**，且当 $d_i > 1$ 时，称状态 $i$ 为周期的，当 $d_i = 1$ 时，称 $i$ 为非周期的。

特别规定，当 $A_i = \varnothing$ 即空集时，$d_i = +\infty$。

**注**　状态的周期与函数周期的区别，在于状态 $i$ 的周期是指系统从 $i$ 出发一次次回到 $i$ 的时间所呈现出的周期性，如一个同学上学住校，一周才有可能回家一次，那么“家”作为这个同学生活中的一个状态，其周期就是 7 天；函数的周期则表示函数值重复出现的规律性，如基本正弦函数自变量每增加 $2\pi$，函数值就一定重复出现一次，$2\pi$ 就是正弦函数的周期。

**例 3.3.1**　已知一个 Markov 链的状态转移概率情况如图 3.3.2 所示，求状态 1 的周期。

**解**　因为 $A_1 = \{4, 6, 8, 10, 12, \cdots\}$，所以 $d_1 = 2$。

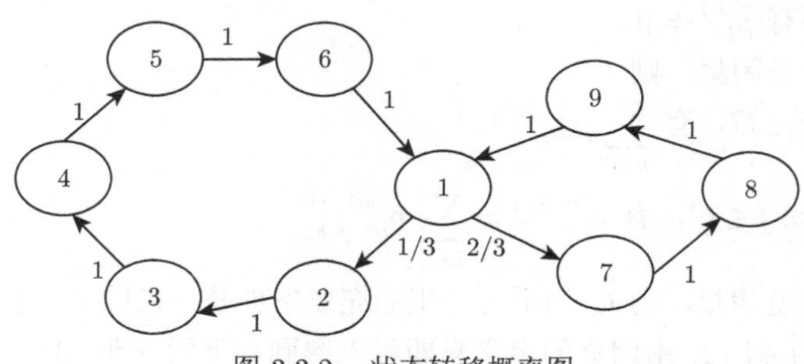


图 3.3.2　状态转移概率图

**定理 3.3.3**　设状态 $i$ 的周期 $d_i < +\infty$，则存在正整数 $N$，对一切 $n \geqslant N$，有 $p_{ii}^{(nd_i)} > 0$。

**证明** 因为 $d_i < +\infty$，所以 $A_i$ 是一个非空的正整数集。把 $A_i$ 的元素排成数列 $n_1, n_2, n_3, \cdots$ 后，记 $r_m$ 为 $\{n_1, n_2, \cdots, n_m\}$ 的最大公约数，则当 $m$ 增加时，$r_m$ 非严格递减，于是，有

$$r_1 \geqslant r_2 \geqslant \cdots \geqslant d_i \geqslant 1$$

因为 $r_1$ 是有限的正整数，所以存在正整数 $l$，使得 $r_l = r_{l+1} = \cdots = d_i$。由初等数论的素数定理知，存在正整数 $N$，使得对任意 $n \geqslant N$，有

$$nd_i = k_1 n_1 + k_2 n_2 + \cdots + k_l n_l$$

这里，$k_m\,(m = 1, 2, \cdots, l)$ 为正整数。使用 $l-1$ 次 C-K 方程，有

$$p_{ii}^{(nd_i)} = p_{ii}^{(k_1 n_1 + k_2 n_2 + \cdots + k_l n_l)} \geqslant \prod_{m=1}^{l} p_{ii}^{(k_m n_m)}$$

对 $p_{ii}^{(k_m n_m)}$ 再使用 $k_m - 1$ 次 C-K 方程，于是有

$$p_{ii}^{(nd_i)} \geqslant \prod_{m=1}^{l} p_{ii}^{(k_m n_m)} \geqslant \prod_{m=1}^{l} \left( \prod_{s=1}^{k_m} p_{ii}^{(n_m)} \right) > 0$$

2. 常返性

**定义 3.3.4** 对于 Markov 链 $X(n)$ 的两个状态 $i, j$，

(1) 称 $T_{ij} = \min\{n : X(0) = i, X(n) = j, n \geqslant 1\}$ 为由 $i$ 到 $j$ 的**首达时**。若记 $N_\infty = \{1, 2, \cdots, +\infty\}$，则 $T_{ij}$ 就是取值在 $N_\infty$ 上的一个随机变量，其中 $+\infty$ 为 $T_{ij}$ 的一个状态。

(2) 称 $f_{ij}^{(n)} = P\{T_{ij} = n | X(0) = i\}$ 为从 $i$ 经 $n$ 步**首达** $j$ 的**概率**。规定 $f_{ij}^{(+\infty)} = P\{i$ 出发永不能到达 $j\}$。

(3) 称 $f_{ij} = \sum\limits_{1 \leqslant n < +\infty} f_{ij}^{(n)}$ 为从 $i$ 能经有限步到达 $j$ 的概率，即 $f_{ij} = P\{T_{ij} < +\infty | X(0) = i\}$。

**注** $f_{ij}^{(n)}$ 不同于 $p_{ij}^{(n)}$，一般 $f_{ij}^{(n)} \leqslant p_{ij}^{(n)}$，当 $n = 1$ 时，$f_{ij}^{(1)} = p_{ij}^{(1)}$。

**定理 3.3.4 0-1 律** 设 $Q_{jj}(m)$ 表示从 $j$ 出发至少有 $m$ 次回访 $j$ 的概率，$Q_{jj}$ 表示从 $j$ 出发无限次回访 $j$ 的概率，则

$$Q_{jj} = \lim_{m \to +\infty} Q_{jj}(m) = \begin{cases} 1, & f_{jj} = 1 \\ 0, & f_{jj} < 1 \end{cases} \tag{3.3.3}$$

**证明** 因为 $Q_{jj}(1)=f_{jj}$，所以

$$Q_{jj}(m+1)=\sum_{1\leqslant n<+\infty} f_{jj}^{(n)}Q_{jj}(m)=Q_{jj}(m)f_{jj}=Q_{jj}(m-1)f_{jj}^2$$

$$=\cdots=Q_{jj}(1)f_{jj}^m=f_{jj}^{m+1}\xrightarrow{m\to+\infty}\begin{cases}1, & f_{jj}=1\\ 0, & f_{jj}<1\end{cases}$$

可见，当 $f_{jj}<1$ 时，只能有限次返回 $j$；当 $f_{jj}=1$ 时，才能无限次返回 $j$。

**定义 3.3.5** 称 $\mu_j=\sum_{n=1}^{+\infty} nf_{jj}^{(n)}$ 为 $j$ 的**平均返回时间**。

**定义 3.3.6** (1) 若 $f_{ii}=1$，则称 $i$ 是**常返**的；若 $f_{ii}<1$，则称 $i$ 是**非常返**的 (或**滑过**的)。

(2) 设 $i$ 是常返的，若 $\mu_i<+\infty$，则称 $i$ 是**正常返**的 (或**积极常返**的)，否则称 $i$ 是**零常返**的 (或**消极常返**的)。

如果 Markov 链 $X(n)$ 的所有状态都是常返的,我们就称 $X(n)$ 是常返 Markov 链，如此可定义具有其他常返性的 Markov 链。

从定理 3.3.4 可以看出，当我们把 $j$ 状态当作“家”，若 $f_{jj}=1$，就是从 $j$ 出发即离开“家”后，肯定能无限多次返回“家”看看。这个能常回来看看的“家”，自然就被称为“常返”状态了。对那些使 $f_{jj}<1$ 的“家”，只能有限次回来看看，当完成了有限次回“家”看看后，走了就再也不会回来了，这种所谓的“家”也只能被称为“非常返”状态。至于常返状态为什么又分正常返和零常返状态，那是因为对有些常返状态，虽然看上去也能无限多次回“家”看看，但回来的时间间隔却很长，在理论上甚至是无穷长，这种以“常返”之名行“非常返”之实的状态，被称为“零常返”状态。后面的性质也说明了，零常返状态是介于正常返和非常返之间的状态，它的性质具有两面性，能无限次返回是常返状态的性质，但平均返回一次需要无穷长的时间又是非常返状态的性质。

3. 遍历性

**定义 3.3.7** 正常返且非周期状态称为**遍历状态**。

**例 3.3.2** 已知 Markov 链各状态的转移概率情况如图 3.3.3 所示，试讨论各状态的性质。

**解** (1) 周期性。

因为 $A_1=\{1,\cdots\},A_2=\{2,3\cdots\},A_3=\{1,\cdots\},A_4=\varnothing$，所以 $d_1=d_2=d_3=1$，$d_4=+\infty$。

(2) 常返性。

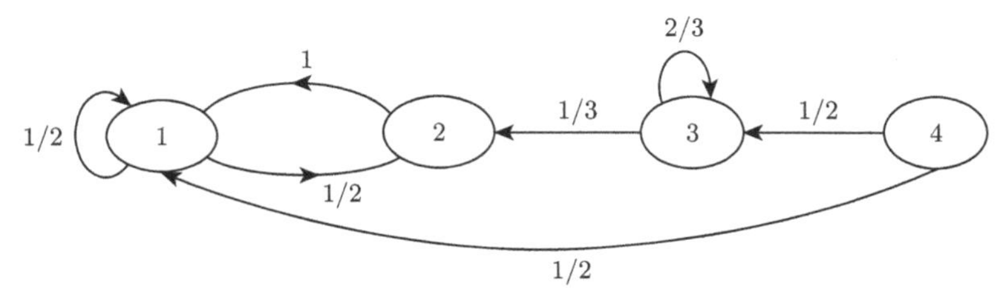


图 3.3.3 状态转移概率图

因为

$$f_{11}=f_{11}^{(1)}+f_{11}^{(2)}+0=\frac{1}{2}+1\times\frac{1}{2}=1$$

$$f_{22}=f_{22}^{(1)}+f_{22}^{(2)}+\cdots=0+\frac{1}{2}+\left(\frac{1}{2}\right)^2+\left(\frac{1}{2}\right)^3+\cdots=1$$

$$f_{33}=f_{33}^{(1)}+0=\frac{2}{3}<1$$

$$f_{44}=0<1$$

所以状态 1, 2 是常返的，状态 3, 4 是非常返的。又因为

$$\mu_1=\sum_{n=1}^{+\infty}nf_{11}^{(n)}=1\times\frac{1}{2}+2\times\frac{1}{2}+0=\frac{3}{2}<+\infty$$

$$\mu_2=\sum_{n=1}^{+\infty}nf_{22}^{(n)}=1\times 0+2\times\frac{1}{2}+3\times\frac{1}{2^2}+\cdots+n\times\frac{1}{2^{n-1}}+\cdots=3<+\infty$$

所以 1, 2 都还是正常返状态。

(3) 遍历性。

由状态 1, 2 是非周期正常返状态知，1, 2 都是遍历的状态。

从例 3.3.2 可以看出，通过定义来判断状态的常返性一般是比较困难的，下面介绍其他的判别方法。

## 三、 常返性的判别

**引理 3.3.1** 对任意 $i,j\in E$, 有 $p_{ij}^{(n)}=\sum\limits_{k=1}^{n}f_{ij}^{(k)}p_{jj}^{(n-k)}$。

**证明** $p_{ij}^{(n)}=P\{X(n)=j|X(0)=i\}=\sum\limits_{k=1}^{n}P\{T_{ij}=k,X(n)=j|X(0)=i\}$

$$= \sum_{k=1}^{n} P\{T_{ij} = k | X(0) = i\} P\{X(n) = j | X(0) = i, T_{ij} = k\}$$

$$= \sum_{k=1}^{n} f_{ij}^{(k)} p_{jj}^{(n-k)}$$

若对任意 $i, j \in E$ 和任意 $k \in N$，$p_{ij}^{(k)}$ 均已知，那么，如何求 $f_{ij}^{(n)}$ 呢？由引理 3.3.1 得

$$p_{ij}^{(n)} = f_{ij}^{(n)} + \sum_{k=1}^{n-1} f_{ij}^{(k)} p_{jj}^{(n-k)}$$

于是，可利用以下递推公式计算 $f_{ij}^{(n)}$。

$$f_{ij}^{(n)} = p_{ij}^{(n)} - \sum_{k=1}^{n-1} f_{ij}^{(k)} p_{jj}^{(n-k)}, \quad f_{ij}^{(1)} = p_{ij} \tag{3.3.4}$$

**引理 3.3.2** 设 $P_{ii}(s), F_{ii}(s)$ 分别表示数列 $\{p_{ii}^{(n)}, n \geqslant 0\}$ 和 $\{f_{ii}^{(n)}, 1 \leqslant n < +\infty\}$ 的母函数，则

$$P_{ii}(s) = \frac{1}{1 - F_{ii}(s)}, \quad |s| < 1$$

**证明** 由引理 3.3.1 得

$$p_{ii}^{(n)} = \sum_{k=1}^{n} f_{ii}^{(k)} p_{ii}^{(n-k)}$$

所以

$$\begin{aligned}\sum_{1 \leqslant n < +\infty} p_{ii}^{(n)} s^n &= \sum_{1 \leqslant n < +\infty} \sum_{k=1}^{n} f_{ii}^{(k)} p_{ii}^{(n-k)} s^n = \sum_{1 \leqslant k < +\infty} \sum_{k \leqslant n < +\infty} f_{ii}^{(k)} s^k p_{ii}^{(n-k)} s^{n-k} \\ &= \sum_{1 \leqslant k < +\infty} \sum_{0 \leqslant n' < +\infty} f_{ii}^{(k)} s^k p_{ii}^{(n')} s^{n'} \\ &= \left( \sum_{1 \leqslant k < +\infty} f_{ii}^{(k)} s^k \right) \left( \sum_{0 \leqslant n' < +\infty} p_{ii}^{(n')} s^{n'} \right)\end{aligned}$$

上式成立是因为两个级数在 $|s| < 1$ 内绝对收敛。于是，有

$$P_{ii}(s) - 1 = F_{ii}(s) P_{ii}(s)$$

故

$$P_{ii}(s) = \frac{1}{1 - F_{ii}(s)} \tag{3.3.5}$$

根据上述引理和数学分析知识，可得以下结论。

**定理 3.3.5**　若 $i$ 是非常返状态，则 $\sum_{n=0}^{+\infty} p_{ii}^{(n)} = \frac{1}{1-f_{ii}}$。

**证明**　由引理 3.3.2 得

$$P_{ii}(s)[1 - F_{ii}(s)] = 1$$

因为 $i$ 是非常返状态，所以 $f_{ii} < 1$。由级数 $F_{ii}(s)$ 在 $|s| \leqslant 1$ 内绝对收敛，根据 Abel 定理知，令 $s \to 1-0$，对 (3.3.5) 式两边取极限，得

$$\begin{aligned}\sum_{n=0}^{+\infty} p_{ii}^{(n)} &= \lim_{s\to 1-0} \sum_{n=0}^{+\infty} p_{ii}^{(n)} s^n = \lim_{s\to 1-0} P_{ii}(s) \\ &= \frac{1}{1 - F_{ii}(1)} = \frac{1}{1 - f_{ii}}\end{aligned}$$

**定理 3.3.6**　(1) $i$ 是非常返状态 $\Leftrightarrow$ 级数 $\sum_{n=0}^{+\infty} p_{ii}^{(n)}$ 收敛；

(2) $i$ 是常返状态 $\Leftrightarrow$ 级数 $\sum_{n=0}^{+\infty} p_{ii}^{(n)} = +\infty$。

**证明**　若 $i$ 是非常返状态，由定理 3.3.5 的证明知

$$\sum_{n=0}^{+\infty} p_{ii}^{(n)} = \frac{1}{1 - f_{ii}} < +\infty$$

即级数 $\sum_{n=0}^{+\infty} p_{ii}^{(n)}$ 收敛。

若 $i$ 是常返状态，即 $f_{ii} = 1$，则

$$\lim_{s\to 1-0} \sum_{n=0}^{+\infty} p_{ii}^{(n)} s^n = +\infty$$

由于对任意实数 $s\,(0 < s < 1)$，都有

$$\sum_{n=0}^{+\infty} p_{ii}^{(n)} \geqslant \sum_{n=0}^{+\infty} p_{ii}^{(n)} s^n \to +\infty \quad (s \to 1-0)$$

所以级数 $\sum_{n=0}^{+\infty} p_{ii}^{(n)} = +\infty$。

因为状态 $i$ 要么非常返，要么常返。而级数 $\sum_{n=0}^{+\infty} p_{ii}^{(n)}$ 是正项级数，要么收敛，要么等于正无穷。所以前面推出的非常返、常返状态的必要性也是充分性，即 $i$ 是非常返状态 $\Leftrightarrow$ 级数 $\sum_{n=0}^{+\infty} p_{ii}^{(n)}$ 收敛；$i$ 是常返状态 $\Leftrightarrow$ 级数 $\sum_{n=0}^{+\infty} p_{ii}^{(n)} = +\infty$。

关于状态性质的进一步讨论，由于用到较多数学分析知识，在此不加证明直接给出，详细证明可参阅文献 (王梓坤，1996)。

**定理 3.3.7** (1) $i$ 是遍历状态 $\Leftrightarrow \lim\limits_{n\to+\infty} p_{ii}^{(n)} = \dfrac{1}{\mu_i}$；

(2) $i$ 是周期为 $d$ 的正常返状态 $\Rightarrow \lim\limits_{n\to+\infty} p_{ii}^{(nd)} = \dfrac{d}{\mu_i}$；

(3) $i$ 是零常返状态 $\Rightarrow \lim\limits_{n\to+\infty} p_{ii}^{(n)} = 0$；

(4) $i$ 是零常返或非常返状态，则任取 $s \in E$，总有 $\lim\limits_{n\to+\infty} p_{si}^{(n)} = 0$。

**推论** 如果 $i$ 是常返状态，则 $i$ 是零常返状态 $\Leftrightarrow \lim\limits_{n\to+\infty} p_{ii}^{(n)} = 0$。

## 四、 互通状态的性质

### 1. 互通状态的共性

**定理 3.3.8** 若 $i \leftrightarrow j$，则 $i, j$ 有下列共性：

(1) 同为常返或同为非常返状态，如同为常返状态，则同为正常返或同为零常返状态；

(2) $i, j$ 有相同的周期。

**证明** (1) 因为 $i \leftrightarrow j$，所以存在 $m, n$，使得

$$p_{ij}^{(m)} = \alpha > 0, \quad p_{ji}^{(n)} = \beta > 0$$

任取 $l \in N$，则

$$p_{ii}^{(m+l+n)} = \sum_{s_1\in E}\sum_{s_2\in E} p_{is_1}^{(m)} p_{s_1s_2}^{(l)} p_{s_2i}^{(n)} \geqslant p_{ij}^{(m)} p_{jj}^{(l)} p_{ji}^{(n)} = \alpha\beta p_{jj}^{(l)}$$

同理

$$p_{jj}^{(m+l+n)} \geqslant \alpha\beta p_{ii}^{(l)}$$

由正项级数收敛的比较判别法知，级数 $\sum_{n=0}^{+\infty} p_{jj}^{(n)}$ 和 $\sum_{n=0}^{+\infty} p_{ii}^{(n)}$ 同收敛或同发散。所以 $i,j$ 同为常返或同为非常返状态。

又由 $p_{jj}^{(m+l+n)} \geqslant \alpha\beta p_{ii}^{(l)}$ 和 $p_{ii}^{(m+l+n)} \geqslant \alpha\beta p_{jj}^{(l)}$ 知，$\lim\limits_{n\to+\infty} p_{ii}^{(n)}$ 与 $\lim\limits_{n\to+\infty} p_{jj}^{(n)}$ 若其中一个为零，则另一个必为零。

所以若 $i,j$ 为常返态，则同为正常返态或同为零常返状态。

(2) 因为 $i \leftrightarrow j$，所以 $A_i$ 与 $A_j$ 都不是空集。

设 $d_i, d_j$ 分别为 $A_i, A_j$ 的所有因数的最大公约数。任取 $l \in A_j$，则 $p_{jj}^{(l)} > 0$，由 (1) 知 $p_{ii}^{(m+l+n)} \geqslant \alpha\beta p_{jj}^{(l)} > 0$，所以 $d_i | m+l+n$。又因为 $p_{ii}^{(m+n)} \geqslant \alpha\beta > 0$，所以 $d_i | m+n$。于是，有 $d_i | l$，由 $l$ 的任意性知 $d_i | d_j$。

同理可证 $d_j | d_i$，故 $d_j = d_i$。

可见，当状态互通时，可由简单状态即容易讨论的状态性质获知复杂状态的性质。状态两两互通的 Markov 链，若状态是非常返、正常返或是零常返的，则该 Markov 链就称为是非常返链、正常返链或是零常返链。

2. 互通状态的判定

**定理 3.3.9**　设 $i$ 是常返状态，且 $i \to j$，则 $i \leftrightarrow j$。

**证明**　**反证法**　如果 $j$ 不能可达 $i$，则 $f_{ji} = 0$。由 $i \to j$ 知，$f_{ij} > 0$，所以

$$f_{ii} = 1 - f_{ii}^{(+\infty)} \leqslant 1 - f_{ij} < 1$$

与 $i$ 是常返状态矛盾，结论得证。

**推论**　所有常返状态构成一个闭集。

**定理 3.3.10**　在常返闭集中互通关系是等价关系。

由常返状态和互通关系的性质容易推出常返闭集中的元素满足等价关系的三个条件：自反性、对称性、传递性。

**例 3.3.3　无限制随机游动问题**

已知 Markov 链的 $E = \{\cdots, -2, -1, 0, 1, 2, \cdots\}, p_{i,i+1} = p, p_{i,i-1} = q, 0 < p, q < 1, p+q = 1$。试讨论各状态的常返性。

**解**　由条件知，任取 $i,j \in E$ 都有 $i \leftrightarrow j$。所以 $E$ 中所有状态都具有相同的常返性。以下讨论零状态的常返性。

因为

$$\sum_{n=0}^{+\infty} p_{00}^{(n)} = \sum_{m=0}^{+\infty} p_{00}^{(2m)} + 0 = \sum_{m=0}^{+\infty} \mathrm{C}_{2m}^{m} p^m q^m$$

而

$$\lim_{m\to+\infty}\frac{C_{2(m+1)}^{m+1}(pq)^{m+1}}{C_{2m}^{m}(pq)^{m}}=4pq\begin{cases}<1, & p\neq q\\ =1, & p=q\end{cases}$$

根据级数收敛的比值判别法知，当 $p\neq q$ 时，级数 $\sum\limits_{n=0}^{+\infty}p_{00}^{(n)}$ 收敛，所以 0 为非常返状态。

当 $p=q=\dfrac{1}{2}$ 时，该判别法失效。

受 Stirling 公式启发，考察级数 $\sum\limits_{m=0}^{+\infty}C_{2m}^{m}(pq)^{m}=\sum\limits_{m=0}^{+\infty}C_{2m}^{m}\left(\dfrac{1}{4}\right)^{m}$ 与 $\sum\limits_{m=0}^{+\infty}\dfrac{1}{\sqrt{m\pi}}$ 的敛散性的关系：

$$\lim_{m\to+\infty}\frac{C_{2m}^{m}\left(\dfrac{1}{4}\right)^{m}}{\dfrac{1}{\sqrt{m\pi}}}=\lim_{m\to+\infty}\frac{(2m)!}{(m!)^{2}}\frac{\sqrt{m\pi}}{4^{m}}\xlongequal{\text{Stirling}}1$$

而级数 $\sum\limits_{m=0}^{+\infty}\dfrac{1}{\sqrt{m\pi}}$ 发散，根据级数收敛的比较判别法知，当 $p=q=\dfrac{1}{2}$ 时，级数 $\sum\limits_{n=0}^{+\infty}p_{00}^{(n)}$ 发散，即 0 为常返态。又因为 $\lim\limits_{m\to+\infty}p_{00}^{(2m)}=\lim\limits_{m\to+\infty}\dfrac{1}{\sqrt{m\pi}}=0$，所以 0 为零常返状态。

**注**　Stirling 公式为

$$n!=\sqrt{2n\pi}n^{n}e^{-n+\theta_n/12n},\quad 0<\theta_n<1$$

当 $n$ 较大时

$$C_{2n}^{n}=\frac{(2n)!}{(n!)^{2}}\approx\frac{2^{2n}}{\sqrt{n\pi}}$$

## 第四节　状态空间的分解和有限 Markov 链

### 一、状态空间的分解

**定理 3.4.1　分解定理**　任意 Markov 链的状态空间 $E$，可唯一地分解为下列不相交集合的并集：$E=N\cup C_1\cup C_2\cup\cdots$，这里 $N$ 是所有非常返状态集，$C_i\,(i=1,2,\cdots)$ 都是不可约集，它们两两互不相通。

**证明** 令 $C$ 为所有常返状态构成的集合，则 $E-C$ 就是所有非常返状态构成的集合 $N$。根据定理 3.3.10 知，在常返闭集 $C$ 中互通关系是等价关系，即等价关系可把 $C$ 唯一地划分为 $C_i\,(i=1,2,\cdots)$，使它们都是不可约集且两两互不相通。

**定理 3.4.2** 每一个周期为 $d$ 的基本常返闭集 $C_h$，可唯一地分解为 $d$ 个不相交的子集：$C_h=\sum\limits_{k=0}^{d-1}C_h(k)$。这些 $C_h(k)(k=0,1,\cdots,d-1)$，经过适当安排次序后，自 $C_h(k)$ 中任一状态出发，下一步必然到达 $C_h(k+1)$，如 $k=d-1$，则 $C_h(k+1)$ 为 $C_h(0)$。

**证明** **采用构造法** 从 $C_h$ 中任意取定一个状态 $i$，自 $i$ 出发，经过周期 $d$ 的整数倍加 $k$ 步后能到达的所有状态集记为 $G_k(k=0,1,\cdots,d-1)$，即

$$G_k=\{j:j\in C_h,\text{存在某个}n\geqslant 0,\text{使得}p_{ij}^{(nd+k)}>0\}$$

下面证明 $G_k$ 就是 $C_h(k)$。

(1) 由 $C_h$ 为基本常返闭集知，$\bigcup\limits_{k=0}^{d-1}G_k=C_h$。

(2) 若存在 $j\in G_r\cap G_s$，则必存在 $m,n\geqslant 0$，使得

$$p_{ij}^{(md+r)}>0,\quad p_{ij}^{(nd+s)}>0$$

又因为 $i,j\in C_h$，所以 $i\leftrightarrow j$，故存在 $l$，使得 $p_{ji}^{(l)}>0$，于是

$$p_{ii}^{(md+r+l)}>0,\quad p_{ii}^{(nd+s+l)}>0$$

所以 $md+r+l\in A_i$，$nd+s+l\in A_i$，即 $d|md+r+l$，$d|nd+s+l$，因而 $d|r-s$。因 $0\leqslant r,s\leqslant d-1$，故 $r=s$，即 $G_r=G_s$。亦即，当 $r\neq s$ 时，$G_r\cap G_s=\varnothing$。

(3) 任取 $j\in G_k$，即存在 $m\geqslant 0$，使得 $p_{ij}^{(md+k)}>0$。现在要证从 $j$ 出发，下一步必到达 $G_{k+1}$。因当 $r\neq k+1$ 时，对任意 $j'\in C_r$，总有 $p_{ij'}^{(md+k+1)}=0$，即

$$0=p_{ij'}^{(md+k+1)}=\sum_{q\in E}p_{iq}^{(md+k)}p_{qj'}\geqslant p_{ij}^{(md+k)}p_{jj'}$$

所以有 $p_{jj'}=0$，故 $\sum\limits_{j'\in G_{k+1}}p_{jj'}=1$。

(4) 最后证明唯一性，即证 $C_h$ 的分解与状态 $i$ 无关。

若 $C_h$ 按 $i'$ 可分解为 $C_h = \sum_{k=0}^{d-1} C'_h(k)$，不妨设 $i' \in G_k$，由 (3) 的证明知，从 $i'$ 出发，下一步必进入 $G_{k+1}$，再下一步必进入 $G_{k+2}$，如此周期循环下去，根据 $G_k$ 的构成元素知，$G'_1 = G_{k+1}$，$G'_2 = G_{k+2}, \cdots, G'_0 = G_k$，所以 $C_h$ 的分解与状态 $i$ 无关。

综上可见，$G_k$ 就是 $C_h(k)$。

**例 3.4.1** 已知 Markov 链的 $E = \{1,2,3,4,5,6\}$，转移概率矩阵为

$$P = \begin{pmatrix} 0 & 0 & 1 & 0 & 0 & 0 \\ 0 & 0 & 0 & 0 & 0 & 1 \\ 0 & 0 & 0 & 0 & 1 & 0 \\ \frac{1}{3} & \frac{1}{3} & 0 & \frac{1}{3} & 0 & 0 \\ 1 & 0 & 0 & 0 & 0 & 0 \\ 0 & \frac{1}{2} & 0 & 0 & 0 & \frac{1}{2} \end{pmatrix}$$

试分解此链，并讨论各状态的性质。

**解** 此链对应的各状态间转移概率如图 3.4.1 所示。

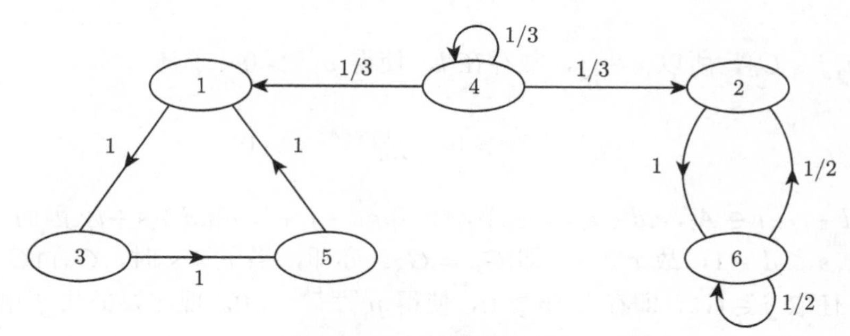


图 3.4.1 状态转移概率图

从图可以看出，本链有两个基本常返闭子集：$C_1 = \{1,3,5\}$ 和 $C_2 = \{2,6\}$。另外，还有一个非常返状态集 $N = \{4\}$，于是可分解为

$$E = N \cup C_1 \cup C_2 = \{4\} \cup \{1,3,5\} \cup \{2,6\}$$

因为互通状态具有完全相同的性质，我们可只求状态 1, 2, 4 的性质即可。

由图 3.4.1 知，$f_{11}^{(3)}=1$，$f_{11}^{(n)}=0\,(n\neq 3)$，所以 $f_{11}=1$，且

$$\mu_1=\sum_{n=1}^{+\infty} n f_{11}^{(n)}=3$$

可见状态 1 是正常返且周期为 3，因此为非遍历状态。状态 3 与状态 5 性质同状态 1。

同理可求状态 6 的周期为 1，$f_{66}=1$，$\mu_6=\dfrac{3}{2}$。所以状态 2 与状态 6 都是正常返且非周期的，因此都为遍历状态。

状态 4 是非常返的，由一步就可能返回，因此它是非周期的。

## 二、 有限 Markov 链

我们把只有有限个状态的 Markov 链，称为**有限 Markov 链**。

**定理 3.4.3** 不可约有限集 $C$ 一定是正常返集。特别地，不可约有限 Markov 链是正常返链。

**证明** 由有限集 $C$ 不可约知，$C$ 中元素两两互通，所以 $C$ 中元素具有相同的常返性。

若 $C$ 不是正常返集，则 $C$ 中的元素同为零常返或同为非常返状态，即对任取 $i,j\in C$，都有 $\lim\limits_{n\to+\infty} p_{ij}^{(n)}=0$。而 $\sum\limits_{j\in C} p_{ij}^{(n)}=1$ 对任意 $n$ 均成立，因为 $C$ 是有限集，所以

$$1=\lim_{n\to+\infty}\sum_{j\in E} p_{ij}^{(n)}=\sum_{j\in E}\left(\lim_{n\to+\infty} p_{ij}^{(n)}\right)=\sum_{j\in E}0=0$$

矛盾。故 $C$ 为正常返状态集。当然，若 $C$ 为状态空间 $E$，则 $E$ 中所有状态都是正常返的，即不可约有限 Markov 链是正常返链。

**推论** 有限 Markov 链的 $E$ 中不可能有零常返状态。

同理可证明以下定理。

**定理 3.4.4** 有限 Markov 链的 $E$ 中必有正常返状态。

**定理 3.4.5** 对有限 Markov 链，由一切非常返状态构成的集合 $N$ 一定不是闭集。

# 第五节　极限分布和平稳分布

对于一个实际的随机系统，考察其是否具有统计意义下某种渐近稳定性质，将有着十分重要的现实意义。

## 一、两分布的定义

1. 极限分布

**定义 3.5.1**　若 Markov 链 $X(n)$ 的绝对分布 $\{p_j(n), j \in E\}$，当 $n \to +\infty$ 时，收敛于一个与初始分布 $\{p_j, j \in E\}$ 无关的分布 $\{q_j, j \in E\}(q_j > 0)$，则称 $\{q_j, j \in E\}$ 为 $X(n)$ 的**极限分布**。

2. 平稳分布

**定义 3.5.2**　若 Markov 链 $X(n)$ 的一步转移概率矩阵为 $P$，如存在一概率分布 $\{\pi_i, i \in E\}$，使得

$$\begin{cases} \pi_j = \sum_{i \in E} \pi_i p_{ij}, & \forall j \in E \\ \sum_{i \in E} \pi_i = 1 \end{cases} \tag{3.5.1}$$

成立，则称 $\{\pi_i, i \in E\}$ 为 $X(n)$ 的**平稳分布**。

**定理 3.5.1**　若 Markov 链 $X(n)$ 的初始分布是其平稳分布 $\{\pi_i, i \in E\}$，则 $X(n)$ 的绝对分布不随时间 $n$ 的增加而变化，也总是平稳分布。

**推论**　若 Markov 链 $X(n)$ 存在平稳分布 $\{\pi_i, i \in E\}$，则 $\pi_i$ 也满足

$$\pi_j = \sum_{i \in E} \pi_i p_{ij}^{(n)}, \quad \forall j \in E \tag{3.5.2}$$

我们通过下面的例子看一下两分布具有什么关系。

**例 3.5.1**　若 Markov 链 $X(n)$ 的转移概率矩阵 $P = \begin{pmatrix} 0 & 1 \\ 1 & 0 \end{pmatrix}$，求它的两分布。

**解**　不妨设 1, 2 为其状态，因为

$$P^{(2n)} = \begin{pmatrix} 1 & 0 \\ 0 & 1 \end{pmatrix}, \quad P^{(2n+1)} = \begin{pmatrix} 0 & 1 \\ 1 & 0 \end{pmatrix}$$

所以

$$\lim_{n \to +\infty} p_{12}^{(2n)} = 0, \quad \lim_{n \to +\infty} p_{12}^{(2n+1)} = 1$$

故 $\lim\limits_{n \to +\infty} p_{12}^{(n)}$ 不存在，即 $X(n)$ 的极限分布不存在。

由 (3.5.1) 式，得

$$\begin{cases} \pi_1 = \pi_1 \times 0 + \pi_2 \times 1 \\ \pi_2 = \pi_1 \times 1 + \pi_2 \times 0 \\ \pi_1 + \pi_2 = 1 \end{cases}$$

解方程组得平稳分布为

$$\pi_1 = \pi_2 = \frac{1}{2}$$

可见 $X(n)$ 的极限分布不存在，平稳分布存在。

**例 3.5.2** 若 Markov 链 $X(n)$ 的转移概率矩阵 $P = \begin{pmatrix} \frac{3}{4} & \frac{1}{4} \\ \frac{1}{2} & \frac{1}{2} \end{pmatrix}$，求它的两分布。

**解** 不妨设 1, 2 为其状态，由例 3.2.4 的解法得

$$\begin{aligned} P^n = Q\Lambda^n Q^{-1} &= \begin{pmatrix} 1 & -\frac{1}{4} \\ 1 & \frac{1}{2} \end{pmatrix} \begin{pmatrix} 1 & 0 \\ 0 & \frac{1}{4} \end{pmatrix}^n \begin{pmatrix} 1 & -\frac{1}{4} \\ 1 & \frac{1}{2} \end{pmatrix}^{-1} \\ &= \begin{pmatrix} 1 & -\frac{1}{4} \\ 1 & \frac{1}{2} \end{pmatrix} \begin{pmatrix} 1 & 0 \\ 0 & \left(\frac{1}{4}\right)^n \end{pmatrix} \begin{pmatrix} 1 & -\frac{1}{4} \\ 1 & \frac{1}{2} \end{pmatrix}^{-1} \\ &= \frac{4}{3}\left\{ \begin{pmatrix} \frac{1}{2} & \frac{1}{4} \\ \frac{1}{2} & \frac{1}{4} \end{pmatrix} + \begin{pmatrix} \frac{1}{4^{n+1}} & -\frac{1}{4^{n+1}} \\ -\frac{2}{4^{n+1}} & \frac{2}{4^{n+1}} \end{pmatrix} \right\} \\ &\xrightarrow{n\to+\infty} \frac{4}{3}\begin{pmatrix} \frac{1}{2} & \frac{1}{4} \\ \frac{1}{2} & \frac{1}{4} \end{pmatrix} = \begin{pmatrix} \frac{2}{3} & \frac{1}{3} \\ \frac{2}{3} & \frac{1}{3} \end{pmatrix} \end{aligned}$$

所以

$$\vec{P}(n) = (p_1(n), p_2(n)) = (p_1, p_2)P^n \xrightarrow{n\to+\infty} (p_1, p_2)\begin{pmatrix} \frac{2}{3} & \frac{1}{3} \\ \frac{2}{3} & \frac{1}{3} \end{pmatrix} = \left(\frac{2}{3}, \frac{1}{3}\right)$$

故 $X(n)$ 的极限分布存在。

解方程组

$$\begin{cases} \pi_1 = \pi_1 \times \dfrac{3}{4} + \pi_2 \times \dfrac{1}{2} \\ \pi_2 = \pi_1 \times \dfrac{1}{4} + \pi_2 \times \dfrac{1}{2} \\ \pi_1 + \pi_2 = 1 \end{cases}$$

得平稳分布为

$$\pi_1 = \frac{2}{3}, \quad \pi_2 = \frac{1}{3}$$

可见 $X(n)$ 的极限分布和平稳分布都存在，且为同一分布。

上述两例说明对一个齐次 Markov 链，极限分布和平稳分布既有联系又有区别，下面通过遍历链来建立两分布的关系。

## 二、 遍历链

**定义 3.5.3** 若对一切 $i, j \in E$，极限 $\lim\limits_{n\to+\infty} p_{ij}^{(n)} = q_j > 0$ 存在，且 $\sum\limits_{j\in E} q_j = 1$，则称此链为**遍历链**。

**定理 3.5.2** Markov 链 $X(n)$ 存在极限分布的充要条件是 $X(n)$ 为遍历链。

**证明** **充分性** 因为 $X(n)$ 为遍历链，所以任取 $i, j \in E$，极限 $\lim\limits_{n\to+\infty} p_{ij}^{(n)} = q_j > 0$ 存在，且 $\sum\limits_{j\in E} q_j = 1$。根据定理 3.1.2 知，$p_j(n) = \sum\limits_i p_i p_{ij}^{(n)}$。因为右边级数绝对收敛，所以

$$\begin{aligned} \lim_{n\to+\infty} p_j(n) &= \lim_{n\to+\infty} \sum_i p_i p_{ij}^{(n)} = \sum_i p_i \lim_{n\to+\infty} p_{ij}^{(n)} \\ &= \sum_i p_i \frac{1}{\mu_j} = \frac{1}{\mu_j} \sum_i p_i = \frac{1}{\mu_j} \end{aligned}$$

可见，$X(n)$ 的绝对分布 $\{p_j(n), j \in E\}$ 收敛于一个与初始分布 $\{p_i, i \in E\}$ 无关的分布 $\{q_j, j \in E\}(q_j > 0)$，即极限分布存在。

**必要性** 因为 $X(n)$ 的极限分布存在，即 $\{p_j(n), j \in E\}$ 收敛于一个与 $\{p_i, i \in E\}$ 无关的分布 $\{q_j, j \in E\}(q_j > 0)$。所以任取 $i, j \in E$，令 $X(0) = i$，即初始分布为

$$p_k = \begin{cases} 1, & k = i \\ 0, & k \neq i \end{cases}$$

则

$$p_j(n) = \sum_k p_k p_{kj}^{(n)} = 0 + p_i p_{ij}^{(n)} = p_{ij}^{(n)}$$

所以

$$\lim_{n\to+\infty} p_{ij}^{(n)} = \lim_{n\to+\infty} p_j(n) = q_j > 0$$

且满足 $\sum\limits_{j\in E} q_j = 1$，故 $X(n)$ 为遍历链。

值得注意的是并非所有状态都是遍历状态的 Markov 链是遍历链。

**遍历链的等价定义**　所有状态均遍历的不可约 Markov 链称为遍历链。

**推论**　非周期、有限不可约 Markov 链是遍历链。

**定理 3.5.3**　设 $P$ 是有限 Markov 链 $X(n)$ 的转移概率矩阵，如存在一个正整数 $m$ 使得 $P^m$ 即 $P^{(m)}$ 的所有元素均为正数，则 $X(n)$ 是遍历链。

**证明**　因为任取 $i,j\in E$，有 $p_{ij}^{(m)} > 0$，所以 $i\leftrightarrow j$，即 $X(n)$ 为不可约链。又因 $E$ 为有限集，故 $X(n)$ 为正常返链。

由 C-K 方程得，$p_{jj}^{(m+1)} = \sum\limits_{s\in E} p_{js} p_{sj}^{(m)}$，而对任意 $s\in E$，有 $p_{sj}^{(m)} > 0$。注意到 $\sum\limits_{s\in E} p_{js} = 1$，即至少存在一个 $s_0$，使得 $p_{js_0} > 0$，所以 $p_{jj}^{(m+1)} \geqslant p_{js_0} p_{s_0 j}^{(m)} > 0$，即 $j$ 为非周期状态，故 $X(n)$ 为遍历链。

## 三、两分布的关系

**定理 3.5.4**　不可约非周期 Markov 链 $X(n)$ 为遍历链的充要条件是它存在平稳分布。

**证明　充分性**　因

$$\begin{cases} \pi_j = \sum\limits_{i\in E} \pi_i p_{ij}^{(n)}, & \forall j\in E \\ \sum\limits_{i\in E} \pi_i = 1 \end{cases}$$

由 $\sum\limits_{i\in E} \left|\pi_i p_{ij}^{(n)}\right| \leqslant \sum\limits_{i\in E} \pi_i = 1$ 知，级数 $\sum\limits_{i\in E} \pi_i p_{ij}^{(n)}$ 一致收敛，所以

$$\lim_{n\to\infty} \sum_{i\in E} \pi_i p_{ij}^{(n)} = \sum_{i\in E} \lim_{n\to\infty} \pi_i p_{ij}^{(n)}$$

又因为 $X(n)$ 为不可约链，所以任取 $i,j\in E$, 有 $i\leftrightarrow j$。若 $X(n)$ 不是正常返链，则

$$\lim_{n\to\infty} p_{ij}^{(n)} = 0$$

所以

$$\pi_j = \lim_{n\to\infty}\sum_{i\in E}\pi_i p_{ij}^{(n)} = \sum_{i\in E}\pi_i \lim_{n\to\infty} p_{ij}^{(n)} = 0, \quad \forall j \in E$$

矛盾。因此 $X(n)$ 是正常返链。

**必要性** 若 $X(n)$ 为遍历链，则由定理 3.3.7 知，任取 $i, j \in E$，有

$$\lim_{n\to\infty} p_{ij}^{(n)} = \frac{1}{\mu_j}$$

即证 $\dfrac{1}{\mu_j}$ 为 $\pi_j$。因为

$$p_{ij}^{(n+1)} = \sum_{k\in E} p_{ik}^{(n)} p_{kj}$$

由 $\sum\limits_{k\in E}\left|p_{ik}^{(n)} p_{kj}\right| \leqslant \sum\limits_{k\in E} p_{ik}^{(n)} = 1$ 知，$\sum\limits_{k\in E} p_{ik}^{(n)} p_{kj}$ 一致收敛。令 $n\to+\infty$，则有

$$\frac{1}{\mu_j} = \sum_{k\in E}\frac{1}{\mu_k} p_{kj}$$

由遍历链的定义知 $\sum\limits_{j\in E}\dfrac{1}{\mu_j} = 1$，所以 $\left\{\dfrac{1}{\mu_j}\right\}$ 满足 (3.5.1) 式，即它的平稳分布存在且为 $\left\{\dfrac{1}{\mu_j}\right\}$。

**定理 3.5.5** 若 Markov 链 $X(n)$ 的两分布均存在，则二者必为同一分布，且均为 $\left\{\dfrac{1}{\mu_j}, j \in E\right\}$。

## 第六节 Markov 链问题的代数解法

### 一、 问题的提出

赌徒输光问题是一个典型的随机游动问题：甲、乙两个赌徒进行一场赌博，在每一局中甲赢的概率为 $p\,(0<p<1)$，乙赢的概率为 $q = 1-p$，每一局输者给赢者 1 元，直到两人中有一个输光为止。若开始时甲有 $a$ 元、乙有 $b$ 元赌本，$X(n)$ 表示赌 $n$ 局后甲拥有的赌资，问甲 (乙) 输光的概率是多大？平均经过几局这场赌博才能结束？就是说从非常返状态 $a$ 出发，最后被 0 和 $a+b$ 状态吸收的概率分别是多大？平均经过几步被 0 或 $a+b$ 状态吸收？

此类问题可归结为，对有限 Markov 链 $X(n)$，由状态空间的分解定理知：

$$E = N \cup C = N \cup C_1 \cup C_2 \cup \cdots \cup C_M$$

任取 $i \in N$，在已知转移概率矩阵 $P$ 的条件下，讨论从 $i$ 出发：(1) 进入 $C_k$ 的概率 $P(C_k|i)$；(2) 进入常返状态集 $C$ 的平均时间 $\mu_i(C)$。这些随机过程中的问题，都可利用过程的性质转化为线性方程组来解决。

## 二、 计算 $P(C_k|i)$

**定理 3.6.1**　若 $i \in N$，则

$$P(C_k|i) = \sum_{s \in N} p_{is} P(C_k|s) + \sum_{s \in C_k} p_{is} \tag{3.6.1}$$

**证明**　根据全概率公式，得

$$\begin{aligned} P(C_k|i) &= \sum_{s \in E} p_{is} P(C_k|s) = \sum_{s \in N} p_{is} P(C_k|s) + \sum_{s \in C_k} p_{is} P(C_k|s) + 0 \\ &= \sum_{s \in N} p_{is} P(C_k|s) + \sum_{s \in C_k} p_{is} \end{aligned}$$

**推论 1**　设 $j \in C_k, i \in N$，则

$$f_{ij} = \sum_{s \in N} p_{is} f_{sj} + \sum_{s \in C_k} p_{is} \tag{3.6.2}$$

**推论 2**　设 $j$ 为 Markov 链 $X(n)$ 的吸收态，则任取 $i \in N$，都有

$$f_{ij} = \sum_{s \in N} p_{is} f_{sj} + p_{ij} \tag{3.6.3}$$

**例 3.6.1**　设质点在 $[1,5]$ 上作整点游动，含两个吸收壁，左、右移一格的概率分别为 $\dfrac{1}{6}$ 和 $\dfrac{1}{3}$，停留在原处的概率为 $\dfrac{1}{2}$，求质点从状态 2 出发，分别被吸收于状态 1 和状态 5 的概率。

**解**　由题意得

$$P = \begin{pmatrix} 1 & 0 & 0 & 0 & 0 \\ \frac{1}{6} & \frac{1}{2} & \frac{1}{3} & 0 & 0 \\ 0 & \frac{1}{6} & \frac{1}{2} & \frac{1}{3} & 0 \\ 0 & 0 & \frac{1}{6} & \frac{1}{2} & \frac{1}{3} \\ 0 & 0 & 0 & 0 & 1 \end{pmatrix}$$

根据推论 2 得

$$f_{21} = p_{22}f_{21} + p_{23}f_{31} + p_{21} \cdot 1$$

即

$$f_{21} = \frac{1}{2}f_{21} + \frac{1}{3}f_{31} + \frac{1}{6}$$

同理

$$f_{31} = \frac{1}{6}f_{21} + \frac{1}{2}f_{31} + \frac{1}{3}f_{41}$$

$$f_{41} = \frac{1}{6}f_{31} + \frac{1}{2}f_{41}$$

解方程组得

$$f_{21} = \frac{7}{15}, \quad f_{31} = \frac{1}{5}, \quad f_{41} = \frac{1}{15}$$

所以从状态 2 出发被状态 1 吸收的概率为 $\frac{7}{15}$，自然从状态 2 出发被状态 5 吸收的概率为 $\frac{8}{15}$。

## 三、 计算 $\mu_i(C)$

**定理 3.6.2** 设从 $i\,(i \in N)$ 出发，$\mu_i(C)$ 表示进入 $C$ 的平均时间，则

$$\mu_i(C) = 1 + \sum_{j \in N} p_{ij}\mu_j(C) \tag{3.6.4}$$

**证明** 由全概率公式得

$$\begin{aligned}
\mu_i(C) &= \sum_{j \in E} P\{X(1) = j | X(0) = i\} \cdot \{\text{从 } i \text{ 先经 } j \text{ 最后被 } C \text{ 吸收的时间}\} \\
&= \sum_{j \in N} p_{ij}(1 + \mu_j(C)) + \sum_{j \in C} p_{ij}(1 + 0) \\
&= \sum_{j \in E} p_{ij} + \sum_{j \in N} p_{ij}\mu_j(C) = 1 + \sum_{j \in N} p_{ij}\mu_j(C)
\end{aligned}$$

对于不可约 Markov 链，若把状态 $j$ 改为吸收状态，其他转移概率不变，由定理 3.6.2 可得:

**定理 3.6.3** 对于不可约常返 Markov 链，若 $\mu_{ij}$ 表示由 $i$ 出发首次到达 $j$ 的平均时间，则

$$\mu_{ij} = 1 + \sum_{k \neq j} p_{ik}\mu_{kj} \tag{3.6.5}$$

**注**　在 (3.6.5) 式中，$i$ 与 $j$ 可以为同一状态。

**例 3.6.2**　已知 $P=\begin{pmatrix}\frac{1}{4} & \frac{3}{4}\\ \frac{1}{2} & \frac{1}{2}\end{pmatrix}$，求 $\mu_{12}$。

**解**　由定理 3.6.3 得

$$\mu_{12}=1+\frac{1}{4}\mu_{12}$$

解得

$$\mu_{12}=\frac{4}{3}$$

**例 3.6.3**　已知 $P=\begin{pmatrix}\frac{1}{2} & \frac{1}{2} & 0\\ \frac{1}{2} & \frac{1}{4} & \frac{1}{4}\\ 0 & \frac{1}{3} & \frac{2}{3}\end{pmatrix}$，求 $\mu_{13}$。

**解**　根据定理 3.6.3，得

$$\begin{cases}\mu_{13}=1+\frac{1}{2}\mu_{13}+\frac{1}{2}\mu_{23}\\ \mu_{23}=1+\frac{1}{2}\mu_{13}+\frac{1}{4}\mu_{23}\end{cases}$$

解得

$$\begin{cases}\mu_{13}=10\\ \mu_{23}=8\end{cases}$$

最后来回答本节开始提到的赌徒输光问题。

**例 3.6.4**　甲、乙两个赌徒进行一场赌博，在每一局中甲赢的概率为 $\frac{2}{3}$，乙赢的概率为 $\frac{1}{3}$，每一局输者给赢者 1 元，直到两人中有一个输光为止。若开始时甲有 2 元、乙有 1 元赌本，问甲输光的概率是多大？平均经过几局这场赌博才能结束？

**解**　用 $X(n)$ 表示赌 $n$ 局后甲拥有的赌资。

由题意知 $E=\{0,1,2,3\}$，且

$$P=\begin{pmatrix}1&0&0&0\\ \frac{1}{3}&0&\frac{2}{3}&0\\ 0&\frac{1}{3}&0&\frac{2}{3}\\ 0&0&0&1\end{pmatrix}$$

(1) 求甲输光的概率即求 $f_{20}$。

建立方程组

$$\begin{cases}f_{20}=\frac{1}{3}f_{10}+\frac{2}{3}\times 0\\ f_{10}=\frac{1}{3}\times 1+\frac{2}{3}f_{20}\end{cases}$$

即

$$\begin{cases}f_{20}=\frac{1}{3}f_{10}\\ f_{10}=\frac{1}{3}+\frac{2}{3}f_{20}\end{cases}$$

解得 $f_{10}=\frac{3}{7},f_{20}=\frac{1}{7}$。

所以甲最后输光的概率是 $\frac{1}{7}$，自然乙最后输光的概率是 $\frac{6}{7}$。为什么乙从有 1 元到最后输光不是 $f_{10}=\frac{3}{7}$？那是因为现在的 Markov 链 $X(n)$ 表示赌 $n$ 局后甲拥有的赌资，所以 $f_{10}=\frac{3}{7}$ 是甲从拥有 1 元到最后输光的概率。

(2) 求平均经过几局这场赌博才能结束。

由定理 3.6.2 得

$$\begin{cases}\mu_2(C)=1+\frac{1}{3}\mu_1(C)\\ \mu_1(C)=1+\frac{2}{3}\mu_2(C)\end{cases}$$

解得

$$\begin{cases}\mu_1(C)=\frac{15}{7}\\ \mu_2(C)=\frac{12}{7}\end{cases}$$

可见，平均经过 $\frac{12}{7}\approx 1.7$ 局这场赌博才能结束。

# 第七节　离散鞅论简介

鞅论是由 Levy P. 建立，后经 Doob J. L. 发展起来的随机过程的一个重要分支。它对 Markov 过程、随机控制以及金融保险等理论分析和应用领域都有重要作用，成为一个强有力的研究工具。本节简要介绍一下离散参数鞅论的基本概念和性质。

## 一、 条件数学期望

在第一章第二节中，给出了全期望公式

$$E(X) = E[E(X|Y)] \tag{1.2.5}$$

(1.2.5) 式就是条件数学期望 $E(X|Y)$ 的重要性质之一。介绍鞅论离不开条件数学期望，但对条件数学期望的概念和性质进行严格论述，需要较多的测度论知识，这超出了本教程的要求。下面直接给出条件数学期望的常用性质。

以下设 $X, Y, Z, X_1, X_2$ 为随机变量，$C, a_1, a_2$ 为常数，$g(x), g_1(x), g_2(x), f(x)$, $h(x)$ 均为使以下性质中条件数学期望存在的函数，且

$$E[|g(X)|] < +\infty, \quad E[|g_1(X)|] < +\infty, \quad E[|g_2(X)|] < +\infty$$

$f(x), h(x)$ 还为有界函数。

**性质 1　非负性或单调性**　若 $g(x) \geqslant 0$，则

$$E[g(X)|Y] \geqslant 0$$

**性质 2　线性性**

$$E[a_1 g_1(X) + a_2 g_2(X)|Y] = a_1 E[g_1(X)|Y] + a_2 E[g_2(X)|Y]$$

**性质 3　独立性**　若 $X, Y$ 相互独立，则

$$E[g(X)|Y] = E[g(X)]$$

**性质 4　全期望公式**

$$E\{E[g(X)|Y]\} = E[g(X)] \tag{3.7.1}$$

特别地，

$$E[E(X|Y)] = E(X)$$

更一般地，有

$$E\{E[g(X)|Y]h(Y)\} = E[g(X)h(Y)] \tag{3.7.2}$$

**性质 5** $E[f(X,Y)|X,Y] = f(X,Y)$

$$E\{E[g(X)|Z]|Y,Z\} = E[g(X)|Z]$$

$$E\{E[g(X)|Y,Z]|Z\} = E[g(X)|Z]$$

**性质 6** $E[g(X)h(Y)|Y] = h(Y)E[g(X)]$

特别地，当 $g(X) \equiv 1$ 时，有

$$E[h(Y)|Y] = h(Y)$$

## 二、 鞅的有关概念

鞅过程的最早形式就是以下离散鞅的定义。

**定义 3.7.1** 称随机序列 $\{X_n, n \geqslant 0\}$ 为鞅，如果对 $n = 0, 1, 2, \cdots$，都有

(1) $E(|X_n|) < +\infty$

(2) $E(X_{n+1}|X_0, X_1, \cdots, X_n) = X_n$

若 (2) 改写成 $E(X_{n+1}|X_0, X_1, \cdots, X_n) \geqslant (\leqslant) X_n$，称 $\{X_n\}$ 为**下鞅** (**上鞅**)，合称为**半鞅**。

鞅可以看成是一种“公平博弈”的随机模型，鞅的名称就是来自法国的一种博弈。设 $X_n$ 表示博弈者在第 $n$ 次博弈前的资本，$X_0$ 是他最初的赌资，这是一个常数。后面每一次的博弈都有输赢，因此，$X_n(n > 0)$ 都是随机变量。如果博弈是公平的，那么每次博弈后资本的数学期望应该还是博弈前的资本，也就是满足第二条。所以说，鞅表示一种“公平博弈”，而下鞅和上鞅则分别表示该博弈者亏本和盈利的情况。

**例 3.7.1** 设 $\{X_n, n \geqslant 1\}$ 为独立的随机序列，且 $E(|X_n|) < +\infty, E(X_n) = 0$，$n = 1, 2, \cdots$，令 $Z_n = \sum\limits_{k=0}^{n} X_k, X_0 = c$，这里 $c$ 为常数，则 $\{Z_n, n \geqslant 0\}$ 是一个鞅。

**证明** 因为

(1) $E(|Z_n|) = E\left(\left|\sum\limits_{k=0}^{n} X_k\right|\right) \leqslant E\left(\sum\limits_{k=0}^{n} |X_k|\right) < +\infty$

(2) $E(Z_{n+1}|Z_0, Z_1, \cdots, Z_n) = E[(Z_n + X_{n+1})|Z_0, Z_1, \cdots, Z_n]$

$$= E(Z_n|Z_0, Z_1, \cdots, Z_n) + E(X_{n+1}|Z_0, Z_1, \cdots, Z_n)$$

$$= Z_n + E(X_{n+1}) = Z_n$$

所以，$\{Z_n, n \geqslant 0\}$ 是一个鞅过程。

下面给出鞅的更一般定义，其中所涉及的随机变量都假设是实值变量。

**定义 3.7.2** 设 $\{X_n, n \geqslant 0\}$ 和 $\{Y_n, n \geqslant 0\}$ 是两个随机序列，且对 $n = 0, 1, 2, \cdots$，满足

(1) $E(|X_n|) < +\infty$

(2) $E(X_{n+1}|Y_0, Y_1, \cdots, Y_n) = X_n$

则称 $\{X_n\}$ 关于 $\{Y_n\}$ 是鞅。若 (2) 改写成 $E(X_{n+1}|Y_0, Y_1, \cdots, Y_n) \geqslant (\leqslant) X_n$，称 $\{X_n\}$ 关于 $\{Y_n\}$ 为**下鞅** (**上鞅**)，合称为**半鞅**。

从条件 (2) 可以推出，若 $\{X_n\}$ 关于 $\{Y_n\}$ 是鞅，那么 $X_n$ 就是 $Y_0, Y_1, \cdots, Y_n$ 的函数。

不难证明，在例 3.7.1 中，$\{Z_n\}$ 也是关于 $\{X_n\}$ 的鞅。

我们再看一下本章例 3.2.2 讨论的 **Polya 模型**：设坛中放有 $r$ 个红球、$b$ 个黑球，从中任取一球, 然后放回坛中，并再放入 $a$ 个同色球。当时，我们证明了经过 $n$ 次摸放后，坛中的红球数是一个非齐次 Markov 链，并求出其转移概率为

$$p_{ij}(n) = \begin{cases} 1 - \dfrac{i}{b+r+na}, & j = i \\ \dfrac{i}{b+r+na}, & j = i + a \\ 0, & \text{其他} \end{cases}$$

如果用 $Y_n$ 表示经过 $n$ 次摸放后坛中的红球数，$X_n$ 表示经过 $n$ 次摸放后坛中的红球比例数，则 $\{X_n\}$ 不仅自己是鞅过程，而且它关于 $\{Y_n\}$ 也是鞅。

**证明** 因为

$$Y_0 = r, \quad X_0 = \frac{r}{r+b}, \quad X_n = \frac{Y_n}{b+r+na}$$

可见满足

$$E(|X_n|) = E(X_n) \leqslant 1 < +\infty$$

而 $\{Y_n\}$ 为非齐次 Markov 链，且

$$E(Y_{n+1}|Y_0, Y_1, \cdots, Y_n) = E(Y_{n+1}|Y_n)$$

$$= \frac{Y_n}{b+r+na}(Y_n+a) + \left(1 - \frac{Y_n}{b+r+na}\right) Y_n$$

$$= \left(1 + \frac{a}{b+r+na}\right) Y_n$$

由于 $X_0, X_1, \cdots, X_n$ 和 $Y_0, Y_1, \cdots, Y_n$ 完全相互唯一确定，于是，有

$$\begin{aligned} E(X_{n+1}|X_0, X_1, \cdots, X_n) &= E(X_{n+1}|Y_0, Y_1, \cdots, Y_n) \\ &= E\left(\frac{Y_{n+1}}{b+r+(n+1)a}\Big|Y_0, Y_1, \cdots, Y_n\right) \\ &= \frac{1}{b+r+(n+1)a} E(Y_{n+1}|Y_n) \\ &= \frac{1}{b+r+(n+1)a}\left(1 + \frac{a}{b+r+na}\right) Y_n \\ &= \frac{Y_n}{b+r+na} = X_n \end{aligned}$$

因此 $\{X_n\}$ 是鞅过程，且它关于 $\{Y_n\}$ 也是鞅。

## 三、 鞅的性质

利用鞅的定义和条件数学期望的性质，可以推出鞅的以下性质，这里直接给出。

**定理 3.7.1**　若随机序列 $\{X_n\}$ 和 $\{Y_n\}$ 都是关于 $\{Z_n\}$ 的鞅，$a$, $b$ 为常数，则 $\{aX_n + bY_n\}$ 也是关于 $\{Z_n\}$ 的鞅。

**定理 3.7.2**　若随机序列 $\{X_n\}$ 是关于 $\{Y_n\}$ 的鞅，则对任意的 $k \geqslant 0$ 有

$$E(X_{n+k}|Y_0, Y_1, \cdots, Y_n) = X_n$$

**定理 3.7.3**　若随机序列 $\{X_n\}$ 是关于 $\{Y_n\}$ 的鞅，则对任意的 $k \geqslant 0$ 有

$$E(X_k) = E(X_0)$$

**定理 3.7.4**　若随机序列 $\{X_n\}$ 是关于 $\{Y_n\}$ 的鞅，$g$ 是 $Y_0, Y_1, \cdots, Y_n$ 的非负函数，且 $E\{[g(Y_0, Y_1, \cdots, Y_n)X_{n+k}]|Y_0, Y_1, \cdots, Y_n\}$ 存在，则对任意的 $k \geqslant 0$ 有

$$E\{[g(Y_0, Y_1, \cdots, Y_n)X_{n+k}]|Y_0, Y_1, \cdots, Y_n\} = g(Y_0, Y_1, \cdots, Y_n)X_n$$

以上鞅的性质对下鞅 (上鞅) 也均成立，只是把等号相应改为 $\geqslant$ ($\leqslant$) 即可。

## 四、 鞅的停时定理

1. 引出背景

对于前面定义鞅时提到的“公平博弈”随机模型，参加博弈者一定要考虑何时停止这次博弈的问题。无休止地博弈下去不现实，硬性定一个确定的结束轮次，博弈者一旦博弈失败也会心有不甘。通常，博弈规则由强势一方来制定，虽然博弈甲乙两方每局各有一半的概率取胜，看似公平，但若博弈结束时间 $T$ 由强势的甲方规定为他取得盈利之时，那这场“公平博弈”还公平吗？如果用 $Y_n$ 表示博弈者甲截至第 $n$ 局博弈后的总收益，则博弈结束时间 $T$ 就是随机序列 $\{Y_n\}$ 的停时，由于在任意时刻 $n$ 停止博弈的决策只依赖于 $n$ 及以前的结果 $Y_0, Y_1, \cdots, Y_n$，因此也称为 Markov 时间，它是一个随机变量。对于这种“公平博弈”，虽然对每个固定的局次 $n$，都有 $E(Y_n) = 0$，但对于由强势甲方规定的停时 $T$，$E(Y_T) > 0$，这是因为甲方赢了博弈即结束。当 $\{Y_n\}$ 是鞅时，满足什么条件，才能使 $E(Y_T) = 0$ 呢？

2. 定义

**定义 3.7.3** 一个随机变量 $T$ 称为关于随机序列 $\{Y_n, n \geqslant 0\}$ 的一个停时，如果：

(1) $T \in \{0, 1, 2, \cdots\}$；

(2) 对每个非负整数 $n$，事件 $\{T = n\}$ 发生的概率由 $Y_0, Y_1, \cdots, Y_n$ 完全确定。

3. 性质

**定理 3.7.5** 如果 $T$ 和 $S$ 是两个停时，则 $T + S$, $\min\{T, S\}$, $\max\{T, S\}$ 也是停时。

**定理 3.7.6** 若随机序列 $\{X_n\}$ 是关于 $\{Y_n\}$ 的鞅，$T$ 是一个关于 $\{Y_n\}$ 的停时，并且 $T$ 有界，即存在一个常数 $K$，使得 $T \leqslant K$，则 $E(X_T) = E(X_0)$。

这个定理是鞅停时定理的一个特殊情况，可以看出，它的条件太强了，实际上我们感兴趣的问题中许多都不满足 $T$ 有界这一严格的条件。假设对停时 $T$ 放宽到 $P\{T < +\infty\} = 1$，也就是说可以以概率 1 保证会停止，但与 $T$ 有界不同的是，并没有确定一个常数 $K$ 使 $P\{T \leqslant K\} = 1$。在这种情况下，是否可以得到 $E(X_T) = E(X_0)$ 的结论呢？

考虑停时 $T_n = \min\{T, n\}$，注意到 $X_T = X_{T_n} + X_T I_{\{T>n\}} - X_n I_{\{T>n\}}$，这里 $I_{\{T>n\}}$ 是示性函数，即 $I_{\{T>n\}} = \begin{cases} 1, & T > n, \\ 0, & T \leqslant n, \end{cases}$ 从而 $E(X_T) = E(X_{T_n}) + E(X_T I_{\{T>n\}}) - E(X_n I_{\{T>n\}})$。可以看出，$T_n$ 是一个有界停时 $(T_n \leqslant n)$，由上面定理 3.7.6 可知 $E(X_{T_n}) = E(X_0)$。我们希望当 $n \to +\infty$ 时，后面两项趋于 0，

对于第二项来说，这是不困难的，因为 $P\{T<+\infty\}=1$，当 $n\to+\infty$ 时，$P\{T>n\}\to 0$，$E(X_T I_{\{T>n\}})$ 相当于对 $X_T$ 限制在一个趋于空集的集合上取期望。容易看出，若要求 $E(|X_T|)<+\infty$，就可以保证 $E(X_T I_{\{T>n\}})\to 0$。第三项就更麻烦一些，当 $n\to+\infty$ 时，第三项并不趋于 0。然而如果 $X_n$ 和 $T$ 满足条件 $\lim\limits_{n\to\infty}E(|X_n|I_{\{T>n\}})=0$，我们就可以得出结论 $E(X_T)=E(X_0)$。

**定理 3.7.7　停时定理**　设 $\{X_n\}$ 是关于 $\{Y_n\}$ 的鞅，$T$ 是一个关于 $\{Y_n\}$ 的停时，满足：

(1) $P\{T<+\infty\}=1$；　(2)$E(|X_T|)<+\infty$；　(3) $\lim\limits_{n\to\infty}E(|X_n|I_{\{T>n\}})=0$

则有 $E(X_T)=E(X_0)$。

**定理 3.7.8**　设 $\{X_n\}$ 是关于 $\{Y_n\}$ 的上鞅，$T$ 是一个关于 $\{Y_n\}$ 的停时，$T_n=\min\{T,n\}$, 设存在一非负随机变量 $X$，满足 $E(X)<+\infty$，且使得 $Y_{T_n}\geqslant -X$，则有 $E(Y_0)\geqslant E(Y_T I_{\{T<+\infty\}})$。特别地，若 $P\{T<+\infty\}=1$, 则有 $E(Y_0)\geqslant E(Y_T)$。

**推论**　设 $\{X_n\}$ 是关于 $\{Y_n\}$ 的上鞅, $T$ 是关于 $\{Y_n\}$ 的停时，且 $X_n\geqslant 0$，则有 $E(Y_0)\geqslant E(Y_T I_{\{T<+\infty\}})$。

我们已经知道对于上鞅，有 $E(X_n)\leqslant E(X_0)$，此处上鞅停时定理说明当把 $n$ 换为停时 $T$ 时，在附加某些条件前提下，结论也成立。对于下鞅也有类似结论。

**注**　以上讨论的停时 $T$，鞅 (上鞅、下鞅) 序列的参数集从 $n=0$ 算起，若从 $n=1$ 算起，结论类似，但停时 $T\geqslant 1$。

**定理 3.7.9　Wald 定理**　设 $\{X_n,n=1,2,\cdots\}$ 为相互独立同分布的随机序列，$E(|X_1|)<+\infty$，$T$ 是关于 $\{X_n\}$ 的停时，且 $E(T)<+\infty$，则

$$E\left(\sum_{i=1}^{T}X_i\right)=E(T)E(X_1)$$

**证明**　详见文献 (叶尔骅和张德平, 2005)。

**例 3.7.2**　设 $\{X_n,n\geqslant 1\}$ 为独立同分布随机序列，且 $P\{X_n=1\}=P\{X_n=0\}=\dfrac{1}{2}$，令

$$T=\min\left\{n:\sum_{i=1}^{n}X_i=10\right\}$$

求 $E(T)$。

**解**　由条件知，$T$ 是关于 $\{X_n\}$ 的停时，且 $E(T)<+\infty$。又因为 $\{X_n,n\geqslant 1\}$ 为相互独立同分布的随机序列，$E(|X_1|)=\dfrac{1}{2}<+\infty$。由 Wald 定理，得

$$E\left(\sum_{i=1}^{T} X_i\right) = E(T)E(X_1) = \frac{1}{2}E(T)$$

而 $T = \min\left\{n : \sum_{i=1}^{n} X_i = 10\right\}$，所以 $\sum_{i=1}^{T} X_i = 10$，即 $E\left(\sum_{i=1}^{T} X_i\right) = 10$。于是有

$$E(T) = 20$$

本题可理解为连续掷一枚均匀硬币直到第 10 次正面出现为止，问平均需要掷几次？这是初等概率中的 Pascal 分布：做重复、独立的 Bernoulli 试验，设每次试验成功的概率为 $p$，失败的概率为 $q = 1 - p$，若将试验进行到出现 $r$ ($r$ 为常数) 次成功为止，则称试验进行的总次数 $X$ 服从 Pascal 分布。$X$ 的分布律为

$$P\{X = k\} = \mathrm{C}_{k-1}^{r-1} p^r q^{k-r}, \quad k = r, r+1, \cdots$$

$X$ 的期望 $E(X) = \frac{r}{p}$，方差 $D(X) = \frac{rq}{p^2}$。其实，这里的 $X$ 就是停时，利用 Wald 定理可得 $r = pE(X)$，于是有 $E(X) = \frac{r}{p}$。

## 习 题 3

3.1 考虑抛掷一颗骰子的试验。(1) 设 $X_n$ 是第 $n$ 次抛掷的点数；(2) 设 $Y_n$ 是前 $n$ 次抛掷中出现的最大点数。说明 $\{X_n, n \geqslant 1\}$ 与 $\{Y_n, n \geqslant 1\}$ 均构成齐次 Markov 链，并分别写出它们各自的状态空间和一步转移概率矩阵。

3.2 设一个袋子中装有 5 个红球、2 个蓝球、3 个白球和 4 个黄球。假设采取有放回模式从袋中随机取球，每次取出一球。如果取出红、蓝、白、黄球分别得 2, 1, 0, −2 分，$X(n)$ 表示前 $n$ 次摸球后的累计分数，问 $X(n)$ 是否为 Markov 链？若是，写出它的状态空间和一步转移概率。

3.3 设 $\{X(n), n \geqslant 0\}$ 为齐次 Markov 链，其一步转移概率为 $p_{ij} = a_j$(对任意的$i, j \in E$)，证明 $\{X(n), n \geqslant 1\}$ 是相互独立同分布的随机变量序列。

3.4 一质点在区间 $[0, 4]$ 中的整点之间做随机游动，每次移动一个单位长度。在 0 点以概率 1 向右移动，在 4 点以概率 1 向左移动，在其他各点上各以概率 $\frac{1}{3}$ 向左、右移动或留在原地。写出它的一步转移概率矩阵。

3.5 改动上题在端点的转移概率，在 0 点以概率 $\frac{1}{2}$ 向右游动，以概率 $\frac{1}{2}$ 留在原处；在 4 点以概率 $\frac{1}{2}$ 向左游动，以概率 $\frac{1}{2}$ 留在原处。写出它的一步转移概率矩阵。

3.6 有三个黑球和三个白球。把这六个球任意等分配至甲、乙两袋中，并把甲袋中的白球数定义为该过程的状态，则有四种状态：0，1，2，3。现每次从甲、乙两袋中各取一球，然后

相互交换，即把从甲袋取出的球放入乙袋，把从乙袋取出的球放入甲袋，经过 $n$ 次交换，过程的状态为 $X(n), n=0,1,2,3,\cdots$。

(1) 试问该过程是否为 Markov 链？

(2) 计算它的一步转移概率矩阵。

3.7　设 $\{X(n), n\geqslant 0\}$ 为齐次 Markov 链，状态空间为 $E=\{0,1,2,\cdots\}$，转移概率为

$$p_{ij}=a_{j-i}\quad (\text{对任意的 } i,j\in E)$$

定义

$$Y(n+1)=X(n+1)-X(n),\quad n=0,1,2,\cdots$$

试证 $\{Y(n), n\geqslant 0\}$ 为相互独立且同分布的随机变量序列。

3.8　设某容器内的质点，每隔一个单位时间发生一次变化。已知在每次变化中，其内的每个质点均以概率 $q$ 逃离容器，以概率 $p$ 留在容器内，$p+q=1$。容器外部的质点也可进入其内，单位时间内进入的个数服从强度为 $\lambda$ 的 Poisson 分布。假定各质点的变化是相互独立的。令 $X(n)$ 表示在 $n$ 时刻此容器内的质点个数。证明 $\{X(n), n\geqslant 0\}$ 是齐次 Markov 链，并求其一步转移概率。

3.9　**传染病模型**　有 $N(N\geqslant 2)$ 个人及某种传染病。假设

(1) 在每个单位时间内此 $N$ 个人恰有两个互相接触，且一切成对的接触是等可能的；

(2) 当健康者与患病者接触时，被染上病的概率为 $a\,(0<a<1)$；

(3) 患病者康复的概率是 0，健康者如果不与患病者接触，得病的概率也为 0。

现在以 $X(n)$ 表示 $n$ 时刻的患病人数，$X(0)=b>0$。试证明 $\{X(n), n\geqslant 0\}$ 是 Markov 链，并写出它的状态空间及一步转移概率。

3.10　设 $\{X(n), n\geqslant 0\}$ 是一个 Markov 链，又设 $t_1<t_2<\cdots<t_n<t_{n+1}<\cdots<t_{n+k}$，试证明：

$$\begin{aligned}&P\{X(t_n)=i_n\mid X(t_{n+1})=i_{n+1}, X(t_{n+2})=i_{n+2},\cdots,X(t_{n+k})=i_{n+k}\}\\&=P\{X(t_n)=i_n\mid X(t_{n+1})=i_{n+1}\}\end{aligned}$$

即一个 Markov 链反向也具有 Markov 性。

3.11　试证明对于任何一个 Markov 链，若“现在”的 $X(t)$ 值已知，则该链的“过去”和“将来”是相互独立的，即如果有 $t_1<t_2<t_3$，其中 $t_2$ 代表“现在”，$t_1$ 代表“过去”，$t_3$ 代表“将来”，若 $X(t_2)=i_2$ 为已知值，试证明：

$$\begin{aligned}&P\{X(t_1)=i_1, X(t_3)=i_3\mid X(t_2)=i_2\}\\&=P\{X(t_1)=i_1\mid X(t_2)=i_2\}\cdot P\{X(t_3)=i_3\mid X(t_2)=i_2\}\end{aligned}$$

3.12　设 $\{X(t), n\geqslant 0\}$ 是一个 Markov 链，$t_1<t_2<\cdots<t_m<t_{m+1}<t_{m+2}$，试证明：

$$\begin{aligned}&P\{X(t_{m+1})=i_{m+1}, X(t_{m+2})=i_{m+2}\mid X(t_1)=i_1, X(t_2)=i_2,\cdots,X(t_m)=i_m\}\\&=P\{X(t_{m+1})=i_{m+1}, X(t_{m+2})=i_{m+2}\mid X(t_m)=i_m\}\end{aligned}$$

3.13 设有随机过程 $\{X(n), n=1,2,3,\cdots\}$，状态空间 $E=(0,1)$，设 $X(1)$ 为在 $(0,1)$ 内均匀分布的随机变量，即 $X(1)$ 的概率密度函数为

$$f_1(x_1)=\begin{cases}1, & 0<x_1<1\\ 0, & \text{其他}\end{cases}$$

设 $X(1), X(2), \cdots, X(m)(m\geqslant 2)$ 的联合密度函数为

$$f_{1,2,\cdots,m}(x_1,x_2,\cdots,x_m)=\begin{cases}\dfrac{1}{x_1x_2\cdots x_{m-1}}, & 0<x_m<x_{m-1}<\cdots<x_1<1\\ 0, & \text{其他}\end{cases}$$

(1) 求 $X(2)$ 的边缘概率密度函数 $f_2(x_2)$。

(2) 试问该过程是否为 Markov 过程？

(3) 求条件概率密度函数 $f_{2|1}(x_2 \mid x_1), \cdots, f_{m|m-1}(x_m \mid x_{m-1})$。

(4) 求 $P\left\{X(1)\leqslant\dfrac{3}{4}, X(3)\leqslant\dfrac{1}{3}\right\}$。

3.14 设在任意连续的两天中，雨天转晴天的概率为 $\dfrac{1}{3}$，晴天转雨天的概率为 $\dfrac{1}{2}$，任一天晴或雨互为逆事件。以 0 表示晴天状态，以 1 表示雨天状态，$X(n)$ 表示第 $n$ 天的状态 (0 或 1)。试写出 Markov 链 $\{X(n), n\geqslant 1\}$ 的一步转移概率矩阵。又若已知 5 月 1 日为晴天，问 5 月 3 日为晴天，5 月 5 日为雨天的概率各等于多少？

3.15 如果存在 $k>0$，使得对一切 $i,j\in E$，都有 $p_{ij}^{(k)}>0$，试证对一切 $n\geqslant k$，有 $p_{ij}^{(n)}>0$。

3.16 设 $\{X(n), n\geqslant 0\}$ 是一个 Markov 链，其状态空间为 $E=\{0,1,2\}$，初始概率分布为 $P\{X(0)=0\}=\dfrac{1}{4}, P\{X(0)=1\}=\dfrac{1}{2}, P\{X(0)=2\}=\dfrac{1}{4}$，一步转移概率矩阵为

$$P=\begin{pmatrix}\dfrac{1}{4} & \dfrac{3}{4} & 0\\ \dfrac{1}{3} & \dfrac{1}{3} & \dfrac{1}{3}\\ 0 & \dfrac{1}{4} & \dfrac{3}{4}\end{pmatrix}$$

(1) 计算 $p_{01}^{(2)}$；

(2) 计算联合概率 $P\{X(0)=0, X(2)=1, X(3)=1\}$；

(3) 计算 $X(1)$ 的概率分布。

3.17 设有 Markov 链，它的状态空间为 $E=\{0,1,2\}$，它的一步转移概率矩阵为

$$P=\begin{pmatrix}0 & 1 & 0\\ 1-p & 0 & p\\ 0 & 1 & 0\end{pmatrix}$$

(1) 试求 $P^{(2)}$，并证明：$P^{(2)}=P^{(4)}$；

(2) 求 $P^{(n)}$, $n \geqslant 1$。

3.18　设有一个 Markov 链，状态空间 $E = \{0, 1, 2\}$，一步转移概率矩阵为

$$P = \begin{pmatrix} p & q & 0 \\ p & 0 & q \\ 0 & p & q \end{pmatrix}$$

其中 $0 < p < 1, q = 1 - p$, 求 $P^{(n)}$。

3.19　**天气预报问题**　设每天的天气分为晴天和雨天两种。已知今日是否下雨依赖于前三天是否有雨 (即一连三天有雨；前面两天有雨，第三天是晴天；$\cdots$), 问能否把这个问题归纳为 Markov 链？若可以，则该过程的状态有几个？如果过去一连三天有雨，那么今天有雨的概率为 0.8；过去三天连续为晴天，而今天有雨的概率为 0.2；在其他天气情况时，今日的天气和昨日相同的概率为 0.6。求这个 Markov 链的转移概率矩阵。

3.20　设有 Markov 链，它的状态空间为 $E = \{0, 1\}$，它的一步转移概率矩阵为

$$P = \begin{pmatrix} \dfrac{1}{2} & \dfrac{1}{2} \\ \dfrac{1}{3} & \dfrac{2}{3} \end{pmatrix}$$

试求：$f_{00}^{(1)}, f_{00}^{(2)}, f_{00}^{(3)}, f_{01}^{(1)}, f_{01}^{(2)}, f_{01}^{(3)}, p_{00}^{(2)}$。

3.21　设有一个状态空间为 $E = \{0, 1, 2\}$ 的 Markov 链，它的一步转移概率矩阵为

$$P = \begin{pmatrix} p_0 & 1 - p_0 & 0 \\ 0 & p_1 & 1 - p_1 \\ 1 - p_2 & 0 & p_2 \end{pmatrix}$$

其中 $0 < p_i < 1\,(i = 0, 1, 2)$，试求：$f_{00}^{(1)}, f_{00}^{(2)}, f_{00}^{(3)}, p_{00}^{(1)}, p_{00}^{(2)}, p_{00}^{(3)}$。

3.22　设 $\{X(n), n \geqslant 1\}$ 为齐次 Markov 链，$i$ 为某一状态。定义随机变量

$$Y = \max\{n : n \geqslant 1 \text{ 且使 } X(1) = X(2) = \cdots = X(n) = i\}$$

为状态 $i$ 的停留时间。试用该链的转移概率来表示条件概率：

$$P\{Y = k \mid X(1) = i\}, \quad k = 1, 2, 3, \cdots$$

3.23　证明 $i \to j$ 的充要条件是 $f_{ij} > 0$。

3.24　设 $i$ 为非常返状态，令 $F = \{k \in E : i \to k\}$，试问 $F$ 是否为闭集？是否不可约？

3.25　设 Markov 链的某一状态 $i$ 有

$$f_{ii}^{(n)} = \frac{n}{2^{n+1}}, \quad n = 1, 2, \cdots$$

(1) $i$ 是否常返？是否为周期的？

(2) $i$ 是否为遍历的？

3.26　已知齐次 Markov 链 $\{X(n), n \geqslant 1\}$ 的状态空间为 $E = \{1, 2, \cdots\}$，其一步转移概率矩阵如下所示，

(1) $\begin{pmatrix} 1 & 0 \\ 1 & 0 \end{pmatrix}$ (2) $\begin{pmatrix} \frac{1}{2} & \frac{1}{2} \\ 1 & 0 \end{pmatrix}$

(3) $\begin{pmatrix} \frac{1}{2} & 0 & \frac{1}{2} & 0 & 0 \\ \frac{1}{4} & \frac{1}{2} & \frac{1}{4} & 0 & 0 \\ \frac{1}{2} & 0 & \frac{1}{2} & 0 & 0 \\ 0 & 0 & 0 & \frac{1}{2} & \frac{1}{2} \\ 0 & 0 & 0 & \frac{1}{2} & \frac{1}{2} \end{pmatrix}$ (4) $\begin{pmatrix} \frac{1}{4} & \frac{3}{4} & 0 & 0 & 0 \\ \frac{1}{2} & \frac{1}{2} & 0 & 0 & 0 \\ 0 & 0 & 1 & 0 & 0 \\ 0 & 0 & \frac{1}{3} & \frac{2}{3} & 0 \\ 1 & 0 & 0 & 0 & 0 \end{pmatrix}$

试求解下列问题：

(1) 此链是否可约？它的不可约子集有哪些？

(2) 试讨论各状态的周期性、常返性和遍历性。

3.27 设 $\{X(n), n = 1,2,3,\cdots\}$ 是一个 Bernoulli 过程，即 $X(n) \sim b(1,p)$, $0 < p < 1$，定义另一个随机过程 $\{Y(n), n = 1,2,3,\cdots\}$：

如果 $X(n) = 0$，则定义 $Y(n) = 0$；

如果 $X(n) = X(n-1) = \cdots = X(n-k+1) = 1$，而 $X(n-k) = 0$，则定义

$$Y(n) = k, \quad k = 1, 2, \cdots, n$$

即 $Y(n)$ 表示 $X(n)$ 在 $n$ 时刻和 $n$ 以前连续等于 1 的次数。

(1) 试证明 $\{Y(n), n \geqslant 1\}$ 是一个 Markov 链，并求其一步转移概率。

(2) 求 $Y(n)$ 从零状态出发，经 $n$ 步转移，首次返回零状态的概率 $f_{00}^{(n)}$ 和 $n$ 步转移概率 $p_{00}^{(n)}$。

(3) $Y(n)$ 是常返的还是非常返的？是正常返的还是零常返的？是周期的还是非周期的？

(4) 设 $T$ 表示 $Y(n)$ 连续取两个零状态的时间间隔，则 $T$ 为随机变量，求 $T$ 的均值和方差。

3.28 设质点在 $xy$ 平面内的整数格点之间作随机游动。质点每次转移只能沿 $x$ 方向往左或往右移一格，或沿 $y$ 方向往上或往下移一格，设这四种转移方式的概率相等，均为 $\frac{1}{4}$。若质点从 $(0,0)$ 出发开始游动，求经过 $2n$ 次转移质点回到 $(0,0)$ 点的概率，问这种对称的二维的随机游动是常返的，还是非常返的？

3.29 在一计算系统中，每一循环具有误差的概率取决于先前一个循环是否有误差，以 0 表示循环有误差，以 1 表示无误差，设状态的一步转移概率矩阵为

$$P = \begin{pmatrix} \frac{3}{4} & \frac{1}{4} \\ \frac{1}{2} & \frac{1}{2} \end{pmatrix}$$

试说明相应的齐次 Markov 链是遍历的，并求其极限分布：(1) 用定义求解；(2) 利用遍历链性质求解。

3.30 设齐次 Markov 链的一步转移概率矩阵为

$$P=\begin{pmatrix} q & p & 0 \\ q & 0 & p \\ 0 & q & p \end{pmatrix}.$$

其中 $0<p<1$，试证明此链具有遍历性，并求其平稳分布。

3.31 设 Markov 链的一步转移概率矩阵为

$$P=\begin{pmatrix} \frac{1}{2} & \frac{1}{2} & 0 \\ \frac{1}{2} & \frac{1}{2} & 0 \\ 0 & 0 & 1 \end{pmatrix}$$

试证此链不是遍历的。

3.32 设 Markov 链的状态空间为 $E=\{1,2,3\}$，而转移概率矩阵为

$$P=\begin{pmatrix} \frac{1}{2} & \frac{1}{3} & \frac{1}{6} \\ \frac{1}{3} & \frac{1}{3} & \frac{1}{3} \\ \frac{1}{3} & \frac{1}{2} & \frac{1}{6} \end{pmatrix}$$

试求 $\lim\limits_{n\to\infty} p_{ij}^{(n)}$，以及此链的平稳分布，并求各个状态的平均返回时间。

3.33 设 $\{X(n), n\geqslant 1\}$ 是一个有限状态的齐次 Markov 链，它的转移概率矩阵是 $P=(p_{ij})$，如果还满足

$$\sum_{i\in E} p_{ij}=1, \quad 对一切\ j\in E$$

则 $P$ 称为双重随机矩阵，试证：如果 $\{X(n), n\geqslant 1\}$ 还是非周期不可约的，则对任意的 $i,j\in E$，有

$$\lim_{n\to\infty} p_{ij}^{(n)}=\frac{1}{N}$$

其中 $N$ 是状态的个数。

3.34 一质点沿圆周游动。按顺时针排列五个点 $0,1,2,3,4$, 把圆周五等分。质点每次游动或顺时针或逆时针移动一格，顺时针前进一格的概率为 $p$，逆时针后退一格的概率为 $1-p$。设 $X(n)$ 代表经过 $n$ 次转移后质点所处的位置 (即状态)，那么 $\{X(n), n\geqslant 0\}$ 是一个齐次 Markov 链，试求：

(1) 一步转移概率矩阵；

(2) 平稳分布；

(3) 极限分布；

(4) 如果六个点 $0,1,2,3,4,5$ 等分圆周，转移规律不变，求极限分布和平稳分布，并总结一般规律。

3.35 Markov 链的一步转移概率矩阵为

$$P=\begin{pmatrix} \frac{1}{3} & \frac{1}{3} & \frac{1}{3} & 0 \\ \frac{1}{2} & \frac{1}{2} & 0 & 0 \\ \frac{1}{4} & \frac{1}{4} & 0 & \frac{1}{2} \\ 0 & \frac{1}{2} & 0 & \frac{1}{2} \end{pmatrix}$$

其状态空间为 $E=\{1,2,3,4\}$。

(1) 自第二个状态出发平均经过几步可首次到达第三个状态？

(2) 自第三个状态出发平均经过几步可首次返回到第三个状态？

3.36 设有一电脉冲序列，$n$ 时刻的脉冲幅度记为 $X(n)$，不同时刻的幅度相互独立且等可能地取 $1,2,3,\cdots,m$。求 $X(n)(n\geqslant 1)$ 首次取到最大值 $m$ 的期望时间。

3.37 考虑带有一个吸收壁的随机游动，状态空间是 $E=\{0,1,2,\cdots\}$，状态 0 是吸收态，它的一步转移概率矩阵为

$$P=\begin{pmatrix} 1 & 0 & 0 & 0 & 0 & \cdots \\ q & 0 & p & 0 & 0 & \cdots \\ 0 & q & 0 & p & 0 & \cdots \\ 0 & 0 & q & 0 & p & \cdots \\ \vdots & \vdots & \vdots & \vdots & \vdots & \ddots \end{pmatrix}$$

其中 $0<p<1$， $p+q=1$，对任意的正整数 $i$，试求：

(1) 吸收概率 $f_{i0}$；

(2) $f_{i0}=1$ 的充要条件；

(3) 在 $f_{i0}=1$ 的条件下，求吸收时间的数学期望。

3.38 设有 Markov 链 $\{X(n),n\geqslant 0\}$，它的状态空间为 $E=\{0,1,2,\cdots\}$，且设当 $|i-j|>1$ 时 $p_{ij}=0$，当 $|i-j|\leqslant 1$ 时 $p_{ij}$ 是任意给定的正数，但是对每个 $i>0$ 必须满足

$$p_{i,i-1}+p_{ii}+p_{i,i+1}=1$$

当 $i=0$ 时必须满足

$$p_{00}+p_{01}=1$$

这类过程称为离散参数的生灭过程。求该链为正常返链的条件。

3.39 设 $\{X_n,n\geqslant 0\}$ 为独立的随机序列，且 $E(X_n)=0,D(X_n)=\sigma^2$，令

$$Z_n=\left(\sum_{k=0}^{n}X_k\right)^2-(n+1)\sigma^2$$

证明 $\{Z_n,n\geqslant 0\}$ 关于 $\{X_n,n\geqslant 0\}$ 是鞅。

3.40 设随机序列 $\{X_n,n\geqslant 0\}$ 的 $X(0)=0$，$i$ 为某一状态。定义随机变量

$$T_i=\min\{k:X_k=i,k\geqslant 0\}$$

证明 $T_i$ 是关于随机序列 $\{X_n,n\geqslant 0\}$ 的一个停时。

# 第四章　连续参数的 Markov 链

连续参数 Markov 链与上一章讨论的离散参数 Markov 链虽然基本概念相似，但研究方法区别很大，相关概率的计算通常要建立微分方程来实现。如不特别说明，本章总假设过程的时间参数集为 $T=[0,+\infty)$，状态空间为 $E=\{0,1,2,\cdots\}$。

## 第一节　基本概念与性质

### 一、 基本概念

同上一章给出的离散参数 Markov 链定义类似，连续参数 Markov 链的定义为

**定义 4.1.1**　设 $\{X(t),t\in T\}$ 是一个随机过程，若对于任意正整数 $n$ 及 $t_1<t_2<\cdots<t_n<t\in T=[0,+\infty)$ 和任意状态 $i,i_1,i_2,\cdots,i_n\in E$，

$$
\begin{aligned}
&P\{X(t)=i|X(t_1)=i_1,X(t_2)=i_2,\cdots,X(t_n)=i_n\}\\
=&P\{X(t)=i|X(t_n)=i_n\} \qquad (4.1.1)
\end{aligned}
$$

则称 $\{X(t),t\in T\}$ 为 **Markov 链** (简称**马链**)，(4.1.1) 式称为 **Markov 性**或**无后效性**。

**定义 4.1.2**　设 $\{X(t),t\in T\}$ 为 Markov 链，对任意的 $0\leqslant s<t$ 和任取的 $i$, $j\in E$，如果 $P\{X(s)=i\}>0$，记

$$p_{ij}(s,t)=P\{X(t)=j|X(s)=i\}$$

$p_{ij}(s,t)$ 称为 Markov 链在 $s$ 时刻处于 $i$ 状态，$t$ 时刻转移到 $j$ 状态的**转移概率**。

记

$$P(s,t)=(p_{ij}(s,t))$$

$P(s,t)$ 称为从 $s$ 到 $t$ 的**转移概率矩阵**。

当 $p_{ij}(s,t)$ 只与 $t-s$ 有关时，$X(t)$ 称为齐次的，$p_{ij}(s,s+t)$ 记为 $p_{ij}(t)$，$P(s,s+t)$ 记为 $P(t)$。

**定义 4.1.3**　称 $p_j=P\{X(0)=j\}$ 和 $p_j(t)=P\{X(t)=j\}(j\in E)$ 分别为 $X(t)$ 的**初始概率**和**绝对概率** (或**瞬时概率**)，$\{p_j,j\in E\}$ 和 $\{p_j(t),j\in E\}$ 分

别为 $X(t)$ 的**初始分布**和**绝对分布**，简记为 $\{p_j\}$ 和 $\{p_j(t)\}$。当状态空间为 $E=\{0,1,2,\cdots\}$ 时，分别称 $\vec{P}(0)=(p_0,p_1,\cdots)$ 和 $\vec{P}(t)=(p_0(t),p_1(t),\cdots)(t>0)$ 为 $X(t)$ 的**初始概率向量**和**绝对概率向量**。

## 二、 相关性质

连续参数 Markov 链与离散参数 Markov 链有类似的性质，我们不加证明地给出

**定理 4.1.1**　设 $p_{ij}(t)$ 为齐次 Markov 链 $X(t)$ 的转移概率，则有

(1) $p_{ij}(t)\geqslant 0$, 特别规定

$$p_{ij}(0)=\delta_{ij}=\begin{cases}1, & i=j\\ 0, & i\neq j\end{cases}$$

(2) $\sum\limits_{j\in E}p_{ij}(t)=1,\forall i\in E;$

(3) C-K 方程成立

$$p_{ij}(s+t)=\sum_{k\in E}p_{ik}(s)p_{kj}(t)$$

**定理 4.1.2**　对于齐次 Markov 链 $X(t)$，$p_j(t)$ 有以下性质：

(1) $p_j(t)\geqslant 0;$

(2) $\sum\limits_{j\in E}p_j(t)=1;$

(3) $p_j(t)=\sum\limits_{i\in E}p_ip_{ij}(t),$ 即$\vec{P}(t)=\vec{P}(0)P(t);$

(4) $p_j(s+t)=\sum\limits_{i\in E}p_i(s)p_{ij}(t),$ 即$\vec{P}(s+t)=\vec{P}(s)P(t)$。

**定理 4.1.3**　对于齐次 Markov 链 $X(t)$,则对任意 $n\in N$ 和 $i_0,i_1,\cdots,i_n\in E$，有

$$P\{X(t_1)=i_1,X(t_2)=i_2,\cdots,X(t_n)=i_n\}$$

$$=\sum_{i\in E}p_ip_{ii_1}(t_1)p_{i_1i_2}(t_2-t_1)\cdots p_{i_{n-1}i_n}(t_n-t_{n-1})$$

### 三、 标准性条件

对于齐次 Markov 链 $X(t)$，若对任意 $i, j \in E$，有

$$\lim_{t \to 0^+} p_{ij}(t) = \delta_{ij} = p_{ij}(0) \tag{4.1.2}$$

则称 $X(t)$ 为随机连续的 Markov 链，(4.1.2) 式称为**标准性条件或连续性条件**，转移概率矩阵 $P(t)$ 称为标准的。

其物理意义是：一个物理系统要在有限的时间内发生无限多次跳跃，从而消耗无穷多能量，一般是不可能的。这类过程称为非爆发性过程。非爆发性过程一定满足连续性条件。通俗地讲，这类过程就是**在一个充分小的时间内，不可能发生两次或两次以上的跳跃**。

“标准”的来由：如 $X(t)$ 满足标准性条件，则可推出 $p_{ij}(t)$ 在 $[0, +\infty)$ 上一致连续，当然在每一点处都连续。另外，$p_{ij}(t)$ 还具有以下性质：

(1) 任意 $t \in T$，总有 $p_{ii}(t) > 0\ (i \in E)$；

(2) 当 $i \neq j$ 时，若存在 $t_0 > 0$，使得 $p_{ij}(t_0) > 0$，则任取 $t \geqslant t_0$，都有 $p_{ij}(t) > 0$；

(3) 若 $p_{ii}(t)$ 在 $t = 0$ 处存在右导数，则 $\sum\limits_{j \in E} p'_{ij}(t) = 0\ (t > 0)$。

## 第二节　Kolmogorov 方程和平稳分布

离散参数齐次 Markov 链的所有性质基本都由转移概率 $p_{ij}^{(k)}$ 决定。同样，连续参数齐次 Markov 链的性质也基本由转移概率 $p_{ij}(t)$ 决定。离散参数齐次 Markov 链的多步转移概率均可由一步转移概率 $p_{ij}$ 求出，但对于连续参数齐次 Markov 链，由于 $t$ 取值的连续性，一般的 $p_{ij}(t)$ 不能再由“一步”转移概率 $p_{ij}(1)$ 全部求出，那么，通过什么量可以求出所有的 $p_{ij}(t)$ 呢？因为对于固定的状态 $i, j$，$p_{ij}(t)$ 可看成 $t$ 的函数，考虑到标准齐次 Markov 链的 $p_{ij}(t)$ 在 $t \to 0^+$ 时的变化率直接决定了它在任意 $t$ 处的变化率。于是，担当求 $p_{ij}(t)$ 大任、充当类似离散参数齐次 Markov 链一步转移概率角色的“量”浮出水面，那就是 $p_{ij}(t)$ 在 $t = 0$ 处的右导数。

### 一、 $Q$ 矩阵

**定理 4.2.1**　如果齐次 Markov 链 $\{X(t), t \geqslant 0\}$ 满足标准性条件，则有

(1) 任取 $i \in E, q_{ii} \triangleq \lim\limits_{t \to 0^+} \dfrac{p_{ii}(t) - 1}{t} \geqslant -\infty$；

(2) 任取 $i, j \in E (i \neq j), q_{ij} \triangleq \lim\limits_{t \to 0^+} \dfrac{p_{ij}(t)}{t} < +\infty$。

记 $Q=(q_{ij})$，则 $Q=P'(t)|_{t=0^+}$。

在这里 $q_{ij}$ 称为 Markov 链 $X(t)$ 从 $i$ 到 $j$ 的**跳跃强度**，或**无穷小转移率**，$Q$ 称为**密度矩阵**，也可直接称为 $\boldsymbol{Q}$ **阵**。

**定理 4.2.2** 对标准齐次 Markov 链 $X(t)$，有

(1) 当状态有限时，任取 $i\in E, \sum\limits_{j\neq i} q_{ij}=-q_{ii}<+\infty$；

(2) 当状态无限时，任取 $i\in E, \sum\limits_{j\neq i} q_{ij}\leqslant -q_{ii}$，当满足 $\{-q_{ii}, i\in E\}$ 有界时，等号成立。

上述两个定理的证明均用到数学分析知识，见文献 (樊平毅, 2005)，在此略。

$Q$ 阵每行元素之和均等于零的标准齐次 Markov 链称为**保守链**，此时，$Q$ 称为**保守阵**。可见，有限标准齐次 Markov 链是保守的。

## 二、 Kolmogorov 前进方程和后退方程

如果标准齐次 Markov 链 $X(t)$ 是保守的，下面利用 C-K 方程来建立由 $q_{ij}$ 求 $p_{ij}(t)$ 的微分方程。

任给充分小的正数 $h$，由 C-K 方程得

$$\begin{aligned}\frac{p_{ij}(t+h)-p_{ij}(t)}{h}&=\frac{\sum\limits_{k\in E} p_{ik}(t)p_{kj}(h)-p_{ij}(t)}{h}\\&=\frac{\sum\limits_{j\neq k\in E} p_{ik}(t)p_{kj}(h)+p_{ij}(t)(p_{jj}(h)-1)}{h}\\&=\sum_{j\neq k\in E} p_{ik}(t)\frac{p_{kj}(h)}{h}+p_{ij}(t)\frac{p_{jj}(h)-p_{jj}(0)}{h}\end{aligned}$$

由保守链的性质可知，$\sum\limits_{j\neq k\in E} p_{ik}(t)\dfrac{p_{kj}(h)}{h}$ 关于 $h$ 是一致收敛的。令 $h\to 0^+$，则有

$$p'_{ij}(t)=\sum_{j\neq k\in E} p_{ik}(t)q_{kj}+p_{ij}(t)q_{jj}=\sum_{k\in E} p_{ik}(t)q_{kj}$$

如果对 $p_{ij}(t+h)$ 使用 C-K 方程时，$t+h$ 换为 $h+t$，则有

$$p'_{ij}(t)=\sum_{k\in E} q_{ik}p_{kj}(t)$$

于是，有以下定理。

**定理 4.2.3**　对保守的标准齐次 Markov 链 $X(t)$，任取 $i,j \in E$ 及 $t \geqslant 0$，$p_{ij}(t)$ 满足以下微分方程：

(1) **Kolmogorov 前进方程** (或向前方程)

$$p'_{ij}(t) = \sum_{k \in E} p_{ik}(t) q_{kj} \tag{4.2.1}$$

(2) **Kolmogorov 后退方程** (或向后方程)

$$p'_{ij}(t) = \sum_{k \in E} q_{ik} p_{kj}(t) \tag{4.2.2}$$

且由前进方程和后退方程求出的 $p_{ij}(t)$ 是相同的。

**说明**　(1) Kolmogorov 前进和后退方程的矩阵形式为

$$P'(t) = P(t)Q, \quad P'(t) = QP(t) \tag{4.2.3}$$

(2) 固定 $i$，求 $p_{ij}(t)\,(j=0,1,2,\cdots)$ 时，用前进方程较好；反之，固定 $j$，求 $p_{ij}(t)\,(i=0,1,2,\cdots)$ 时，用后退方程较好；固定 $i,j$，求 $p_{ij}(t)$ 时，用前进方程较好。

(3) 最后求解时，要用到初始条件 $p_{ij}(0) = \delta_{ij}$。

(4) 题目的条件如没给出时，往往告知

$$p_{ij}(h) = \lambda_{ij} h + o(h) \quad (i \neq j), \quad p_{ii}(h) = 1 - \lambda_{ii} h + o(h) \tag{4.2.4}$$

此时，有

$$q_{ij} = \lambda_{ij} \quad (i \neq j), \quad q_{ii} = -\lambda_{ii}$$

**例 4.2.1　机器维修问题**

设某机器能连续工作的时间 $\xi$ 是一个服从负指数分布的随机变量，其均值为 $\dfrac{1}{\lambda}$，它损坏后马上进行维修，修复时间 $\eta$ 也服从负指数分布，其均值为 $\dfrac{1}{\mu}$。如该机器在 $t=0$ 时正常工作，问当 $t$=10 时该机器正常工作的概率是多少?

**解**　设该机器正常工作时的状态为 0，处于维修状态为 1，$X(t)$ 表示 $t$ 时机器的状态，则 $E$={0,1}。

对于一个充分小的正数 $h$，考察 $p_{ij}(h)$。因为

$$p_{00}(h) = P\{\xi > h\} = e^{-\lambda h} = 1 - \lambda h + o(h)$$

所以

$$q_{00} = -\lambda$$

有归一性，得

$$p_{01}(h) = 1 - e^{-\lambda h} = \lambda h + o(h)$$

故

$$q_{01} = \lambda$$

同理可得

$$q_{10} = \mu, \quad q_{11} = -\mu$$

于是，有

$$Q = \begin{pmatrix} -\lambda & \lambda \\ \mu & -\mu \end{pmatrix}$$

以下利用前进方程求 $p_{00}(t)$：

$$\begin{cases} p'_{00}(t) = p_{00}(t)q_{00} + p_{01}(t)q_{10} \\ p'_{01}(t) = p_{00}(t)q_{01} + p_{01}(t)q_{11} \end{cases}$$

即

$$\begin{cases} p'_{00}(t) = -\lambda p_{00}(t) + \mu p_{01}(t) \\ p'_{01}(t) = \lambda p_{00}(t) - \mu p_{01}(t) \end{cases}$$

注意到 $p_{00}(t) + p_{01}(t) = 1$，于是

$$p'_{00}(t) = -(\lambda + \mu)p_{00}(t) + \mu$$

即

$$p'_{00}(t) + (\lambda + \mu)p_{00}(t) = \mu$$

解得

$$p_{00}(t) = \frac{\mu}{\lambda + \mu} + ce^{-(\lambda+\mu)t}$$

把初值条件 $p_{00}(0) = 1$ 代入上式，得

$$1 = p_{00}(0) = c + \frac{\mu}{\lambda + \mu}$$

解得

$$c = \frac{\lambda}{\lambda + \mu}$$

所以

$$p_{00}(t) = \frac{\mu}{\lambda + \mu} + \frac{\lambda}{\lambda + \mu}e^{-(\lambda+\mu)t}$$

故

$$p_{00}(10) = \frac{\mu}{\lambda+\mu} + \frac{\lambda}{\lambda+\mu}e^{-10(\lambda+\mu)}$$

若用后退方程求解，则出现 $p_{10}(t)$ 和 $p_{00}(t)$，而此时二者一般没有什么关系，求其一则要消元，往往变为二阶微分方程，求解要麻烦些。当然，本题由于 $\mu p'_{00}(t) + \lambda p'_{10}(t) = 0$，所以有 $\mu p_{00}(t) + \lambda p_{10}(t) = c$，同样达到消元的目的，避免了二阶微分方程的出现，但一般情况就没这么幸运了。

## 三、 Fokker-Planck 方程 (F-P 方程)

设 $X(t)$ 为标准齐次马链，状态空间 $E = \{0, 1, 2, \cdots\}$。$\{p_j\}$ 和 $\{p_j(t)\}$ 分别为初始分布和绝对分布，$\vec{P}(0) = (p_0, p_1, \cdots)$ 和 $\vec{P}(t) = (p_0(t), p_1(t), \cdots)(t > 0)$ 分别为初始概率向量和绝对概率向量。则 $\vec{P}(t)$ 可通过

$$\begin{cases} \vec{P}'(t) = \vec{P}(t)Q \\ \vec{P}(0) = (p_0, p_1, \cdots) \end{cases} \tag{4.2.5}$$

求得，(4.2.5) 式称为 **Fokker-Planck 方程** (**F-P 方程**)，推导过程同 Kolmogorov 方程。F-P 方程具体展开为

$$p'_j(t) = \sum_{i\in E} p_i(t)q_{ij}, \quad j \in E \tag{4.2.6}$$

**例 4.2.2　一个反射壁和一个吸收壁的随机游动问题**

一质点只在数轴上的 1, 2, 3, 4, 5 之间做随机游动。质点的移动在任何时间都可能发生，移动规则如下：

$$p_{i,i+1}(\Delta t) = \lambda\Delta t + o(\Delta t), \quad i = 1, 2, 3, 4$$

$$p_{i,i-1}(\Delta t) = \mu\Delta t + o(\Delta t), \quad i = 2, 3, 4$$

$$p_{ii}(\Delta t) = 1 - (\lambda+\mu)\Delta t + o(\Delta t), \quad i = 2, 3, 4$$

$$p_{11}(\Delta t) = 1 - \lambda\Delta t + o(\Delta t), \quad 5 \text{ 为吸收态，即} p_{55}(\Delta t) = 1$$

$$p_{ij}(\Delta t) = o(\Delta t), \quad |i-j| \geqslant 2$$

若 $X(t)$ 表示质点在 $t$ 时的状态，则随机过程 $X(t)$ 的状态空间为 $E = \{1, 2, 3, 4, 5\}$，试写出 $X(t)$ 的 (1) 前进方程；(2) F-P 方程。

**解**　根据所给条件，得

$$q_{11} = -\lambda, \quad q_{ii} = -(\lambda+\mu), \quad i = 2, 3, 4$$

$$q_{55}=0,\quad q_{i,i+1}=\lambda,\quad i=1,2,3,4$$
$$q_{i,i-1}=\mu,\quad i=2,3,4,\quad \text{其余均为零}$$

所以

$$Q=\begin{pmatrix} -\lambda & \lambda & 0 & 0 & 0\\ \mu & -(\lambda+\mu) & \lambda & 0 & 0\\ 0 & \mu & -(\lambda+\mu) & \lambda & 0\\ 0 & 0 & \mu & -(\lambda+\mu) & \lambda\\ 0 & 0 & 0 & 0 & 0 \end{pmatrix}$$

则前进方程和 F-P 方程分别为

$$\begin{cases} p'_{i1}(t)=-\lambda p_{i1}(t)+\mu p_{i2}(t)\\ p'_{i2}(t)=\lambda p_{i1}(t)-(\lambda+\mu)p_{i2}(t)+\mu p_{i3}(t)\\ p'_{i3}(t)=\lambda p_{i2}(t)-(\lambda+\mu)p_{i3}(t)+\mu p_{i4}(t)\\ p'_{i4}(t)=\lambda p_{i3}(t)-(\lambda+\mu)p_{i4}(t)\\ p'_{i5}(t)=\lambda p_{i4}(t) \end{cases}$$

$$\begin{cases} p'_{1}(t)=-\lambda p_{1}(t)+\mu p_{2}(t)\\ p'_{2}(t)=\lambda p_{1}(t)-(\lambda+\mu)p_{2}(t)+\mu p_{3}(t)\\ p'_{3}(t)=\lambda p_{2}(t)-(\lambda+\mu)p_{3}(t)+\mu p_{4}(t)\\ p'_{4}(t)=\lambda p_{3}(t)-(\lambda+\mu)p_{4}(t)\\ p'_{5}(t)=\lambda p_{4}(t) \end{cases}$$

## 四、 平稳分布

讨论连续参数马链的极限分布和平稳分布，可通过把时间离散化，即把 $T=[0,+\infty)$ 离散化为 $\{0,h,2h,3h,\cdots\}$，然后借助离散马链的方法研究连续马链的性质。$\{X(nh),n\geqslant 0\}$ 被称为马链 $X(t)$ 的步长为 $h$ 的离散骨架。

以下只讲标准齐次马链 $X(t)$ 的极限分布和平稳分布的关系及求法。

**定义 4.2.1** 如果存在 $s,t>0$，使得 $p_{ij}(s)>0,p_{ji}(t)>0$，则称 $i$ 与 $j$ **互通**，记作：$i\leftrightarrow j$。

**定义 4.2.2** 任取 $i,j\in E$，如果 $\lim\limits_{t\to+\infty}p_{ij}(t)=q_j>0$ 存在，且 $\sum\limits_{j\in E}q_j=1$，则称 $\{q_j,j\in E\}$ 为马链 $X(t)$ 的**极限分布**。

**定义 4.2.3** 如果存在一个概率分布 $\{\pi_i,i\in E\}$，使得

$$
\begin{cases}
\pi_j = \sum\limits_{i \in E} \pi_i p_{ij}(t), \quad \forall j \in E, \forall t > 0 \\
\sum\limits_{i \in E} \pi_i = 1
\end{cases}
\tag{4.2.7}
$$

则称 $\{\pi_j, j \in E\}$ 为马链 $X(t)$ 的**平稳分布**。

利用离散骨架可以证明以下结论。

**定理 4.2.4**　状态互通的标准齐次马链 $X(t)$，存在极限分布的充要条件是平稳分布存在，此时两分布为同一分布。

**定理 4.2.5**　状态互通的有限标准齐次马链 $X(t)$ 的两分布一定存在。

**定理 4.2.6**　计算标准齐次马链 $X(t)$ 平稳分布的 (4.2.7) 式等价于

$$
\begin{cases}
\sum\limits_{i \in E} \pi_i q_{ij} = 0, \quad \forall j \in E \\
\sum\limits_{i \in E} \pi_i = 1
\end{cases}
\tag{4.2.8}
$$

**例 4.2.3**　求例 4.2.1 中机器状态的平稳分布。

**解**　根据例 4.2.1 的求解知，齐次马链 $X(t)$ 的 $Q$ 矩阵为

$$
Q = \begin{pmatrix} -\lambda & \lambda \\ \mu & -\mu \end{pmatrix}
$$

由 (4.2.8) 式得

$$
\begin{cases}
-\lambda \pi_0 + \mu \pi_1 = 0 \\
\lambda \pi_0 - \mu \pi_1 = 0 \\
\pi_0 + \pi_1 = 1
\end{cases}
$$

解得

$$
\pi_0 = \frac{\mu}{\lambda + \mu}, \quad \pi_1 = \frac{\lambda}{\lambda + \mu}
$$

## 第三节　生灭过程

生灭过程是一种特殊的连续参数 Markov 链，它每次状态转移都发生在相邻状态之间。生灭过程在研究生物群体中个体数量时具有重要的作用。

### 一、生灭过程的定义

**定义 4.3.1**　已知标准齐次马链 $X(t)$ 的状态空间为 $E = \{0, 1, 2, \cdots\}$，若

$$
p_{i,i+1}(h) = \lambda_i h + o(h), \quad i = 0, 1, 2, \cdots
$$

$$p_{i,i-1}(h) = \mu_i h + o(h), \quad i = 1, 2, \cdots$$

$$p_{ii}(h) = 1 - (\lambda_i + \mu_i)h + o(h), \quad i = 1, 2, \cdots$$

$$p_{00}(h) = 1 - \lambda_0 h + o(h)$$

$$p_{ij}(h) = o(h), \quad |i-j| \geqslant 2$$

这里的 $\lambda_i \geqslant 0, \mu_i \geqslant 0$，则称 $X(t)$ 为**生灭过程**，$\lambda_i$ 和 $\mu_i$ 分别称为**生率**和**灭率**，当 $\lambda_i \equiv 0$ 时, $X(t)$ 称为**纯灭过程**；当 $\mu_i \equiv 0$ 时, $X(t)$ 称为**纯生过程**。

跳跃强度 $\lambda_i$ 和 $\mu_i$ 之所以被称为生率和灭率，是因为可以认为 $\lambda_i$ 是系统处于 $i$ 状态时，系统个体数量增加的能力 (指在概率意义下的瞬时速率) 为单位时间 $\lambda_i$ 个，即每增加一个个体平均用时 $\dfrac{1}{\lambda_i}$；而 $\mu_i$ 则是系统处于 $i$ 状态时，系统个体数量消亡的瞬时速率为单位时间 $\mu_i$ 个，即每减少一个个体平均用时 $\dfrac{1}{\mu_i}$。

## 二、 生灭方程及平稳分布

由生灭过程的定义得

$$Q = \begin{pmatrix} -\lambda_0 & \lambda_0 & 0 & 0 & \cdots \\ \mu_1 & -(\lambda_1+\mu_1) & \lambda_1 & 0 & \cdots \\ 0 & \mu_2 & -(\lambda_2+\mu_2) & \lambda_2 & \cdots \\ \vdots & \vdots & \vdots & \vdots & \ddots \end{pmatrix} \tag{4.3.1}$$

根据 F-P 方程，建立微分方程组

$$\begin{cases} p_0'(t) = -\lambda_0 p_0(t) + \mu_1 p_1(t) \\ p_i'(t) = \lambda_{i-1} p_{i-1}(t) - (\lambda_i + \mu_i) p_i(t) + \mu_{i+1} p_{i+1}(t), \quad i = 1, 2, \cdots \end{cases} \tag{4.3.2}$$

(4.3.2) 式称为**生灭方程**。

下面讨论平稳分布的存在性。由

$$\begin{cases} -\pi_0\lambda_0 + \pi_1\mu_1 = 0 \\ \pi_{i-1}\lambda_{i-1} - \pi_i(\lambda_i + \mu_i) + \pi_{i+1}\mu_{i+1} = 0, \quad i = 1, 2, \cdots \end{cases}$$

即

$$\begin{cases} \pi_1\mu_1 = \pi_0\lambda_0 \\ \pi_{i-1}\lambda_{i-1} + \pi_{i+1}\mu_{i+1} = \pi_i(\lambda_i + \mu_i), \quad i = 1, 2, \cdots \end{cases}$$

得

$$\pi_i \mu_i = \pi_{i-1}\lambda_{i-1}, \quad i=1,2,\cdots \tag{4.3.3}$$

从状态转移强度图 4.3.1 可见，(4.3.3) 式表示在统计平衡下，生灭过程单位时间内进入和离开每一个状态的平均次数是相等的，即符合“流入=流出”原理。

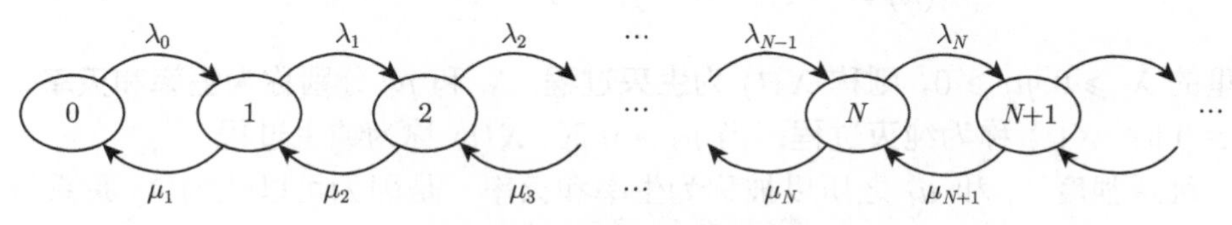


图 4.3.1 状态转移强度图

故

$$\pi_i = \frac{\lambda_{i-1}}{\mu_i}\pi_{i-1} = \frac{\lambda_{i-1}\cdots\lambda_0}{\mu_i\cdots\mu_1}\pi_0, \quad i=1,2,\cdots$$

由归一性，得

$$\left(1+\frac{\lambda_0}{\mu_1}+\frac{\lambda_0\lambda_1}{\mu_1\mu_2}+\cdots+\frac{\lambda_0\cdots\lambda_{i-1}}{\mu_1\cdots\mu_i}+\cdots\right)\pi_0 = 1$$

所以，当 $s \hat{=} 1+\dfrac{\lambda_0}{\mu_1}+\dfrac{\lambda_0\lambda_1}{\mu_1\mu_2}+\cdots+\dfrac{\lambda_0\cdots\lambda_{i-1}}{\mu_1\cdots\mu_i}+\cdots<+\infty$ 时，平稳分布存在，且有

$$\pi_0 = \frac{1}{s}, \quad \pi_i = \frac{\lambda_0\cdots\lambda_{i-1}}{\mu_1\cdots\mu_i}\pi_0, \quad i=1,2,\cdots \tag{4.3.4}$$

可见，$X(t)$ 平稳分布存在的充要条件是

$$1+\frac{\lambda_0}{\mu_1}+\frac{\lambda_0\lambda_1}{\mu_1\mu_2}+\cdots+\frac{\lambda_0\cdots\lambda_{i-1}}{\mu_1\cdots\mu_i}+\cdots<+\infty \tag{4.3.5}$$

## 三、 生灭过程和 Poisson 过程的关系

第二章对 Poisson 过程给出了如下等价定义。

**定义 2.1.2** 称计数过程 $\{X(t), t \geqslant 0\}$ 为具有参数 $\lambda$ 的 Poisson 过程，若满足下列条件：

(1) $X(t)$ 为独立、平稳增量过程；

(2) $X(t)$ 对于充分小的正数 $h$，有

$$P\{X(h)=1\} = \lambda h + o(h), \quad P\{X(h)=0\} = 1-\lambda h + o(h)$$

下面讨论 $p_{ij}(h)$。因为

$$\begin{aligned}p_{i,i+1}(h)&=P\{X(t+h)=i+1|X(t)=i\}\\&=P\{X(t+h)-X(t)=1|X(t)-X(0)=i\}\\&=P\{X(t+h)-X(t)=1\}\\&=P\{X(h)=1\}=\lambda h+o(h)\\p_{ii}(h)&=P\{X(t+h)=i|X(t)=i\}\\&=P\{X(t+h)-X(t)=0|X(t)-X(0)=i\}\\&=P\{X(t+h)-X(t)=0\}\\&=P\{X(h)=0\}=1-\lambda h+o(h)\end{aligned}$$

于是，有

$$p_{ii}(h)+p_{i,i+1}(h)=1+o(h)$$

所以当 $j\neq i,i+1$ 时，有

$$p_{ij}(h)=o(h)$$

综上，Poisson 过程 $X(t)$ 的 $Q$ 矩阵为

$$Q=\begin{pmatrix}-\lambda & \lambda & 0 & \cdots\\ 0 & -\lambda & \lambda & \cdots\\ \vdots & \vdots & \vdots & \ddots\end{pmatrix}\tag{4.3.6}$$

可见，**Poisson 过程是生率为 $\boldsymbol{\lambda}$ 的纯生过程**。

我们知道参数为 $\lambda$ 的 Poisson 过程的随机事件发生的时间间隔序列 $T_1,T_2,\cdots$ 独立同服从参数为 $\lambda$ 的指数分布，这里的时间间隔就是在每个状态上的停留时间。对于一般的连续参数马链，虽然其不一定是计数过程，但利用其具有的无后效性，同样可以证明在每个状态上的停留时间相互独立且服从指数分布。在此，不加证明地给出以下定理。

**定理 4.3.1** 设 $T_i$ 是标准齐次马链 $X(t)$ 在 $i$ 状态的停留时间，则

(1) $T_i$ 的大小与马链 $X(t)$ 进入 $i$ 状态的时刻无关；

(2) $X(t)$ 在每个状态上的停留时间相互独立；

(3) $T_i$ 服从与 $i$ 状态无关的指数分布。

## 四、生灭过程的吸收概率和平均吸收时间

赌徒输光问题属于离散参数马链的研究内容，我们已经在第三章第六节讨论过。下面介绍生灭过程中类似问题的解决方法。

**定理 4.3.2** 对于生灭过程 $X(t)$，若 $\lambda_0 = 0, X(0) = i\,(i \geqslant 1)$，则

(1) $X(t)$ 被 0 状态吸收的概率为

$$P(0|i) = \begin{cases} \sum\limits_{m=i}^{+\infty} \rho_m \Big/ \sum\limits_{m=0}^{+\infty} \rho_m, & \sum\limits_{m=0}^{+\infty} \rho_m < +\infty \\ 1, & \sum\limits_{m=0}^{+\infty} \rho_m = +\infty \end{cases}$$

其中，$\rho_0 = 1, \rho_m = \dfrac{\mu_1\mu_2\cdots\mu_m}{\lambda_1\lambda_2\cdots\lambda_m}$。

(2) $X(t)$ 在 $i$ 状态的停留时间 $T_i \sim E(\lambda_i + \mu_i)$。

(3) $X(t)$ 从 $i$ 状态出发到被 0 状态吸收的平均用时

$$E(0|i) = \begin{cases} \sum\limits_{j=1}^{+\infty} \bar{\rho}_j + \sum\limits_{m=1}^{i-1} \left(\prod\limits_{k=1}^{m} \dfrac{\mu_k}{\lambda_k}\right) \sum\limits_{j=m+1}^{+\infty} \bar{\rho}_j, & \sum\limits_{j=1}^{+\infty} \bar{\rho}_j < +\infty \\ +\infty, & \sum\limits_{j=1}^{+\infty} \bar{\rho}_j = +\infty \end{cases}$$

其中，$\bar{\rho}_1 = \dfrac{1}{\mu_1}, \bar{\rho}_m = \dfrac{\lambda_1\lambda_2\cdots\lambda_{m-1}}{\mu_1\mu_2\cdots\mu_m}(m \geqslant 2)$。

**证明** (1) 因为 $\lambda_0 = 0, X(0) = i$，即 0 状态为吸收状态，$i$ 状态为初始状态，所以根据生灭过程 $X(t)$ 的性质，我们知道 $X(t)$ 离开状态 $i$ 后只能先到达 $i+1$ 或 $i-1$，然后再按这个规律移动，直至被 0 状态吸收。通过 $\lambda_i$ 和 $\mu_i$ 分别为由状态 $i$ 跳跃到 $i+1$ 和 $i-1$ 的强度知，$X(t)$ 离开 $i$ 后到达 $i+1$ 和 $i-1$ 的概率分别为 $p_i = \dfrac{\lambda_i}{\lambda_i + \mu_i}$ 和 $q_i = \dfrac{\mu_i}{\lambda_i + \mu_i}$，于是，由全概率公式得

$$P(0|i) = p_i P(0|i+1) + q_i P(0|i-1)$$

即

$$(\lambda_i + \mu_i) P(0|i) = \lambda_i P(0|i+1) + \mu_i P(0|i-1)$$

$$\lambda_i [P(0|i+1) - P(0|i)] = \mu_i [P(0|i) - P(0|i-1)]$$

$$P(0|i+1)-P(0|i)=\frac{\mu_i}{\lambda_i}[P(0|i)-P(0|i-1)]$$

迭代可得

$$P(0|i+1)-P(0|i)=\frac{\mu_i\mu_{i-1}\cdots\mu_1}{\lambda_i\lambda_{i-1}\cdots\lambda_1}[P(0|1)-P(0|0)]=\rho_i[P(0|1)-1]$$

再次迭代得

$$P(0|i+1)=P(0|i)+\rho_i[P(0|1)-1]=\cdots=1+\left(\sum_{m=0}^{i}\rho_m\right)[P(0|1)-1]$$

令 $i\to+\infty$，①若 $\sum\limits_{m=0}^{+\infty}\rho_m=+\infty$，则必有 $P(0|1)=1$，于是对任意 $i$，有 $P(0|i)=1$。②若 $\sum\limits_{m=1}^{+\infty}\rho_m<+\infty$，则 $\rho_m\to0(m\to+\infty)$，所以 $P(0|m)\to0(m\to+\infty)$，解得 $P(0|1)=1-1\Big/\sum\limits_{m=0}^{+\infty}\rho_m$，故 $P(0|i)=1-\left(\sum\limits_{m=0}^{i-1}\rho_m\right)\Big/\left(\sum\limits_{m=0}^{+\infty}\rho_m\right)=\sum\limits_{m=i}^{+\infty}\rho_m\Big/\sum\limits_{m=0}^{+\infty}\rho_m$。

(2) 由定理 4.3.1 知，生灭过程 $X(t)$ 在每个状态上的停留时间相互独立且服从指数分布。记 $G_i(t)=P\{T_i>t\},t\geqslant0$，则对充分小的正数 $h$，由 $T_i$ 服从指数分布，得

$$\begin{aligned}G_i(t+h)&=P\{T_i>t\}P\{T_i>h\}=P\{T_i>t\}p_{ii}(h)\\&=P\{T_i>t\}[1-(\lambda_i+\mu_i)h+o(h)]\\&=G_i(t)-G_i(t)(\lambda_i+\mu_i)h+o(h)\end{aligned}$$

所以

$$\frac{G_i(t+h)-G_i(t)}{h}=G_i(t)(\lambda_i+\mu_i)+\frac{o(h)}{h}$$

令 $h\to0$，有

$$G_i'(t)=(\lambda_i+\mu_i)G_i(t)$$

考虑到 $G_i(0)=1$，解得

$$G_i(t)=e^{-(\lambda_i+\mu_i)t},\quad t\geqslant0$$

所以 $T_i \sim E(\lambda_i + \mu_i)$。

(3) 由 $T_i \sim E(\lambda_i + \mu_i)$ 知，$E(T_i) = \dfrac{1}{\lambda_i + \mu_i}$。因过程 $X(t)$ 从 $i$ 状态出发经过 $T_i$ 后分别以概率 $p_i = \dfrac{\lambda_i}{\lambda_i + \mu_i}$ 和 $q_i = \dfrac{\mu_i}{\lambda_i + \mu_i}$ 到达 $i+1$ 和 $i-1$，由全概率公式，得

$$E(0|i) = \frac{1}{\lambda_i + \mu_i} + \frac{\lambda_i}{\lambda_i + \mu_i}E(0|i+1) + \frac{\mu_i}{\lambda_i + \mu_i}E(0|i-1)$$

$$[E(0|i+1) - E(0|i)] = \frac{\mu_i}{\lambda_i}[E(0|i) - E(0|i-1)] - \frac{1}{\lambda_i}$$

以下同 (1) 的证明，经过两次迭代即可推出

$$E(0|i) = \begin{cases} \displaystyle\sum_{j=1}^{+\infty}\bar{\rho}_j + \sum_{m=1}^{i-1}\left(\prod_{k=1}^{m}\frac{\mu_k}{\lambda_k}\right)\sum_{j=m+1}^{+\infty}\bar{\rho}_j, & \displaystyle\sum_{j=1}^{+\infty}\bar{\rho}_j < +\infty \\ +\infty, & \displaystyle\sum_{j=1}^{+\infty}\bar{\rho}_j = +\infty \end{cases}$$

其中，$\bar{\rho}_1 = \dfrac{1}{\mu_1}, \bar{\rho}_m = \dfrac{\lambda_1\lambda_2\cdots\lambda_{m-1}}{\mu_1\mu_2\cdots\mu_m}(m \geqslant 2)$。

## 第四节　排队论简介

排队问题是指顾客到达随机服务系统要求服务，因发生拥挤现象而出现的概率问题。这里的顾客是广义的称呼，他可以是到食堂就餐的人，也可以是等待维修的机器。一般把需要服务的对象统称为顾客，把服务顾客的服务人员或服务机构统称为服务员或服务台，顾客与服务台就构成一个排队系统，或称为随机服务系统。如图 4.4.1 所示。

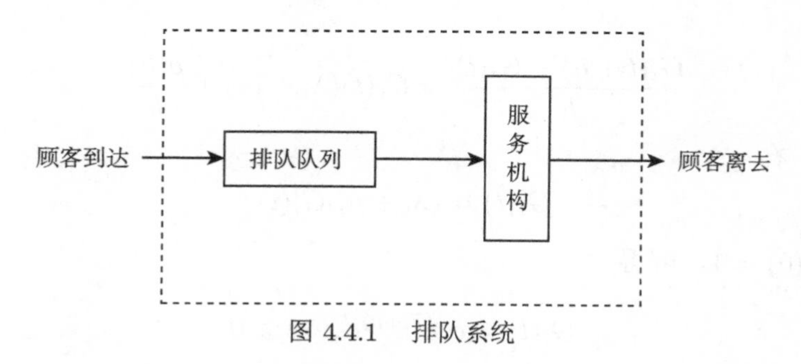


图 4.4.1　排队系统

## 一、 排队论研究的基本问题

排队论主要通过研究排队系统运行的效率和服务质量，确定系统的合理结构，以便实现对现有系统合理改进和对新建系统的最优设计等。

排队系统又称随机服务系统，意味着研究排队论离不开概率论与数理统计，追求最优的服务和最优的系统结构决定了排队论可作为运筹学的一个重要分支。于是，排队论研究的基本问题可概括如下。

1. 数量指标的性态问题

排队系统的数量指标主要有系统的队长即顾客数、顾客的逗留时间和等待时间、系统的忙期和闲期等，性态问题就是研究系统的主要数量指标的瞬时概率分布或统计平衡下的指标性态，这是研究排队论的核心问题。

2. 排队系统的统计推断问题

对一个正在运行的排队系统，要获取顾客到达情况和服务员服务能力等信息，需要对该系统进行多次观测、搜集数据，利用得到的数据对有关参数进行统计估计和推断，从而利用理论研究成果解决排队系统的有关问题。

3. 优化问题

排队系统的最优化问题涉及排队系统的设计 (静态最优)、运行控制 (动态最优)。前者是在服务系统设置之前，对未来运行的情况有所估计，确定系统的参数，使设计人员有所依据；后者是对已有的排队系统寻求最优运行策略，如最小费用、服务率的控制等问题。

## 二、 排队系统的基本组成及特征

实际中的排队系统是各种各样的，但从决定排队进程的因素看，它由三个基本部分组成：输入过程、排队规则和服务机构。由于这三部分的复杂多样性，可以形成不同的排队模型，因此在研究一个排队系统之前，需首先介绍各部分的具体内容和结构。

1. 输入过程

输入过程说明顾客来源及顾客是按怎样的规律到达系统。它包括三方面内容。①顾客总体 (顾客源) 数：它可能是有限的，也可能是无限的。②到达的方式：是单个到达还是成批到达。③顾客相继到达的时间间隔的概率分布，分布的参数怎样，到达的时间间隔之间是否独立。令 $W_0=0, W_n\,(n\geqslant 1)$ 表示第 $n$ 个 (批) 顾客的到达时刻，则

$$W_0=0<W_1<W_2<\cdots<W_n<W_{n+1}<\cdots$$

又令 $T_n = W_n - W_{n-1}, n \geqslant 1$，则 $T_n$ 表示第 $n$ 个 (批) 顾客到达时刻与第 $n-1$ 个 (批) 顾客到达时刻之差，称序列 $\{T_n,\ n \geqslant 1\}$ 为顾客相继到达的时间间隔序列。在排队论研究中，一般假定 $\{T_n,\ n \geqslant 1\}$ 相互独立、同分布。经常用到的有：定长分布，即顾客是等距时间到达；最简流 (Poisson 流)，即 $\{T_n,\ n \geqslant 1\}$ 独立、同服从负指数分布；$k$ 阶 Erlang 分布；一般独立分布等。

2. 排队规则

排队规则指服务是否允许排队，顾客是否愿意排队。在排队等待的情形下，服务的顺序可分为以下几种。①损失制，即顾客到达时，若所有服务台均被占，服务机构又不允许顾客等待，此时该顾客就自动离去。②等待制，即顾客到达时，若所有服务台均被占，他们就排队等待服务。服务顺序的规则有先到先服务 (FCFS)，即顾客按到达的先后顺序接受服务；后到先服务 (LCFS)；有优先权的服务 (PS) 以及随机挑选顾客进行服务的随机服务 (SIRO) 等。③混合制，即损失制与等待制的混合，分为队长 (容量) 有限的混合制系统、等待时间有限的混合制系统 (等待时间 $\leqslant$ 固定的时间 $t_0$，否则就离去)，以及逗留时间有限的混合制系统。

3. 服务机构

服务机构主要包括：①服务台的数目，在多个服务台的情形下，是串联还是并联；②顾客所需的服务时间服从什么样的概率分布，每个顾客所需的服务时间是否相互独立，是成批服务还是单个服务等。常见顾客的服务时间分布有：定长分布、负指数分布、$k$ 阶 Erlang 分布、一般分布等。

## 三、 常用的排队系统符号表示

一个排队系统是由许多因素决定的，为了简明起见，在经典排队系统中，常采用 3—6 个英文字母表示一个排队系统，字母之间用斜线隔开，形式为 $X/Y/Z/A/B/C$：$X$ 表示顾客相继到达系统的时间间隔的分布；$Y$ 表示服务时间的分布；$Z$ 表示服务台的个数；$A$ 表示系统的容量，即可容纳的最多顾客数；$B$ 表示顾客源数目；$C$ 表示服务规则。若系统有无限容量、顾客源数目为 $+\infty$ 和服务规则为 FCFS，后三项可以省略不写，常见的排队系统有：

(1) $M/M/m/n$ 排队系统。顾客到达时间间隔的分布和服务时间的分布均为负指数分布。

(2) $M/D/1$ 排队系统。顾客到达时间间隔为负指数分布，服务时间为定长分布，只有一个服务员。

(3) $M/E_k/1$ 排队系统。顾客到达时间间隔为负指数分布，服务时间为 $k$ 阶 Erlang 分布，只有一个服务员。

(4) $M/H_k/1$ 排队系统。顾客到达时间间隔为负指数分布，服务时间为 $k$ 阶超指数时间分布，只有一个服务员。

## 四、 排队系统的主要数量指标

1. 队长 $L$ 与等待队长 $L_q$

队长是指在系统中的顾客数 (包括正在接受服务的顾客)，而等待队长是指系统中排队等待服务的顾客数，它们都是随机变量，是顾客和服务机构双方都十分关心的数量指标，显然，队长等于等待队长加上正在被服务的顾客数。

2. 逗留时间 $W$ 与等待时间 $W_q$

顾客的逗留时间是顾客在系统中的全部时间，包括等待服务时间和接受服务时间，而等待时间是指从顾客进入系统的时刻起直到开始接受服务止这段时间。显然，逗留时间是顾客在系统中的等待时间与接受服务时间之和。在假定到达与服务是相互独立的条件下，等待时间与服务时间也是相互独立的。等待时间与逗留时间是顾客最关心的数量指标，应用中关心的是统计平衡下它们的分布及期望平均值。

3. 忙期与闲期

从顾客到达空闲的服务机构起，到服务台再次变为空闲止，这段时间是系统连续工作的时间，称为系统的忙期，它反映了系统中服务员的工作强度。与忙期对应的是系统的闲期，即系统连续保持空闲的时间长度。在排队系统中，统计平衡下忙期与闲期是交替出现的。而忙期循环是指相邻的两次忙期开始的时间间隔，可见忙期循环等于当前的忙期长度与闲期长度之和。

有的排队系统还会涉及其他数量指标，例如在损失制与混合制排队系统中，由于服务能力不足而造成的顾客的损失率及单位时间内损失的平均顾客数，在多服务台并行服务的系统中，某个时刻正在忙的服务台数目，以及服务机构的利用率 (或称为服务强度) 等。

## 五、 排队问题求解的一般步骤

(1) 利用排队系统的顾客到达时间间隔分布、服务时间分布及其他条件，写出 $t$ 时刻系统内的顾客数 $N(t)$(齐次马链) 的 $Q$ 矩阵；

(2) 根据 F-P 方程建立瞬时概率 $p_j(t)$ 满足的微分方程组，并求解瞬态分布 $\{p_j(t)\}$；

(3) 由于瞬态分布一般求解困难且不使用，通常求其稳态分布，也就是平稳分布 $\{p_j\}$(前面一直用 $\{\pi_j\}$ 表示平稳分布，但在排队论中，稳态概率的通用记法是

$p_j$，所以为便于大家查看其他排队论的资料，本节用 $p_j$ 表示稳态概率，其暂时不再表示初始概率)；

(4) 利用稳态分布 $\{p_j\}$ 求出排队系统的主要数量指标。

针对具体的排队模型，一般按照上述步骤可求出主要数量指标的计算公式。所以在实际求解时，往往直接套用公式计算所需数量指标。

## 六、 Little's 公式

研究系统各主要数量指标的关系，对最后的求解很有帮助。Little's 公式就是系统在稳态情况下，描述顾客的平均到达速率、系统中的顾客平均人数以及顾客在系统中的平均逗留时间三者之间的关系。不难想象在统计平衡 (稳态) 条件下，单位时间平均进入排队系统的顾客数，应该等于单位时间内服务完离开系统的平均顾客数。进而有如下 Little's 公式：

(1) $L_q = \lambda W_q$。

$W_q$ 是一个顾客平均排队等待的时间，$\lambda$ 是顾客平均到达率，所以在 $W_q$ 时间内有 $\lambda W_q$ 个顾客到达，$L_q$ 表示排队等待服务的平均顾客数量，故 $L_q = \lambda W_q$。

(2) $L = \lambda W$。

系统中的平均顾客数 $L$ (包括等待的和正在被服务的顾客) 等于顾客的平均到达率 $\lambda$ 乘以一个顾客在系统中花费的平均时间 $W$。

## 七、 例子

已知：(1) 在 $(0, t]$ 内到达系统的顾客数 $X(t)$ 是参数为 $\lambda$ 的 Poisson 过程。

(2) 系统有 $c$ 个服务员，对每个顾客服务的时间 $\eta \sim E(\mu)$。

(3) 顾客按照先到先服务 (FCFS) 的规则排队。

用 $N(t)$ 表示在 $t$ 时刻系统内的顾客数，则 $N(t)$ 是齐次马链且为生灭过程。求：

(1) $M/M/1$ 的 $Q$ 矩阵以及系统在稳态下的主要数量指标 $L, L_q, W_q$ 与 $W$；

(2) $M/M/c$ 的 $Q$ 矩阵以及系统在稳态下新来顾客必须排队等待的概率 $p_q$；

(3) $M/M/c/k$ 的 $Q$ 矩阵以及 $\lambda = \mu = 1, c = 1, k = 3, N(0) = 0$ 时系统的瞬态队长分布 $\{p_j(t)\}$ 和稳态队长分布，即 $N(t)$ 的平稳分布 $\{p_j\}$。

**解** (1) $E = \{0, 1, 2, \cdots\}$。若用 $\xi$ 表示顾客到达的时间间隔，则 $\xi \sim E(\lambda)$，于是有

$$
\begin{aligned}
p_{i,i+1}(h) &= P\{\xi < h\}P\{\eta > h\} = (1 - e^{-\lambda h})e^{-\mu h} \\
&= [\lambda h + o(h)][1 - \mu h + o(h)] = \lambda h + o(h)
\end{aligned}
$$

所以

$$
p_{i,i+1}(h) = \lambda h + o(h), \quad i = 0, 1, 2, \cdots
$$

同理

$$p_{i,i-1}(h) = \mu h + o(h), \quad i = 1, 2, \cdots$$

$$p_{ij}(h) = o(h), \quad |i-j| \geqslant 2$$

$$Q = \begin{pmatrix} -\lambda & \lambda & 0 & 0 & \cdots \\ \mu & -(\lambda+\mu) & \lambda & 0 & \cdots \\ 0 & \mu & -(\lambda+\mu) & \lambda & \cdots \\ \vdots & \vdots & \vdots & \vdots & \ddots \end{pmatrix}$$

设 $\rho = \dfrac{\lambda}{\mu}$，则 $\rho$ 称为**服务强度**。根据 (4.3.4) 式知，当 $\rho < 1$ 时，该生灭过程的平稳分布存在且为

$$p_j = (1-\rho)\rho^j, \quad j \geqslant 0 \tag{4.4.1}$$

这是一个几何分布，其均值为 $\dfrac{\rho}{1-\rho}$，即平均队长为

$$L = \frac{\rho}{1-\rho} = \frac{\lambda}{\mu-\lambda} \tag{4.4.2}$$

由 Little's 公式得平均逗留时间为

$$W = \frac{L}{\lambda} = \frac{1}{\mu-\lambda} \tag{4.4.3}$$

因为 $W = W_q + \dfrac{1}{\mu}$，所以平均等待时间为

$$W_q = W - \frac{1}{\mu} = \frac{\lambda}{\mu(\mu-\lambda)} \tag{4.4.4}$$

再由 Little's 公式得平均等待队长为

$$L_q = \lambda W_q = \frac{\rho^2}{1-\rho} = \frac{\lambda^2}{\mu(\mu-\lambda)} \tag{4.4.5}$$

(2) $E = \{0, 1, 2, \cdots\}$。同 (1) 仍有 $p_{i,i+1}(h) = \lambda h + o(h), i = 0, 1, 2, \cdots$，但当 $i = 1, 2, \cdots, c$ 时，

$$p_{i,i-1}(h) = \mathrm{C}_i^1(\mu h)^1(1-\mu h)^{i-1}(1-\lambda h) + o(h) = i\mu h + o(h)$$

同理

$$\begin{aligned} &p_{i,i-1}(h) = c\mu h + o(h), \quad i = c+1, c+2, \cdots \\ &p_{ij}(h) = o(h), \quad |i-j| \geqslant 2 \end{aligned}$$

故

$$Q = \begin{pmatrix} -\lambda & \lambda & & & & & & \cdots \\ \mu & -(\lambda+\mu) & \lambda & & & & & \cdots \\ & 2\mu & -(\lambda+2\mu) & \lambda & & & & \cdots \\ & & \ddots & \ddots & \ddots & & & \\ & & & c\mu & -(\lambda+c\mu) & \lambda & & \cdots \\ & & & & c\mu & -(\lambda+c\mu) & \lambda & \cdots \\ & & & & \vdots & \vdots & \vdots & \end{pmatrix}$$

设 $\rho = \dfrac{\lambda}{\mu}$，则当 $\dfrac{\rho}{c} < 1$ 时，该生灭过程的平稳分布存在且为

$$p_j = \begin{cases} \dfrac{\rho^j}{j!}p_0, & j \leqslant c \\ \dfrac{\rho^j}{c!c^{j-c}}p_0, & j > c \end{cases} \tag{4.4.6}$$

其中

$$p_0 = \left[\sum_{j=0}^{c-1}\frac{\rho^j}{j!} + \frac{\rho^c}{c!}\frac{c}{c-\rho}\right]^{-1} \tag{4.4.7}$$

所以新来顾客必须排队等待的概率为

$$p_q = \sum_{j=c}^{+\infty} p_j = \frac{cp_c}{c-\rho} \tag{4.4.8}$$

(3) $E = \{0, 1, 2, \cdots, k\}$。根据 (1), (2) 的求法，得

$$
Q=\begin{pmatrix}
-\lambda & \lambda & & & & \cdots & & \\
\mu & -(\lambda+\mu) & \lambda & & & \cdots & & \\
 & 2\mu & -(\lambda+2\mu) & \lambda & & \cdots & & \\
 & \ddots & \ddots & \ddots & & \cdots & & \\
 & & (c-1)\mu & -(\lambda+(c-1)\mu) & \lambda & \cdots & & \\
 & & \cdots & c\mu & -(\lambda+c\mu) & \lambda & & \\
 & & \cdots & & c\mu & -(\lambda+c\mu) & \lambda & \\
 & & \cdots & & & \ddots & \ddots & \ddots \\
 & & \cdots & & & c\mu & -(\lambda+c\mu) & \lambda \\
 & & \cdots & & & & c\mu & -c\mu
\end{pmatrix}
\tag{4.4.9}
$$

把 $\lambda=\mu=1, c=1, k=3, N(0)=0$ 代入 (4.4.9) 式，得

$$
Q=\begin{pmatrix}
-1 & 1 & 0 & 0 \\
1 & -2 & 1 & 0 \\
0 & 1 & -2 & 1 \\
0 & 0 & 1 & -1
\end{pmatrix}
$$

根据 F-P 方程，得

$$
\begin{cases}
p_0'(t)=-p_0(t)+p_1(t) \\
p_1'(t)=p_0(t)-2p_1(t)+p_2(t) \\
p_2'(t)=p_1(t)-2p_2(t)+p_3(t) \\
p_3'(t)=p_2(t)-p_3(t)
\end{cases}
$$

利用归一性 $\sum_{i=0}^{3} p_i(t)=1$，代入方程消元后，得

$$
p_0'''(t)+6p_0''(t)+10p_0'(t)+4p_0(t)=1
$$

由 $\lambda^3+6\lambda^2+10\lambda+4=0$ 解得

$$
\lambda_1=-2, \quad \lambda_{2,3}=-2\pm\sqrt{2}
$$

因为 $p_0(t)=\frac{1}{4}$ 为其特解，所以方程得通解为

$$
p_0(t)=\frac{1}{4}+C_1e^{-2t}+C_2e^{(-2-\sqrt{2})t}+C_3e^{(-2+\sqrt{2})t}
$$

利用 $p_0(0)=1, p_1(0)=p_2(0)=p_3(0)=0$ 求得

$$C_1=\frac{1}{4},\quad C_2=\frac{2-\sqrt{2}}{8},\quad C_3=\frac{2+\sqrt{2}}{8}$$

所以绝对概率分布即队长的瞬态概率分布为

$$\begin{cases} p_0(t)=\dfrac{1}{4}+\dfrac{1}{4}e^{-2t}+\dfrac{2-\sqrt{2}}{8}e^{(-2-\sqrt{2})t}+\dfrac{2+\sqrt{2}}{8}e^{(-2+\sqrt{2})t} \\ p_1(t)=\dfrac{1}{4}-\dfrac{1}{4}e^{-2t}+\dfrac{\sqrt{2}}{8}e^{(-2-\sqrt{2})t}-\dfrac{\sqrt{2}}{8}e^{(-2+\sqrt{2})t} \\ p_2(t)=\dfrac{1}{4}-\dfrac{1}{4}e^{-2t}+\dfrac{\sqrt{2}}{8}e^{(-2-\sqrt{2})t}-\dfrac{\sqrt{2}}{8}e^{(-2+\sqrt{2})t} \\ p_3(t)=\dfrac{1}{4}+\dfrac{1}{4}e^{-2t}-\dfrac{2-\sqrt{2}}{8}e^{(-2-\sqrt{2})t}-\dfrac{2+\sqrt{2}}{8}e^{(-2+\sqrt{2})t} \end{cases}$$

令 $t\to+\infty$，则有 $p_i(t)\to\dfrac{1}{4}$，$i=0$，1，2，3。所以 $N(t)$ 的极限分布为 $\vec{q}=\left(\dfrac{1}{4},\dfrac{1}{4},\dfrac{1}{4},\dfrac{1}{4}\right)$。事实上，由 (4.3.4) 式可得 $N(t)$ 的平稳分布即稳态分布为 $\vec{p}=\left(\dfrac{1}{4},\dfrac{1}{4},\dfrac{1}{4},\dfrac{1}{4}\right)$。可见两分布确为同一分布。

## 习 题 4

4.1 设标准齐次 Markov 链 $X(t)$ 的状态空间 $E=\{0,1\}$，它的初始状态的概率分布为 $P\{X(0)=0\}=\dfrac{1}{3}, P\{X(0)=1\}=\dfrac{2}{3}$，转移概率矩阵为

$$P(t)=\begin{pmatrix} \dfrac{1+2e^{-3t}}{3} & \dfrac{2-2e^{-3t}}{3} \\ \dfrac{1-e^{-3t}}{3} & \dfrac{2+e^{-3t}}{3} \end{pmatrix}$$

(1) 计算 $P\left\{X\left(\dfrac{1}{2}\right)=1\right\}$；

(2) 计算条件概率 $P\left\{X\left(\dfrac{3}{2}\right)=0, X(2)=1 \middle| X\left(\dfrac{1}{2}\right)=1\right\}$；

(3) 计算 $X(t)$ 的 $Q$ 矩阵。

4.2 试证明 Poisson 过程 $\{X(t), t\geqslant 0\}$ 为齐次 Markov 链。

4.3 一质点在 1，2，3 点作随机游动，若 $t$ 时刻质点位于这三点之一，则在 $(t,t+h]$ 内转移到其他两点的概率均是 $\dfrac{1}{2}h+o(h)$。

(1) 求质点随机游动的 $Q$ 矩阵；

(2) 写出并求解 Kolmogorov 前进方程。

4.4 某车间有 $m$ 个焊工在各自独立地工作，每个焊工均是间断地用电，且满足如下条件：

(1) 若一个焊工在 $t$ 时刻用电，而在 $(t, t+\Delta t]$ 内停止用电的概率为 $\mu\Delta t + o(\Delta t)$；

(2) 若一个焊工在 $t$ 时刻没有用电，而在 $(t, t+\Delta t]$ 内用电的概率为 $\lambda\Delta t + o(\Delta t)$。

设 $X(t)$ 表示在 $t$ 时刻正在用电的焊工数。

(1) 求该过程的状态空间；

(2) 求该过程的 $Q$ 矩阵；

(3) 写出 Fokker-Planck 方程；

(4) 求该过程的平稳分布。

4.5 考虑具有常数生率 $\lambda$ 的一个纯生过程 $X(t)$。现把一个长度为 $T$ 的区间划分为 $m$ 段，每一段长度为 $T/m$，定义 $\Delta t = T/m$。

(1) 对于充分小的 $\Delta t$，求在 $m$ 个区间中恰好有 $k$ 个区间，其每一个区间中 $X(t)$ 均只增加一个个体，而在其余的 $m-k$ 个区间内个体数都无变化的概率 $p_{m,k}$。

(2) 考虑当 $\Delta t \to 0$ 时的极限，即对固定的区间 $T$，当 $m \to +\infty$ 时，$p_{m,k}$ 的极限概率 $p_k(T)$。

4.6 在生灭过程 $X(t)$ 中，如果参数 $\lambda_k = 0$，$\mu_k = \mu$，则该过程是纯灭过程。如其起始状态为 $X(0) = n$，当 $n \geqslant j \geqslant 0$ 时，求 $p_{nj}(t)$。

4.7 设纯生过程 $X(t)$ 满足

$$P\{\text{在}\,(t, t+h]\,\text{内有一个事件发生}|X(t) = \text{奇数}\} = \lambda_1 h + o(h)$$
$$P\{\text{在}\,(t, t+h]\,\text{内有一个事件发生}|X(t) = \text{偶数}\} = \lambda_2 h + o(h)$$

在 $X(0) = 0$ 的条件下，求概率 $q_0(t) = \{X(t) = \text{偶数}\}$ 和 $q_1(t) = \{X(t) = \text{奇数}\}$。

4.8 一个理发师在 $t = 0$ 时刻开始为第一个顾客理发，理发时间为随机变量 $X$，其分布为以下两种情况：

(1) $X \equiv c$ (正常数)

(2) $X$ 服从指数分布，其概率密度函数为

$$f_X(x) = \begin{cases} \mu e^{-\mu x}, & x \geqslant 0 \\ 0, & x < 0 \end{cases}$$

第二个顾客到达时间 $Y$ 与 $X$ 相互独立，其概率密度函数为

$$f_Y(y) = \begin{cases} \lambda e^{-\lambda y}, & y \geqslant 0 \\ 0, & y < 0 \end{cases}$$

求：(1) 第二个到达顾客不需要等待的概率 $p$；(2) 第二个到达顾客的平均等待时间。

4.9 假设顾客按照一个参数为 $\lambda$ 的 Poisson 过程到来，设 $M$ 是在一个长度为 $X$ 的区间内到达的顾客数目，其中 $X$ 是一个与到达过程独立的非负随机变量，其概率密度函数为 $f(t)$，均值为 $\tau$，方差为 $\sigma^2$。

(1) 证明：

$$P\{M=j\}=\int_0^{+\infty}\frac{(\lambda t)^j}{j!}e^{-\lambda t}f(t)\mathrm{d}t,\quad j=0,1,2,\cdots$$

$$E(M)=\lambda\tau$$

$$E(M^2)=\lambda\tau+\lambda^2\left(\sigma^2+\tau^2\right)$$

$$D(M)=\lambda\tau+\lambda^2\sigma^2$$

(2) 证明：

$$E(X\mid M=j)=\frac{j+1}{\lambda}\frac{P\{M=j+1\}}{P\{M=j\}}$$

(3) 证明：

$$E(X\mid M=j)=E(X)$$

当且仅当

$$P\{M=j\}=\frac{(\lambda\tau)^j}{j!}e^{\lambda\tau},\quad j=0,1,2,\cdots$$

(4) 假设 $f_X(t)=\begin{cases}\mu e^{-\mu t}, & t>0\\ 0, & t\leqslant 0\end{cases}$，证明：

$$P\{M=j\}=\left(\frac{\lambda}{\lambda+\mu}\right)^j\left(\frac{\mu}{\lambda+\mu}\right),\quad j=0,1,2,\cdots$$

(5) 由 (4) 得出：如果 $X$ 服从均值为 $\mu^{-1}$ 的指数分布，那么

$$E(X\mid M=j)=\frac{j+1}{\lambda+\mu},\quad j=0,1,2,\cdots$$

4.10 设有时变的纯生过程 $X(t)$，其参数为

$$\lambda_n(t)=\lambda\left(\frac{1+an}{1+a\lambda t}\right),\quad a>0,\quad \lambda>0,\quad n=0,1,2,\cdots$$

过程的起始状态为 $X(0)=0$。设 $p_k(t)=P\{X(t)=k\}$，证明：

$$p_0(t)=(1+a\lambda t)^{-1/a}$$

$$p_k(t)=\frac{(\lambda t)^k}{k!}(1+a\lambda t)^{-k-1/a}\cdot\prod_{m=0}^{k-1}(1+am),\quad k\geqslant 1$$

注: 该过程称为 Polya 过程。

4.11 设有单个服务员，服务时间为负指数分布的排队系统 $(M/M/1)$。已知 $(0,t]$ 内到达的顾客数 $N(t)$ 是参数为 $\lambda$ 的 Poisson 过程，平均服务时间为 $\frac{1}{\mu}$。试证明：

(1) 在服务一个顾客的时间内到达顾客的平均数为 $\dfrac{\lambda}{\mu}$;

(2) 在服务一个顾客的时间内无顾客到达的概率为 $\dfrac{\mu}{\lambda+\mu}$。

4.12 在 $M/M/1$ 排队系统中，平均服务时间为 $\dfrac{1}{\mu}$，到达系统的顾客数是参数为 $\lambda\ (\lambda<\mu)$ 的 Poisson 流。求在稳态情况下系统至少有 $n$ 个顾客的概率。

4.13 考虑一个排队问题，其顾客按照速率为 $\lambda$ 的 Poisson 过程到达。系统有 $k$ 个服务员，他们的工作是独立的。服务时间是具有平均值为 $\dfrac{1}{\mu}$ 的指数分布的随机变量。如果有空闲的服务员，则新到来的顾客就立刻进入服务。如果新到来的顾客发现所有的服务员都在忙碌便去排队。令 $N(t)$ 表示系统 (服务机构 + 队列) 中的顾客数。

(1) 写出 $Q$ 矩阵;

(2) 写出 F-P 方程。

4.14 某加油站有两台泵，只有当顾客抵达加油站时看到有空闲油泵，该顾客方可进入系统并立刻得到服务；否则，如果顾客见到两台油泵均被占用便立即离去。潜在的顾客按 Poisson 流抵达加油站，其参数为 $\lambda$；加油站对顾客的服务时间是负指数分布的随机变量，其平均服务时间为 $\dfrac{1}{\mu}$。求在稳态情况下进入加油站接受服务的顾客与抵达加油站的潜在顾客的比率。

4.15 某项作业包括三台同一类型的机器，有两个维修工。每台机器的正常工作时间 (从开始工作到出现故障而不能工作的时间间隔) 服从负指数分布，其平均连续正常工作时间为 10 小时。一个维修工维修一台机器所需的时间也服从负指数分布，其平均维修时间为 8 小时。求在稳态情况下:

(1) 出现故障机器数的数学期望;

(2) 两个维修工均忙着维修机器所占的时间比例。

4.16 设有一个出租汽车站，到达该站的出租汽车数为 Poisson 流，平均每分钟到达一辆出租汽车；到达该站的乘客数也为 Poisson 流，平均每分钟到达顾客 2 人。如果出租汽车到站时无乘客候车，不论是否已有汽车停留在站上，该辆汽车就停留在站上候客；反之，如果乘客到达汽车站时发现站上没有汽车，他就离去；如果乘客到站时有汽车在候客，他就可以立刻雇一辆。问在稳态情况下:

(1) 在汽车站上等候的出租汽车的平均数为多少?

(2) 到站的潜在乘客中有多少雇得了出租汽车?

# 第五章　平稳过程和随机分析

平稳过程是在自然科学和工程技术中经常遇到的一类随机过程。诸如通信中的白噪声、随机相位正弦波、导弹在飞行中受到空气湍流影响产生的随机波动等都是平稳过程的典型实例。这些过程表现在它的统计特性不随时间的推移而变化。

## 第一节　平稳过程的基本概念及其数字特征

### 一、严 (强) 平稳过程

**定义 5.1.1**　若随机过程 $\{X(t), t \in T\}$ 对任意的 $n$ 和 $t_i, t_i + \tau \in T\,(i = 1, 2, \cdots, n)$，它的有限维分布函数满足

$$F_X(x_1, x_2, \cdots, x_n; t_1, t_2, \cdots, t_n) = F_X(x_1, x_2, \cdots, x_n; t_1 + \tau, t_2 + \tau, \cdots, t_n + \tau) \tag{5.1.1}$$

或有限维密度函数满足

$$f_X(x_1, x_2, \cdots, x_n; t_1, t_2, \cdots, t_n) = f_X(x_1, x_2, \cdots, x_n; t_1 + \tau, t_2 + \tau, \cdots, t_n + \tau) \tag{5.1.2}$$

则称为**严 (强) 平稳过程**。若对 $n = k$ 时成立，则称其为 $\boldsymbol{k}$ **级严 (强) 平稳过程**。

严 (强) 平稳过程的平稳性是通过过程的有限维分布来刻画的，当然条件换为有限维特征函数不随时间的推移而改变也是可以的。

### 二、宽 (弱) 平稳过程

宽平稳过程是用数字特征定义的，我们已在第一章给出了定义。

**定义 1.7.4**　满足：① $m_X(t) = m_X$(常数); ② $R_X(s,t) = R_X(s-t)$ 的过程 $\{X(t), t \in T\}$ 称为**宽 (弱) 平稳过程**。特别地，当 $T$ 是离散集时，则称其为**宽平稳时间序列**。

**说明**　对于宽平稳过程 $\{X(t), t \in T\}$，有

(1) 方差函数 $\sigma_X^2(t) = \sigma_X^2$(常数);

(2) 协方差函数 $C_X(t+\tau, t) = R_X(\tau) - |m_X|^2$；

(3) 宽平稳过程的等价条件是

① $m_X(t) = m_X$ 为常数;　② $C_X(t+\tau, t) = C_X(\tau)$ 与 $t$ 无关。

## 三、 两种平稳过程的关系

**定理 5.1.1** (1) 严平稳过程若是二阶矩过程，则必是宽平稳过程；

(2) 宽平稳过程一般不是严平稳过程，但对正态过程二者等价。

**在没有特别说明的情况下，后面提到的平稳过程均指宽平稳过程。**

## 四、 平稳过程自相关函数的性质

**定理 5.1.2** 设 $\{X(t), t \in T\}$ 为平稳过程，则 $R_X(\tau)$ 具有以下性质：

(1) $R_X(0) \geqslant 0$；

(2) $\overline{R_X(\tau)} = R_X(-\tau)$，可见，若时间参数集关于原点对称，则实平稳过程的自相关函数为偶函数；

(3) $|R_X(\tau)| \leqslant R_X(0)$；

(4) $R_X(\tau)$ 是非负定的，即对任意实数 $t_1, t_2, \cdots, t_n$ 及复数 $a_1, a_2, \cdots, a_n$，有 $\sum\limits_{i,j=1}^{n} R_X(t_i, t_j) a_i \bar{a}_j \geqslant 0$；

(5) 若 $X(t)$ 还是以 $T_0$ 为周期的周期过程，即 $X(t) \overset{\text{a.e.}}{=\!=} X(t+T)$，则有

$$R_X(\tau) = R_X(\tau + T)$$

(6) 若 $X(t)$ 不是周期过程，且当 $|\tau| \to +\infty$ 时，$X(t)$ 与 $X(t+\tau)$ 趋于相互独立，则

$$\lim_{|\tau| \to +\infty} R_X(\tau) = |m_X|^2$$

事实上，对于一个无任何周期分量的非周期平稳过程，从物理意义上看，当两个时刻相距充分远时，过程在这两个时刻的相关性会很小，几乎是互不影响即趋于相互独立的。

**证明** (1) $R_X(0) = E[X(t)\overline{X(t)}] = E[|X(t)|^2] \geqslant 0$

(2) $\overline{R_X(\tau)} = \overline{E[X(t+\tau)\overline{X(t)}]} = E[X(t)\overline{X(t+\tau)}] = R_X(-\tau)$

(3) 由 Schwarz 不等式得

$$|R_X(\tau)|^2 = \left|E[X(t+\tau)\overline{X(t)}]\right|^2 \leqslant E[|X(t+\tau)|^2] E[|\overline{X(t)}|^2] = [R_X(0)]^2$$

所以有

$$|R_X(\tau)| \leqslant R_X(0)$$

$$(4)\ \sum_{i,j=1}^{n} R_X(t_i,t_j)a_i\bar{a}_j = E\left\{\sum_{i,j=1}^{n}[X(t_i)\overline{X(t_j)}a_i\bar{a}_j]\right\}$$

$$= E\left\{\left[\sum_{i=1}^{n}(X(t_i)a_i)\right]\left[\sum_{j=1}^{n}(\overline{X(t_j)a_j})\right]\right\}$$

$$= E\left\{\left|\sum_{j=1}^{n}(X(t_i)a_i)\right|^2\right\} \geqslant 0$$

$$(5)\ R_X(\tau+T) = E[X(t+\tau+T)\overline{X(t)}]$$

$$= E[X(t+\tau)\overline{X(t)}] = R_X(\tau)$$

$$(6)\ \lim_{|\tau|\to+\infty} R_X(\tau) = \lim_{|\tau|\to+\infty} E[X(t+\tau)\overline{X(t)}]$$

$$= \lim_{|\tau|\to+\infty} E[X(t+\tau)]E[\overline{X(t)}] = m_X\overline{m_X} = |m_X|^2$$

## 五、 联合平稳过程

**定义 5.1.2**　设随机过程 $\{X(t), t\in T\}$ 和 $\{Y(t), t\in T\}$ 是两个严平稳过程，若 $X(t)$ 和 $Y(t)$ 的任意有限维联合分布不随时间的推移而改变，则称 $X(t)$ 和 $Y(t)$ 是严联合平稳过程，也称联合相依过程。

**定义 5.1.3**　设随机过程 $\{X(t), t\in T\}$ 和 $\{Y(t), t\in T\}$ 是两个宽平稳过程，若 $X(t)$ 和 $Y(t)$ 的互相关函数 $R_{XY}(t+\tau,t) = R_{XY}(\tau)$ 和 $R_{YX}(t+\tau,t) = R_{YX}(\tau)$ 都与 $t$ 无关，则称 $X(t)$ 和 $Y(t)$ 是宽联合平稳过程。

**同样，在没有特别说明的情况下，后面提到的联合平稳过程均指宽联合平稳过程。**

**定理 5.1.3**　若 $X(t)$ 和 $Y(t)$ 是联合平稳过程，则 $W(t) = X(t)+Y(t)$ 为平稳过程，且 $R_W(\tau) = R_X(\tau)+R_{XY}(\tau)+R_{YX}(\tau)+R_Y(\tau)$。

特别地，若 $X(t)$ 和 $Y(t)$ 正交时，有 $R_W(\tau) = R_X(\tau)+R_Y(\tau)$。

**证明**　$R_W(\tau) = E\left[W(t+\tau)\overline{W(t)}\right]$

$$= E\left\{[X(t+\tau)+Y(t+\tau)][\overline{X(t)+Y(t)}]\right\}$$

$$= E\Big[X(t+\tau)\overline{X(t)} + X(t+\tau)\overline{Y(t)}$$

$$+ Y(t+\tau)\overline{X(t)} + Y(t+\tau)\overline{Y(t)}\Big]$$

$$= R_X(\tau)+R_{XY}(\tau)+R_{YX}(\tau)+R_Y(\tau)$$

若 $X(t)$ 和 $Y(t)$ 正交，则有 $R_{XY}(\tau)=R_{YX}(\tau)=0$，于是，有

$$R_W(\tau)=R_X(\tau)+R_Y(\tau)$$

## 六、互相关函数的性质

**定理 5.1.4** 若 $X(t)$ 和 $Y(t)$ 是联合平稳过程，则它们的互相关函数具有以下性质：

(1) $|R_{XY}(\tau)|^2 \leqslant R_X(0)R_Y(0)$；

(2) $R_{XY}(-\tau)=\overline{R_{YX}(\tau)}$，对实过程有 $R_{XY}(-\tau)=R_{YX}(\tau)$。

**证明** (1) 同定理 5.1.2 的证明。

(2)
$$\overline{R_{YX}(\tau)}=\overline{E[Y(t+\tau)\overline{X(t)}]}=E\left[X(t)\overline{Y(t+\tau)}\right]=R_{XY}(-\tau)$$

若 $X(t)$ 和 $Y(t)$ 是实过程，则 $\overline{R_{YX}(\tau)}=R_{YX}(\tau)$，所以有 $R_{XY}(-\tau)=R_{YX}(\tau)$。

**例 5.1.1 离散白噪声**

对于互不相关的随机序列 $\{X_n, n\in Z\}$，若 $E(X_n)=0$，$D(X_n)=\sigma^2$，则称 $X_n$ 为离散白噪声 (或白噪声序列)。试证 $X_n$ 为平稳过程。

**证明** 因为

$$E(X_n)=0,\quad R_X(n+m,n)=\begin{cases}\sigma^2, & m=0\\ 0, & m\neq 0\end{cases}$$

所以 $X_n$ 为平稳过程。

**例 5.1.2 滑动平均序列**

设 $\{X_n, n\in Z\}$ 白噪声序列，定义 $Y_n=\sum\limits_{k=0}^{M}a_kX_{n-k}, n\in Z, a_k\in R$，则称 $Y_n$ 为滑动平均序列。试证 $Y_n$ 也为平稳序列。

**证明** 因为

$$E(Y_n)=\sum_{k=0}^{M}a_kE(X_{n-k})=0$$

$$\begin{aligned}R_Y(n+m,n)=E(Y_{n+m}Y_n)&=E\left[\left(\sum_{i=0}^{M}a_iX_{n+m-i}\right)\left(\sum_{k=0}^{M}a_kX_{n-k}\right)\right]\\&=\sum_{i=0}^{M}\sum_{k=0}^{M}a_ia_kE(X_{n+m-i}X_{n-k})=\sum_{i=0}^{M}\sum_{k=0}^{M}a_ia_kR_X(m-i+k)\end{aligned}$$

令 $0 \leqslant m \leqslant M$，则当 $i \neq m+k$ 时，$R_X(m-i+k)=0$；当 $i=m+k \leqslant M$ 时，$R_X(m-i+k)=\sigma^2$，于是

$$R_Y(n+m,n)=\sigma^2\sum_{k=0}^{M-m}a_{m+k}a_k$$

当 $m>M$ 时，$i \neq m+k$，因而 $R_X(m-i+k)=0$。于是，根据对称性有

$$R_Y(n+m,n)=\begin{cases}\sigma^2\displaystyle\sum_{k=0}^{M-|m|}a_{|m|+k}a_k, & |m|\leqslant M\\ 0, & |m|>M\end{cases}$$

所以 $Y_n$ 为平稳过程。

滑动平均序列是随机过程的重要分支——时间序列分析的一个基本模型，关于时间序列分析的介绍见本章第七节。

**例 5.1.3**　设 $X(t)=A\sin(\omega t+\theta), Y(t)=B\sin(\omega t+\theta-\varphi)$ 为两个实平稳过程，其中 $A,B,\omega,\varphi$ 均为常数，$\Theta \sim U(0,2\pi)$。求：(1)$R_{XY}(\tau)$；(2) $R_{YX}(\tau)$。

**解**　$R_{XY}(t+\tau,t)=E\{A\sin[\omega(t+\tau)+\Theta]B\sin(\omega t+\Theta-\varphi)\}$

$$=\int_0^{2\pi}A\sin[\omega(t+\tau)+\theta]B\sin(\omega t+\theta-\varphi)\frac{1}{2\pi}\mathrm{d}\theta$$

$$=-\frac{AB}{4\pi}\int_0^{2\pi}\{\cos[2(\omega t+\theta)+\omega\tau-\varphi]-\cos(\omega\tau+\varphi)\}\mathrm{d}\theta$$

$$=\frac{AB}{4\pi}\cos(\omega\tau+\varphi)\cdot 2\pi=\frac{AB}{2}\cos(\omega\tau+\varphi)$$

根据互相关函数的性质，得

$$R_{YX}(\tau)=R_{XY}(-\tau)=\frac{AB}{2}\cos(\omega\tau-\varphi)$$

## 第二节　随机分析

### 一、 收敛的概念

1. 几乎处处收敛

**定义 5.2.1**　设随机序列 $\{X_n\}$ 满足

$$P\left\{e\middle|\lim_{n\to+\infty}X_n(e)=X(e)\right\}=1$$

则称 $\{X_n\}$ 几乎处处收敛于 $X$，或依概率 1 收敛于 $X$，记作 $X_n \xrightarrow{\text{a.e.}} X$。

2. 依概率收敛

**定义 5.2.2**　设随机序列 $\{X_n\}$ 满足：对任取的 $\varepsilon>0$，有

$$\lim_{n\to+\infty} P\{e|\,|X_n(e)-X(e)|\geqslant\varepsilon\}=0$$

则称 $\{X_n\}$ 依概率收敛于 $X$, 记作 $X_n \xrightarrow{P} X$。

3. 均方收敛

**定义 5.2.3**　设随机序列 $\{X_n\}$ 满足

$$\lim_{n\to+\infty} E\left(|X_n-X|^2\right)=0$$

则称 $\{X_n\}$ 均方收敛于 $X$，记作 $X_n \xrightarrow{E_2} X$ 或 $\underset{n\to+\infty}{\text{l.i.m}}\, X_n=X$ (limit in mean)。

4. 依分布收敛

**定义 5.2.4**　如 $\{X_n\}$ 对应的分布函数序列 $\{F_n(x)\}$，在 $X$ 的分布函数 $F(x)$ 的每个连续点 $x$ 处，都有

$$\lim_{n\to+\infty} F_n(x)=F(x)$$

则称 $\{X_n\}$ 依分布收敛于 $X$，记作 $X_n \xrightarrow{d} X$。

5. 四种收敛的关系

(1) $X_n \xrightarrow{\text{a.e.}} X \Rightarrow X_n \xrightarrow{P} X \Rightarrow X_n \xrightarrow{d} X$;
(2) $X_n \xrightarrow{E_2} X \Rightarrow X_n \xrightarrow{P} X \Rightarrow X_n \xrightarrow{d} X$;
(3) $X_n \xrightarrow{E_2} X$ 与 $X_n \xrightarrow{\text{a.e.}} X$ 一般不能互推。
各种收敛的关系见图 5.2.1。

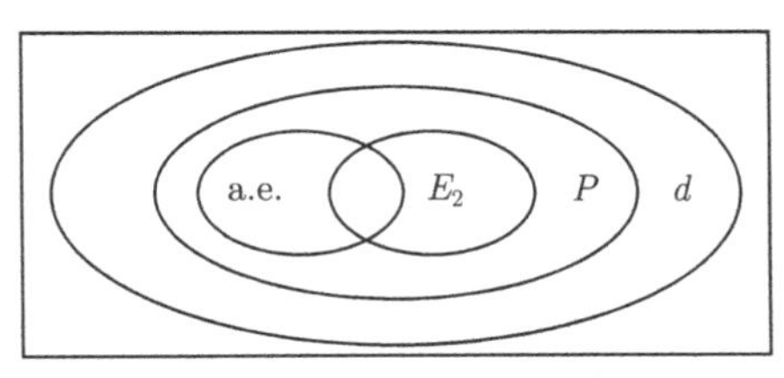


图 5.2.1　四种收敛关系图

## 二、 均方极限

**定理 5.2.1　均方收敛的 Cauchy 准则**　随机序列 $\{X_n\}$ 均方收敛的充要条件是

$$\lim_{n,m\to+\infty} E\left(|X_m - X_n|^2\right) = 0 \tag{5.2.1}$$

证明用到测度论知识，在此略。

**定理 5.2.2**　设 $X_n, Y_n$ 都是随机序列，$U$ 是随机变量，$c_n$ 是数列，且有 $\underset{n\to+\infty}{\text{l.i.m}}\, X_n = X$, $\underset{n\to+\infty}{\text{l.i.m}}\, Y_n = Y$, $\lim\limits_{n\to+\infty} c_n = c$, $a, b$ 为常数，则

(1) $\underset{n\to+\infty}{\text{l.i.m}}\, c_n = \lim\limits_{n\to+\infty} c_n = c$

(2) $\underset{n\to+\infty}{\text{l.i.m}}\, U = U$

(3) $\underset{n\to+\infty}{\text{l.i.m}}\, c_n U = cU$

(4) $\underset{n\to+\infty}{\text{l.i.m}}\, (aX_n + bY_n) = aX + bY$

以下是求极限与求期望**交换次序**的性质：

(5) $\lim\limits_{n\to+\infty} E(X_n) = E\Big(\underset{n\to+\infty}{\text{l.i.m}}\, X_n\Big) = E(X)$

(6) $\lim\limits_{n,m\to+\infty} E(X_n\overline{Y_m}) = E\Big(\underset{n\to+\infty}{\text{l.i.m}}\, X_n \overline{\underset{m\to+\infty}{\text{l.i.m}}\, Y_m}\Big) = E(X\overline{Y})$

特别地，$\lim\limits_{n\to+\infty} E(|X_n|^2) = E\Big(|\underset{n\to+\infty}{\text{l.i.m}}\, X_n|^2\Big) = E(|X|^2)$。

**证明**　(1) 因为

$$\begin{aligned}\lim_{n\to+\infty} E(|c_n - c|^2) &= \lim_{n\to+\infty} |c_n - c|^2 = \lim_{n\to+\infty} \left[(c_n - c)\overline{(c_n - c)}\right] \\ &= \lim_{n\to+\infty} (c_n - c) \lim_{n\to+\infty} \overline{(c_n - c)} = \Big|\lim_{n\to+\infty} c_n - c\Big|^2 \\ &= |c - c|^2 = 0\end{aligned}$$

所以，$\underset{n\to+\infty}{\text{l.i.m}}\, c_n = \lim\limits_{n\to+\infty} c_n = c$。

(2) 因为

$$\lim_{n\to+\infty} E(|U - U|^2) = \lim_{n\to+\infty} E(|0|^2) = 0$$

所以 $\underset{n\to+\infty}{\text{l.i.m}}\, U = U$。

(3) 因为

$$\lim_{n\to+\infty} E(|c_n U - cU|^2) = \lim_{n\to+\infty} \left[|c_n - c|^2 E(|U|^2)\right]$$

$$= \left|\lim_{n\to+\infty} c_n - c\right|^2 E(|U|^2) = 0E(|U|^2) = 0$$

所以 $\underset{n\to+\infty}{\text{l.i.m}}\, c_n U = cU$。

(4) 由积分性质和 Schwarz 不等式得

$$\begin{aligned}
&\lim_{n\to+\infty} E[|(aX_n + bY_n) - (aX + bY)|^2] \\
&= \lim_{n\to+\infty} E[|a(X_n - X) + b(Y_n - Y)|^2] \\
&= \lim_{n\to+\infty} E\left\{[a(X_n - X) + b(Y_n - Y)]\overline{[a(X_n - X) + b(Y_n - Y)]}\right\} \\
&\leqslant \lim_{n\to+\infty} a^2E(|X_n - X|^2) + 2|ab|\, E[|(X_n - X)(Y_n - Y)|] + b^2E(|Y_n - Y|^2) \\
&\leqslant \lim_{n\to+\infty} a^2E(|X_n - X|^2) + 2|ab|\, [E(|X_n - X|^2)E(|Y_n - Y|^2)]^{\frac{1}{2}} \\
&\quad + b^2E(|Y_n - Y|^2) = 0
\end{aligned}$$

所以 $\underset{n\to+\infty}{\text{l.i.m}}\,(aX_n + bY_n) = aX + bY$。

(5) 由 Schwarz 不等式得

$$\begin{aligned}
|E(X_n) - E(X)|^2 &= |E(X_n - X)|^2 = |E[1(X_n - X)]|^2 \\
&\leqslant E(1^2)E(|X_n - X|^2) = E(|X_n - X|^2)
\end{aligned}$$

因为 $\underset{n\to+\infty}{\text{l.i.m}}\, X_n = X$，所以 $\lim\limits_{n\to+\infty} E(|X_n - X|^2) = 0$，故

$$\lim_{n\to+\infty} E(X_n) = E(X) = E(\underset{n\to+\infty}{\text{l.i.m}}\, X_n)$$

(6) 由 Schwarz 不等式得

$$\begin{aligned}
&\left|E(X_n\overline{Y_m}) - E(X\overline{Y})\right| \\
&= \left|E(X_n\overline{Y_m} - X\overline{Y})\right| \\
&= \left|E[(X_n - X)(\overline{Y_m} - \overline{Y}) + X_n\overline{Y} + X\overline{Y_m} - 2X\overline{Y}]\right| \\
&= \left|E[(X_n - X)(\overline{Y_m} - \overline{Y})] + E[(X_n - X)\overline{Y}] + E[X(\overline{Y_m} - \overline{Y})]\right| \\
&= \left|E[(X_n - X)(\overline{Y_m - Y})]\right| + \left|E[(X_n - X)\overline{Y}]\right| + \left|E[X(\overline{Y_m - Y})]\right| \\
&\leqslant \left[E(|X_n - X|^2)E\left(\left|\overline{Y_m - Y}\right|^2\right)\right]^{\frac{1}{2}} + \left[E\left(|X_n - X|^2\right)E\left(\left|\overline{Y}\right|^2\right)\right]^{\frac{1}{2}}
\end{aligned}$$

$$+\left[E\left(|X|^2\right)E\left(\left|\overline{Y_m-Y}\right|^2\right)\right]^{\frac{1}{2}}$$

由 $\underset{n\to+\infty}{\text{l.i.m}}\, X_n = X, \underset{m\to+\infty}{\text{l.i.m}}\, Y_m = Y$ 知

$$\lim_{n\to+\infty} E(|X_n - X|^2) = 0, \lim_{m\to+\infty} E(|Y_m - Y|^2) = 0$$

故

$$\lim_{n,m\to+\infty} E(X_n\overline{Y_m}) = E(X\overline{Y}) = E\left(\underset{n\to+\infty}{\text{l.i.m}}\, X_n \overline{\underset{m\to+\infty}{\text{l.i.m}}\, Y_m}\right)$$

特别地，当 $Y_n = X_n$ 时，上述性质变为

$$\lim_{n\to+\infty} E(|X_n|^2) = E\left(|\underset{n\to+\infty}{\text{l.i.m}}\, X_n|^2\right) = E(|X|^2)$$

**定理 5.2.3　均方收敛的 Loéve 准则**　随机序列 $\{X_n\}$ 均方收敛的充要条件是 $\lim\limits_{n,m\to+\infty} E(X_n\overline{X_m}) = c$，这里 $c$ 为常数。

**证明　必要性**　由定理 5.2.2(6) 知结论正确。

**充分性**　因 $\lim\limits_{n,m\to+\infty} E(X_n\overline{X_m}) = c < +\infty$,当 $m = n$ 时,有 $\lim\limits_{n,m\to+\infty} E(|X_n|^2) = c$。所以

$$\begin{aligned}E(|X_m - X_n|^2) &= E[(X_m - X_n)\overline{(X_m - X_n)}]\\&= E(|X_m|^2) + E(|X_n|^2) - E(X_m\overline{X_n}) - E(\overline{X_m}X_n)\\&\to c + c - c - c = 0 \quad (n, m \to +\infty)\end{aligned}$$

由 Cauchy 收敛准则知 $\{X_n\}$ 均方收敛。

**定理 5.2.4**　若 $k$ 维正态随机向量序列 $\{X_n\}$ 均方收敛于 $k$ 维随机向量 $X$，则 $X$ 也是正态随机向量。

**证明**　略。

对于连续参数的二阶矩随机过程 $\{X(t), t\in T\}$，可以类似定义它的均方极限，并有类似的均方极限性质，在此不再赘述。

## 三、 均方连续

**定义 5.2.5**　若 $\{X(t), t\in T\}$ 对某个 $t\in T$，有 $\lim\limits_{h\to 0} E[|X(t+h) - X(t)|^2] = 0$，则称 $X(t)$ 在 $t$ 点均方连续，记作 $\underset{h\to 0}{\text{l.i.m}}\, X(t+h) = X(t)$。若对 $T$ 中的所有点都连续，则称 $X(t)$ 在 $T$ 上均方连续。

$$E[|X(t+h) - X(t)|^2]$$

$$= E\left\{[X(t+h)-X(t)]\overline{[X(t+h)-X(t)]}\right\}$$

$$= R_X(t+h,t+h)-R_X(t,t+h)-R_X(t+h,t)+R_X(t,t)$$

可见，$X(t)$ 在 $t$ 处的连续性与相关函数 $R_X(t_1,t_2)$ 在 $t_1=t_2=t$ 处的连续性密切相关。

**定理 5.2.5 均方连续准则** $X(t)$ 在 $t$ 点均方连续的充要条件是相关函数 $R_X(t_1,t_2)$ 在 $(t,t)$ 处连续。

**推论** 若相关函数 $R_X(t_1,t_2)$ 在 $\{(t,t),t\in T\}$ 上连续，则它在 $T\times T$ 上连续。

综上有，$X(t)$ 在 $T$ 上均方连续 $\Leftrightarrow R_X(t_1,t_2)$ 在 $T\times T$ 上连续 $\Leftrightarrow R_X(t_1,t_2)$ 在 $T\times T$ 的对角线 $\{(t,t),t\in T\}$ 上连续。

## 四、 均方导数

**定义 5.2.6** 对于随机过程 $X(t)$，若存在另一个过程 $X'(t)$，满足

$$\lim_{h\to 0} E\left[\left|\frac{X(t+h)-X(t)}{h}-X'(t)\right|^2\right]=0 \tag{5.2.2}$$

则称 $X(t)$ 在 $t$ 点均方可微，$X'(t)$ 被称为 $X(t)$ 在 $t$ 点的均方导数，记作

$$X'(t)=\frac{\mathrm{d}X(t)}{\mathrm{d}t}=\underset{h\to 0}{\mathrm{l.i.m}}\,\frac{X(t+h)-X(t)}{h}$$

若 $X(t)$ 对 $T$ 中的所有点都均方可微，则称 $X(t)$ 在 $T$ 上均方可微，此时，$X'(t)$ 也称为 $X(t)$ 的均方导过程。

类似可定义高阶导数。

下面利用 Loéve 均方收敛准则来分析 $X(t)$ 在 $t$ 点均方可微的条件。

$$\frac{X(t+h)-X(t)}{h}\text{均方收敛}$$

$$\Leftrightarrow \lim_{\substack{h_1\to 0\\ h_2\to 0}} E\left[\frac{X(t+h_1)-X(t)}{h_1}\overline{\frac{X(t+h_2)-X(t)}{h_2}}\right]$$

$$=\lim_{\substack{h_1\to 0\\ h_2\to 0}}\frac{R_X(t_1+h_1,t_2+h_2)-R_X(t_1+h_1,t_2)-R_X(t_1,t_2+h_2)+R_X(t_1,t_2)}{h_1h_2}$$

$$<+\infty$$

**定理 5.2.6 均方可微准则** $X(t)$ 在 $t$ 点均方可微的充要条件是相关函数 $R_X(t_1,t_2)$ 在 $(t,t)$ 处广义二次可微。

**注** (1)$R_X(t_1,t_2)$ 在 $(t_1,t_2)$ 处广义二次可微是指 (5.2.3) 式极限存在：

$$\lim_{\substack{h_1\to 0\\ h_2\to 0}} \frac{R_X(t_1+h_1,t_2+h_2)-R_X(t_1+h_1,t_2)-R_X(t_1,t_2+h_2)+R_X(t_1,t_2)}{h_1h_2} \tag{5.2.3}$$

(2) $R_X(t_1,t_2)$ 在 $(t_1,t_2)$ 处广义二次可微，不能保证 $R_X(t_1,t_2)$ 在 $(t_1,t_2)$ 处的偏导数存在。

如函数

$$f(s,t)=\begin{cases}1, & t=t_0,\forall s\\ 0, & \text{其他}\end{cases}$$

在 $(s,t_0)$ 处广义二次可微，但在 $(s,t_0)$ 处的偏导数 $\dfrac{\partial f}{\partial t}$ 却不存在，事实上，

$$\begin{aligned}&\lim_{\substack{h_1\to 0\\ h_2\to 0}} \frac{f(s+h_1,t_0+h_2)-f(s+h_1,t_0)-f(s,t_0+h_2)+f(s,t_0)}{h_1h_2}\\ =&\lim_{\substack{h_1\to 0\\ h_2\to 0}}\frac{0-1-0+1}{h_1h_2}=0\end{aligned}$$

$$\lim_{h\to 0}\frac{f(s,t_0+h)-f(s,t_0)}{h}=\frac{0-1}{h}\to\infty$$

(3) 如果 $R_X(t_1,t_2)$ 的二阶偏导数 $\dfrac{\partial^2 R_X(t_1,t_2)}{\partial t_1\partial t_2}$ 在 $(t,t)$ 处的一个邻域存在且在 $(t,t)$ 处连续，则 $R_X(t_1,t_2)$ 在 $(t,t)$ 处广义二次可微，进而 $X(t)$ 在 $t$ 点均方可微。

**例 5.2.1** 试证以下函数在 $(t,t)$ 处不是广义二次可微。

(1) $f(s,t)=|s-t|$

(2) $f(s,t)=\min\{s,t\}$

**证明** (1) 任取 $h_1>h_2>0$，因为

$$\begin{aligned}&\frac{f(t+h_1,t+h_2)-f(t+h_1,t)-f(t,t+h_2)+f(t,t)}{h_1h_2}\\ =&\frac{|h_1-h_2|-|h_1|-|h_2|}{h_1h_2}=\frac{h_1-h_2-h_1-h_2}{h_1h_2}=-\frac{2}{h_1}\end{aligned}$$

可见，当 $h_1\to 0,h_2\to 0$ 时极限不存在，所以 $f(s,t)=|s-t|$ 在 $(t,t)$ 处不是广义二次可微。

(2) 同 (1) 略。

**推论** 若相关函数 $R_X(t_1,t_2)$ 在 $\{(t,t),t\in T\}$ 上广义二次可微，则它在 $T\times T$ 上广义二次可微。

利用求极限与求期望**交换次序**的性质，容易推出以下求导与求期望**交换次序**的性质。

**定理 5.2.7** 若相关函数 $R_X(t_1,t_2)$ 在 $\{(t,t),t\in T\}$ 上广义二次可微，则有

(1) $\dfrac{\mathrm{d}m_X(t)}{\mathrm{d}t}=\dfrac{\mathrm{d}E[X(t)]}{\mathrm{d}t}=E[X'(t)]$

(2) $\dfrac{\partial R_X(t_1,t_2)}{\partial t_1}=\dfrac{\partial E[X(t_1)\overline{X(t_2)}]}{\partial t_1}=E[X'(t_1)\overline{X(t_2)}]=R_{\dot{X}X}(t_1,t_2)$

(3) $\dfrac{\partial R_X(t_1,t_2)}{\partial t_2}=E[X(t_1)\overline{X'(t_2)}]=R_{X\dot{X}}(t_1,t_2)$

(4) $\dfrac{\partial^2 R_X(t_1,t_2)}{\partial t_1\partial t_2}=E[X'(t_1)\overline{X'(t_2)}]=R_{\dot{X}}(t_1,t_2)$

更一般地，有

(1) $R_{X^{(n)}Y^{(m)}}(t_1,t_2)=\dfrac{\partial^{n+m}R_{XY}(t_1,t_2)}{\partial t_1^n\partial t_2^m}$

(2) $R_{X^{(n)}X^{(m)}}(t_1,t_2)=\dfrac{\partial^{n+m}R_{X}(t_1,t_2)}{\partial t_1^n\partial t_2^m}$

(3) $R_{X^{(n)}}(t_1,t_2)=\dfrac{\partial^{2n}R_{X}(t_1,t_2)}{\partial t_1^n\partial t_2^n}$

上述三式成立的条件是等式右边存在。

此外，均方导数还有许多类似于普通函数的性质，如均方导数唯一性、均方可微必连续、任意随机变量的均方导数为零等。

利用定理 5.2.4 可得正态过程均方导过程的性质。

**定理 5.2.8** 设 $X(t)$ 是正态过程，若 $X'(t)$ 存在，则 $X'(t)$ 也是正态过程。

## 五、 均方积分

**定义 5.2.7** 对于随机过程 $\{X(t),t\in T=[a,b]\}$，若对 $[a,b]$ 的任意分法：$a=t_0<t_1<t_2<\cdots<t_n=b$ 和 $t_i'\in[t_{i-1},t_i]$ 的任意取法，当 $\Delta=\max\limits_{1\leqslant i\leqslant n}\{t_i-t_{i-1}\}$ 趋于零时，积分和 $\displaystyle\sum_{i=1}^{n}X(t_i')(t_i-t_{i-1})$ 都均方收敛于 $s$，则称 $s$ 为 $X(t)$ 在 $[a,b]$ 上的均方积分，并记作 $s=\displaystyle\int_a^b X(t)\mathrm{d}t$。

**定理 5.2.9** **均方可积准则** $X(t)$ 在 $[a,b]$ 上的均方可积的充要条件是积分

$\int_a^b\int_a^b R_X(t_1,t_2)\mathrm{d}t_1\mathrm{d}t_2$ 存在。

证明见文献 (陆大绘和张颢，2012)。

利用求极限与求期望**交换次序**的性质，同样可推出以下积分运算与求期望运算**交换次序**的性质。

**定理 5.2.10** 若 $X(t)$ 在 $[a.b]$ 上的均方可积，则有

(1) $E\left[\int_a^b X(t)\mathrm{d}t\right]=\int_a^b E[X(t)]\mathrm{d}t$

(2) $E\left[\int_a^b f(t_1)X(t_1)\mathrm{d}t_1\overline{\int_a^b f(t_2)X(t_2)\mathrm{d}t_2}\right]=\int_a^b\int_a^b f(t_1)\overline{f(t_2)}R_X(t_1,t_2)\mathrm{d}t_1\mathrm{d}t_2$

特别地，$E\left[\left|\int_a^b X(t)\mathrm{d}t\right|^2\right]=\int_a^b\int_a^b R_X(t_1,t_2)\mathrm{d}t_1\mathrm{d}t_2$。

**定理 5.2.11** 若 $X(t)$ 在 $[a,b]$ 上的均方连续，则 $Y(t)=\int_a^t X(s)\mathrm{d}s$ 存在且可导，并有 $Y'(t)=X(t)$，因而有 $\int_a^b X'(t)\mathrm{d}t=X(b)-X(a)$。

证明见文献 (陆大绘和张颢，2012)。

**推论** 若 $X(t)$ 在 $[a,b]$ 上的均方连续，则 $X(t)$ 在 $[a,b]$ 上均方可积。

利用定理 5.2.4 可得正态过程变限积分过程的性质。

**定理 5.2.12** 若 $\{X(t),t\in T=[a,b]\}$ 是一个均方连续的正态过程，则 $X(t)$ 的变限积分过程 $Y(t)=\int_a^t X(s)\mathrm{d}s,t\in[a,b]$ 也是一个正态过程。

**例 5.2.2** 试讨论：

(1) $X(t)=At+B,A,B$ 是二阶矩随机变量；

(2) $X(t)$ 是 Poisson 过程的均方连续性、均方可微性和均方可积性。

**解** (1) 因为

$$R_X(s,t)=E[(As+B)(At+B)]=stE(A^2)+(s+t)E(AB)+E(B^2)$$

关于 $s,t$ 连续、任意阶可导，所以 $X(t)$ 均方连续、均方可微和在任意闭集 $[a,b]$ 上均方可积。

(2) 因为

$$R_X(s,t)=\lambda^2 st+\lambda\min\{s,t\}$$

关于 $s,t$ 连续，所以 $X(t)$ 均方连续和在任意闭集 $[a,b]$ 上均方可积。由例 5.2.1 知，$\min\{s,t\}$ 在 $(t,t)$ 处不是广义二次可微，因此 $X(t)$ 的均方导数处处不存在。

## 第三节　平稳过程的随机分析

平稳过程是一种特殊的二阶矩过程，它的均方连续性、均方可导性和均方可积性自然有一些特殊的性质，本节就来讨论这些性质。

### 一、 平稳过程的均方连续性

**定理 5.3.1**　设 $\{X(t),t\in T\}$ 是一个平稳过程，则下列诸条件等价：

(1) $X(t)$ 在 $T$ 上均方连续；

(2) $X(t)$ 在 $t=0\in T$ 处均方连续；

(3) $R_X(\tau)$ 在 $\tau=0$ 点连续；

(4) $R_X(\tau)$ 在 $T$ 上连续。

**证明**　(1)⇒(2) 显然成立。

(2)⇒(3) 因为 $X(t)$ 在 $t=0\in T$ 处均方连续等价于 $R_X(s,t)$ 在 (0,0) 点连续，即 $\lim\limits_{\substack{s\to 0\\ t\to 0}} R_X(s,t)=R_X(0,0)$，而 $R_X(s,t)=R_X(s-t)$，所以 $\lim\limits_{s-t\to 0} R_X(s-t)=R_X(0)$，故有 $\lim\limits_{\tau\to 0} R_X(\tau)=R_X(0)$。

(3) ⇒(4) 因为 $\forall \tau\in T$，当 $h\to 0$ 时，

$$
\begin{aligned}
&|R_X(\tau+h)-R_X(\tau)|^2\\
=&\left|E[X(\tau+h)\overline{X(0)}]-E[X(\tau)\overline{X(0)}]\right|^2\\
=&\left|E\{[X(\tau+h)-X(\tau)]\overline{X(0)}\}\right|^2\leqslant E[|X(\tau+h)-X(\tau)|^2]E[|\overline{X(0)}|^2]\\
=&E\{[X(\tau+h)-X(\tau)][\overline{X(\tau+h)-X(\tau)}]\}E[|\overline{X(0)}|^2]\\
=&[2R_X(0)-R_X(h)-\overline{R_X(h)}]R_X(0)\to 0
\end{aligned}
$$

所以 $R_X(\tau)$ 在 $T$ 上连续。

(4) ⇒(1) 因为 $\forall t\in T$，$X(t)$ 在 $t$ 处均方连续等价于 $R_X(t_1,t_2)$ 在 $(t,\,t)$ 点连续，即等价于 $\lim\limits_{\substack{t_1\to t\\ t_2\to t}} R_X(t_1,t_2)=R_X(t,t)$，亦即 $\lim\limits_{t_1-t_2\to 0} R_X(t_1-t_2)=R_X(0)$，也就是等价于 $\lim\limits_{\tau\to 0} R_X(\tau)=R_X(0)$，而 (4) 已知 $R_X(\tau)$ 在 $T$ 上连续，包括 $R_X(\tau)$ 在 $\tau=0$ 点连续，(4) ⇒(1) 得证。

## 二、 平稳过程的均方可导性

**定理 5.3.2**　设 $\{X(t), t \in T\}$ 是一个平稳过程，则下列诸条件等价：

(1) $X(t)$ 在 $T$ 上均方可导；

(2) $X(t)$ 在 $t=0 \in T$ 处均方可导；

(3) $R_X(\tau)$ 在 $\tau=0$ 点有二阶导数；

(4) $R_X(\tau)$ 在 $T$ 上有连续的二阶导数。

证明略。

**定理 5.3.3**　设 $R_X(\tau)$ 是平稳过程 $X(t)$ 的相关函数，则 $X(t)$ 为 $p$ 次均方可微的充要条件是 $R_X(\tau)$ 在 $\tau=0$ 处 $2p$ 次可微，且 $R_X(\tau)$ 还处处 $2p$ 次连续可微，并有

$$E[X^{(q)}(t+\tau)\overline{X^{(r)}(t)}] = (-1)^r R_X^{(q+r)}(\tau), \quad 0 \leqslant q, \quad r \leqslant p \tag{5.3.1}$$

特别地，有

$$R_{X^{(n)}}(\tau) = (-1)^n R_X^{(2n)}(\tau), \quad 0 \leqslant n \leqslant p \tag{5.3.2}$$

**证明**　由定理 5.3.2 可得 $X(t)\,p$ 次均方可微等价于 $R_X(\tau)$ 在 $\tau=0$ 处 $2p$ 次可微，且 $R_X(\tau)$ 处处 $2p$ 次连续可微。(5.3.1) 式的证明要用定理 5.2.7 关于求导与求期望交换次序的性质：

$$\begin{aligned} E[X^{(q)}(t+\tau)\overline{X^{(r)}(t)}] &= R_{X^{(q)}X^{(r)}}(t+\tau, t) = \left.\frac{\partial^{q+r} R_X(t_1, t_2)}{\partial t_1^q \partial t_2^r}\right|_{\substack{t_1=t+\tau \\ t_2=t}} \\ &= \left.\frac{\partial^{q+r} R_X(t_1 - t_2)}{\partial t_1^q \partial t_2^r}\right|_{\substack{t_1=t+\tau \\ t_2=t}} = (-1)^r R_X^{(q+r)}(\tau) \end{aligned}$$

特别地，当 $q=r=n$ 时，则有

$$R_{X^{(n)}}(\tau) = E[X^{(n)}(t+\tau)\overline{X^{(n)}(t)}] = (-1)^n R_X^{(2n)}(\tau)$$

**定理 5.3.4**　设 $X(t)$ 是均方可微的平稳过程，则 $X'(t)$ 也是平稳过程。

**证明**　因为

$$E[X'(t)] = m_X' = 0$$

又由定理 5.3.3 知，$R_{\dot{X}}(t+\tau, t) = (-1)R_X''(\tau)$ 与 $t$ 无关，所以 $X'(t)$ 也是平稳过程。

**推论**　设 $X(t)$ 是均方可微的正态平稳过程，则 $X'(t)$ 也是正态平稳过程。

**定理 5.3.5**　设 $X(t)$ 是均方可微的实平稳过程，则 $X(t)$ 与其均方导过程 $X'(t)$ 在同一时刻是正交的，即 $E[X(t)X'(t)] = 0$。

**证明**　因为

$$E[X(t)X'(t)] = R_{X\dot{X}}(0) = -R'_X(0)$$

而 $R(\tau)$ 为偶函数，所以 $R'(\tau)$ 是奇函数，因此 $R'(\tau) = 0$。于是，有

$$E[X(t)X'(t)] = 0$$

**定理 5.3.6　平稳过程的 Taylor 展式**　若 $X(t)$ 具有任意阶导数，且 $R_X(\tau) = \sum_{n=0}^{+\infty} R_X^{(n)}(0)\frac{\tau^n}{n!}$，则

$$X(t+\tau) \overset{\text{a.e.}}{=\!=} \sum_{n=0}^{+\infty} X^{(n)}(t)\frac{\tau^n}{n!}$$

特别地

$$X(\tau) \overset{\text{a.e.}}{=\!=} \sum_{n=0}^{+\infty} X^{(n)}(0)\frac{\tau^n}{n!}$$

定理的证明要用到解析函数的性质，在此略。平稳过程的 Taylor 展式表明：如果 $X(t)$ 的自相关函数是解析的，那么它“将来”的值 $X(t+\tau)$ 就可根据 $X(t)$ 及其各阶均方导数当前的值加以“预测”。

## 三、平稳过程的均方可积性

利用定理 5.2.10，即一般二阶矩积分运算与求期望运算**交换次序**的性质，立得平稳过程的以下类似性质。

**定理 5.3.7**　设 $\{X(t), t\in T\}$ 是均方连续的平稳过程，$[a,b]\subset T, f(t)$ 是 $[a,b]$ 上的确定性连续函数，记 $Y = \int_a^b f(t)X(t)\mathrm{d}t$，则有

(1) $E(|Y|^2) = \int_a^b\int_a^b f(s)\overline{f(t)}R_X(s-t)\mathrm{d}s\mathrm{d}t$

(2) $E(Y) = m_X\int_a^b f(t)\mathrm{d}t$

可见，若令 $Y(t) = \int_a^t X(s)\mathrm{d}s$，则 $m_Y(t) = m_X\cdot(t-a)$，即 $Y(t)$ 不再是平稳过程。

**例 5.3.1**　设平稳过程 $X(t)$ 的相关函数 $R_X(\tau) = A\cos\tau$，试证 $X(t)$ 无限次均方可微，且 $R_{X^{(n)}}(\tau) = R_X(\tau)$。

**证明**　因为 $R_X(\tau)=A\cos\tau$ 有任意阶导数，所以 $X(t)$ 无限次均方可微。又因为

$$R''_X(\tau)=(A\cos\tau)''=-A\cos\tau$$

所以

$$R_X^{(2n)}(\tau)=(A\cos\tau)^{(2n)}=(-1)^n A\cos\tau$$

故

$$R_{X^{(n)}}(\tau)=(-1)^{(n)}R_X^{(2n)}(\tau)=A\cos\tau=R_X(\tau)$$

**例 5.3.2**　设实平稳过程 $X(t)$ 的相关函数 $R_X(\tau)=Ae^{-\alpha|\tau|}(1+\alpha|\tau|)$，其中 $A,\alpha$ 为常数，且 $\alpha>0$，求 $R_{\dot{X}}(\tau)$。

**解**　因为

$$R'_X(\tau)=\begin{cases}-A\alpha^2\tau e^{-\alpha\tau}, & \tau>0\\ \lim\limits_{\tau\to 0}A\dfrac{(1-\alpha|\tau|+o(|\tau|))(1+\alpha|\tau|)-1}{\tau}=0, & \tau=0\\ -A\alpha^2\tau e^{\alpha\tau}, & \tau<0\end{cases}$$

所以

$$R''_X(\tau)=A\alpha^2(\alpha|\tau|-1)e^{-\alpha|\tau|}$$

于是，有

$$R_{\dot{X}}(\tau)=-R''_X(\tau)=A\alpha^2(1-\alpha|\tau|)e^{-\alpha|\tau|}$$

# 第四节　平稳过程的各态历经性

## 一、 有关概念

### 1. 问题的提出

若样本轨道都具有能够“历经”(走遍) 状态空间所有状态的特性, 则意味着这个过程具有各态历经性 (即遍历性)。

### 2. 定义

**定义 5.4.1**　对于随机过程 $\{X(t),-\infty<t<+\infty\}$，记

$$\langle X(t)\rangle=\underset{T\to+\infty}{\text{l.i.m}}\frac{1}{2T}\int_{-T}^{T}X(t)\mathrm{d}t \tag{5.4.1}$$

$$\left\langle X(t+\tau)\overline{X(t)}\right\rangle = \underset{T\to+\infty}{\mathrm{l.i.m}}\frac{1}{2T}\int_{-T}^{T}X(t+\tau)\overline{X(t)}\mathrm{d}t \tag{5.4.2}$$

则称随机变量 $\langle X(t)\rangle$ 和 $\left\langle X(t+\tau)\overline{X(t)}\right\rangle$ 分别为过程 $X(t)$ 的时间均值和时间相关函数。

**定义 5.4.2** 设 $\{X(t),-\infty<t<+\infty\}$ 为随机过程，若

$$\langle X(t)\rangle \overset{\text{a.e.}}{=\!=} m_X \tag{5.4.3}$$

则称该平稳过程 $X(t)$ 的**均值具有各态历经性**。若

$$\left\langle X(t+\tau)\overline{X(t)}\right\rangle \overset{\text{a.e.}}{=\!=} R_X(\tau) \tag{5.4.4}$$

则称该平稳过程 $X(t)$ 的**相关函数具有各态历经性**。

若 $X(t)$ 的均值和相关函数都具有各态历经性，则称 $X(t)$ **具有各态历经性**。

**例 5.4.1** 已知 $X(t)=a\cos(\omega t+\Theta)$, 其中 $a,\omega$ 为常数，且 $a>0$，$\Theta\sim U(0,2\pi)$。问 $X(t)$ 是否具有各态历经性？

**解** (1) $m_X(t)=\displaystyle\int_0^{2\pi}a\cos(\omega t+\theta)\frac{1}{2\pi}\mathrm{d}\theta=0$

$$\begin{aligned}R_X(s,t)&=\int_0^{2\pi}a^2\cos(\omega s+\theta)\cos(\omega t+\theta)\frac{1}{2\pi}\mathrm{d}\theta\\&=\frac{a^2}{4\pi}\int_0^{2\pi}\{\cos[\omega(s+t)+2\theta]+\cos[\omega(s-t)]\}\mathrm{d}\theta\\&=\frac{a^2}{2}\cos[\omega(s-t)],\quad \text{只与 }\tau\hat{=}s-t\text{有关}\end{aligned}$$

所以 $X(t)$ 是平稳过程。

(2) 因为

$$\begin{aligned}\langle X(t)\rangle&=\underset{T\to+\infty}{\mathrm{l.i.m}}\frac{1}{2T}\int_{-T}^{T}a\cos(\omega t+\Theta)\mathrm{d}t\\&=\underset{T\to+\infty}{\mathrm{l.i.m}}\frac{a}{2\omega T}[\sin(\omega T+\Theta)-\sin(-\omega T+\Theta)]=0\end{aligned}$$

所以 $\langle X(t)\rangle=m_X$ 处处成立。又因为

$$\left\langle X(t+\tau)\overline{X(t)}\right\rangle=\underset{T\to+\infty}{\mathrm{l.i.m}}\frac{1}{2T}\int_{-T}^{T}X(t+\tau)\overline{X(t)}\mathrm{d}t$$

$$= \underset{T\to+\infty}{\mathrm{l.i.m}} \frac{1}{2T}\int_{-T}^{T} a\cos(\omega t+\omega\tau+\Theta)a\cos(\omega t+\Theta)\mathrm{d}t$$

$$= \underset{T\to+\infty}{\mathrm{l.i.m}} \frac{a^2}{2T}\int_{-T}^{T} \frac{1}{2}[\cos(2\omega t+\omega\tau+2\Theta)+\cos\omega\tau]\mathrm{d}t$$

$$= \frac{a^2}{2}\cos\omega\tau$$

所以 $\left\langle X(t+\tau)\overline{X(t)}\right\rangle = R_X(\tau)$ 处处成立，故 $X(t)$ 具有各态历经性。

**例 5.4.2** 已知 $Y$ 是方差不为零的随机变量，设 $X(t)=Y$，问：$X(t)$ 是否为平稳过程？又是否具有各态历经性？

**解** 因为

$$m_X(t) = E(Y) \hat{=} \mu$$

$$R_X(s,t) = E(Y\overline{Y}) = E(|Y|^2) = DY + |\mu|^2 \ \text{与}\ t\ \text{无关}$$

所以 $X(t)$ 是平稳过程。又因为

$$\langle X(t)\rangle = \underset{T\to+\infty}{\mathrm{l.i.m}} \frac{1}{2T}\int_{-T}^{T} X(t)\mathrm{d}t = \underset{T\to+\infty}{\mathrm{l.i.m}} \frac{1}{2T}\int_{-T}^{T} Y\mathrm{d}t = Y$$

而 $DY\neq 0$，所以 $Y$ 没有退化为常数 $\mu$，即 $Y \overset{\text{a.e.}}{\neq} \mu$，故 $X(t)$ 不具有各态历经性。

## 二、 遍历性的充要条件

**定理 5.4.1** 设 $\{X(t), -\infty<t<+\infty\}$ 是均方连续的平稳过程，则它的均值具有遍历性的充要条件是

$$\lim_{T\to+\infty} \frac{1}{2T}\int_{-2T}^{2T}\left(1-\frac{|\tau|}{2T}\right)[R_X(\tau)-|m_X|^2]\mathrm{d}\tau = 0 \tag{5.4.5}$$

**证明** $E[\langle X(t)\rangle] = E\left[\underset{T\to+\infty}{\mathrm{l.i.m}} \frac{1}{2T}\int_{-T}^{T} X(t)\mathrm{d}t\right] = \lim_{T\to+\infty}\frac{1}{2T}\int_{-T}^{T} E[X(t)]\mathrm{d}t$

$$= \lim_{T\to+\infty}\frac{1}{2T}\int_{-T}^{T} m_X\mathrm{d}t = m_X$$

因为 $D[\langle X(t)\rangle]=0 \Leftrightarrow \langle X(t)\rangle \overset{\text{a.e.}}{=} m_X$，而

$$D[\langle X(t)\rangle] = E[|\langle X(t)\rangle|^2] - |m_X|^2$$

$$= E\left[\left|\underset{T\to+\infty}{\mathrm{l.i.m}} \frac{1}{2T}\int_{-T}^{T} X(t)\mathrm{d}t\right|^2\right] - |m_X|^2$$

$$
\begin{aligned}
&= E\left(\underset{T\to+\infty}{\text{l.i.m}} \frac{1}{2T}\int_{-T}^{T} X(s)\mathrm{d}s\ \underset{T\to+\infty}{\text{l.i.m}} \frac{1}{2T}\int_{-T}^{T} \overline{X(t)}\mathrm{d}t\right) - |m_X|^2 \\
&= \lim_{T\to+\infty} \frac{1}{4T^2}\int_{-T}^{T}\int_{-T}^{T} E[X(s)\overline{X(t)}]\mathrm{d}s\mathrm{d}t - |m_X|^2 \\
&= \lim_{T\to+\infty} \frac{1}{4T^2}\int_{-T}^{T}\int_{-T}^{T} R_X(s-t)\mathrm{d}s\mathrm{d}t - |m_X|^2
\end{aligned}
$$

设 $\begin{cases} u = s + t, \\ \tau = s - t, \end{cases}$ 则 $\begin{cases} s = \dfrac{1}{2}(u+\tau), \\ t = \dfrac{1}{2}(u-\tau) \end{cases}$ 且有 $J = \dfrac{\partial(s,t)}{\partial(u,\tau)} = -\dfrac{1}{2}$。

积分区域从

$$-T \leqslant s \leqslant T, \quad -T \leqslant t \leqslant T$$

变到

$$-2T \leqslant u+\tau \leqslant 2T, \quad -2T \leqslant u-\tau \leqslant 2T$$

在 $(\tau, u)$ 平面上的积分区域见图 5.4.1 所示。

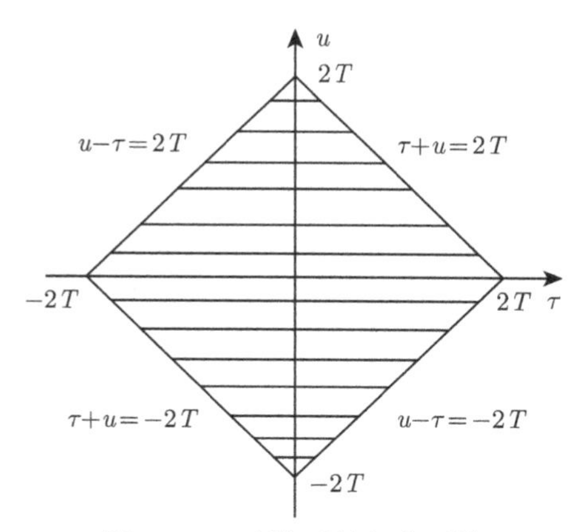


图 5.4.1 变换后的积分区域

所以有

$$
\begin{aligned}
D[\langle X(t)\rangle] &= \lim_{T\to+\infty} \frac{1}{8T^2}\int_{-2T}^{2T}\left[\int_{-2T+|\tau|}^{2T-|\tau|} R_X(\tau)\mathrm{d}u\right]\mathrm{d}\tau - |m_X|^2 \\
&= \lim_{T\to+\infty} \frac{1}{8T^2}\int_{-2T}^{2T} (4T - 2|\tau|)R_X(\tau)\mathrm{d}\tau - |m_X|^2
\end{aligned}
$$

$$= \lim_{T \to +\infty} \frac{1}{2T} \int_{-2T}^{2T} \left(1 - \frac{|\tau|}{2T}\right) R_X(\tau) \mathrm{d}\tau - |m_X|^2$$

$$= \lim_{T \to +\infty} \frac{1}{2T} \int_{-2T}^{2T} \left(1 - \frac{|\tau|}{2T}\right) [R_X(\tau) - |m_X|^2] \mathrm{d}\tau$$

因而

$$D[\langle X(t) \rangle] = 0 \Leftrightarrow \lim_{T \to +\infty} \frac{1}{2T} \int_{-2T}^{2T} \left(1 - \frac{|\tau|}{2T}\right) [R_X(\tau) - |m_X|^2] \mathrm{d}\tau = 0$$

即

$$\langle X(t) \rangle \overset{\text{a.e.}}{=} m_X \Leftrightarrow \lim_{T \to +\infty} \frac{1}{2T} \int_{-2T}^{2T} \left(1 - \frac{|\tau|}{2T}\right) [R_X(\tau) - |m_X|^2] \mathrm{d}\tau = 0$$

又因为

$$C_X(\tau) = R_X(\tau) - |m_X|^2$$

所以

$$\langle X(t) \rangle \overset{\text{a.e.}}{=} m_X \Leftrightarrow \lim_{T \to +\infty} \frac{1}{2T} \int_{-2T}^{2T} \left(1 - \frac{|\tau|}{2T}\right) C_X(\tau) \mathrm{d}\tau = 0$$

特别地，当 $X(t)$ 为实过程时，有 $C_X(-\tau) = C_X(\tau)$，此时有

$$\langle X(t) \rangle \overset{\text{a.e.}}{=} m_X \Leftrightarrow \lim_{T \to +\infty} \frac{1}{T} \int_{0}^{2T} \left(1 - \frac{\tau}{2T}\right) C_X(\tau) \mathrm{d}\tau = 0$$

**推论**　设 $\{X(t), -\infty < t < +\infty\}$ 是均方连续的平稳过程，如果

$$\lim_{|\tau| \to +\infty} R_X(\tau) = |m_X|^2 \tag{5.4.6}$$

则

$$\lim_{T \to +\infty} \frac{1}{2T} \int_{-2T}^{2T} \left(1 - \frac{|\tau|}{2T}\right) [R_X(\tau) - |m_X|^2] \mathrm{d}\tau = 0$$

即 $X(t)$ 的均值具有遍历性。

**例 5.4.3**　已知随机电报信号 $X(t) = X(0)(-1)^{N(t)}, t \geqslant 0$，这里，$\{N(t), t \geqslant 0\}$ 是参数为 $\lambda > 0$ 的 Poisson 过程，$X(0)$ 是与 $N(t)$ 独立的随机变量，且 $P\{X(0) = 1\} = P\{X(0) = -1\} = \dfrac{1}{2}$。(1) 求 $m_X(t)$；(2) 求 $R_X(s, t)$；(3) 判断 $X(t)$ 的均值是否具有遍历性。

**解**　(1) $m_X(t) = E[X(0)]E[(-1)^{N(t)}] = 0$

(2) 不妨设 $s \geqslant t$，则

$$\begin{aligned}R_X(s,t) &= E[X(s)X(t)] = E[X^2(0)]E[(-1)^{N(s)+N(t)}]\\ &= 1\cdot E[(-1)^{(N(s)-N(t))+2N(t)}] = E[(-1)^{N(s)-N(t)}\cdot(-1)^{2N(t)}]\\ &= E[(-1)^{N(s)-N(t)}\cdot 1] = \sum_{k=0}^{+\infty}(-1)^k P\{N(s)-N(t)=k\}\\ &= \sum_{k=0}^{+\infty}(-1)^k\frac{[\lambda(s-t)]^k}{k!}e^{-\lambda(s-t)} = e^{-2\lambda(s-t)}\end{aligned}$$

去掉条件 $s \geqslant t$，则 $R_X(s,t) = e^{-2\lambda|s-t|}$。

(3) 由 (1), (2) 知 $X(t)$ 为平稳过程。因为

$$\lim_{|\tau|\to+\infty} R_X(\tau) = \lim_{|\tau|\to+\infty} e^{-2\lambda|\tau|} = 0 = |m_X|^2$$

所以由推论知 $X(t)$ 的均值具有遍历性。

若令 $Y(t) = X(t+\tau)\overline{X(t)}$，则 $X(t)$ 的相关函数具有遍历性等价于 $Y(t)$ 的均值具有遍历性，由定理 5.4.1 得：

**定理 5.4.2**　设 $\{X(t), -\infty < t < +\infty\}$ 是均方连续的平稳过程，则它的相关函数具有遍历性的充要条件是

$$\lim_{T\to+\infty}\frac{1}{2T}\int_{-2T}^{2T}\left(1-\frac{|\tau_1|}{2T}\right)[B(\tau_1)-|R_X(\tau_1)|^2]\mathrm{d}\tau_1 = 0 \tag{5.4.7}$$

其中

$$B(\tau_1) = E[X(t+\tau+\tau_1)\overline{X(t+\tau_1)}\ \overline{X(t+\tau)}X(t)] \tag{5.4.8}$$

## 三、 遍历性的应用

### 1. 模拟式自相关分析仪的制作原理

一个具有遍历性的平稳信号，其相关函数可用样本函数的时间相关函数来近似代替。如果实验记录只在时间 [0，$T$] 上给出了过程的一个样本函数，则自相关函数有以下估计式：

$$R_X(\tau) \approx \langle x(t)x(t-\tau)\rangle \approx \frac{1}{T-\tau}\int_{\tau}^{T} x(t)x(t-\tau)\mathrm{d}t$$

根据上述分析，设计出的模拟式自相关分析仪，如图 5.4.2 所示，它的输入信号是被测的随机信号，由 $x$-$y$ 记录仪可以自动地描绘出信号的自相关函数。

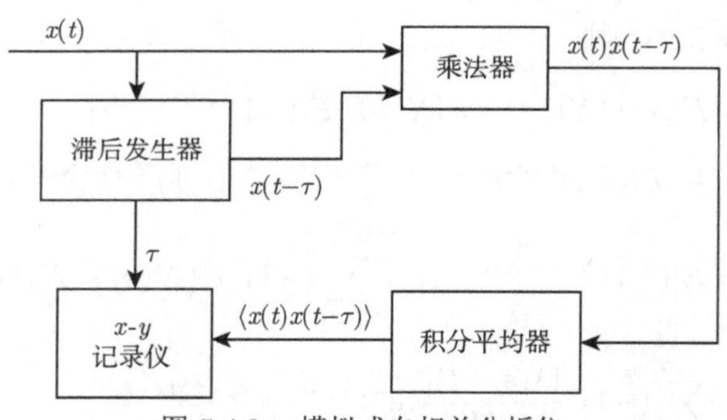


图 5.4.2　模拟式自相关分析仪

2. *利用相关法对混有噪声的弱周期信号检测方法*

在混有噪声的弱周期信号中，把有用的周期信号提取出来，是通信工程中的一个重要问题。例如，在雷达接收机的输出端既存在周期性的回波信号，又存在随机噪声，雷达技术中的一个重要问题就是要在噪声背景中判别是否有周期信号存在。

设接收机的输出信号为

$$Y(t) = s(t) + N(t)$$

其中，$s(t)=A\cos(\omega t+\varphi)$ 为随机初相信号，$N(t)$ 为噪声，且 $R_N(\tau)=\sigma^2 e^{-\alpha|\tau|}$。

因为 $R_s(\tau)=\dfrac{A^2}{2}\cos\omega\tau$ 为周期函数，而 $R_N(\tau)$ 无任何周期分量，所以

$$R_Y(\tau) = R_s(\tau) + R_N(\tau) = \frac{A^2}{2}\cos\omega\tau + \sigma^2 e^{-\alpha|\tau|}$$

$$\xrightarrow{|\tau|\text{充分大时}} \frac{A^2}{2}\cos\omega\tau = R_s(\tau)$$

而 $R_Y(\tau)$ 的检测正是可利用 1 中介绍的自相关分析仪给出。

可见，无论 $\sigma^2$ 多强，只要 $\tau$ 足够大，弱周期信号总能检测出来。这种检测周期信号存在与否的方法称为**自相关法检测**。

## 第五节　平稳过程的谱密度

从时域、频域两个角度分析信号，可使很多问题迎刃而解。对于平稳过程，其相关函数描述的是过程时域上的统计特性，本节介绍的谱密度则是平稳过程在频域上的统计特性。

## 一、 平稳过程谱密度的引入

(1) 若 $s(t)$ 为周期信号，周期为 $T$，则可用 Fourier 级数对其进行频域分析：

$$s(t)=\frac{a_0}{2}+\sum_{n=1}^{+\infty}\left(a_n\cos\frac{2n\pi}{T}t+b_n\sin\frac{2n\pi}{T}t\right) \tag{5.5.1}$$

其指数形式为

$$s(t)=\sum_{n=-\infty}^{+\infty}c_ne^{j\frac{2n\pi}{T}t} \tag{5.5.2}$$

这里的 Fourier 系数为

$$c_n=\frac{1}{T}\int_0^T s(t)e^{-j\frac{2n\pi}{T}t}\mathrm{d}t$$

Parseval 等式为

$$\frac{1}{T}\int_0^T|s(t)|^2\mathrm{d}t=\sum_{n=-\infty}^{+\infty}|c_n|^2$$

式中的 $|c_n|^2,n=0,\pm1,\pm2,\cdots$ 组成了 $s(t)$ 的功率谱。

(2) 若 $s(t)$ 为能量有限的确定信号，且满足 Dirichlet 条件：①连续或只有有限个间断点；②绝对可积，即 $\int_{-\infty}^{+\infty}|s(t)|\mathrm{d}t<+\infty$。则可用 Fourier 变换对其进行频域分析：

$$S(\omega)=\int_{-\infty}^{+\infty}s(t)e^{-j\omega t}\mathrm{d}t \tag{5.5.3}$$

逆变换为

$$s(t)=\frac{1}{2\pi}\int_{-\infty}^{+\infty}S(\omega)e^{j\omega t}\mathrm{d}\omega \tag{5.5.4}$$

Parseval 等式为

$$\int_{-\infty}^{+\infty}|s(t)|^2\mathrm{d}t=\frac{1}{2\pi}\int_{-\infty}^{+\infty}|S(\omega)|^2\mathrm{d}\omega \tag{5.5.5}$$

这里的 $|S(\omega)|^2$ 称为 $s(t)$ 的能谱密度。

(3) 若 $s(t)$ 为能量无限的确定信号时，则考虑 $s(t)$ 的功率谱密度，概念的引出和定义如下。

作一截尾函数：

$$s_T(t)=\begin{cases}s(t), & |t|\leqslant T\\ 0, & |t|>T\end{cases}$$

用 Fourier 变换对 $s_T(t)$ 进行频域分析：

$$S_T(\omega)=\int_{-\infty}^{+\infty} s_T(t)e^{-j\omega t}\mathrm{d}t$$

Parseval 等式为

$$\int_{-\infty}^{+\infty}|s_T(t)|^2\mathrm{d}t=\frac{1}{2\pi}\int_{-\infty}^{+\infty}|S_T(\omega)|^2\mathrm{d}\omega$$

即

$$\int_{-T}^{T}|s_T(t)|^2\mathrm{d}t=\frac{1}{2\pi}\int_{-\infty}^{+\infty}|S_T(\omega)|^2\mathrm{d}\omega$$

所以

$$\begin{aligned}\lim_{T\to+\infty}\frac{1}{2T}\int_{-T}^{T}|s(t)|^2\mathrm{d}t&=\lim_{T\to+\infty}\frac{1}{4T\pi}\int_{-\infty}^{+\infty}|S_T(\omega)|^2\mathrm{d}\omega\\&=\frac{1}{2\pi}\int_{-\infty}^{+\infty}\lim_{T\to+\infty}\frac{1}{2T}|S_T(\omega)|^2\mathrm{d}\omega\end{aligned}$$

这里的 $\lim\limits_{T\to+\infty}\dfrac{1}{2T}|S_T(\omega)|^2$ 即为 $s(t)$ 的功率谱密度。

(4) 对于随机过程 $\{X(t),-\infty<t<+\infty\}$ 来说，当 $X(t)$ 均方连续时，记 $x(t,e)$ 为其样本函数，$X(\omega,e)$ 为 $x(t,e)$ 的 Fourier 变换，则由 (3) 知

$$\lim_{T\to+\infty}\frac{1}{2T}\int_{-T}^{T}|x(t,e)|^2\mathrm{d}t=\frac{1}{2\pi}\int_{-\infty}^{+\infty}\lim_{T\to+\infty}\frac{1}{2T}|X_T(\omega,e)|^2\mathrm{d}\omega$$

对随机变量 $X(t)$，上式变为

$$\underset{T\to+\infty}{\mathrm{l.i.m}}\frac{1}{2T}\int_{-T}^{T}|X(t)|^2\mathrm{d}t=\frac{1}{2\pi}\int_{-\infty}^{+\infty}\underset{T\to+\infty}{\mathrm{l.i.m}}\frac{1}{2T}|X_T(\omega)|^2\mathrm{d}\omega$$

对两端同时求均值，则有

$$\lim_{T\to+\infty}E\left[\frac{1}{2T}\int_{-T}^{T}|X(t)|^2\mathrm{d}t\right]=\frac{1}{2\pi}\int_{-\infty}^{+\infty}\lim_{T\to+\infty}\frac{1}{2T}E[|X_T(\omega)|^2]\mathrm{d}\omega$$

记

$$W\triangleq\lim_{T\to+\infty}E\left[\frac{1}{2T}\int_{-T}^{T}|X(t)|^2\mathrm{d}t\right]$$

$$S_X(\omega) \hat{=} \lim_{T\to+\infty} \frac{1}{2T} E[|X_T(\omega)|^2]$$

则有

$$W = \frac{1}{2\pi} \int_{-\infty}^{+\infty} S_X(\omega)\mathrm{d}\omega \tag{5.5.6}$$

这里的 $W$ 称为 $X(t)$ 的平均功率，$S_X(\omega)$ 为功率谱密度。

特别地，当 $X(t)$ 为平稳过程时，$E[|X(t)|^2] = R_X(0)$，此时有

$$W = \lim_{T\to+\infty} \left[\frac{1}{2T} \int_{-T}^{T} R_X(0)\mathrm{d}t\right] = R_X(0)$$

所以

$$R_X(0) = \frac{1}{2\pi} \int_{-\infty}^{+\infty} S_X(\omega)\mathrm{d}\omega \tag{5.5.7}$$

于是，$X(t)$ 在任意特定频域范围 $(\omega_1, \omega_2)$ 内的平均功率可以表示为

$$W_{(\omega_1,\omega_2)} = \frac{1}{2\pi} \int_{\omega_1}^{\omega_2} S_X(\omega)\mathrm{d}\omega \tag{5.5.8}$$

**例 5.5.1**　已知 $X(t) = a$(实常数)，求 $W, S_X(\omega)$。

**解**　$W = E[|X(t)|^2] = a^2$

$$\begin{aligned}
S_X(\omega) &= \lim_{T\to+\infty} \frac{1}{2T} E[|X_T(\omega)|^2] = \lim_{T\to+\infty} \frac{1}{2T} E\left[\left|\int_{-\infty}^{+\infty} X_T(t)e^{-j\omega t}\mathrm{d}t\right|^2\right] \\
&= \lim_{T\to+\infty} \frac{1}{2T} E\left[\left|\int_{-T}^{T} ae^{-j\omega t}\mathrm{d}t\right|^2\right] = \lim_{T\to+\infty} \frac{1}{2T} \left|\frac{a}{j\omega}(e^{j\omega T} - e^{-j\omega T})\right|^2 \\
&= \lim_{T\to+\infty} \frac{1}{2T} \left|\frac{2a}{\omega}\sin\omega T\right|^2 = \lim_{T\to+\infty} \frac{4a^2}{2T} \left(\frac{\sin\omega T}{\omega}\right)^2 \\
&= \lim_{T\to+\infty} 2a^2T \left(\frac{\sin\omega T}{\omega T}\right)^2
\end{aligned}$$

记 $\mathrm{Sa}(\omega T) = \dfrac{\sin\omega T}{\omega T}$，则 $\mathrm{Sa}(\omega T)$ 为抽样函数。

利用 Dirichlet 积分

$$\int_0^{+\infty} \frac{\sin x}{x}\mathrm{d}x = \frac{\pi}{2}$$

可以证明

$$\lim_{T\to+\infty}\frac{T}{\pi}\mathrm{Sa}^2(\omega T)=\delta(\omega)$$

事实上，当 $\omega\neq 0$ 时，$\lim\limits_{T\to+\infty}\dfrac{T}{\pi}\mathrm{Sa}^2(\omega T)=0$；对于固定的 $T$，有

$$\begin{aligned}\int_{-\infty}^{+\infty}\frac{T}{\pi}\mathrm{Sa}^2(\omega T)\mathrm{d}\omega&=-\frac{2}{\pi T}\int_0^{+\infty}\sin^2(\omega T)\mathrm{d}\frac{1}{\omega}\\&=\frac{2}{\pi}\int_0^{+\infty}\frac{\sin(2\omega T)}{2\omega T}\mathrm{d}(2\omega T)=\frac{2}{\pi}\cdot\frac{\pi}{2}=1\end{aligned}$$

所以

$$\lim_{T\to+\infty}\frac{T}{\pi}\mathrm{Sa}^2(\omega T)=\delta(\omega)$$

故

$$S_X(\omega)=2a^2\pi\delta(\omega)$$

同样可证明，当 $X(t)=a\cos(\omega_0 t+\Theta), a,\omega_0$ 均为正常数, $\Theta\sim U(0,2\pi)$ 时，有

$$S_X(\omega)=\frac{\pi a^2}{2}[\delta(\omega-\omega_0)+\delta(\omega+\omega_0)]$$

## 二、 平稳过程谱密度的性质

设 $\{X(t),-\infty<t<+\infty\}$ 为均方连续的平稳过程，$R_X(\tau)$ 为它的相关函数，$S_X(\omega)$ 是它的功率谱密度，则 $S_X(\omega)$ 具有以下性质。

**性质 1**　若 $\displaystyle\int_{-\infty}^{+\infty}|R_X(\tau)|\mathrm{d}\tau<+\infty$，则 $S_X(\omega)$ 是 $R_X(\tau)$ 的 Fourier 变换，即

$$S_X(\omega)=\int_{-\infty}^{+\infty}R_X(\tau)e^{-j\omega\tau}\mathrm{d}\tau \tag{5.5.9}$$

其逆变换为

$$R_X(\tau)=\frac{1}{2\pi}\int_{-\infty}^{+\infty}S_X(\omega)e^{j\omega\tau}\mathrm{d}\omega \tag{5.5.10}$$

**证明**　思路与证均值遍历的充要条件类似，需对变量作线性变换。

$$S_X(\omega)=\lim_{T\to+\infty}\frac{1}{2T}E\left[\left|\int_{-T}^{T}X(t)e^{-j\omega t}\mathrm{d}t\right|^2\right]$$

$$= \lim_{T\to+\infty}\frac{1}{2T}\int_{-T}^{T}\int_{-T}^{T}R_X(t-s)e^{-j\omega(t-s)}\mathrm{d}s\mathrm{d}t$$

$$= \lim_{T\to+\infty}\frac{1}{4T}\int_{-2T}^{2T}(4T-2|\tau|)R_X(\tau)e^{-j\omega\tau}\mathrm{d}\tau$$

$$= \lim_{T\to+\infty}\int_{-2T}^{2T}\left(1-\frac{|\tau|}{2T}\right)R_X(\tau)e^{-j\omega\tau}\mathrm{d}\tau$$

$$= \int_{-\infty}^{+\infty}R_X(\tau)e^{-j\omega\tau}\mathrm{d}\tau$$

**注 1**　当 $X(t)$ 为实平稳过程时，还有形式

$$S_X(\omega) = 2\int_0^{+\infty}R_X(\tau)\cos\omega\tau\mathrm{d}\tau$$

$$R_X(\tau) = \frac{1}{\pi}\int_0^{+\infty}S_X(\omega)\cos\omega\tau\mathrm{d}\omega$$

**注 2**　对于一般的二阶矩过程，若 $R_X(t+\tau,t)$ 存在且可积 (对 $t$)，记

$$\langle R_X(t+\tau,t)\rangle \hat{=} \lim_{T\to+\infty}\frac{1}{2T}\int_{-T}^{T}R_X(t+\tau,t)\mathrm{d}t$$

则

$$S_X(\omega) = \int_{-\infty}^{+\infty}\langle R_X(t+\tau,t)\rangle e^{-j\omega\tau}\mathrm{d}\tau \tag{5.5.11}$$

$$\langle R_X(t+\tau,t)\rangle = \frac{1}{2\pi}\int_{-\infty}^{+\infty}S_X(\omega)e^{j\omega\tau}\mathrm{d}\omega \tag{5.5.12}$$

证明思路同上。

**性质 2**　平稳过程 $X(t)$ 的功率谱密度恒为非负实数，即 $S_X(\omega)\geqslant 0$，当 $X(t)$ 为实平稳过程时，$S_X(\omega)$ 还是偶函数。

事实上，$S_X(\omega)\geqslant 0$ 由 $S_X(\omega)=\lim_{T\to+\infty}\frac{1}{2T}E\left[\left|\int_{-T}^{T}X(t)e^{-j\omega t}\mathrm{d}t\right|^2\right]$ 立得。当 $X(t)$ 为实平稳过程时，由性质 1 知 $S_X(\omega)$ 是偶函数，此时可将负频率范围内的值折算到正频率范围内，得到“单边功率谱”：

$$G_X(\omega) = \begin{cases} 2S_X(\omega), & \omega\geqslant 0 \\ 0, & \omega<0 \end{cases}$$

**例 5.5.2** 已知平稳过程 $X(t)$ 的 $R_X(\tau)=1$，求 $S_X(\omega)$。

**解** 因为

$$\int_{-\infty}^{+\infty}\delta(\omega)e^{j\omega\tau}\mathrm{d}\omega=1$$

所以

$$\frac{1}{2\pi}\int_{-\infty}^{+\infty}2\pi\delta(\omega)e^{j\omega\tau}\mathrm{d}\omega=1=R_X(\tau)$$

故

$$S_X(\omega)=2\pi\delta(\omega) \tag{5.5.13}$$

同理可求，当 $S_X(\omega)=1$ 时，$R_X(\tau)=\delta(\tau)$。

**例 5.5.3** 已知随机电报信号的相关函数为

$$R_X(\tau)=e^{-\lambda|\tau|},\quad \lambda>0$$

求 $S_X(\omega)$。

**解** 
$$\begin{aligned}S_X(\omega)&=\int_{-\infty}^{+\infty}e^{-\lambda|\tau|}e^{-j\omega\tau}\mathrm{d}\tau\\&=\int_{-\infty}^{0}e^{(\lambda-j\omega)\tau}\mathrm{d}\tau+\int_{0}^{+\infty}e^{-(\lambda+j\omega)\tau}\mathrm{d}\tau\\&=\frac{1}{\lambda-j\omega}+\frac{1}{\lambda+j\omega}=\frac{2\lambda}{\lambda^2+\omega^2}\end{aligned}$$

以上两例的结论可作为公式应用。

**例 5.5.4** 设实平稳过程 $X(t)$ 的功率谱密度为

$$S_X(\omega)=\frac{\omega^2+4}{\omega^4+10\omega^2+9}$$

求 $R_X(\tau)$ 及 $E[X^2(t)]$。

**解** 因为

$$S_X(\omega)=\frac{\omega^2+4}{\omega^4+10\omega^2+9}=\frac{5}{8}\cdot\frac{1}{6}\cdot\frac{2\times3}{3^2+\omega^2}+\frac{3}{8}\cdot\frac{1}{2}\cdot\frac{2\times1}{1+\omega^2}$$

根据例 5.5.3 的结论，得

$$R_X(\tau)=\frac{5}{48}e^{-3|\tau|}+\frac{3}{16}e^{-|\tau|}$$

$$EX^2(t)=R_X(0)=\frac{7}{24}$$

图 5.5.1 列出了几种常见平稳过程的相关函数及其相应的功率谱密度。

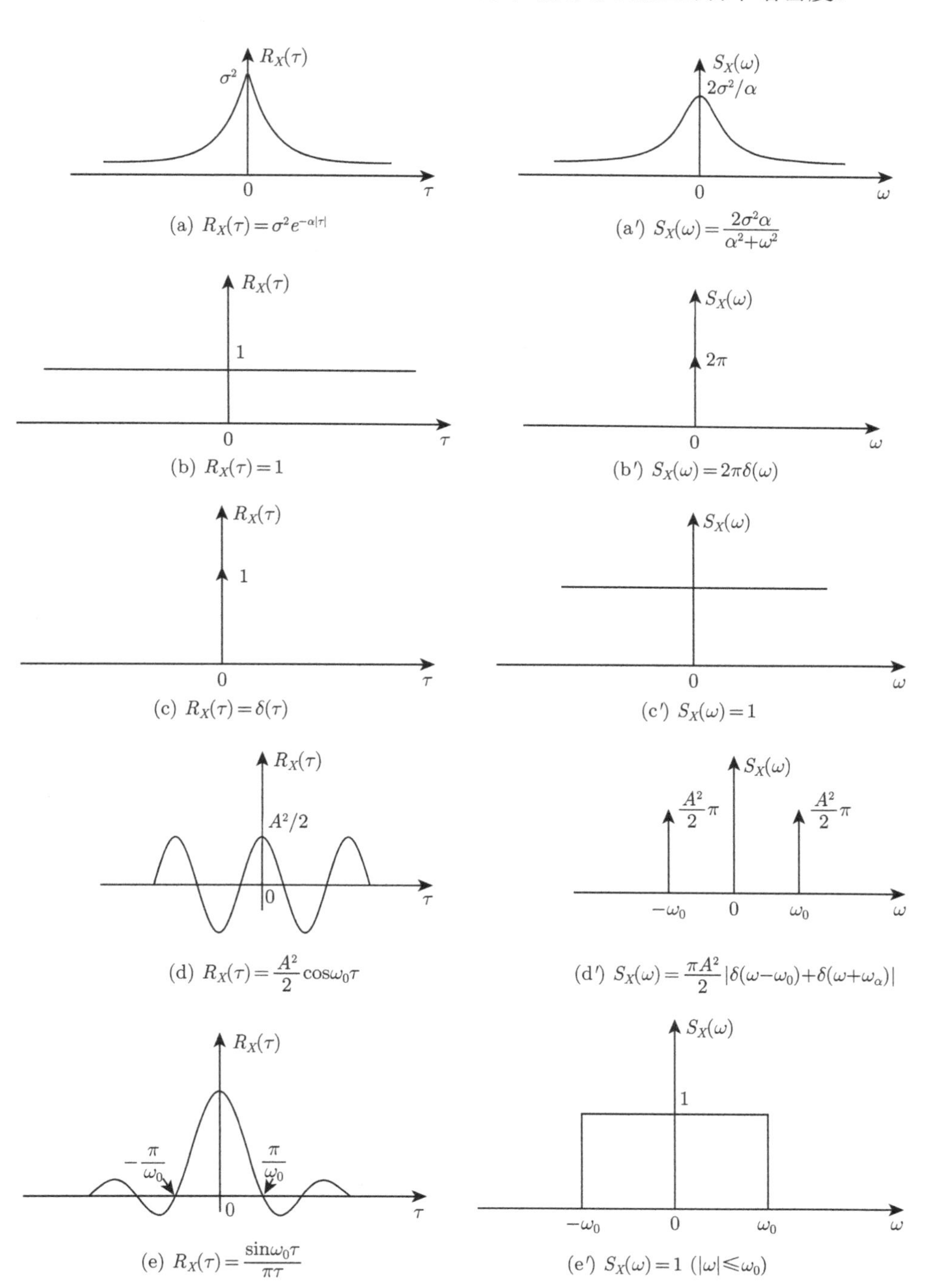


(a) $R_X(\tau)=\sigma^2 e^{-\alpha|\tau|}$　　(a′) $S_X(\omega)=\dfrac{2\sigma^2\alpha}{\alpha^2+\omega^2}$

(b) $R_X(\tau)=1$　　(b′) $S_X(\omega)=2\pi\delta(\omega)$

(c) $R_X(\tau)=\delta(\tau)$　　(c′) $S_X(\omega)=1$

(d) $R_X(\tau)=\dfrac{A^2}{2}\cos\omega_0\tau$　　(d′) $S_X(\omega)=\dfrac{\pi A^2}{2}[\delta(\omega-\omega_0)+\delta(\omega+\omega_\alpha)]$

(e) $R_X(\tau)=\dfrac{\sin\omega_0\tau}{\pi\tau}$　　(e′) $S_X(\omega)=1\ (|\omega|\leqslant\omega_0)$

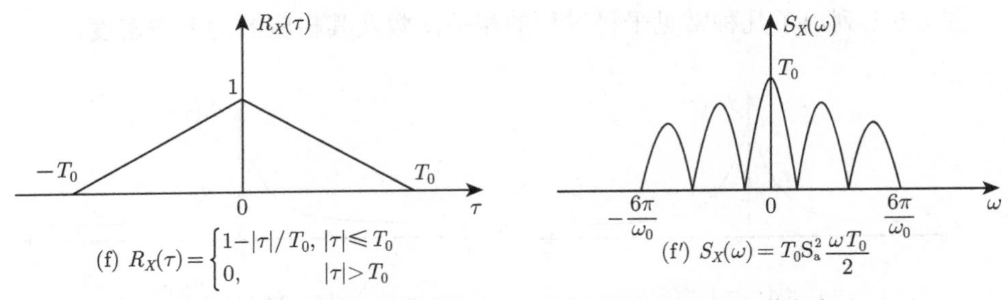


图 5.5.1　常见平稳过程的相关函数及其相应的功率谱密度

表 5.5.1 给出了平稳过程 $X(t)$ 与它的相关函数 $R_X(\tau)$ 及功率谱密度 $S_X(\omega)$ 之间的对应关系，利用这些关系将对有关计算带来很大方便。

**表 5.5.1　平稳过程 $X(t)$ 与它的相关函数及功率谱密度之间的对应关系**

| 情形 | $X(t)$ | $R_X(\tau)$或$\langle R_X(t+\tau,t)\rangle$ | $S_X(\omega)$ |
|---|---|---|---|
| 1 | $aX(t)$ | $\left\|a^2\right\| R_X(\tau)$ | $\left\|a^2\right\| S_X(\omega)$ |
| 2 | $X'(t)$ | $-R''_X(\tau)$ | $\omega^2 S_X(\omega)$ |
| 3 | $X^{(n)}(t)$ | $(-1)^n R_X^{(2n)}(\tau)$ | $\omega^{2n} S_X(\omega)$ |
| 4 | $X(t)e^{\pm j\omega_0 t}$ | $R_X(\tau)e^{\pm j\omega_0\tau}$ | $S_X(\omega\mp\omega_0)$ |
| 5 | $X(t)\cos\omega_0 t$ | $\frac{1}{2}R_X(\tau)\cos\omega_0\tau$ | $\frac{1}{4}[S_X(\omega-\omega_0)+S_X(\omega+\omega_0)]$ |
| 6 | $X(t)\sin\omega_0 t$ | $\frac{1}{2}R_X(\tau)\cos\omega_0\tau$ | $\frac{1}{4}[S_X(\omega-\omega_0)+S_X(\omega+\omega_0)]$ |

# 第六节　联合平稳过程的互谱密度

## 一、 联合平稳过程互谱密度的定义

**定义 5.6.1**　设随机过程 $X(t),Y(t)$ 是两个联合的平稳过程，若它们的互相关函数 $R_{XY}(\tau)$ 满足

$$\int_{-\infty}^{+\infty}|R_{XY}(\tau)|\mathrm{d}\tau<+\infty \tag{5.6.1}$$

则称 $R_{XY}(\tau)$ 的 Fourier 变换

$$S_{XY}(\omega)=\int_{-\infty}^{+\infty}R_{XY}(\tau)e^{-j\omega\tau}\mathrm{d}\tau \tag{5.6.2}$$

是 $X(t)$ 与 $Y(t)$ 的互谱密度。

## 二、联合平稳过程互谱密度的性质

已知 $X(t)$ 和 $Y(t)$ 是联合平稳过程，它们的互谱密度具有以下性质。

**性质 1**　$S_{XY}(\omega)=\overline{S_{YX}(\omega)}$

**证明**　$\overline{S_{YX}(\omega)}=\int_{-\infty}^{+\infty}\overline{R_{YX}(\tau)e^{-j\omega\tau}}\mathrm{d}\tau$

$$=\int_{-\infty}^{+\infty}\overline{E[Y(t+\tau)\overline{X(t)}]e^{-j\omega\tau}}\mathrm{d}\tau$$

$$=-\int_{-\infty}^{+\infty}E[X(t)\overline{Y(t+\tau)}]e^{-j\omega(-\tau)}\mathrm{d}(-\tau)$$

$$=-\int_{-\infty}^{+\infty}R_{XY}(-\tau)e^{-j\omega(-\tau)}\mathrm{d}(-\tau)$$

$$=\int_{-\infty}^{+\infty}R_{XY}(\tau)e^{-j\omega\tau}\mathrm{d}\tau=S_{XY}(\omega)$$

**性质 2**　对于实联合平稳过程 $X(t)$ 和 $Y(t)$，有

$$S_{XY}(-\omega)=\overline{S_{XY}(\omega)}=S_{YX}(\omega)$$

**证明**　若 $X(t)$ 和 $Y(t)$ 为实联合平稳过程，则

$$R_{XY}(\tau)=R_{YX}(-\tau)$$

于是，有

$$\begin{aligned}S_{XY}(\omega)&=\int_{-\infty}^{+\infty}R_{XY}(\tau)e^{-j\omega\tau}\mathrm{d}\tau\\&=\int_{-\infty}^{+\infty}R_{YX}(-\tau)e^{-j\omega\tau}\mathrm{d}\tau\\&=-\int_{-\infty}^{+\infty}R_{YX}(-\tau)e^{-j(-\omega)(-\tau)}\mathrm{d}(-\tau)\\&=\int_{-\infty}^{+\infty}R_{YX}(\tau)e^{-j(-\omega)\tau}\mathrm{d}\tau=S_{YX}(-\omega)\end{aligned}$$

再结合性质 1，故有

$$S_{XY}(-\omega)=\overline{S_{XY}(\omega)}=S_{YX}(\omega)$$

**性质 3**　对于实联合平稳过程 $X(t)$ 和 $Y(t)$，有

$$\mathrm{Re}[S_{XY}(\omega)]\text{ 与 }\mathrm{Re}[S_{YX}(\omega)]\text{ 都是偶函数}$$

$$\mathrm{Im}[S_{XY}(\omega)] \text{ 与 } \mathrm{Im}[S_{YX}(\omega)] \text{ 都是奇函数}$$

**证明**　若 $X(t)$ 和 $Y(t)$ 为实联合平稳过程，则 $R_{XY}(\tau)$ 为实数。于是，有

$$\begin{aligned} S_{XY}(\omega) &= \int_{-\infty}^{+\infty} [R_{XY}(\tau)\cos(\omega\tau) - jR_{XY}(\tau)\sin(\omega\tau)]\mathrm{d}\tau \\ &= \int_{-\infty}^{+\infty} R_{XY}(\tau)\cos(\omega\tau)\mathrm{d}\tau - j\int_{-\infty}^{+\infty} R_{XY}(\tau)\sin(\omega\tau)\mathrm{d}\tau \end{aligned}$$

因为

$$\begin{aligned} \mathrm{Re}[S_{XY}(-\omega)] &= \int_{-\infty}^{+\infty} R_{XY}(\tau)\cos(-\omega\tau)\mathrm{d}\tau \\ &= \int_{-\infty}^{+\infty} R_{XY}(\tau)\cos(\omega\tau)\mathrm{d}\tau = \mathrm{Re}[S_{XY}(\omega)] \end{aligned}$$

所以 $\mathrm{Re}[S_{XY}(\omega)]$ 是偶函数，同理可证其他结论。

**性质 4**　若 $X(t)$ 与 $Y(t)$ 相互正交，则

$$S_{XY}(\omega) = S_{YX}(\omega) = 0$$

**证明**　由 $X(t)$ 与 $Y(t)$ 相互正交，得

$$R_{XY}(\tau) = R_{YX}(\tau) = 0$$

于是，有

$$S_{XY}(\omega) = S_{YX}(\omega) = 0$$

**性质 5**　若 $X(t)$ 与 $Y(t)$ 互不相关，则

$$S_{XY}(\omega) = 2\pi m_X \overline{m_Y} \delta(\omega)$$

**证明**　由 $X(t)$ 与 $Y(t)$ 互不相关，得

$$C_{XY}(\tau) = C_{YX}(\tau) = 0$$

即

$$R_{XY}(\tau) = R_{YX}(\tau) = m_X \overline{m_Y}$$

于是，有

$$S_{XY}(\omega) = 2\pi m_X \overline{m_Y} \delta(\omega)$$

**性质 6** $|S_{XY}(\omega)|^2 \leqslant S_X(\omega)S_Y(\omega)$

**证明** 
$$\begin{aligned}|S_{XY}(\omega)|^2 &= \left|\lim_{T\to+\infty}\frac{1}{2T}E[X_T(\omega)\overline{Y_T(\omega)}]\right|^2\\ &= \lim_{T\to+\infty}\frac{1}{4T^2}\left|E[X_T(\omega)\overline{Y_T(\omega)}]\right|^2\\ &\leqslant \lim_{T\to+\infty}\frac{1}{2T}E[|X_T(\omega)|^2]\lim_{T\to+\infty}\frac{1}{2T}E\left[\left|\overline{Y_T(\omega)}\right|^2\right]\\ &= S_X(\omega)S_Y(\omega)\end{aligned}$$

## 三、 联合平稳过程之和的功率谱密度

**定理 5.6.1** 设 $X(t)$ 与 $Y(t)$ 是联合平稳过程，则 $W(t)=X(t)+Y(t)$，那么

$$S_W(\omega)=S_X(\omega)+S_Y(\omega)+2\mathrm{Re}[S_{XY}(\omega)]$$

特别地，当 $X(t)$ 与 $Y(t)$ 相互正交时，$S_{XY}(\omega)=0$，于是，有

$$S_W(\omega)=S_X(\omega)+S_Y(\omega)$$

**例 5.6.1** 已知联合平稳过程 $X(t)$ 与 $Y(t)$ 的互谱密度为

$$S_{XY}(\omega)=\begin{cases} a+\dfrac{jb\omega}{\omega_0}, & |\omega|<\omega_0\\ 0, & |\omega|\geqslant\omega_0\end{cases}$$

其中 $a,b,\omega_0$ 为常数，求互相关函数 $R_{XY}(\tau)$。

**解** 
$$\begin{aligned}R_{XY}(\tau) &= \frac{1}{2\pi}\int_{-\infty}^{+\infty}S_{XY}(\omega)e^{j\omega\tau}\mathrm{d}\omega=\frac{1}{2\pi}\int_{-\omega_0}^{\omega_0}\left(a+\frac{jb\omega}{\omega_0}\right)e^{j\omega\tau}\mathrm{d}\omega\\ &= \frac{a}{2\pi j\tau}(e^{j\omega_0\tau}-e^{-j\omega_0\tau})+\frac{b}{2\pi\tau}(e^{j\omega_0\tau}+e^{-j\omega_0\tau})\\ &\quad-\frac{b}{2\pi j\tau^2\omega_0}(e^{j\omega_0\tau}-e^{-j\omega_0\tau})\\ &= \left(\frac{a}{\pi\tau}-\frac{b}{\pi\tau^2\omega_0}\right)\sin\omega_0\tau+\frac{b}{\pi\tau}\cos\omega_0\tau\end{aligned}$$

**例 5.6.2** 设 $Y(t)$ 是平稳过程 $X(t)$ 延迟时间 $T$ 后产生的信号，若 $X(t)$ 的功率谱密度为常数 $s_0$，求 $R_{XY}(\tau),R_{YX}(\tau),S_{XY}(\omega),S_{YX}(\omega)$。

**解** 因为 $Y(t)=X(t-T)$，所以

$$\begin{aligned}R_{XY}(\tau) &= E[X(t+\tau)\overline{Y(t)}]\\ &= E[X(t+\tau)\overline{X(t-T)}]=R_X(\tau+T)\end{aligned}$$

而

$$R_X(\tau)=\frac{1}{2\pi}\int_{-\infty}^{+\infty}s_0e^{j\omega\tau}\mathrm{d}\omega=s_0\delta(\tau)$$

所以

$$R_X(\tau+T)=s_0\delta(\tau+T)$$

故

$$R_{XY}(\tau)=s_0\delta(\tau+T)$$

因而，有

$$R_{YX}(\tau)=\overline{R_{XY}(-\tau)}=s_0\delta(-\tau+T)$$

于是

$$S_{XY}(\omega)=\int_{-\infty}^{+\infty}s_0\delta(\tau+T)e^{-j\omega\tau}\mathrm{d}\tau=s_0e^{j\omega T}$$

$$S_{YX}(\omega)=\overline{S_{XY}(\omega)}=s_0e^{-j\omega T}$$

**例 5.6.3** 设 $X(t)$ 与 $Y(t)$ 是独立的平稳过程，均值函数分别为 $m_X$ 和 $m_Y$，协方差函数分别为 $C_X(\tau)=e^{-\alpha|\tau|},C_Y(\tau)=e^{-\beta|\tau|}$，令 $Z(t)=X(t)Y(t)$，求：$R_Z(\tau),S_Z(\omega),R_{XY}(\tau),S_{XY}(\omega)$。

**解** 
$$\begin{aligned}R_Z(\tau)&=E[Z(t+\tau)\overline{Z(t)}]=E[X(t+\tau)Y(t+\tau)\overline{X(t)Y(t)}]\\&=E[X(t+\tau)\overline{X(t)}]E[Y(t+\tau)\overline{Y(t)}]=R_X(\tau)R_Y(\tau)\\&=(C_X(\tau)+|m_X|^2)(C_Y(\tau)+|m_Y|^2)\\&=e^{-(\alpha+\beta)|\tau|}+|m_X|^2e^{-\beta|\tau|}+|m_Y|^2e^{-\alpha|\tau|}+|m_Xm_Y|^2\end{aligned}$$

$$S_Z(\omega)=\frac{2(\alpha+\beta)}{(\alpha+\beta)^2+\omega^2}+\frac{2|m_Y|^2\alpha}{\alpha^2+\omega^2}+\frac{2|m_X|^2\beta}{\beta^2+\omega^2}+2\pi|m_Xm_Y|^2\delta(\omega)$$

$$R_{XY}(\tau)=E[X(t+\tau)\overline{Y(t)}]=E[X(t+\tau)]E[\overline{Y(t)}]=m_X\overline{m_Y}$$

$$S_{XY}(\omega)=2\pi m_X\overline{m_Y}\delta(\omega)$$

## 第七节 时间序列分析简介

时间序列是系统状态按时间顺序排列的随机变量序列。对时间序列进行观察、研究，能够更本质地认识其结构与特征。找寻状态变化的规律，预测状态将来的走势就是时间序列分析。本节将对随机时间序列分析的三种模型的识别及参数估计作简要的介绍。

## 一、 自回归模型

若时间序列 $\{y_t\}$ 为

$$y_t = \varphi_1 y_{t-1} + \varphi_2 y_{t-2} + \cdots + \varphi_p y_{t-p} + \mu_t \tag{5.7.1}$$

则称该时间序列为**自回归序列**,该模型为 $\boldsymbol{p}$ **阶自回归模型** (auto regressive model),记为 AR($p$)。其中的参数 $\varphi_1, \varphi_2, \cdots, \varphi_p$ 为自回归参数，它们是模型的待估参数；随机项 $\mu_t$ 是白噪声序列 ($\mu_t$ 是互相独立的并且服从均值为 0、方差为 $\delta_\mu^2$ 的正态分布), 且与 $y_{t-1}, y_{t-2}, \cdots, y_{t-p}$ 不相关。

为了表述上的方便，引入滞后算子 $B$: $By_t = y_{t-1}$，则模型 (5.7.1) 可以表示为

$$y_t = \varphi_1 By_t + \varphi_2 B^2 y_t + \cdots + \varphi_p B^p y_t + \mu_t \tag{5.7.2}$$

其中

$$By_t = y_{t-1}, \quad B^2 y_t = y_{t-2}, \quad \cdots, \quad B^p y_t = y_{t-p}$$

进一步有

$$\left(1 - \varphi_1 B - \varphi_2 B^2 - \cdots - \varphi_p B^p\right) y_t = \mu_t$$

令

$$\varphi(B) = 1 - \varphi_1 B - \varphi_2 B^2 - \cdots - \varphi_p B^p$$

则模型可写为

$$\varphi(B) y_t = \mu_t \tag{5.7.3}$$

对自回归序列考虑其平稳性条件，可以从最简单的一阶自回归序列进行分析。假设一阶自回归序列的模型为 $y_t = \varphi\, y_{t-1} + \mu_t$，同样 $y_{t-1} = \varphi\, y_{t-2} + \mu_{t-1}$。于是，有

$$y_t = \mu_t + \varphi\, \mu_{t-1} + \varphi^2 \mu_{t-2} + \varphi^3 \mu_{t-3} + \cdots$$

对于一阶自回归序列，若系数 $\varphi$ 的绝对值 $|\varphi| < 1$，则称这个序列是渐近平稳的。对于一般的 $p$ 阶自回归序列，如果是平稳时间序列，它要求滞后算子多项式 $\varphi(B)$ 的特征方程

$$1 - \varphi_1 z - \varphi_2 z^2 - \cdots - \varphi_p z^p = 0$$

所有根的绝对值皆大于 1，即 $p$ 阶自回归序列的渐近平稳条件为 $|z| > 1$。

## 二、 滑动 (移动) 平均模型

若时间序列 $\{y_t\}$ 中的 $y_t$ 为它前期的误差和随机项的线性函数，可以表示为

$$y_t = \mu_t - \theta_1\mu_{t-1} - \theta_2\mu_{t-2} - \cdots - \theta_q\mu_{t-q} \tag{5.7.4}$$

则称该时间序列 $\{y_t\}$ 为**滑动平均序列**，该模型为 ***q* 阶滑动 (移动) 平均模型** (moving average model)，记为 MA($q$)。参数 $\theta_1, \theta_2, \cdots, \theta_q$ 为滑动平均参数，是模型的待估参数。

引入滞后算子 $B$，同样 (5.7.4) 式可以写为

$$\left(1 - \theta_1 B - \theta_2 B^2 - \cdots - \theta_q B^q\right)\mu_t = y_t \tag{5.7.5}$$

令

$$\theta(B) = 1 - \theta_1 B - \theta_2 B^2 - \cdots - \theta_q B^q$$

则模型可写为

$$y_t = \theta(B)\mu_t \tag{5.7.6}$$

为使得 MA($q$) 过程可以转换成一个自回归过程，需要 $\theta^{-1}(B)$ 收敛。而 $\theta^{-1}(B)$ 收敛的充分必要条件是 $\theta(B)$ 的特征方程

$$1 - \theta_1 z - \theta_2 z^2 - \cdots - \theta_q z^q = 0$$

所有根的绝对值皆大于 1, 即 $|z| > 1$。这个条件是 MA($q$) 序列必须满足的可逆性条件，而且当这个可逆性条件满足时，有限阶自回归序列等价于某个无限阶滑动平均序列。

## 三、 自回归滑动平均模型

若时间序列 $\{y_t\}$ 中 $y_t$ 为它的当前值与前期的误差和随机项的线性函数，可以表示为

$$y_t = \varphi_1 y_{t-1} + \varphi_2 y_{t-2} + \cdots + \varphi_p y_{t-p} + \mu_t - \theta_1\mu_{t-1} - \theta_2\mu_{t-2} - \cdots - \theta_q\mu_{t-q} \tag{5.7.7}$$

则称该时间序列 $\{y_t\}$ 为**自回归滑动平均序列**。又由于模型包含 ***p* 项自回归模型**和 ***q* 项滑动平均模型**，因此该模型称为自回归滑动平均模型 (auto regressive moving average model)，记为 ARMA($p, q$)。参数 $\varphi_1, \varphi_2, \cdots, \varphi_p$ 为自回归参数，$\theta_1, \theta_2, \cdots, \theta_q$ 为滑动平均参数，是模型的待估参数。引入滞后算子 $B$，(5.7.7) 式可以表示为

$$\varphi(B)y_t = \theta(B)\mu_t \tag{5.7.8}$$

对于 ARMA($p, q$) 模型，其平稳性条件包含 AR($p$) 和 MA($q$) 的平稳性条件。

## 四、时间序列分析模型 (AR，MA，ARMA) 的识别

自回归滑动平均模型是时间序列分析模型的普遍形式，自回归模型和滑动平均模型是两种特殊情况。这几类模型的研究是时间序列的重点内容，本节主要介绍模型的识别方法。

1. 自相关函数和偏相关函数

对于自回归滑动平均模型，在进行参数估计之前，需要进行模型的识别。识别的基本任务是找出 ARMA$(p,q)$, AR$(p)$, MA$(q)$ 模型的具体特征，最主要的是确定模型的阶，即 ARMA$(p,q)$ 中的 $p$ 和 $q$，AR$(p)$ 中的 $p$ 以及 MA$(q)$ 中的 $q$。识别的方法是利用时间序列样本的自相关函数和偏相关函数。

(1) AR$(p)$ 的自相关函数。

模型 (5.7.1)

$$y_t = \varphi_1 y_{t-1} + \varphi_2 y_{t-2} + \cdots + \varphi_p y_{t-p} + \mu_t$$

的协方差函数为

$$r_k = E(y_{t+k} y_t) = \varphi_1 r_{k-1} + \varphi_2 r_{k-2} + \cdots + \varphi_p r_{k-p}$$

因为序列均值为零，所以自相关函数等于协方差函数 $r_k$。从而得标准化自相关函数

$$\rho_k = \frac{r_k}{r_0} = \varphi_1 \rho_{k-1} + \varphi_2 \rho_{k-2} + \cdots + \varphi_p \rho_{k-p} \tag{5.7.9}$$

以后，$\rho_k$ 就简称为自相关函数，即后面所讲的自相关函数都是指的 $\rho_k$。

AR$(p)$ 序列的自相关函数是非截尾序列，或称为拖尾序列，所谓的拖尾型是指当 $k$ 趋于无穷大时，$\rho_k$ 呈负指数衰减趋于零。换句话说 AR$(p)$ 序列的自相关函数不能在某一步之后所有项全为零，而是按负指数衰减。自相关函数的拖尾现象是 AR$(p)$ 序列的一个特征。

由 (5.7.9)，利用 $\rho_k = \rho_{-k}$，得到如下方程组：

$$\begin{aligned}
\rho_1 &= \varphi_1 + \varphi_2 \rho_1 + \cdots + \varphi_p \rho_{p-1} \\
\rho_2 &= \varphi_1 \rho_1 + \varphi_2 + \cdots + \varphi_p \rho_{p-2} \\
&\vdots \\
\rho_p &= \varphi_1 \rho_{p-1} + \varphi_2 \rho_{p-2} + \cdots + \varphi_p
\end{aligned} \tag{5.7.10}$$

此方程组被称为 Yule-Walker 方程组。若已知模型参数 $\varphi_1,\varphi_2,\cdots,\varphi_p$，可求 $\rho_1,\rho_2,\cdots,\rho_p$，然后递推下去，可求得 $\rho_k(k>p)$；反过来，若已知 $\rho_1,\rho_2,\cdots,\rho_p$，模型参数通过求解方程组得到 $\varphi_1,\varphi_2,\cdots,\varphi_p$。

(2) MA($q$) 的自相关函数。

模型 (5.7.4)

$$y_t=\mu_t-\theta_1\mu_{t-1}-\theta_2\mu_{t-2}-\cdots-\theta_q\mu_{t-q}$$

自相关函数为

$$\rho_k=\frac{r_k}{r_0}=\begin{cases}1, & k=0\\ (-\theta_k+\theta_1\theta_{k+1}+\cdots+\theta_{q-k}\theta_q)/\left(1+\theta_1^2+\theta_2^2+\cdots+\theta_q^2\right), & 1\leqslant k\leqslant q\\ 0, & k>q\end{cases} \tag{5.7.11}$$

由此可见，当 $k>q$ 时，$y_t$ 与 $y_{t+k}$ 不相关，并且 $\rho_k=0$，这种现象称为截尾，即可以根据自相关系数是否从某一点开始一直为零来判断 MA($q$) 模型的阶。

(3) ARMA($p,q$) 的自相关函数。

ARMA($p,q$) 的自相关函数可以看作 MA($q$) 的自相关函数和 AR($p$) 的自相关函数的混合。当 $p=0$ 时，它具有截尾性质；当 $q=0$ 时，它具有拖尾性质；当 $p,q$ 都不为零时，它具有拖尾性质。经过推导得到 ARMA($p,q$) 的自协方差函数为

$$\begin{aligned}r_k=&\varphi_1r_{k-1}+\varphi_2r_{k-2}+\cdots+\varphi_pr_{k-p}\\&+r_{y\mu}(k)-\theta_1r_{y\mu}(k-1)-\cdots-\theta_qr_{y\mu}(k-q)\end{aligned}$$

其中

$$r_{y\mu}(k)=E\left(y_t\mu_{t+k}\right)=\begin{cases}0, & k>0\\ \sigma_\mu^2, & k=0\\ \sigma_\mu^2\varphi_{-k}, & k<0\end{cases}$$

所以当 $k>q$ 时，

$$r_k=\varphi_1r_{k-1}+\varphi_2r_{k-2}+\cdots+\varphi_pr_{k-p}$$

ARMA($p,q$) 的自相关函数为

$$\rho_k=\frac{r_k}{r_0}=\varphi_1\rho_{k-1}+\varphi_2\rho_{k-2}+\cdots+\varphi_p\rho_{k-p} \tag{5.7.12}$$

可见，ARMA($p,q$) 的自相关函数 $\rho_k$，当 $k>q$ 时，仅依赖于模型参数 $\varphi_1,\varphi_2,\cdots,\varphi_p$，以及 $\rho_{k-1},\rho_{k-2},\cdots,\rho_{k-p}$。

(4) 偏相关函数。

偏相关函数是随机序列模型的另一个统计特征，它是在已知序列值 $y_{t-1}$, $y_{t-2},\cdots,y_{t-k-1}$ 的条件下，刻画 $y_t, y_{t-k}$ 之间关系的量值。

下面以 AR($p$) 为例讲解偏相关函数的定义。假定先以 AR($k-1$) 去拟合一个序列，然后又用 AR($k$) 去拟合，后者比前者增加了一个滞后变量 $y_{t-k}$。如果 $\varphi_{kj}$ 表示后者的自回归系数，那么相应于滞后变量 $y_{t-k}$ 的系数就是 $\varphi_{kk}$，称为**偏相关函数**。根据 AR($p$) 的拖尾性质以及偏相关函数的含义，可以采用方差最小原则来求得偏相关函数

$$\varphi_{kj}=\begin{cases}\varphi_j, & 1\leqslant j\leqslant p, k=p,p+1,\cdots\\ 0, & j>p\end{cases}$$

由此得到 AR($p$) 的主要特征是当 $k>p$ 时，$\varphi_{kk}=0$，即 $\varphi_{kk}$ 在 $p$ 以后截尾。

对于 ARMA($p,q$) 与 MA($q$) 模型，可以证明它们的偏相关函数是拖尾的。

2. 模型的识别

(1) AR($p$) 模型的识别。若 $y_t$ 的偏相关函数 $\varphi_{kk}$ 在 $p$ 以后截尾，即当 $k>p$ 时，$\varphi_{kk}=0$，而且它的自相关函数 $\rho_k$ 是拖尾的，则此序列是适合自回归模型的序列。

(2) MA($q$) 模型的识别。若随机序列的自相关函数截尾，即自 $q$ 以后 $\rho_k=0$, $k>q$，而它的偏相关函数是拖尾的，则此序列是适合滑动平均模型的序列。

(3) ARMA($p,q$) 模型的识别。若随机序列的自相关函数和偏相关函数都是拖尾的，则此序列是适合自回归滑动平均模型的序列。至于模型中 $p$ 和 $q$ 的识别，则要从低阶开始逐步试探，直到定出合适的模型为止。

## 五、 时间序列分析模型 (AR，MA，ARMA) 的参数估计

经过模型识别，确定了时间序列分析模型的模型结构，接着就可以对模型进行参数估计。AR($p$), MA($q$), ARMA($p,q$) 模型参数的估计方法较多，大体上分为三类：最小二乘估计、矩估计和利用自相关函数直接估计。下面有选择地加以介绍。

1. AR($p$) 的最小二乘估计

假设模型 (5.7.1) 的参数估计值 $\hat{\varphi}_1,\hat{\varphi}_2,\cdots,\hat{\varphi}_p$ 已经得到，有

$$y_t=\hat{\varphi}_1 y_{t-1}+\hat{\varphi}_2 y_{t-2}+\cdots+\hat{\varphi}_p y_{t-p}+\hat{\mu}_t$$

残差的平方和为

$$S(\hat{\varphi})=\sum_{t=p+1}^{n}\hat{\mu}_t^2=\sum_{t=p+1}^{n}(y_t-\hat{\varphi}_1 y_{t-1}-\hat{\varphi}_2 y_{t-2}-\cdots-\hat{\varphi}_p y_{t-p})^2 \tag{5.7.13}$$

根据最小二乘原理，所要求的参数估计值 $\hat{\varphi}_1, \hat{\varphi}_2, \cdots, \hat{\varphi}_p$ 应该使得 (5.7.13) 达到极小。所以它们应该是下列方程组的解：

$$\frac{\partial S}{\partial \hat{\varphi}_j} = 0, \quad j = 1, 2, \cdots, p$$

即

$$\sum_{t=p+1}^{n} (y_t - \hat{\varphi}_1 y_{t-1} - \hat{\varphi}_2 y_{t-2} - \cdots - \hat{\varphi}_p y_{t-p}) y_{t-j} = 0$$

解该方程组，即可得到待估参数的估计值。

2. MA($q$) 模型的矩估计

将 MA($q$) 模型的自协方差函数中的各个量用估计值代替，得到

$$\hat{r}_k = \begin{cases} \hat{\sigma}_\mu^2(-\hat{\theta}_k + \hat{\theta}_1\hat{\theta}_{k+1} + \cdots + \hat{\theta}_{q-k}\hat{\theta}_q), & 1 \leqslant k \leqslant q \\ \hat{\sigma}_\mu^2(1 + \hat{\theta}_1^2 + \hat{\theta}_2^2 + \cdots + \hat{\theta}_q^2), & k = 0 \\ 0, & k > q \end{cases} \tag{5.7.14}$$

利用实际时间序列提供的信息,首先求得自协方差函数的估计值,于是 (5.7.14) 是一个包含 $q+1$ 个参数估计值 $\hat{\theta}_1, \hat{\theta}_2, \cdots, \hat{\theta}_q, \hat{\sigma}_\mu^2$ 的非线性方程组，可以用直接法或迭代法求解。常用的迭代法有线性迭代法和 Newton-Raphsan 迭代法。具体的求解过程不再赘述，读者可参考其他时间序列分析的教科书。

3. ARMA($p,q$) 模型的矩估计

在 ARMA($p,q$) 中共有 $p+q+1$ 个待估参数 $\varphi_1, \varphi_2, \cdots, \varphi_p$ 与 $\theta_1, \theta_2, \cdots, \theta_q$ 以及 $\sigma_\mu^2$，其估计量计算步骤及公式如下。

(1) 估计 $\varphi_1, \varphi_2, \cdots, \varphi_p$，

$$\begin{pmatrix} \hat{\varphi}_1 \\ \hat{\varphi}_2 \\ \vdots \\ \hat{\varphi}_p \end{pmatrix} = \begin{pmatrix} \hat{\rho}_q & \hat{\rho}_{q-1} & \cdots & \hat{\rho}_{q-p+1} \\ \hat{\rho}_{q+1} & \hat{\rho}_q & \cdots & \hat{\rho}_{q-p} \\ \vdots & \vdots & & \vdots \\ \hat{\rho}_{q+p-1} & \hat{\rho}_{q+p-2} & \cdots & \hat{\rho}_q \end{pmatrix}^{-1} \begin{pmatrix} \hat{\rho}_{q+1} \\ \hat{\rho}_{q+2} \\ \vdots \\ \hat{\rho}_{q+p} \end{pmatrix} \tag{5.7.15}$$

其中 $\hat{\rho}_k$ 是样本的自相关函数的估计值，由观测数据计算得到。

(2) 改写模型，求 $\theta_1, \theta_2, \cdots, \theta_q$ 及 $\sigma_\mu^2$ 的估计值。

将模型 (5.7.7) 改写为

$$y_t - \varphi_1 y_{t-1} - \varphi_2 y_{t-2} - \cdots - \varphi_p y_{t-p} = \mu_t - \theta_1 \mu_{t-1} - \theta_2 \mu_{t-2} - \cdots - \theta_q \mu_{t-q}$$

令

$$\tilde{y}_t = y_t - \hat{\varphi}_1 y_{t-1} - \hat{\varphi}_2 y_{t-2} - \cdots - \hat{\varphi}_p y_{t-p}$$

于是，上式可以写成

$$\tilde{y}_t = \mu_t - \theta_1 \mu_{t-1} - \theta_2 \mu_{t-2} - \cdots - \theta_q \mu_{t-q}$$

构成一个 MA$(q)$ 模型。按照 MA$(q)$ 模型参数的估计方法，可以得到 $\theta_1, \theta_2, \cdots, \theta_q$ 及 $\sigma_\mu^2$ 的估计值。

## 习 题 5

5.1 已知 $X_1, X_2$ 为独立同分布的随机变量，且均匀分布于 $(0,1)$ 上，令随机过程

$$Y(t) = X_1 \sin(X_2 t), \quad t \geqslant 0$$

求 $Y(t)$ 的均值和相关函数。

5.2 已知平稳过程 $X(t)$ 和 $Y(t)$ 相互独立，它们的均值函数分别为 0, 3，协方差函数分别为

$$C_X(\tau) = 2e^{-2|\tau|} \cos \omega_0 \tau$$
$$C_Y(\tau) = e^{-3|\tau|}$$

若随机变量 $V$ 的均值为 2、方差为 9，并且与 $X(t), Y(t)$ 相互独立。求 $Z(t) = VX(t)Y(t)$ 的均值、方差和自相关函数。

5.3 设随机过程 $X(t) = Z\sin(t + \Theta), -\infty < t < +\infty$，其中 $Z, \Theta$ 是相互独立的随机变量，$P\left\{\Theta = \frac{\pi}{4}\right\} = P\left\{\Theta = -\frac{\pi}{4}\right\} = \frac{1}{2}$，$Z$ 均匀分布于 $(-1,1)$ 区间。试证明 $X(t)$ 是宽平稳过程，但不是严平稳 (甚至不是一级严平稳) 过程。

5.4 设 $Z$ 和 $\Theta$ 是相互独立的两个随机变量，$\Theta$ 均匀分布于 $(0, 2\pi)$ 区间，设 $\omega > 0$ 为常数，试利用特征函数方法证明

$$X(t) = Z\sin(\omega t + \Theta), \quad -\infty < t < +\infty$$

是严平稳过程。

5.5 设离散参数 Markov 链 $\{X(n), n = 0, 1, 2, \cdots\}$ 的 $E = \{0, 1\}$，它的一步转移概率矩阵为 $\begin{pmatrix} q_1 & p_1 \\ p_2 & q_2 \end{pmatrix}$，其中 $p_1 + q_1 = 1$, $p_2 + q_2 = 1$，且

$$P\{X(0) = 0\} = \frac{p_2}{p_1 + p_2}$$
$$P\{X(0) = 1\} = \frac{p_1}{p_1 + p_2}$$

试证明该过程为严平稳过程。

5.6　随机过程 $X(t)$ 由以下三条样本函数所组成：

$$X(t,e_1)=1,\quad X(t,e_2)=\sin t,\quad X(t,e_3)=\cos t$$

并且以等概率出现，求 $E[X(t)]$ 和 $R_X(t_1,t_2)$。

5.7　已知平稳过程 $X(t)$ 的均值函数为 $m_X$，协方差函数为 $C_X(\tau)$，又知 $f(t)$ 是一确定性函数。试求随机过程 $Y(t)=X(t)+f(t)$ 的均值函数和自相关函数，并判断 $Y(t)$ 是否为平稳过程？

5.8　设 $X(t)$ 和 $Y(t)$ 是相互独立的平稳过程。试证由它们的乘积构成的随机过程 $Z(t)=X(t)Y(t)$ 也是平稳过程。

5.9　随机过程

$$X(t)=A\cos\omega_0 t+B\sin\omega_0 t$$

其中，$\omega_0$ 为常数，$A$ 和 $B$ 是方差相同、均值为零但具有不同概率密度函数的不相关实随机变量。试证：$X(t)$ 是宽平稳过程但不是严平稳过程。

5.10　定义 $X(t)=\sigma e^{-\eta t}W_0\left(e^{2\alpha t}-1\right)$，其中 $\sigma$, $\eta$, $\alpha$ 均为正常数，$W_0(\cdot)$ 为标准 Wiener 过程，则称 $X(t)$ 为 Ornstein-Uhlenbeck 过程，求 $X(t)$ 的均值函数和自相关函数。

5.11　设有两平稳过程

$$X(t)=\cos(\omega_0 t+\Theta)$$
$$Y(t)=\sin(\omega_0 t+\Theta)$$

其中 $\omega_0$ 为正常数，$\Theta$ 为在 $(0,2\pi)$ 上均匀分布的随机变量。试问两随机过程是否联合平稳？它们是否相关、正交、相互独立？

5.12　设 $\{X_n,n\geqslant 1\}$ 是取值为 0, $n$ 的序列，其分布为 $P\{X_n=n\}=\dfrac{1}{n^2}$ 和 $P\{X_n=0\}=1-\dfrac{1}{n^2}$，试证明 $X_n$ 不均方收敛于零，但却几乎处处收敛于零。

5.13　设样本空间 $\Omega=(0,1]$，构造取值为 0, 1 的如下随机变量：

$$\xi_{11}(\omega)=1,\quad \omega\in\Omega;$$

$$\xi_{21}(\omega)=\begin{cases}1, & \omega\in\left(0,\dfrac{1}{2}\right]\\ 0, & \omega\notin\left(0,\dfrac{1}{2}\right]\end{cases},\quad \xi_{22}(\omega)=\begin{cases}1, & \omega\in\left(\dfrac{1}{2},1\right]\\ 0, & \omega\notin\left(\dfrac{1}{2},1\right]\end{cases}$$

分布律：$P\{\xi_{2i}=0\}=\dfrac{1}{2},P\{\xi_{2i}=1\}=\dfrac{1}{2},i=1,2$。

一般地，将 (0,1] 分成 $k$ 个等长区间，且令

$$\xi_{ki}(\omega)=\begin{cases}1, & \omega\in\left(\dfrac{i-1}{k},\dfrac{i}{k}\right]\\ 0, & \omega\notin\left(\dfrac{i-1}{k},\dfrac{i}{k}\right]\end{cases}$$

分布律：$P\{\xi_{ki}=0\}=1-\dfrac{1}{k},P\{\xi_{ki}=1\}=\dfrac{1}{k},i=1,2,\cdots,k;k=1,2,\cdots$。

定义随机变量序列 $\{X_n, n=1,2,3,\cdots\}$：

$$X_1=\xi_{11}, X_2=\xi_{21}, X_3=\xi_{22}, X_4=\xi_{31}, X_5=\xi_{32}, X_6=\xi_{33}, X_7=\xi_{41}, \cdots$$

试证明 $X_n$ 不几乎处处收敛于零，但却均方收敛于零。

5.14　已知随机变量序列 $\{X_n, n=1,2,3,\cdots\}$ 的自相关函数为

$$R_X(n_1,n_2)=1-\frac{|n_1-n_2|}{2n_1n_2}$$

(1) 利用 Loéve 准则,证明 $X_n$ 均方收敛;(2) 若 $\lim\limits_{n\to+\infty}E(X_n)=0$,证明 $\lim\limits_{n\to+\infty}D(X_n)=1$。

5.15　设 $X(t)=A\cos(\omega t+\pi N(t)), t\geqslant 0$，其中 $\omega>0$ 是常数, $N(t)$ 是 Poisson 过程，随机变量 $A$ 与 $N(t)$ 相互独立，且 $P\{A=1\}=P\{A=-1\}=\dfrac{1}{2}$。

(1) 试画出此过程的典型样本函数并观察其是否连续;

(2) 证明此过程均方连续。

5.16　设二阶矩过程 $\{X(t), t\in(0,1)\}$ 的相关函数为

$$R_X(t_1,t_2)=\frac{\sigma^2}{1-t_1t_2},\quad 0<t_1,t_2<1$$

(1) $X(t)$ 是否均方连续和均方可微？若可微，则求 $R_{\dot{X}}(t_1,t_2)$ 和 $R_{\dot{X}X}(t_1,t_2)$。

(2) 是否在均方意义上存在 $X^{(n)}(t), t\in(0,1)$?

5.17　试讨论下列随机过程的均方连续性、均方可微性和均方可积性 (其中 $A$，$B$，$C$ 为实二阶矩随机变量)：

(1) $X(t)=At^2+Bt+C$；(2)$X(t)$ 是 Wiener 过程。

5.18　对 5.17 题中的 (1) 过程，试求 $X'(t)$ 的均值函数和协方差函数。

5.19　对 5.17 题中的诸过程，试求随机过程 $Y(t)=\dfrac{1}{t}\displaystyle\int_0^t X(u)\mathrm{d}u$ 的均值函数和协方差函数。

5.20　已知平稳信号 $X(t)$ 的相关函数为

$$R_X(\tau)=\sigma^2e^{-\alpha|\tau|}(1+\alpha|\tau|),\quad \alpha>0$$

求 $Y(t)=X(t+\tau)$ 和 $Z(t)=X'(t+\tau)$ 的方差。

5.21　已知平稳过程 $X(t)$ 的自相关函数为

$$R_X(\tau)=Ae^{-\alpha|\tau|}\left(1+\alpha|\tau|+\frac{1}{3}\alpha^2\tau^2\right),\quad \alpha>0$$

求 $X(t)$ 和 $X''(t)$ 的互相关函数。

5.22　平稳过程 $X(t)$ 的自相关函数为

(1) $R_X(\tau)=e^{-\alpha\tau^2},\quad \alpha>0$

(2) $R_X(\tau)=\sigma^2e^{-\alpha|\tau|},\quad \alpha>0$

试判断过程 $X(t)$ 是否均方连续、均方可微。

5.23　已知平稳过程 $X(t)$ 的自相关函数 $R_X(\tau)=e^{-\alpha\tau^2},\alpha>0$, 求 $R_{\dot{X}X}(\tau)$ 和 $R_{\dot{X}}(\tau)$。

5.24　设有平稳过程 $X(t)$，它的相关函数为 $R_X(\tau)$，求

$$Y(t)=X(t)+\frac{\mathrm{d}X(t)}{\mathrm{d}t}+\frac{\mathrm{d}^2X(t)}{\mathrm{d}t^2}$$

的相关函数。

5.25　设有平稳过程 $X(t)$，其相关函数为

$$R_X(\tau)=e^{-|\tau|}\left(1+|\tau|+\frac{1}{3}\tau^2\right)$$

求 $Y(t)=X(t)+\dfrac{\mathrm{d}X(t)}{\mathrm{d}t}$ 的相关函数。

5.26　设有随机过程 $\{X(t),t\in(-\infty,+\infty)\}$ 加入到一段时间的时间平均器上作为它的输入，其输出为

$$Y(t)=\frac{1}{T}\int_{t-T}^{t}X(u)\mathrm{d}u$$

式中 $t$ 为输出信号的观测时刻，$T$ 为平均器采用的积分时间间隔。若 $X(t)=Z\cos t$, 其中 $Z$ 为 $(0,1)$ 内均匀分布的随机变量。

(1) 求 $X(t)$ 的均值和相关函数，问输入过程是否平稳?

(2) 证明输出过程 $Y(t)$ 的表示式为

$$Y(t)=Z\cdot\mathrm{Sa}\left(\frac{T}{2}\right)\cos\left(t-\frac{T}{2}\right)$$

这里 $\mathrm{Sa}\left(\dfrac{T}{2}\right)=\dfrac{\sin\left(\dfrac{T}{2}\right)}{\dfrac{T}{2}}$ 为抽样函数。

(3) 证明输出过程 $Y(t)$ 的均值为

$$E[Y(t)]=\frac{1}{2}\mathrm{Sa}\left(\frac{T}{2}\right)\cos\left(t-\frac{T}{2}\right)$$

且 $Y(t)$ 的相关函数为

$$R_Y(t_1,t_2)=\frac{1}{3}\left[\mathrm{Sa}\left(\frac{T}{2}\right)\right]^2\cos\left(t_1-\frac{T}{2}\right)\cos\left(t_2-\frac{T}{2}\right)$$

问输出过程是否为一平稳过程?

5.27　设零均值平稳过程 $X(t)$ 的相关函数为

$$R_X(\tau)=e^{-\alpha|\tau|}(1+\alpha|\tau|),\quad \alpha>0$$

求 $S(t)=\int_0^t X(\tau)\mathrm{d}\tau\ (t>0)$ 的方差并判断 $S(t)$ 是否为平稳过程。

5.28 下图为随机信号 $X(t)$ 的样本函数。信号在 $t_0+nt_a$ 时刻具有宽度为 $b\ (b<t_a)$ 的矩形脉冲，脉冲幅度以等概率取 $\pm a$，不同周期内的幅度相互独立，周期为 $t_a$。$t_0$ 是在 $(0,t_a)$ 上均匀分布的随机变量且与脉冲幅度相互独立。求 $R_X(\tau)$ 及均方值 $E[X^2(t)]$。

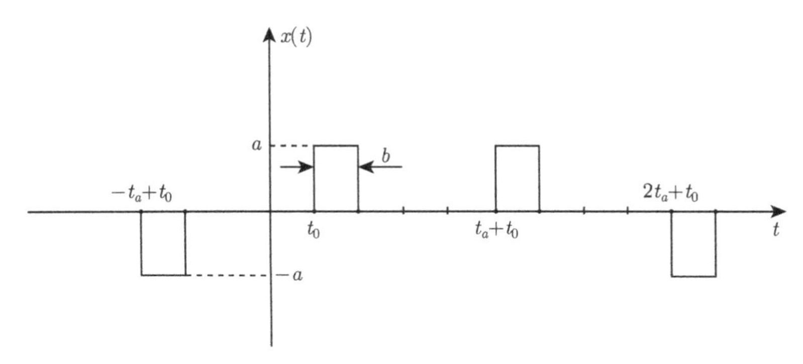


题 5.28 图

5.29 设实随机过程 $X(t)=A\sin(2\pi\Theta t+\Phi)$，其中 $A$ 为常数，$\Theta$ 和 $\Phi$ 为相互独立的随机变量。$\Phi$ 在 $[-\pi,\pi]$ 内均匀分布。证明：

(1) $X(t)$ 为平稳过程；

(2) $X(t)$ 的均值是各态历经的。

5.30 随机过程

$$X(t)=A\sin t+B\cos t$$

式中 $A$ 和 $B$ 为相互独立的同分布零均值非退化实随机变量。试讨论 $X(t)$ 是否具有各态历经性。

5.31 随机过程

$$X(t)=A\cos(\omega t+\Theta)$$

其中 $A,\omega,\Theta$ 是相互独立的实随机变量。其中 $A$ 的均值为 2，方差为 4，$\Theta$ 均匀分布在 $(-\pi,\pi)$ 上，$\omega$ 均匀分布在 $(-5,5)$ 上。问随机过程 $X(t)$ 是否平稳？是否各态历经？

5.32 设 $S(t)$ 是一个周期为 $T$ 的有界函数，$\Phi$ 均匀分布在 $[0,T]$ 上，称 $X(t)=S(t+\Phi)$ 为随相周期过程。讨论其平稳性及各态历经性。

5.33 设有四个平稳过程，它们的相关函数分别为如下所给，求它们的功率谱密度 (不要查表)。

(1) $R_X(\tau)=e^{-\alpha|\tau|}\cos\omega_0\tau\quad(\omega_0,\alpha$ 均为正常数)

(2) $R_X(\tau)=\sigma^2e^{-\alpha\tau^2}\quad(\sigma^2,\alpha$ 均为正常数)

(3) $R_X(\tau)=\sigma^2e^{-\alpha\tau^2}\cos\beta\tau\quad(\sigma^2,\beta,\alpha$ 均为正常数)

(4) $R_X(\tau)=\begin{cases}1-\dfrac{|\tau|}{T_0}, & |\tau|\leqslant T_0\\ 0, & |\tau|>T_0\end{cases}$

5.34　设某平稳过程的相关函数为

$$R_X(\tau) = 4e^{-|\tau|}\cos\pi\tau + \cos 3\pi\tau$$

求其功率谱密度。

5.35　设有两个平稳过程，它们的功率谱密度分别为

(1) $S_X(\omega) = \dfrac{\omega^2}{\omega^4 + 3\omega^2 + 2}$

(2) $S_X(\omega) = \dfrac{\omega^2 + 1}{\omega^4 + 5\omega^2 + 6}$

求其相关函数和均方值。

5.36　设平稳过程的功率谱密度如图所示 ($\Delta\omega < \omega_0$)。

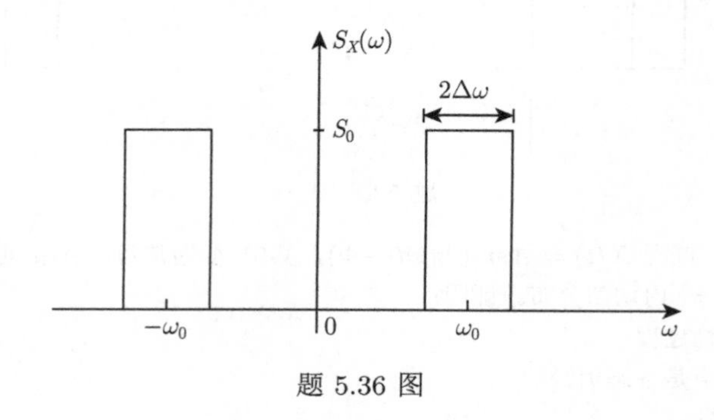


题 5.36 图

即

$$S_X(\omega) = \begin{cases} S_0, & \omega_0 - \Delta\omega < |\omega| < \omega_0 + \Delta\omega \\ 0, & \text{其他} \end{cases}$$

求其相关函数及均方值。

5.37　已知平稳过程 $X(t)$ 的功率谱密度为

$$S_X(\omega) = \begin{cases} 2\delta(\omega) + 5\left(1 - \dfrac{|\omega|}{10}\right), & |\omega| < 10 \\ 0, & \text{其他} \end{cases}$$

求 $X(t)$ 的自相关函数 $R_X(\tau)$。

5.38　若随机过程 $X(t)$ 可用 Fourier 级数表示为

$$X(t) = \frac{a_0}{2} + \sum_{n=1}^{+\infty} [a_n \cos[n\omega_0 (t + t_0)] + b_n \sin[n\omega_0 (t + t_0)]]$$

式中 $t_0$ 是在一个周期区间 $\left(\dfrac{2\pi}{\omega_0}\right)$ 内均匀分布的随机变量，$a_n, b_n$ 均为实常数，$\omega_0 > 0$。试写出 $X(t)$ 的功率谱密度表达式。

5.39 设 $X(t)$ 为一个二元波过程，它的一个样本函数如图所示。已知在每个单位长度的时间间隔内波形取 $+1,-1$ 的概率各为 $1/2$，假定任一间隔内波形的取值与其他任何间隔的取值无关。波形的起始点 $t_0$ 在一单位时间长度内均匀分布。

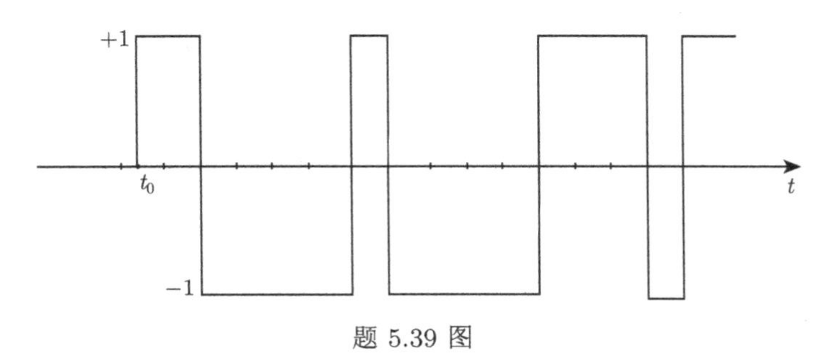


题 5.39 图

(1) 求 $X(t)$ 的自相关函数；

(2) 求 $X(t)$ 的功率谱密度。

5.40 设 $X(t)$ 为一个随机电极波过程，它的一个样本函数如图所示。已知在任一时刻波形取 $+A$ 或 $-A$ 的概率相同，在时间间隔 $\tau$ 内波形变号的次数 $Y(\tau)$ 是参数为 $\lambda$ 的 Poisson 过程

$$P(Y(\tau)=n)=\frac{(\lambda\tau)^n}{n!}e^{-\lambda\tau}$$

(1) 求 $X(t)$ 的自相关函数；

(2) 求 $X(t)$ 的功率谱密度。

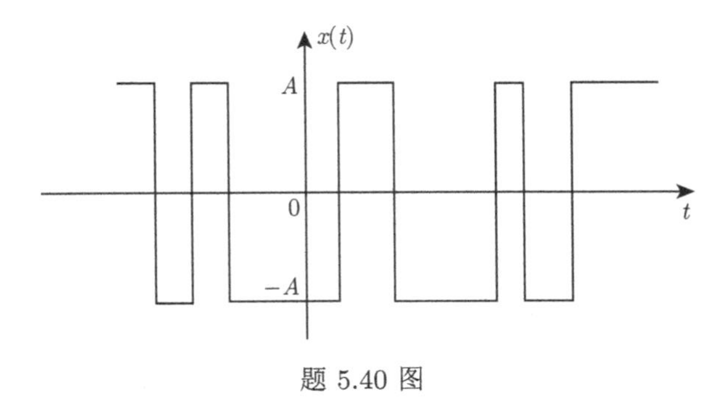


题 5.40 图

5.41 已知随机过程 $X(t)$ 的自相关函数为

$$R_X(\tau)=\frac{a^2}{2}\cos\omega_0\tau+b^2e^{-\alpha|\tau|},\quad \alpha>0$$

求平稳过程 $X(t)$ 的谱密度 $S_X(\omega)$。

5.42 设 $X(t)$ 和 $Y(t)$ 是两个相互独立的平稳过程，均值分别为常数 $m_X$ 和 $m_Y$，且 $X(t)$ 的功率谱密度为 $S_X(\omega)$，定义 $Z(t)=X(t)+Y(t)$，求 $S_{XY}(\omega)$ 和 $S_{XZ}(\omega)$。

5.43 设随机过程 $Z(t)=X(t)Y(t)$，其中 $X(t)$ 和 $Y(t)$ 是相互独立的平稳过程。

(1) 用 $X(t)$ 和 $Y(t)$ 的自相关函数和功率谱密度函数分别表示出 $Z(t)$ 的自相关函数和功率谱密度。

(2) 若已知

$$S_X(\omega)=\frac{\sin^2\dfrac{\omega}{2}}{\left(\dfrac{\omega}{2}\right)^2},\quad Y(t)=\cos(\omega_0 t+\Theta)$$

其中 $\omega_0$ 为常数，$\Theta$ 为在 $[0,2\pi]$ 上均匀分布的随机变量，求 $S_Z(\omega)$。

5.44　复随机过程 $Z(t)=Ae^{j\Omega t}$，其中实随机变量 $\Omega$ 的概率密度函数为 $f_\Omega(\omega)$，$A$ 为复常数。求 $Z(t)$ 的功率谱密度。

5.45　由联合平稳过程 $X(t)$ 和 $Y(t)$ 定义的过程 $W(t)$ 为

$$W(t)=X(t)\cos\omega_0 t+Y(t)\sin\omega_0 t$$

其中 $\omega_0$ 是正常数。

(1) 建立 $X(t)$ 和 $Y(t)$ 的均值函数和相关函数的某些条件使 $W(t)$ 是平稳过程。

(2) 将 (1) 的条件应用到 $W(t)$，用 $X(t)$ 和 $Y(t)$ 的功率谱密度及其互谱密度来表示 $W(t)$ 的功率谱密度。

# 第六章　平稳过程通过线性系统的分析

在第五章学习了如何从时域、频域两个角度描述平稳过程的统计特性后，本章首先介绍如何刻画线性系统；其次介绍把一个平稳过程输入到线性系统后，其输出过程的统计特性；然后分析一特例，即 Gauss 白噪声或宽带噪声通过窄带系统时的输出过程——窄带平稳 Gauss 过程的统计特性；最后简要介绍了估值理论。

## 第一节　线 性 系 统

### 一、 线性系统的定义

**定义 6.1.1**　如果图 6.1.1 中的 $L$ 是线性算子，则称该系统为**线性系统**。

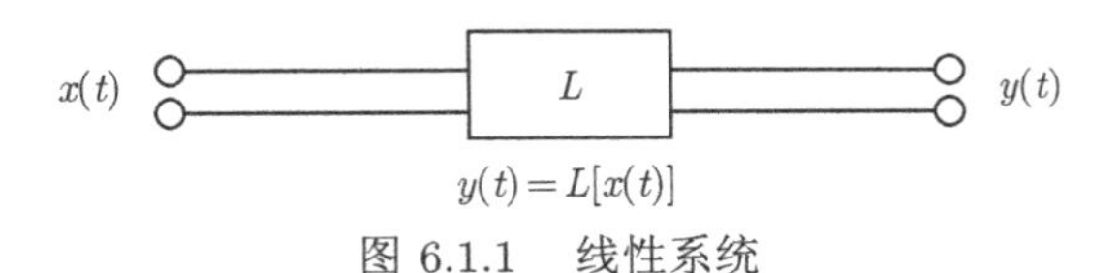

图 6.1.1　线性系统

$L$ 为线性算子是指 $L$ 满足

$$L[\alpha x_1(t)+\beta x_2(t)]=\alpha L[x_1(t)]+\beta L[x_2(t)] \tag{6.1.1}$$

这里的 $\alpha$ 和 $\beta$ 均为常数。

**例 6.1.1**　微分算子 $L=\dfrac{\mathrm{d}}{\mathrm{d}t}$ 是线性算子。

**证明**　因为

$$\frac{\mathrm{d}}{\mathrm{d}t}[\alpha x_1(t)+\beta x_2(t)]=\alpha\frac{\mathrm{d}}{\mathrm{d}t}[x_1(t)]+\beta\frac{\mathrm{d}}{\mathrm{d}t}[x_2(t)]$$

所以微分算子 $L=\dfrac{\mathrm{d}}{\mathrm{d}t}$ 是线性算子。

**例 6.1.2**　算子 $L:x(t)\to y(t)=\displaystyle\int_{-\infty}^{t}x(u)\mathrm{d}u$ 是线性算子。

**证明** 因为

$$\int_{-\infty}^{t}[\alpha x_1(t)+\beta x_2(t)]\mathrm{d}u=\alpha\int_{-\infty}^{t}x_1(t)\mathrm{d}u+\beta\int_{-\infty}^{t}x_2(t)\mathrm{d}u$$

所以该积分算子是线性算子。

**例 6.1.3** 算子 $L:x(t)\to y(t)=[x(t)]^2$ 不是线性算子。

**证明** 因为

$$\begin{aligned}[\alpha x_1(t)+\beta x_2(t)]^2&=\alpha^2[x_1(t)]^2+2\alpha\beta x_1(t)x_2(t)+\beta^2[x_2(t)]^2\\&\neq\alpha[x_1(t)]^2+\beta[x_2(t)]^2\end{aligned}$$

所以平方算子不是线性算子。

**定义 6.1.2** 如果 $y(t)$ 在 $t$ 时刻的值只取决于 $x(t)$ 在 $t$ 时刻的值，则称该系统为**瞬时系统**，否则为**动态系统**。

**定义 6.1.3** 一个系统在 $t$ 时刻的输出 $y(t)$ 完全取决于系统在 $[t-T,t]$ 内的输入值，其中 $T\geqslant 0$，则称该系统为记忆时间是 $T$ 的**记忆系统**。当 $T\neq 0$ 时，记忆系统一定是动态系统。

**定义 6.1.4** 记忆系统或瞬时系统统称为**可实现系统**，或称为**具有因果关系的系统**。

**例 6.1.4** $y(t)=\dfrac{1}{2T}\displaystyle\int_{t-T}^{t+T}x(u)\mathrm{d}u\ (T\neq 0)$ 不是可实现系统。

**证明** 因为系统在 $t$ 时刻的输出值 $y(t)$，不仅取决于系统在 $[t-T,t]$ 内的输入值 $x(u),t-T\leqslant u\leqslant t$，还与尚未输入系统的 $x(u),t\leqslant u\leqslant t+T$ 有关，所以该系统不是可实现系统。

**定义 6.1.5** 一个系统如果它的输入信号在时间轴上有一个平移，输出信号也有同样的时间平移，则称该系统为**时不变系统**，即若 $y(t)=L[x(t)]$，则对任意的 $\tau$ 都有

$$y(t+\tau)=L[x(t+\tau)] \tag{6.1.2}$$

以下主要研究线性时不变系统。

## 二、 系统的传递函数与冲激响应

设 $x(t)$ 为任意一输入信号，输出信号为 $y(t)$，即

$$y(t)=L[x(t)]$$

**定义 6.1.6** 当取 $x(t)=\delta(t)$ 时，输出信号 $h(t)=L[\delta(t)]$ 称为**冲激响应**或称为**脉冲响应**。

任意输入信号 $x(t)$ 对应的输出信号 $y(t)$ 均可由 $h(t)$ 求出：

$$y(t) = x(t) * h(t) \tag{6.1.3}$$

若令

$$H(\omega) = \int_{-\infty}^{+\infty} h(t)e^{-j\omega t}\mathrm{d}t$$

则

$$Y(\omega) = H(\omega)X(\omega) \tag{6.1.4}$$

这里的 $H(\omega)$ 称为系统的**传递函数**，也称为**转移函数**或**频率响应函数**。其实际意义可从下面定理中看出。

**定理 6.1.1** 如果 $H(\omega)$ 为线性时不变系统 $L$ 的传递函数，那么当 $x(t)=e^{j\omega_0 t}$，即对 $L$ 输入谐波信号时，输出信号 $y(t)=L[e^{j\omega_0 t}]=H(\omega_0)e^{j\omega_0 t}$，若令 $t=0$，则有

$$H(\omega_0) = L[e^{j\omega_0 t}]|_{t=0}$$

或

$$H(\omega_0) = \frac{L[e^{j\omega_0 t}]}{e^{j\omega_0 t}} \tag{6.1.5}$$

**证明** 因为 $Y(\omega) = H(\omega)X(\omega)$，而 $X(\omega) = 2\pi\delta(\omega - \omega_0)$，所以

$$Y(\omega) = H(\omega)2\pi\delta(\omega - \omega_0)$$

于是，有

$$\begin{aligned} y(t) &= \frac{1}{2\pi}\int_{-\infty}^{+\infty} H(\omega)2\pi\delta(\omega - \omega_0)e^{j\omega t}\mathrm{d}\omega \\ &= \int_{-\infty}^{+\infty} \delta(\omega - \omega_0)[H(\omega)e^{j\omega t}]\mathrm{d}\omega = H(\omega_0)e^{j\omega_0 t} \end{aligned}$$

故

$$H(\omega_0) = \frac{L[e^{j\omega_0 t}]}{e^{j\omega_0 t}} = L[e^{j\omega_0 t}]|_{t=0}$$

对定理 6.1.1 的说明：因为谐波信号是基本信号，当线性时不变系统输入一谐波信号时，其输出信号也是同频率的谐波，只不过是振幅和相位有所变化，其中 $H(\omega)$ 就反映了这个变化。

**例 6.1.5** 已知 $L = \dfrac{\mathrm{d}}{\mathrm{d}t}$，求 $H(\omega)$。

**解** $H(\omega)=\dfrac{L[e^{j\omega t}]}{e^{j\omega t}}=\dfrac{(e^{j\omega t})'}{e^{j\omega t}}=\dfrac{j\omega(e^{j\omega t})}{e^{j\omega t}}=j\omega$

**例 6.1.6** 已知 $L:x(t)\to y(t)=\int_{-\infty}^{t}x(u)e^{-\alpha^2(t-u)}\mathrm{d}u$，求 $h(t)$。

**解**

$$h(t)=L[\delta(t)]=\int_{-\infty}^{t}\delta(u)e^{-\alpha^2(t-u)}\mathrm{d}u$$

$$=\begin{cases}e^{-\alpha^2 t}, & t\geqslant 0\\ 0, & t<0\end{cases}$$

可见，该系统为因果系统 (即可实现系统)。

## 第二节　平稳过程通过连续线性系统的分析

### 一、 对平稳信号通过连续线性系统的分析

1. 对相关函数的分析

若对系统输入随机信号 $X(t)$，设 $X(t)$ 为均方连续的平稳过程，则可证明其输出信号也是平稳过程。

**定理 6.2.1** 设输入平稳过程 $X(t)$ 的均值为 $m_X$，相关函数为 $R_X(\tau)$，系统的冲激响应为 $h(t)$，输出过程为 $Y(t)$，则

$$\begin{aligned}&m_Y=m_X\int_{-\infty}^{+\infty}h(u)\mathrm{d}u\\&R_{YX}(t+\tau,t)=R_X(\tau)*h(\tau)\\&R_{XY}(t+\tau,t)=R_X(\tau)*h(-\tau)\\&R_Y(t+\tau,t)=R_X(\tau)*h(\tau)*h(-\tau)\end{aligned}\tag{6.2.1}$$

可见输出过程 $Y(t)$ 也是平稳过程，并且与 $X(t)$ 为联合平稳过程。

**证明** (1) $m_Y(t)=E[Y(t)]=E\left[\int_{-\infty}^{+\infty}h(u)X(t-u)\mathrm{d}u\right]$

$$=\int_{-\infty}^{+\infty}h(u)E[X(t-u)]\mathrm{d}u=m_X\int_{-\infty}^{+\infty}h(u)\mathrm{d}u$$

(2) $R_{YX}(t+\tau,t)=E[Y(t+\tau)\overline{X(t)}]$

$$=E\left[\int_{-\infty}^{+\infty}h(u)X(t+\tau-u)\mathrm{d}u\overline{X(t)}\right]$$

$$
\begin{aligned}
&= \int_{-\infty}^{+\infty} h(u)E[X(t+\tau-u)\overline{X(t)}]\mathrm{d}u \\
&= \int_{-\infty}^{+\infty} h(u)R_X(\tau-u)\mathrm{d}u = R_X(\tau)*h(\tau)
\end{aligned}
$$

(3)
$$
\begin{aligned}
R_{XY}(t+\tau,t) &= E[X(t+\tau)\overline{Y(t)}] \\
&= E\left[X(t+\tau)\overline{\int_{-\infty}^{+\infty} h(u)X(t-u)\mathrm{d}u}\right] \\
&= \int_{-\infty}^{+\infty} h(u)E[X(t+\tau)\overline{X(t-u)}]\mathrm{d}u \\
&= \int_{-\infty}^{+\infty} h(u)R_X(\tau+u)\mathrm{d}u = R_X(\tau)*h(-\tau)
\end{aligned}
$$

(4)
$$
\begin{aligned}
R_Y(t+\tau,t) &= E[Y(t+\tau)\overline{Y(t)}] \\
&= E\left[Y(t+\tau)\overline{\int_{-\infty}^{+\infty} h(u)X(t-u)\mathrm{d}u}\right] \\
&= \int_{-\infty}^{+\infty} h(u)E[Y(t+\tau)\overline{X(t-u)}]\mathrm{d}u \\
&= \int_{-\infty}^{+\infty} h(u)R_{YX}(\tau+u)\mathrm{d}u \\
&= R_{YX}(\tau)*h(-\tau) = R_X(\tau)*h(\tau)*h(-\tau)
\end{aligned}
$$

2. 对功率谱密度的分析

**定理 6.2.2**　设输入平稳信号 $X(t)$ 具有功率谱密度 $S_X(\omega)$，则

$$
\begin{aligned}
S_Y(\omega) &= |H(\omega)|^2 S_X(\omega) \\
S_{YX}(\omega) &= H(\omega)S_X(\omega) \\
S_{XY}(\omega) &= \overline{H(\omega)}S_X(\omega)
\end{aligned}
\tag{6.2.2}
$$

**例 6.2.1**　在如图 6.2.1 所示的积分电路 ($RC$ 电路) 输入端送入一平稳随机信号 $X(t)$，且 $S_X(\omega)=N_0$，求 $R_Y(\tau)$ 及 $W_Y$。

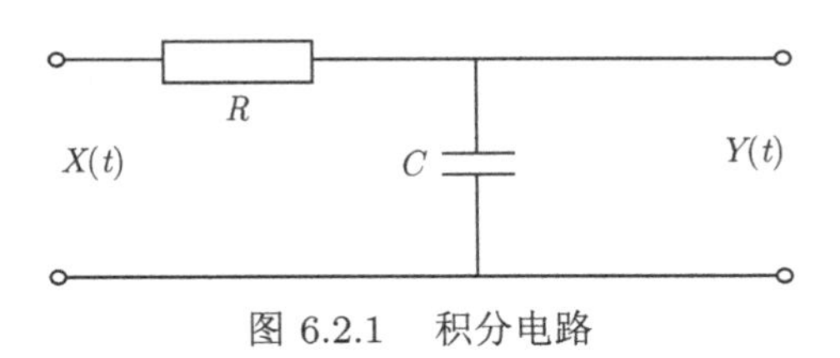


图 6.2.1　积分电路

**解** 根据电路知识，有

$$RC\frac{\mathrm{d}Y(t)}{\mathrm{d}t}+Y(t)=X(t) \tag{6.2.3}$$

记 $\alpha=\dfrac{1}{RC}$，则 $Y'(t)+\alpha Y(t)=\alpha X(t)$。由定理 6.1.1 知，若令 $X(t)=e^{j\omega t}$，则 $Y(t)=H(\omega)e^{j\omega t}$，代入方程得

$$H(\omega)j\omega e^{j\omega t}+\alpha H(\omega)e^{j\omega t}=\alpha e^{j\omega t}$$

所以

$$H(\omega)=\frac{\alpha}{\alpha+j\omega}$$

又因

$$S_Y(\omega)=|H(\omega)|^2 S_X(\omega)=\frac{\alpha N_0}{2}\frac{2\alpha}{\alpha^2+\omega^2}$$

于是，有

$$R_Y(\tau)=\frac{\alpha N_0}{2}e^{-\alpha|\tau|}=\frac{N_0}{2RC}e^{-\frac{|\tau|}{RC}}$$

故

$$W_Y=R_Y(0)=\frac{N_0}{2RC}$$

**例 6.2.2** 在例 6.2.1 的 $RC$ 电路中，若已知 $X(t)$ 的相关函数 $R_X(\tau)=\sigma^2e^{-\beta|\tau|}\left(0<\beta\neq\dfrac{1}{RC}\right)$，求 $R_Y(\tau)$ 及 $S_{YX}(\omega)$。

**解** 同例 6.2.1，系统的传递函数为 $H(\omega)=\dfrac{\alpha}{\alpha+j\omega}\left(\text{其中 }\alpha=\dfrac{1}{RC}\right)$，因为

$$S_X(\omega)=\frac{2\sigma^2\beta}{\beta^2+\omega^2}$$

所以

$$\begin{aligned}S_Y(\omega)&=|H(\omega)|^2 S_X(\omega)=\frac{\alpha^2}{\alpha^2+\omega^2}\frac{2\sigma^2\beta}{\beta^2+\omega^2}\\&=\frac{2\alpha^2\beta\sigma^2}{\beta^2-\alpha^2}\left(\frac{1}{\alpha^2+\omega^2}-\frac{1}{\beta^2+\omega^2}\right)\end{aligned}$$

于是，有

$$R_Y(\tau)=\frac{\alpha\sigma^2}{\beta^2-\alpha^2}(\beta e^{-\alpha|\tau|}-\alpha e^{-\beta|\tau|})$$

$$
\begin{aligned}
S_{YX}(\omega) &= H(\omega)S_X(\omega)\\
&= \frac{\alpha}{\alpha+j\omega}\frac{2\sigma^2\beta}{\beta^2+\omega^2} = \frac{2\sigma^2\alpha\beta(\alpha-j\omega)}{(\alpha^2+\omega^2)(\beta^2+\omega^2)}
\end{aligned}
$$

**例 6.2.3** 已知 $X(t)$ 为平稳过程且 $m_X=0$，试设计如图 6.2.2 所示的两线性时不变系统 $h_1(t)$ 和 $h_2(t)$，使 $Y_1(t)$ 与 $Y_2(t)$ 互不相关。

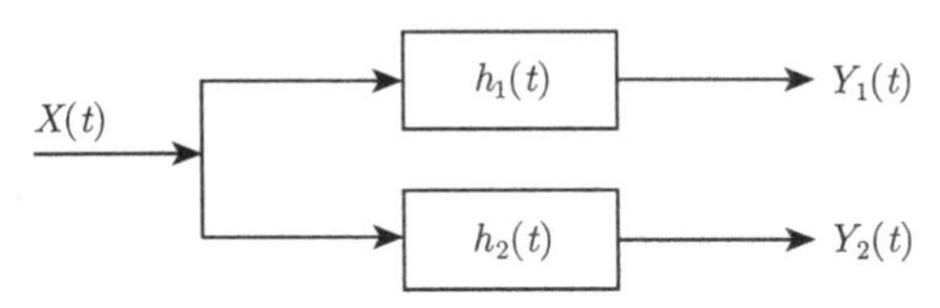


图 6.2.2 具有相同输入信号的两线性时不变系统

**解** 因为 $m_X=0$，所以 $m_{Y_1}=m_{Y_2}=0$。又因

$$
Y_1(t)\text{与}Y_2(t)\text{不相关} \Leftrightarrow R_{Y_1Y_2}(t_1,t_2)\equiv 0
$$

而

$$
\begin{aligned}
R_{Y_1Y_2}(t+\tau,t) &= E[Y_1(t+\tau)\overline{Y_2(t)}]\\
&= E\left[Y_1(t+\tau)\overline{\int_{-\infty}^{+\infty}h_2(u)X(t-u)\mathrm{d}u}\right]\\
&= \int_{-\infty}^{+\infty}h_2(u)R_{Y_1X}(\tau+u)\mathrm{d}u\\
&= R_{Y_1X}(\tau)*h_2(-\tau) = R_X(\tau)*h_1(\tau)*h_2(-\tau)
\end{aligned}
$$

同理

$$
R_{Y_2Y_1}(t+\tau,t) = R_X(\tau)*h_1(-\tau)*h_2(\tau)
$$

可见 $Y_1(t)$ 与 $Y_2(t)$ 是联合平稳过程。因为

$$
S_{Y_1Y_2}(\omega) = S_X(\omega)H_1(\omega)\overline{H_2(\omega)}
$$

由于当 $H_1(\omega)$ 与 $H_2(\omega)$ 的支撑集不相重合时 (图 6.2.3)，有

$$
H_1(\omega)\overline{H_2(\omega)}\equiv 0
$$

此时，$S_{Y_1Y_2}(\omega)\equiv 0$，当然 $R_{Y_1Y_2}(\tau)\equiv 0$，即 $Y_1(t)$ 与 $Y_2(t)$ 互不相关。

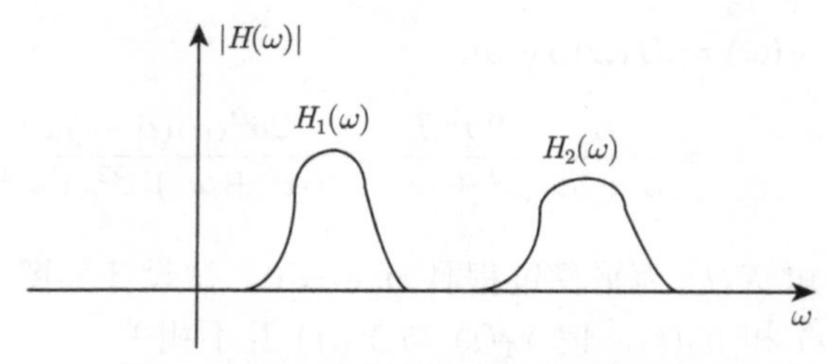


图 6.2.3 两系统的传递函数位置关系

## 二、 对叠加平稳信号通过线性系统的分析

当把两个随机信号叠加后输入冲激响应为 $h(t)$ 的线性系统，如图 6.2.4 所示，讨论输出过程的统计规律。

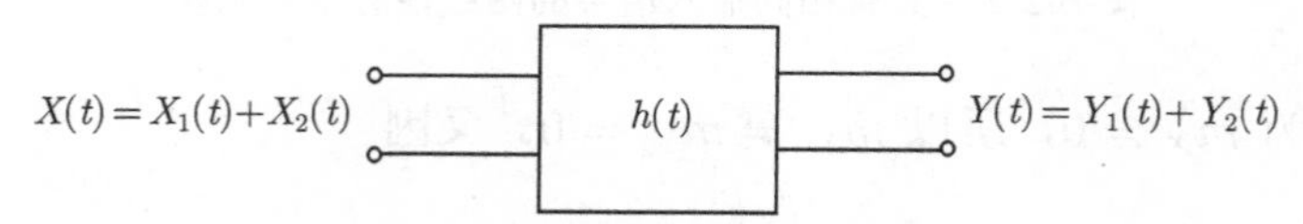


图 6.2.4 叠加信号通过线性系统图

如果 $X_1(t)$ 与 $X_2(t)$ 为联合平稳过程，则有

(1) $m_Y = (m_{X_1} + m_{X_2}) \int_{-\infty}^{+\infty} h(u)\mathrm{d}u$

(2) 对任取的 $i, j = 1, 2$，

$$R_{Y_iX_j}(\tau) = R_{X_iX_j}(\tau) * h(\tau)$$

$$R_{X_iY_j}(\tau) = R_{X_iX_j}(\tau) * h(-\tau)$$

$$R_{Y_iY_j}(\tau) = R_{X_iX_j}(\tau) * h(\tau) * h(-\tau)$$

$$R_{X_iY_j}(\tau) = R_{X_iX_j}(\tau) * h(-\tau)$$

(3) $S_{YX}(\omega) = (S_{X_1}(\omega) + S_{X_1X_2}(\omega) + S_{X_2X_1}(\omega) + S_{X_2}(\omega))H(\omega)$

$$S_{XY}(\omega) = (S_{X_1}(\omega) + S_{X_1X_2}(\omega) + S_{X_2X_1}(\omega) + S_{X_2}(\omega))\overline{H(\omega)}$$

$$S_Y(\omega) = (S_{X_1}(\omega) + S_{X_1X_2}(\omega) + S_{X_2X_1}(\omega) + S_{X_2}(\omega))\,|H(\omega)|^2$$

**比较** (1) 一个平稳信号输入两个线性系统，其输出信号的互相关函数：

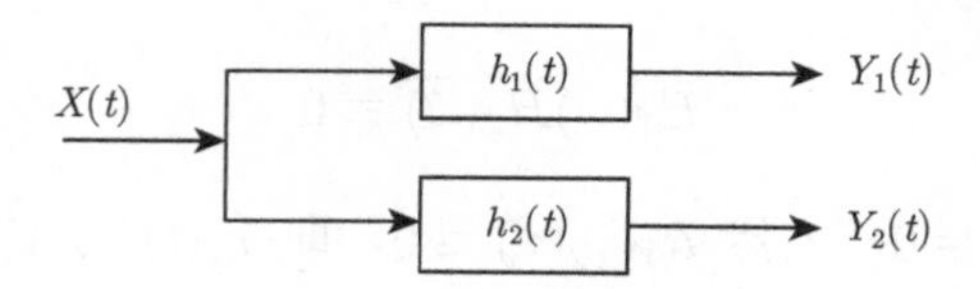

$$R_{Y_1Y_2}(\tau)=R_X(\tau)*h_1(\tau)*h_2(-\tau)$$

(2) 两个平稳信号输入同一个线性系统，相应输出信号的互相关函数：

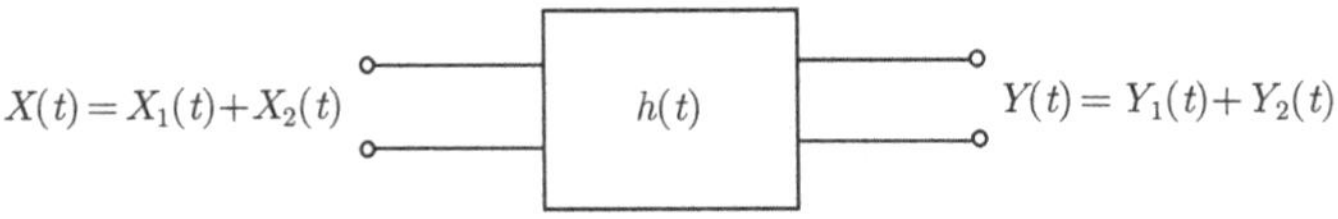

$X(t)=X_1(t)+X_2(t)$　$h(t)$　$Y(t)=Y_1(t)+Y_2(t)$

$$R_{Y_1Y_2}(\tau)=R_{X_1X_2}(\tau)*h(\tau)*h(-\tau)$$

# 第三节　白噪声通过线性时不变系统

## 一、 白噪声的定义

**定义 6.3.1**　一个均值为零、功率谱密度恒为非零常数的平稳过程 $N(t)$ 称为**白噪声**。

通常记：$S_N(\omega)=\dfrac{N_0}{2}$，$-\infty<\omega<+\infty$

于是相关函数为 $R_N(\tau)=\dfrac{N_0}{2}\delta(\tau)$

相关系数为 $\rho_N(\tau)=\dfrac{C_N(\tau)}{C_N(0)}=\dfrac{R_N(\tau)}{R_N(0)}=\begin{cases}1, & \tau=0\\ 0, & \tau\neq 0\end{cases}$

平均功率为 $W_N=R_N(0)=+\infty$

## 二、 对白噪声通过线性时不变系统的分析

1. 系统为理想低通滤波器

$$H(\omega)=\begin{cases}K_0, & |\omega|\leqslant\omega_0\\ 0, & |\omega|>\omega_0\end{cases}$$

白噪声 $N(t)$ 滤波后的剩余噪声 $Y(t)$ 称为**低通白噪声**，其功率谱密度为

$$S_Y(\omega)=\begin{cases}\dfrac{N_0}{2}K_0^2, & |\omega|\leqslant\omega_0\\ 0, & |\omega|>\omega_0\end{cases}$$

相关函数为

$$R_Y(\tau)=\frac{N_0K_0^2\omega_0}{2\pi}\mathrm{Sa}(\omega_0\tau)$$

见图 6.3.1。

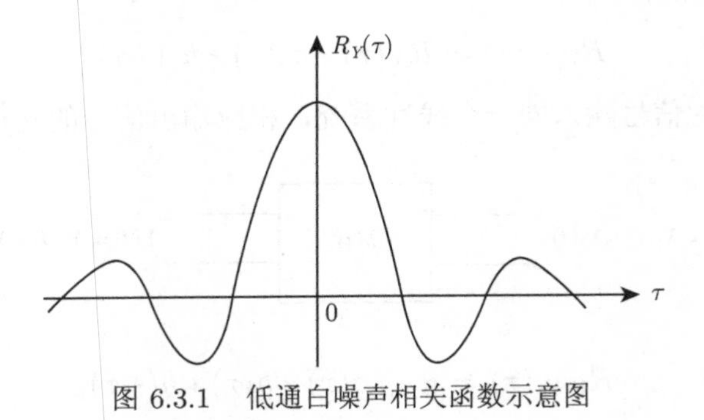


图 6.3.1　低通白噪声相关函数示意图

2. 系统为理想带通滤波器

$$H(\omega)=\begin{cases} K_0, & \omega_0-\dfrac{\Omega}{2}<|\omega|<\omega_0+\dfrac{\Omega}{2} \\ 0, & \text{其他} \end{cases}$$

白噪声 $N(t)$ 滤波后的剩余噪声 $Y(t)$ 称为**带通白噪声**，其功率谱密度为

$$S_Y(\omega)=\begin{cases} \dfrac{N_0}{2}K_0^2, & \omega_0-\dfrac{\Omega}{2}<|\omega|<\omega_0+\dfrac{\Omega}{2} \\ 0, & \text{其他} \end{cases}$$

相关函数为

$$R_Y(\tau)=\frac{N_0K_0^2\Omega}{2\pi}\mathrm{Sa}\left(\frac{\Omega\tau}{2}\right)\cos\omega_0\tau$$

见图 6.3.2。

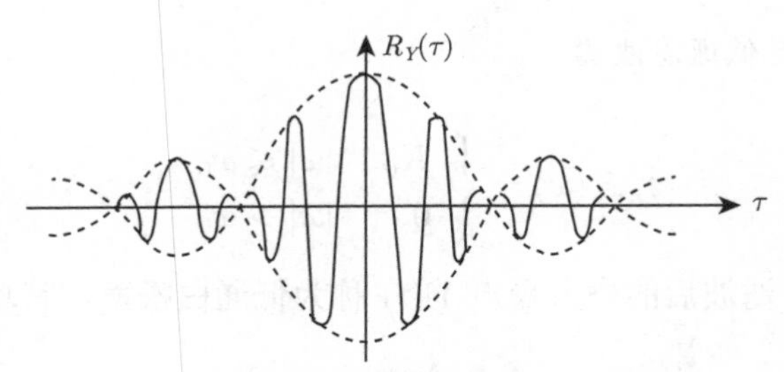


图 6.3.2　带通白噪声相关函数示意图

# 第四节　平稳序列通过离散线性系统的分析

## 一、 单位样值响应及其 $z$-变换

离散线性系统如图 6.4.1 所示，设 $x(n)$ 为任意一输入信号，输出信号为 $y(n)$，即

$$y(n)=L[x(n)]$$

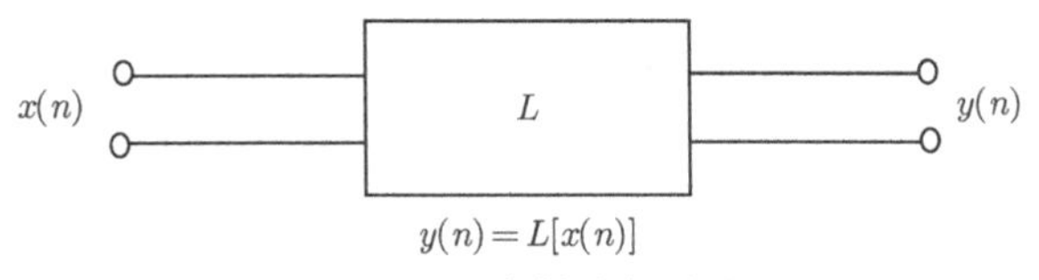

图 6.4.1　离散线性系统

**定义 6.4.1**　当取 $x(n)=\delta(n)$ 时，输出信号 $h_n \doteq L[\delta(n)]$ 称为**单位样值响应**。由定义知

$$x(n)=\sum_{k=-\infty}^{+\infty}\delta(n-k)x(k)$$

于是

$$y(n)=h_n * x(n)$$

两边取 $z$-变换，记 $Y(z)=\sum\limits_{n=-\infty}^{+\infty}y(n)z^{-n}$，$X(z)=\sum\limits_{n=-\infty}^{+\infty}x(n)z^{-n}$，$H(z)=\sum\limits_{n=-\infty}^{+\infty}h_n z^{-n}$，则有

$$\begin{aligned}Y(z)&=\sum_{n=-\infty}^{+\infty}y(n)z^{-n}=\sum_{n=-\infty}^{+\infty}\sum_{k=-\infty}^{+\infty}h_k x(n-k)z^{-n}\\&=\left(\sum_{k=-\infty}^{+\infty}h_k z^{-k}\right)\left(\sum_{n-k=-\infty}^{+\infty}x(n-k)z^{-(n-k)}\right)\\&=H(z)X(z)\end{aligned}$$

$H(z)$ 称为系统的**传递函数**。

**例 6.4.1**　设系统的单位样值响应为 $h_n=\begin{cases}0, & n<0,\\ 1, & n\geqslant 0,\end{cases}$ 求系统的传递函数。

**解**
$$H(z)=\sum_{k=0}^{+\infty}z^{-k}=\frac{z}{z-1}\quad(|z|>1)$$

**例 6.4.2**　设有序列 $x_k=\begin{cases}1, & k\leqslant 0,\\ 0, & k>0,\end{cases}$ 求 $X(z)$。

**解**
$$X(z)=\sum_{k=-\infty}^{0}z^{-k}=\sum_{n=0}^{+\infty}z^{n}=\frac{1}{1-z}\quad(|z|<1)$$

## 二、 对平稳序列通过离散线性系统的相关分析

**定理 6.4.1** 设输入系统的平稳序列 $X_n$ 的值为 $m_X$，系统的单位样值响应为 $h_n$，输出信号为 $Y_n$，则

$$m_Y = m_X \sum_{n=-\infty}^{+\infty} h_n = \text{常数}$$

$$R_{YX}(n+m,n) = R_X(m) * h_m = \sum_{k=-\infty}^{+\infty} h_k R_X(m-k)$$

$$R_{XY}(n+m,n) = R_X(m) * h_{-m} = \sum_{k=-\infty}^{+\infty} h_k R_X(m+k)$$

$$R_Y(n+m,n) = R_X(m) * h_m * h_{-m} = \sum_{k=-\infty}^{+\infty} \sum_{i=-\infty}^{+\infty} h_k h_i R_X(m-k+i)$$

可见输出序列 $Y_n$ 也是平稳序列，并且与 $X_n$ 互为联合平稳序列。

**证明** (1) $m_Y(n) = E(Y_n) = E\left[\sum_{k=-\infty}^{+\infty} h_k X_{n-k}\right]$

$$= \sum_{k=-\infty}^{+\infty} h_k E(X_{n-k}) = m_X \sum_{k=-\infty}^{+\infty} h_k$$

(2) $R_{YX}(n+m) = E[Y_{n+m}\overline{X_n}]$

$$= E\left[\sum_{k=-\infty}^{+\infty} h_k X_{n+m-k}\overline{X_n}\right] = \sum_{k=-\infty}^{+\infty} h_k E[X_{n+m-k}\overline{X_n}]$$

$$= \sum_{k=-\infty}^{+\infty} h_k R_X(m-k) = R_X(m) * h_m$$

其他同理可证。

## 三、 对平稳序列通过离散线性系统的谱密度分析

平稳序列 $X_n$ 的**功率谱密度**定义为

$$S_X(\omega) = \sum_{n=-\infty}^{+\infty} R_X(n) e^{-jn\omega} \quad (-\pi < \omega \leqslant \pi) \tag{6.4.1}$$

逆变换为

$$R_X(n) = \frac{1}{2\pi}\int_{-\pi}^{\pi} S_X(\omega) e^{jn\omega} \mathrm{d}\omega \tag{6.4.2}$$

令 $e^{j\omega}=z$，则

$$S_X(\omega)=\sum_{n=-\infty}^{+\infty}R_X(n)e^{-jn\omega}$$
$$=\sum_{n=-\infty}^{+\infty}R_X(n)z^{-n}\hat{=}\Phi_X(z)$$

这里 $\Phi_X(z)$ 即 $R_X(n)$ 的 $z$-变换。可见

$$\Phi_X(e^{j\omega})=S_X(\omega)$$
$$R_X(n)=\frac{1}{2\pi}\int_{-\pi}^{\pi}S_X(\omega)e^{jn\omega}\mathrm{d}\omega$$

**定理 6.4.2**　设输入线性系统的平稳序列为 $X_n$，输出信号为 $Y_n$，则

$$\Phi_Y(z)=\Phi_X(z)H(z)H\left(\frac{1}{z}\right) \tag{6.4.3}$$

令 $z=e^{j\omega}$，得

$$S_Y(\omega)=S_X(\omega)H(e^{j\omega})H(e^{-j\omega}) \tag{6.4.4}$$

**证明**　$\Phi_Y(z)=\sum_{n=-\infty}^{+\infty}R_Y(n)z^{-n}$

$$=\sum_{n=-\infty}^{+\infty}(R_X(n)*h_n*h_{-n})z^{-n}=\Phi_X(z)H(z)H\left(\frac{1}{z}\right)$$

**例 6.4.3**　设一线性离散系统的单位样值响应为

$$h_k=\begin{cases}0, & k<0,\\ e^{-\alpha k}, & k\geqslant 0\end{cases}\quad(\alpha>0)$$

这是一个因果型的低通滤波器。又设该系统的激励信号是一个平稳序列 $X_n$，均值为零，相关函数为

$$R_X(n)=\begin{cases}\frac{N_0}{2}, & n=0\\ 0, & n\neq 0\end{cases}$$

求输出过程 $Y_n$ 的均值、相关函数及功率谱密度。

**解**　$$E(Y_n)=0\cdot\left(\sum_{n=-\infty}^{+\infty}h_n\right)=0$$

$$H(z)=\sum_{k=0}^{+\infty}e^{-\alpha k}z^{-k}=\frac{e^{\alpha}}{e^{\alpha}-z^{-1}}$$

因为

$$R_X(n)=\begin{cases}\dfrac{N_0}{2}, & n=0\\ 0, & n\neq 0\end{cases}$$

所以

$$\Phi_X(z)=\sum_{n=-\infty}^{+\infty}R_X(n)z^{-n}=\frac{N_0}{2}$$

于是，有

$$\Phi_Y(z)=\Phi_X(z)H(z)H\left(\frac{1}{z}\right)=\frac{N_0e^{2\alpha}}{2(e^{\alpha}-z^{-1})(e^{\alpha}-z)}$$

故

$$S_Y(\omega)=\Phi_Y(e^{j\omega})=\frac{N_0e^{2\alpha}}{2(e^{\alpha}-e^{-j\omega})(e^{\alpha}-e^{j\omega})}$$

当 $m>0$ 时，

$$\begin{aligned}R_Y(m)&=\sum_{k=0}^{+\infty}\sum_{i=0}^{+\infty}h_kh_iR_X(m-k+i)\\&=\sum_{i=0}^{+\infty}h_ih_{m+i}R_X(0)=\sum_{i=0}^{+\infty}\frac{N_0}{2}e^{-\alpha(m+2i)}\\&=\frac{N_0}{2}e^{-\alpha m}\frac{1}{1-e^{-2\alpha}}=\frac{N_0}{2}\frac{e^{-\alpha(m-2)}}{e^{2\alpha}-1}\end{aligned}$$

当 $m\leqslant 0$ 时，同理可得

$$R_Y(m)=\frac{N_0}{2}\frac{e^{\alpha(m+2)}}{e^{2\alpha}-1}$$

综上有

$$R_Y(m)=\frac{N_0}{2}e^{-\alpha|m|}\frac{e^{2\alpha}}{e^{2\alpha}-1}$$

## 第五节 解析信号与 Hilbert 变换

### 一、 解析信号与 Hilbert 变换引出的背景

设 $x(t)$ 是实信号，其频谱为 $F_x(\omega)=\int_{-\infty}^{+\infty}x(t)e^{-j\omega t}\mathrm{d}t,-\infty<\omega<+\infty$。一般来说，$x(t)$ 包含正、负两种频率成分，在实际研究和分析信号的特性时，往往希望

采用单边频谱信号，以简化对问题的分析，于是从实际信号 $x(t)$ 出发，引出一个单边频谱的信号 $\tilde{x}(t)$，使 $\tilde{x}(t)$ 的频谱 $F_{\tilde{x}}(\omega)$ 具有性质 $F_{\tilde{x}}(\omega)=\begin{cases}2F(\omega), & \omega\geqslant 0,\\ 0, & \omega<0。\end{cases}$

具有该性质的信号 $\tilde{x}(t)$ 就是本节要研究的解析信号。

由 Fourier 逆变换得

$$\tilde{x}(t)=\frac{1}{2\pi}\int_{-\infty}^{+\infty}F_{\tilde{x}}(\omega)e^{j\omega t}\mathrm{d}\omega=\frac{1}{\pi}\int_{0}^{+\infty}F_{x}(\omega)e^{j\omega t}\mathrm{d}\omega$$

下面考察解析信号 $\tilde{x}(t)$ 实部、虚部的关系。因为

$$F_{\tilde{x}}(\omega)=\begin{cases}2F_x(\omega), & \omega\geqslant 0,\\ 0, & \omega<0\end{cases}=2F_x(\omega)U(\omega)$$

这里 $U(\omega)=\begin{cases}1, & \omega\geqslant 0,\\ 0, & \omega<0\end{cases}$ 为阶梯函数。

若用 $\mathcal{F}[f(t)]$ 表示对 $f(t)$ 作 Fourier 变换，由 $\mathcal{F}[\delta(t)]=1,\mathcal{F}\left(\dfrac{j}{\pi t}\right)=\mathrm{sgn}(\omega)$ 可得

$$\begin{aligned}g(t)&=\frac{1}{2\pi}\int_{-\infty}^{+\infty}U(\omega)e^{j\omega t}\mathrm{d}\omega\\&=\frac{1}{2\pi}\int_{-\infty}^{+\infty}\frac{1}{2}[1+\mathrm{sgn}(\omega)]e^{j\omega t}\mathrm{d}\omega=\frac{1}{2}\left[\delta(t)+\frac{j}{\pi t}\right]\end{aligned}$$

所以

$$\begin{aligned}\tilde{x}(t)&=2x(t)*g(t)=2x(t)*\left\{\frac{1}{2}\left[\delta(t)+\frac{j}{\pi t}\right]\right\}\\&=x(t)*\delta(t)+x(t)*\frac{j}{\pi t}=x(t)+\frac{j}{\pi}\int_{-\infty}^{+\infty}\frac{x(u)}{t-u}\mathrm{d}u\\&\hat{=}x(t)+j\hat{x}(t)\end{aligned}$$

即

$$\hat{x}(t)=\frac{1}{\pi}\int_{-\infty}^{+\infty}\frac{x(u)}{t-u}\mathrm{d}u \tag{6.5.1}$$

## 二、 Hilbert 变换

### 1. Hilbert 变换的定义

**定义 6.5.1**　对于信号 $x(t)$，称 $\hat{x}(t)=\frac{1}{\pi}\int_{-\infty}^{+\infty}\frac{x(u)}{t-u}\mathrm{d}u=x(t)*\frac{1}{\pi t}$ 为 $x(t)$ 的 **Hilbert 变换**，记为 $\hat{x}(t)=H[x(t)]$。$x(t)$ 称为 $\hat{x}(t)$ 的 **Hilbert 逆变换**，记为 $x(t)=H^{-1}[\hat{x}(t)]$。

Hilbert 变换是研究解析信号和窄带平稳信号统计性质的重要工具。

Hilbert 变换的其他形式：

$$\hat{x}(t)=\frac{1}{\pi}\int_{-\infty}^{+\infty}\frac{x(t-u)}{u}\mathrm{d}u=-\frac{1}{\pi}\int_{-\infty}^{+\infty}\frac{x(t+u)}{u}\mathrm{d}u \tag{6.5.2}$$

频域上的 Hilbert 变换式：

$$\mathcal{F}[\hat{x}(t)]=F(\omega)[-j\mathrm{sgn}(\omega)]=-jF(\omega)\mathrm{sgn}(\omega) \tag{6.5.3}$$

这说明了 Hilbert 变换器是幅频特性为 1 的全通滤波器，当信号通过后，其负频成分作 $\frac{\pi}{2}$ 的移相，而正频成分作 $-\frac{\pi}{2}$ 的移相。

### 2. Hilbert 变换的性质

(1) 重变换律：$H\{H[x(t)]\}=-x(t)$。

**证明**　因为

$$\mathcal{F}\{H\{H[x(t)]\}\}=\mathcal{F}[x(t)][-j\mathrm{sgn}(\omega)]^2=-\mathcal{F}[x(t)]=\mathcal{F}[-x(t)]$$

所以

$$H\{H[x(t)]\}=-x(t)$$

(2) 若 $x(t)$ 为偶函数，则 $H[x(t)]$ 为奇函数；若 $x(t)$ 为奇函数，则 $H[x(t)]$ 为偶函数。

**证明**　若 $x(t)$ 为偶函数，则

$$\hat{x}(-t)=x(-t)*\frac{1}{\pi(-t)}=-x(t)*\frac{1}{\pi t}=-\hat{x}(t)$$

所以 $\hat{x}(t)$ 即 $H[x(t)]$ 为奇函数。

同理可证：若 $x(t)$ 为奇函数，则 $H[x(t)]$ 为偶函数。

(3)　$H[\cos(\omega t+\varphi)]=\sin(\omega t+\varphi),\quad \omega>0$

$H[\sin(\omega t+\varphi)]=-\cos(\omega t+\varphi),\quad \omega>0$

**证明**　根据 $\hat{x}(t)=-\dfrac{1}{\pi}\displaystyle\int_{-\infty}^{+\infty}\frac{x(t+u)}{u}\mathrm{d}u$，则有

$$
\begin{aligned}
H[\cos(\omega t+\varphi)]&=-\frac{1}{\pi}\int_{-\infty}^{+\infty}\frac{\cos(\omega t+\omega u+\varphi)}{u}\mathrm{d}u\\
&=-\frac{1}{\pi}\int_{-\infty}^{+\infty}\frac{\cos(\omega t+\varphi)\cos\omega u-\sin(\omega t+\varphi)\sin\omega u}{u}\mathrm{d}u\\
&=\frac{2\sin(\omega t+\varphi)}{\pi}\int_{0}^{+\infty}\frac{\sin\omega u}{u}\mathrm{d}u
\end{aligned}
$$

因为 $\omega>0$，利用 Dirichlet 积分 $\displaystyle\int_{0}^{+\infty}\frac{\sin x}{x}\mathrm{d}x=\frac{\pi}{2}$，得

$$
H[\cos(\omega t+\varphi)]=\sin(\omega t+\varphi)
$$

所以

$$
H\{H[\cos(\omega t+\varphi)]\}=H[\sin(\omega t+\varphi)]
$$

利用重变换律，得

$$
H[\sin(\omega t+\varphi)]=-\cos(\omega t+\varphi)
$$

该性质同样说明了 Hilbert 变换是移相器、幅频特性为 1 的全通滤波器，当 $\omega>0$ 时，Hilbert 变换是使相位滞后 $\dfrac{\pi}{2}$ 的移相器，而 Hilbert 逆变换则是使相位移前 $\dfrac{\pi}{2}$ 的移相器。

(4) 若 $y(t)=v(t)*x(t)$，则 $\hat{y}(t)=v(t)*\hat{x}(t)=\hat{v}(t)*x(t)$。

**证明**　根据 $\hat{x}(t)=x(t)*\dfrac{1}{\pi t}$，则有

$$
\hat{y}(t)=v(t)*x(t)*\frac{1}{\pi t}=\left(v(t)*\frac{1}{\pi t}\right)*x(t)=\hat{v}(t)*x(t)
$$

或者

$$
\hat{y}(t)=v(t)*x(t)*\frac{1}{\pi t}=v(t)*\left(x(t)*\frac{1}{\pi t}\right)=v(t)*\hat{x}(t)
$$

(5) 设 $a(t)$ 为低通限带信号，其频谱为 $A(\omega)$，即

$$
A(\omega)=\begin{cases}A(\omega), & |\omega|<W\\ 0, & |\omega|\geqslant W\end{cases}
$$

任取 $\omega_c>W$，则有

$$H[a(t)\cos\omega_c t] = a(t)\sin\omega_c t$$
$$H[a(t)\sin\omega_c t] = -a(t)\cos\omega_c t$$

**证明**　因为

$$\begin{aligned}\mathcal{F}\{H[a(t)\cos\omega_c t]\} &= \mathcal{F}[a(t)\cos\omega_c t][-j\text{sgn}(\omega)] \\ &= \frac{A(\omega-\omega_c)+A(\omega+\omega_c)}{2}\cdot\frac{\text{sgn}(\omega)}{j} \\ &= \frac{A(\omega-\omega_c)-A(\omega+\omega_c)}{2j} \\ &= \mathcal{F}[a(t)\sin\omega_c t]\end{aligned}$$

所以

$$H[a(t)\cos\omega_c t] = a(t)\sin\omega_c t$$

于是，有

$$H[a(t)\sin\omega_c t] = H\{H[a(t)\cos\omega_c t]\} = -a(t)\cos\omega_c t$$

(6) 对实平稳过程 $X(t)$ 作 Hilbert 变换，则 $\hat{X}(t) = H[X(t)]$ 仍然是实平稳过程，且有

$$R_{\hat{X}}(\tau) = R_X(\tau),\quad R_{\hat{X}X}(\tau) = \hat{R}_X(\tau),\quad R_{X\hat{X}}(\tau) = -\hat{R}_X(\tau)$$
$$S_{\hat{X}}(\omega) = S_X(\omega),\quad S_{\hat{X}X}(\omega) = \hat{S}_X(\omega),\quad S_{X\hat{X}}(\omega) = -\hat{S}_X(\omega)$$

**证明**　因为 $\hat{X}(t) = X(t) * \dfrac{1}{\pi t}$，所以 $\hat{X}(t)$ 就是 $X(t)$ 通过冲激响应为 $\dfrac{1}{\pi t}$ 的线性系统的输出信号。根据线性系统的性质可知，当 $X(t)$ 是实平稳过程时，$\hat{X}(t)$ 也是实平稳过程，并且与 $X(t)$ 是联合平稳过程。进一步，还有

$$R_{\hat{X}}(\tau) = R_X(\tau) * \frac{1}{\pi\tau} * \frac{1}{\pi(-\tau)} = -H\{H[R_X(\tau)]\} = R_X(\tau)$$
$$R_{\hat{X}X}(\tau) = R_X(\tau) * \frac{1}{\pi\tau} = \hat{R}_X(\tau)$$
$$R_{X\hat{X}}(\tau) = R_X(\tau) * \frac{1}{\pi(-\tau)} = -R_X(\tau) * \frac{1}{\pi\tau} = -\hat{R}_X(\tau)$$

于是，有

$$S_{\hat{X}}(\omega) = S_X(\omega),\quad S_{\hat{X}X}(\omega) = -jS_X(\omega)\text{sgn}(\omega),\quad S_{X\hat{X}}(\omega) = jS_X(\omega)\text{sgn}(\omega)$$

**注**　(1) 对实平稳过程 $X(t)$，由 $R_{X\hat{X}}(0) = 0$ 知，在同一时刻 $X(t)$ 与 $\hat{X}(t)$ 正交。

(2) 对实函数 $x(t)$ 也有类似性质 (6) 的结果，此时 $x(t)$ 的相关函数是指时间相关函数：

$$R_x(\tau) \hat{=} \langle x(t+\tau)x(t)\rangle = \lim_{T\to+\infty}\frac{1}{2T}\int_{-T}^{T} x(t+\tau)x(t)\mathrm{d}t$$

则 $R_x(\tau)$ 的 Fourier 变换 $S_x(\omega)$ 为 $x(t)$ 的功率谱密度，即

$$S_x(\omega) = \int_{-\infty}^{+\infty} R_x(\tau)e^{-j\omega t}\mathrm{d}\tau$$

若 $R_{\hat{x}}(\tau)$ 和 $R_{\hat{x}}(\omega)$ 分别为 $\hat{x}(t)$ 的时间自相关函数和功率谱密度，则有

$$R_{\hat{x}}(\tau) = R_x(\tau), \quad S_{\hat{x}}(\omega) = S_x(\omega)$$

另外，还有

$$R_{\hat{x}x}(\tau) = \hat{R}_x(\tau), \quad R_{x\hat{x}}(\tau) = -\hat{R}_x(\tau)$$

$$S_{\hat{x}x}(\omega) = -jS_x(\omega)\mathrm{sgn}(\omega), \quad S_{x\hat{x}}(\omega) = jS_x(\omega)\mathrm{sgn}(\omega)$$

## 三、 解析信号

1. 解析信号的定义

设 $x(t)$ 和 $y(t)$ 为实信号，若复信号 $z(t) = x(t) + jy(t)$ 满足 $y(t) = \hat{x}(t)$，则 $z(t)$ 称为**解析信号**，也称 $z(t)$ 为 $x(t)$ 的解析信号。通常记 $x(t)$ 的解析信号为 $\tilde{x}(t)$，即 $\tilde{x}(t) = x(t) + j\hat{x}(t)$。

2. 解析信号的性质

(1) 设解析信号 $\tilde{x}(t) = x(t) + j\hat{x}(t)$，实部 $x(t)$ 的 Fourier 变换为

$$F_x(\omega) = \int_{-\infty}^{+\infty} x(t)e^{-j\omega t}\mathrm{d}t, \quad -\infty < \omega < +\infty$$

若 $F_{\tilde{x}}(\omega)$ 和 $F_{\overline{\tilde{x}}}(\omega)$ 分别为 $\tilde{x}(t)$ 和 $\overline{\tilde{x}(t)}$ 的 Fourier 变换，则

$$F_{\tilde{x}}(\omega) = 2F_x(\omega)U(\omega), \quad F_{\overline{\tilde{x}}}(\omega) = 2F_x(\omega)U(-\omega)$$

**注**　$\overline{\tilde{x}(t)} = x(t) - j\hat{x}(t)$ 已不再是解析信号。

(2) 设 $z_1(t)$ 和 $z_2(t)$ 都是解析信号，则 $z_1(t) * \overline{z_2(t)} = 0$。

**例 6.5.1**　已知随机初相信号 $X(t) = A\cos(\omega_0 t + \Theta)$，$A$ 和 $\omega_0$ 均为正常数，$\Theta \sim U(0, 2\pi)$，此信号通过冲激响应为 $\dfrac{1}{\pi t}$ 的线性系统后，输出信号为 $Y(t)$，求：$R_Y(\tau), R_{YX}(\tau), R_{XY}(\tau)$。

**解** 因为

$$R_X(\tau) = \frac{A^2}{2}\cos\omega_0\tau$$

$$Y(t) = X(t) * \frac{1}{\pi t} = \hat{X}(t)$$

所以

$$R_Y(\tau) = R_{\hat{X}}(\tau) = R_X(\tau) = \frac{A^2}{2}\cos\omega_0\tau$$

$$R_{YX}(\tau) = R_{\hat{X}X}(\tau) = \hat{R}_X(\tau) = \frac{A^2}{2}\sin\omega_0\tau$$

$$R_{XY}(\tau) = R_{X\hat{X}}(\tau) = -\hat{R}_X(\tau) = -\frac{A^2}{2}\sin\omega_0\tau$$

**例 6.5.2** 试判断 $z(t) = \exp(j\omega_0 t)\ (\omega_0 < 0)$ 是否为解析信号。

**解** $$z(t) = \exp(j\omega_0 t) = \cos\omega_0 t + j\sin\omega_0 t$$

因为当 $\omega_0 < 0$ 时，$H[\cos\omega_0 t] = H[\cos(-\omega_0 t)] = \sin(-\omega_0 t) = -\sin\omega_0 t$，所以 $z(t)$ 不是解析信号。

## 第六节 窄带平稳 Gauss 过程

### 一、 窄带随机过程

本节研究的窄带随机过程是一种重要的实平稳过程，特别是在雷达、通信接收机中尤为常见。

对一般的无线接收机，通常都有高频或中频放大器，它们的通频带宽 $\Delta\omega$ 往往远小于中心频率 $\omega_0$，即有

$$\frac{\Delta\omega}{\omega_0} \ll 1$$

这种线性系统称为窄带 (线性) 系统。当白噪声或宽带噪声 $X(t)$ 通过此窄带系统，则输出过程 $Y(t)$ 的功率谱密度 $S_Y(\omega)$ 只分布在中心频率 $\pm\omega_0$ 附近的窄带范围内，谱宽 $\Delta\omega \ll \omega_0$，这种过程称为窄带平稳过程，简称窄带过程。在工程上常用功率谱关于 $\pm\omega_0$ 对称的窄带过程，如图 6.6.1 所示，这种过程称为具有对称谱的窄带过程。

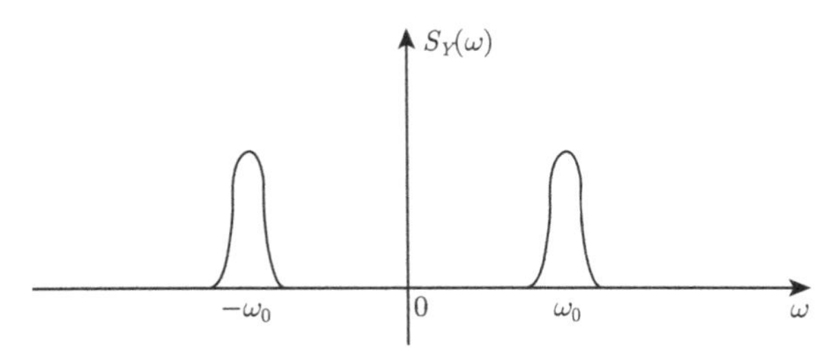


图 6.6.1　具有对称谱的窄带过程

1. 表示式

$$N(t) = A(t)\cos(\omega_0 t + \Phi(t)) \tag{6.6.1}$$

其中，$A(t)$ 称为 $N(t)$ 的包络，$\Phi(t)$ 称为 $N(t)$ 的相位。$A(t)$ 也叫慢变幅度，$\Phi(t)$ 为慢变相位。

由于

$$\begin{aligned} N(t) &= A(t)\cos(\omega_0 t + \Phi(t)) \\ &= [A(t)\cos\Phi(t)]\cos\omega_0 t - [A(t)\sin\Phi(t)]\sin\omega_0 t \end{aligned}$$

令

$$N_c(t) = A(t)\cos\Phi(t), \quad N_s(t) = A(t)\sin\Phi(t)$$

则

$$N(t) = N_c(t)\cos\omega_0 t - N_s(t)\sin\omega_0 t \tag{6.6.2}$$

这是 $N(t)$ 的另一种表达式，其中 $N_c(t)$ 和 $N_s(t)$ 分别称为同相分量和正交分量。

由于 $A(t)$ 和 $\Phi(t)$ 是慢变的即是低频的，因此可以认为 $\omega_0$ 大于 $N_c(t)$ 和 $N_s(t)$ 的频带上限，由 Hilbert 变换的性质得

$$\hat{N}(t) = N_c(t)\sin\omega_0 t + N_s(t)\cos\omega_0 t \tag{6.6.2$'$}$$

所以解析信号

$$\begin{aligned} \tilde{N}(t) &= N(t) + j\hat{N}(t) \\ &= N_c(t)\cos\omega_0 t - N_s(t)\sin\omega_0 t + j[N_c(t)\sin\omega_0 t + N_s(t)\cos\omega_0 t] \\ &= [N_c(t) + jN_s(t)](\cos\omega_0 t + j\sin\omega_0 t) \\ &= [N_c(t) + jN_s(t)]e^{j\omega_0 t} = \tilde{A}(t)e^{j\omega_0 t} \end{aligned}$$

这里，$\tilde{A}(t) = N_c(t) + jN_s(t)$ 称为 $N(t)$ 的复包络，它由 $N(t)$ 的包络 $A(t)$ 及相位 $\Phi(t)$ 确定。

2. $N_c(t)$ 与 $N_s(t)$ 的性质

由

$$\begin{cases} N(t) = N_c(t)\cos\omega_0 t - N_s(t)\sin\omega_0 t \\ \hat{N}(t) = N_c(t)\sin\omega_0 t + N_s(t)\cos\omega_0 t \end{cases}$$

解得

$$\begin{cases} N_c(t) = N(t)\cos\omega_0 t + \hat{N}(t)\sin\omega_0 t \\ N_s(t) = \hat{N}(t)\cos\omega_0 t - N(t)\sin\omega_0 t \end{cases}$$

利用 $N(t)$ 的性质，可得 $N_c(t)$，$N_s(t)$ 的以下性质。

**性质 1** 如果 $E[N(t)] = 0$，则 $E[N_c(t)] = E[N_s(t)] = 0$。

**性质 2** 如果 $N(t)$ 是 Gauss 过程，则 $N_c(t)$ 与 $N_s(t)$ 是联合 Gauss 过程。

**性质 3** 如果 $N(t)$ 是均值为零的平稳过程，则 $N_c(t)$ 与 $N_s(t)$ 是均值为零的联合平稳过程。

**证明** 由线性系统的性质知，$\hat{N}(t)$ 与 $N(t)$ 是均值为零的联合平稳过程。由性质 1 得

$$E[N_c(t)] = E[N_s(t)] = 0$$

又因为

$$\begin{aligned} R_{N_c}(t+\tau, t) &= E[N_c(t+\tau)N_c(t)] \\ &= E\left\{[N(t+\tau)\cos(\omega_0(t+\tau)) + \hat{N}(t+\tau)\sin(\omega_0(t+\tau))]\right. \\ &\quad \left.\cdot[N(t)\cos\omega_0 t + \hat{N}(t)\sin\omega_0 t]\right\} \\ &= R_N(\tau)\cos(\omega_0(t+\tau))\cos\omega_0 t + R_{\hat{N}}(\tau)\sin(\omega_0(t+\tau))\sin\omega_0 t \\ &\quad + R_{N\hat{N}}(\tau)\cos(\omega_0(t+\tau))\sin\omega_0 t + R_{\hat{N}N}(\tau)\sin(\omega_0(t+\tau))\cos\omega_0 t \\ &= R_N(\tau)\cos\omega_0\tau + \hat{R}_N(\tau)\sin\omega_0\tau \end{aligned}$$

注意上面推导用到：$R_{\hat{N}}(\tau) = R_N(\tau)$, $R_{\hat{N}N}(\tau) = -R_{N\hat{N}}(\tau) = \hat{R}_N(\tau)$。
同理可证

$$R_{N_s}(\tau) = R_{N_c}(\tau) = R_N(\tau)\cos\omega_0\tau + \hat{R}_N(\tau)\sin\omega_0\tau \tag{6.6.3}$$

$$R_{N_cN_s}(\tau) = -R_{N_sN_c}(\tau) = R_N(\tau)\sin\omega_0\tau - \hat{R}_N(\tau)\cos\omega_0\tau \tag{6.6.4}$$

可见 $N_c(t)$ 与 $N_s(t)$ 是均值为零的联合平稳过程。

**推论** (1) 如果 $N(t)$ 是均值为零的平稳的 Gauss 过程，则 $N_c(t)$ 与 $N_s(t)$ 是均值为零的联合平稳 Gauss 过程。

(2)
$$E[N^2(t)] = E[N_c^2(t)] = E[N_s^2(t)]$$
当 $E[N(t)] = 0$ 时，有
$$D[N(t)] = D[N_c(t)] = D[N_s(t)]$$

(3) 如果 $N(t)$ 是均值为零的联合平稳过程，则 $N_c(t)$ 与 $N_s(t)$ 在同一时刻不相关。特别地，当 $N(t)$ 还是 Gauss 过程时，$N_c(t)$ 与 $N_s(t)$ 在同一时刻独立。

**性质 4**　设窄带过程 $N(t)$ 的功率谱密度
$$S_N(\omega) = \begin{cases} S_N(\omega), & -W < |\omega| - \omega_0 < W \\ 0, & \text{其他} \end{cases}$$
则
$$\begin{aligned} S_{N_c}(\omega) &= S_{N_s}(\omega) \\ &= \begin{cases} S_N(\omega - \omega_0) + S_N(\omega + \omega_0), & -W < \omega < W \\ 0, & \text{其他} \end{cases} \\ &\hat{=} L_p[S_N(\omega - \omega_0) + S_N(\omega + \omega_0)] \\ S_{N_cN_s}(\omega) &= -S_{N_sN_c}(\omega) \\ &= \begin{cases} -j[S_N(\omega - \omega_0) - S_N(\omega + \omega_0)], & -W < \omega < W \\ 0, & \text{其他} \end{cases} \\ &\hat{=} -jL_p[S_N(\omega - \omega_0) - S_N(\omega + \omega_0)] \end{aligned}$$
$L_p[\cdot]$ 表示取括号中量值的低通部分，$L_p$ 是 Lowpass 的缩写。

**证明**　
$$\begin{aligned} \mathcal{F}[R_{N_s}(\tau)] =& \mathcal{F}[R_N(\tau)\cos\omega_0\tau + \hat{R}_N(\tau)\sin\omega_0\tau] \\ =& \frac{1}{2}[S_N(\omega - \omega_0) + S_N(\omega + \omega_0)] + \frac{(-j)}{2j}[S_N(\omega - \omega_0) \\ & \cdot \operatorname{sgn}(\omega - \omega_0) - S_N(\omega + \omega_0)\operatorname{sgn}(\omega + \omega_0)] \\ =& S_N(\omega-\omega_0)\frac{1-\operatorname{sgn}(\omega-\omega_0)}{2} + S_N(\omega+\omega_0)\frac{1+\operatorname{sgn}(\omega+\omega_0)}{2} \\ =& \begin{cases} S_N(\omega - \omega_0) + S_N(\omega + \omega_0), & -W < \omega < W \\ 0, & \text{其他} \end{cases} \end{aligned}$$
由性质 3 的证明知
$$R_{N_s}(\tau) = R_{N_c}(\tau)$$
因而，有
$$S_{N_c}(\omega) = S_{N_s}(\omega)$$

所以

$$S_{N_c}(\omega)=S_{N_s}(\omega)=L_p[S_N(\omega-\omega_0)+S_N(\omega+\omega_0)]$$

同理可证

$$S_{N_cN_s}(\omega)=-S_{N_sN_c}(\omega)=-jL_p[S_N(\omega-\omega_0)-S_N(\omega+\omega_0)]$$

## 二、Gauss 窄带过程的包络和相位

由以上分析知：一个均值为零的窄带平稳 Gauss 过程，其 $N_c(t)$ 与 $N_s(t)$ 也是均值为零、方差相同的联合平稳 Gauss 过程，且在同一时刻它们还是统计独立的。下面利用 $N_c(t)$ 与 $N_s(t)$ 的性质来研究包络 $A(t)$ 和相位 $\Phi(t)$ 的性质。

因 $N_c(t)$ 与 $N_s(t)$ 相互独立且服从正态分布，所以 $N_c(t)$ 与 $N_s(t)$ 的联合密度函数为

$$f_t(x,y)=f_{N_c(t)}(x)f_{N_s(t)}(y)=\frac{1}{2\pi\sigma^2}\exp\left\{-\frac{x^2+y^2}{2\sigma^2}\right\}$$

因为

$$\begin{cases}N_c(t)=A(t)\cos\Phi(t),\\ N_s(t)=A(t)\sin\Phi(t),\end{cases}\quad A(t)\geqslant 0,\quad \Phi(t)\in[0,2\pi]$$

求得

$$J=\frac{\partial(N_c(t),N_s(t))}{\partial(A(t),\Phi(t))}=A(t)$$

所以 $A(t)$ 与 $\Phi(t)$ 的联合密度函数为

$$g_t(a,\varphi)=|J|\,f_t(x,y)=\frac{a}{2\pi\sigma^2}\exp\left\{-\frac{a^2}{2\sigma^2}\right\}$$

其边际分布为

$$\begin{aligned}g_{A(t)}(a)&=\int_0^{2\pi}\frac{a}{2\pi\sigma^2}\exp\left\{-\frac{a^2}{2\sigma^2}\right\}\mathrm{d}\varphi\\&=\frac{a}{\sigma^2}\exp\left\{-\frac{a^2}{2\sigma^2}\right\}\quad(a\geqslant 0)\end{aligned}$$

和

$$g_{\Phi(t)}(\varphi)=\int_0^{+\infty}\frac{a}{2\pi\sigma^2}\exp\left\{-\frac{a^2}{2\sigma^2}\right\}\mathrm{d}a=\frac{1}{2\pi}$$

可见，$A(t)$ 服从瑞利分布，$\Phi(t)$ 服从 $[0,2\pi]$ 上的均匀分布。

由 $g_t(a,\varphi)=g_{A(t)}(a)g_{\Phi(t)}(\varphi)$ 知，在同一时刻 $A(t)$ 与 $\Phi(t)$ 独立，但可以证明两过程不是独立的过程。

# 第七节　正弦波叠加窄带平稳 Gauss 过程

本节主要讨论加 Gauss 白噪声的正弦波经滤波后，输出信号的包络分布。

设 $X(t)=A\sin(\omega_0 t+\Theta)+N(t)$，这里 $A$, $\omega_0$ 均为常数，$\Theta\sim U[0,2\pi]$，$\Theta$ 与 $N(t)$ 独立。

$$N(t)=N_c(t)\cos\omega_0 t-N_s(t)\sin\omega_0 t$$

为零均值的窄带平稳 Gauss 过程，则

$$X(t)=[N_c(t)+A\sin\Theta]\cos\omega_0 t-[N_s(t)-A\cos\Theta]\sin\omega_0 t$$

记

$$X_c(t)=N_c(t)+A\sin\Theta,\quad X_s(t)=N_s(t)-A\cos\Theta$$

于是有

$$X(t)=X_c(t)\cos\omega_0 t-X_s(t)\sin\omega_0 t \tag{6.7.1}$$

若 $Z(t)$ 和 $\Phi(t)$ 分别为 $X(t)$ 的包络和相位，即

$$X(t)=Z(t)\cos(\omega_0 t+\Phi(t)) \tag{6.7.2}$$

则

$$\begin{cases} X_c(t)=Z(t)\cos\Phi(t)\\ X_s(t)=Z(t)\sin\Phi(t)\end{cases}$$

即

$$\begin{cases} N_c(t)+A\sin\Theta=Z(t)\cos\Phi(t),\\ N_s(t)-A\cos\Theta=Z(t)\sin\Phi(t),\end{cases}\qquad Z(t)\geqslant 0,\quad \Phi(t)\in[0,2\pi]$$

因 $N_c(t),N_s(t)$ 及 $\Theta$ 相互独立，所以它们的联合密度函数为

$$f_t(n_c,n_s,\theta)=f_{N_c(t)}(n_c)f_{N_s(t)}(n_s)f_\Phi(\theta)=\frac{1}{4\pi^2\sigma^2}\exp\left\{-\frac{n_c^2+n_s^2}{2\sigma^2}\right\}$$

作变换

$$\begin{cases} n_c=z\cos\varphi-A\sin\theta\\ n_s=z\sin\varphi+A\cos\theta\\ \theta=\theta\end{cases} \tag{6.7.3}$$

则

$$J=\frac{\partial(n_c,n_s,\theta)}{\partial(z,\varphi,\theta)}=z \tag{6.7.4}$$

所以 $Z(t),\Phi(t)$ 和 $\Theta$ 的联合密度函数为

$$\begin{aligned} g_t(z,\varphi,\theta) &= |J|\, f_t(n_c,n_s,\theta) \\ &= \frac{z}{4\pi^2\sigma^2}\exp\left\{-\frac{1}{2\sigma^2}[z^2+A^2-2Az\sin(\theta-\varphi)]\right\} \end{aligned}$$

这里，$z\geqslant 0,\varphi\in[0,2\pi],\theta\in[0,2\pi]$。

关于 $Z(t)$ 的边际概率密度函数为

$$g_{Z(t)}(z)=\int_0^{2\pi}\int_0^{2\pi} g_t(z,\varphi,\theta)\mathrm{d}\varphi\mathrm{d}\theta=\frac{z}{4\pi^2\sigma^2}\exp\left[-\frac{1}{2\sigma^2}(z^2+A^2)\right]I_0\left(\frac{Az}{\sigma^2}\right)$$

这里，$I_0(x)$ 为零阶修正 Bessel 函数：

$$I_0(x)=\int_0^{2\pi}\exp(x\sin\theta)\mathrm{d}\theta=\sum_{n=0}^{+\infty}\frac{x^{2n}}{2^{2n}(n!)^2}$$

该分布称为莱斯 (Rice) 分布或广义瑞利分布。

包络 $Z(t)$ 的概率密度函数如图 6.7.1 所示，其中，$q=\dfrac{A}{\sigma}$。

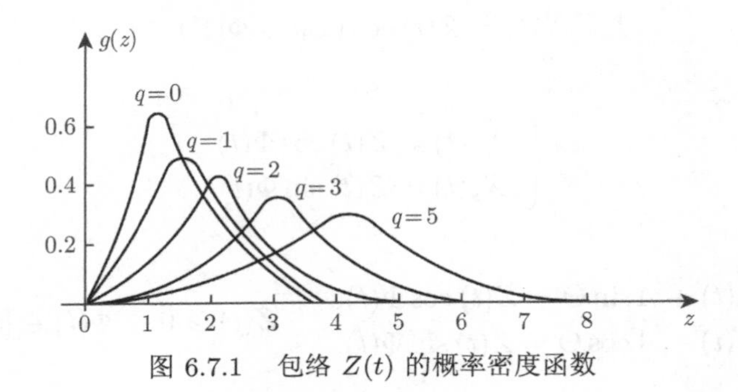


图 6.7.1　包络 $Z(t)$ 的概率密度函数

可见，当信噪比 $\dfrac{A^2}{2\sigma^2}$ 越大，包络 $Z(t)$ 越接近于正态分布；当信噪比 $\dfrac{A^2}{2\sigma^2}$ 越小，包络 $Z(t)$ 越接近于瑞利分布。

## 第八节　最优估计理论简介

估计就是根据受干扰的观测数据来估算出关于随机变量、随机过程或系统某一特性的一种数学方法。工程上常遇到的参数估计、滤波、平滑以及预测都是估计问题。估计问题通常分为状态估计和参数估计两大类。状态估计的对象是随时间变化的随机过程，属于动态估计；参数估计则是对不随时间变化的或只随时间缓慢变化的随机变量进行估计，属于静态估计。两者是有联系的，把静态估计方法与动态随机过程或序列的内部规律性结合起来，就可得到动态估计方法。

## 一、 最优估计和估计准则

对于估计问题，当然最理想的结果是估计出来的参数和状态是实际值。事实上，一般这是做不到的。我们只能让估计值尽量接近实际值，误差越小越好。最优估计就是寻找一个估计方法，使得估计值最接近实际值。那么，度量这个接近程度就必须要有一个衡量的标准，这个衡量标准就是**估计准则**。**最优估计**就是以"使估计的性能指标达到极值"作为标准的。

估计准则可以是多种多样的，常用的估计准则有：**最小方差准则、极大似然准则、极大后验准则、线性最小均方误差准则、最小二乘准则**等。一个估计问题能否得到可行的明确解答，固然与随机变量、随机过程或系统的状态特点有关，但它与估计准则的选择关系也极大。可以说，估计准则在很大程度上将决定估计的性能、求解估计问题所使用的估计方法及估计量的性质 (是线性的还是非线性的) 等。因此，要使估计问题得到好的结果，选择合理的估计准则是极其重要的。估计准则的选择在很大程度上取决于对被估计量的了解、对估计精度的要求以及实现是否方便等。可见，最优估计是针对某一估计准则而言的。一个估计对某一估计准则为最优估计，但换一个估计准则，这一估计值就不一定是最优的了。这就是说，最优估计不是唯一的。

计算的复杂性是选择最优估计方法的重要因素，若只考虑对观测数据进行线性运算，以及"最优化"是在均方意义下的最优，那么计算将被大大简化，这种估计方法就是基于线性最小均方误差准则的最优估计，这就是本节要讲的线性均方估计。

## 二、 最优估计的分类

设 $s(t)$ 为待估过程，$X(t)$ 为可观测过程，$s(t)$ 的有待估计量记为 $g(t)=T_s[s(t)]$。$g(t)$ 可以是一个与 $t$ 无关的随机变量 (或其某个数字特征)，如 $g=\int_a^b ts(t)\mathrm{d}t$，也可以是一个随机过程，如 $g(t)=s(t),s'(t)$ 或 $s(t+\lambda)$ 等。

估计问题就是通过观测到的 $X(t)$ 在点集 $I$ 上的值 (即统计样本)，设计一个适当的变换：

$$\hat{g}(t)=T_X[X(u)],\quad u\in I$$

使 $\hat{g}(t)$ 称为 $g(t)$ 的"最优"估计量，记作 $g(t)\sim\hat{g}(t)$。

估计问题的基本类型有预测、滤波和平滑：

(1) $g(t)=s(t+\lambda)\quad(\lambda>0),\quad X(t)=s(t)$

通过 $X(t)=s(t),t\in(-\infty,a]$ 估计 $g(t)=s(t+\lambda),t+\lambda\in(a,a+\lambda)$，称这类问题为预测或外推。

(2) $g(t)=s(t),\quad X(t)=s(t)+n(t)$

$n(t)$ 是与 $s(t)$ 独立的噪声，称这类问题为滤波问题。

(3) $g(t) = s(t), \quad t \in (a,b), \quad X(t) = s(t), \quad t \in I = \{a,b\}$

用 $s(a)$ 和 $s(b)$ 去估计 $s(t), t \in (a,b)$，称这类问题为“内插”和“平滑”问题。

**算法设计准则**：线性最小均方误差准则。

这种使 $E|g(t) - \hat{g}(t)|^2$ 最小的 $\hat{g}(t)$ 的估计问题叫**均方估计问题**。

## 三、 正交性原理

线性最小均方误差估计的理论基础是正交性原理，也称正交投影原理，如图 6.8.1 所示。

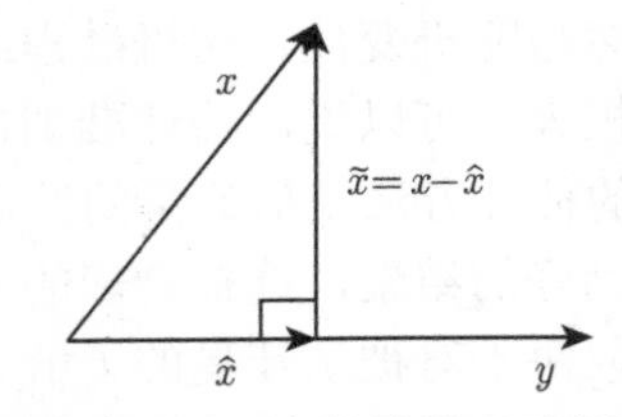


图 6.8.1　正交投影原理示意图

我们知道，从直线外一点到这条直线上任意一点的连线中，以垂直线段为最短。所以用 $x$ 在 $y$ 上的投影 $\hat{x}$ 作为 $x$ 的估计值，其误差 $\tilde{x} = x - \hat{x}$ 最小，此时，$\tilde{x}$ 与 $y$ 正交，用内积表示即 $(x - \hat{x}, y) = 0$。这就是基本的**正交投影原理**，将此应用到随机变量 $y \in R^m$ 对随机变量 $x \in R^n$ 的估计，则 $\hat{x}$ 是 $x$ 的线性最小均方误差估计值的充要条件是

$$E[(x - \hat{x})y] = 0 \tag{6.8.1}$$

## 四、 Wiener 滤波与 Kalman 滤波

信号处理的实际问题，常常是要解决在噪声中提取信号的问题，因此，我们需要寻找一种所谓有最佳线性过滤特性的滤波器，这种滤波器当信号 $s(n)$ 与噪声 $v(n)$ 同时输入时，在输出端能将信号 $s(n)$ 尽可能精确地重现出来，而噪声 $v(n)$ 却受到最大抑制。

Wiener 滤波与 Kalman 滤波就是基于正交性原理从噪声中提取出原始信号的滤波 (或过滤) 方法。

一个线性系统，如果它的单位样值响应为 $h(n)$，当输入一个随机信号

$$x(n) = s(n) + v(n)$$

时，则

$$y(n) = \sum_m h(m)x(n-m) \tag{6.8.2}$$

我们希望 $x(n)$ 通过线性系统 $h(n)$ 后得到的 $y(n)$ 尽量接近于 $s(n)$，因此称 $y(n)$ 为 $s(n)$ 的估计值，用 $\hat{s}(n)$ 表示，即

$$y(n) = \hat{s}(n) \tag{6.8.3}$$

Wiener 滤波器的输入–输出关系如图 6.8.2 所示。这个线性系统称为对于 $s(n)$ 的一种估计器。

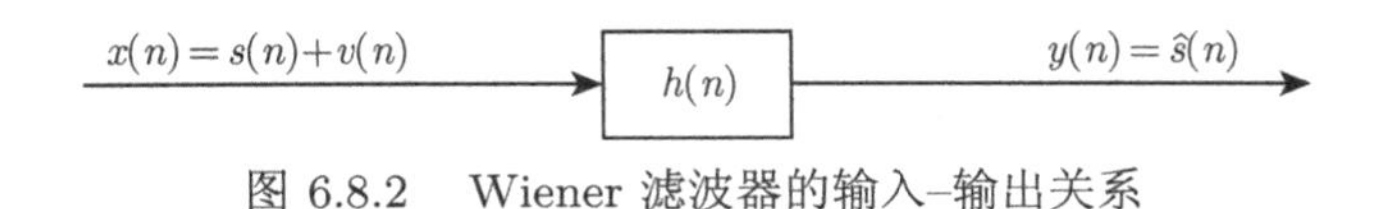


图 6.8.2　Wiener 滤波器的输入–输出关系

实际上，(6.8.2) 式的卷积形式可以理解为从当前和过去的观察值 $x(n), x(n-1), x(n-2), \cdots, x(n-m), \cdots$ 估计信号的当前值 $\hat{s}(n)$。因此，用 $h(n)$ 进行滤波的问题可以看成是一个估计问题。由于我们现在涉及的信号是随机信号，所以这样一种滤波问题实际上是一种统计估计问题。

Wiener 滤波是根据全部过去的和当前的观察数据 $x(n), x(n-1), x(n-2), \cdots$ 来估计信号的当前值，它的解是在均方误差最小条件下，利用 (6.8.2) 式以系统传递函数 $H(z)$ 或单位样本响应 $h(n)$ 的形式给出的，因此常称这种系统为最优线性过滤器或滤波器。

而 Kalman 滤波是用前一个估计值和最近一个观察数据 (它不需要全部过去的观察数据) 来估计信号的当前值，它是用状态方程和递推方法进行估计的，它的解是以估计值 (常常是状态变量值) 形式给出的。因此常称这种系统为线性最优估计器或滤波器。Wiener 滤波器只适用于平稳过程，而 Kalman 滤波器却没有这个限制。Wiener 滤波中信号和噪声是用相关函数表示的，因此设计 Wiener 滤波器要求已知信号和噪声的相关函数。Kalman 滤波中信号和噪声是用状态方程和量测方程表示的，因此设计 Kalman 滤波器要求已知状态方程和量测方程 (当然，相关函数与状态方程和量测方程之间会存在一定的关系)。Kalman 滤波方法优于 Wiener 滤波方法，它用递推法计算，不需要知道全部过去的数据，从而运用计算机计算更方便，而且它可用于平稳和非平稳的随机过程 (信号)、非时变和时变的系统。但从发展历史上来看，Wiener 滤波的思想是 20 世纪 40 年代初提出来的，1949 年正式以书的形式出版。大约 20 年后 Kalman 滤波才提出来，它是在 Wiener 滤波的基础上发展起来的，虽然如上所述它比 Wiener 滤波方法有不少优越的地方，但是最佳线性滤波问题是由 Wiener 滤波首先解决的，Wiener 滤波的物理概念比较清楚，也可以认为 Kalman 滤波只是对最佳线性滤波问题提出的一种新算法。

当两种算法都适用同一条件时，它们是等效的。显然，在当今数字化的时代，Kalman 滤波更实用，适应范围更广，并可实现实时处理。但不可否认 Wiener 滤

波的理论意义，在非实时处理情况下仍不失为一种有用方法，并对后来的发展影响深远。

表 6.8.1 给出两种滤波的对比。

**表 6.8.1　Wiener 滤波与 Kalman 滤波对比表**

| 条件 | Wiener 滤波 | Kalman 滤波 |
|---|---|---|
| 随机过程 | 平稳 | 平稳、非平稳 |
| 先验信息 | 要求 | 要求 |
| 求解结果 | 传递函数、冲激响应 | 递推算法 |
| 估计准则 | 线性最小均方误差 | 线性最小均方误差 |
| 所用数据 | 全部历史数据 | 当前观测＋前次估计 |
| 估计对象 | 单一估计量 | 可同时估计多个变量 |
| 估计误差 | 需另外计算 | 可自动生成协方差 |

## 习　题　6

6.1　设有线性时不变系统，它的冲激响应为

$$h(t) = e^{-\beta t}U(t)$$

其中 $\beta$ 为正常数，$U(t)$ 为阶跃函数。如果系统的输入为一宽平稳过程，它的相关函数为

$$R_X(\tau) = e^{-\alpha|\tau|} \quad (\alpha > 0)$$

求输入输出间的互相关函数 $R_{XY}(\tau)$。

6.2　在如图所示的电路中，输入电压为

$$X(t) = X_0 + \cos(2\pi t + \Phi)$$

式中 $X_0$ 为 (0,1) 上均匀分布的随机变量，$\Phi$ 为 $(0, 2\pi)$ 上均匀分布的随机变量，$X_0$ 与 $\Phi$ 相互独立，求输出电压 $Y(t)$ 的自相关函数。

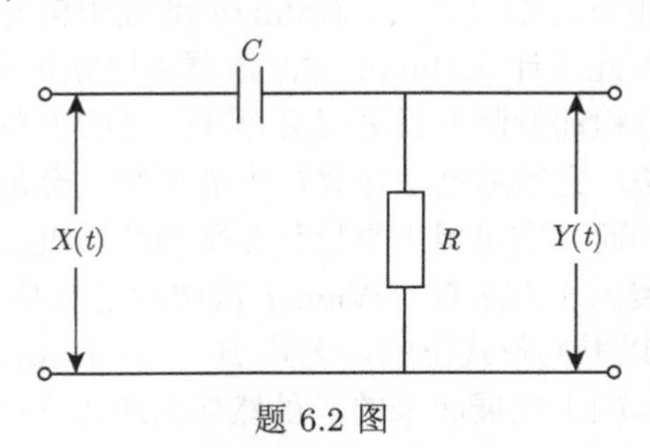


题 6.2 图

6.3　设有一个零均值平稳过程 $X(t)$，加到冲激响应为 $h(t) = \begin{cases} \alpha e^{-\alpha t}, & 0 \leqslant t \leqslant T, \\ 0, & \text{其他} \end{cases}$ 的线性滤波器时，证明其输出的功率谱密度为

$$S_Y(\omega) = \frac{\alpha^2}{\alpha^2 + \omega^2}(1 - 2e^{-\alpha T}\cos\omega T + e^{-2\alpha T})S_X(\omega)$$

6.4 如图，若 $X(t)$ 是平稳过程，证明过程 $Y(t)$ 的功率谱是

$$S_Y(\omega) = 2S_X(\omega)(1 + \cos\omega T)$$

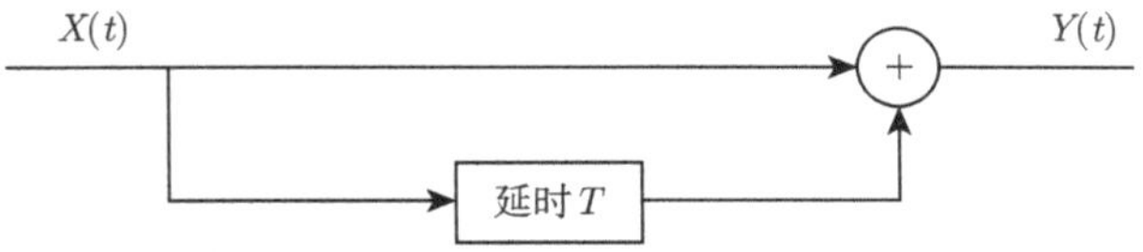

题 6.4 图

6.5 设白噪声 $X(t)$ 的相关函数为 $\dfrac{N_0}{2}\delta(\tau)$，通过幅频特性如图所示的理想带通滤波器，求输出的带通白噪声 $Y(t)$ 的总功率。

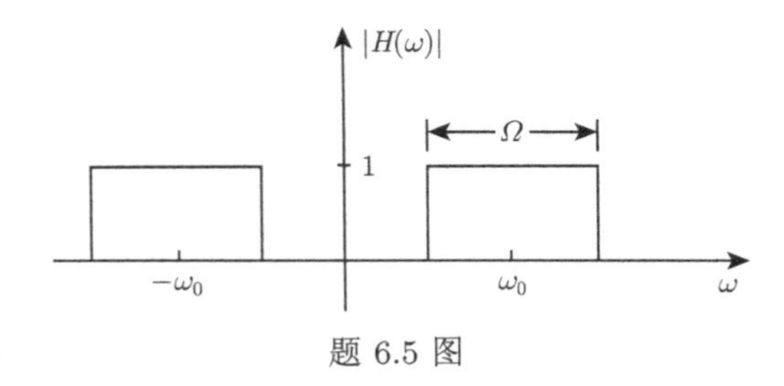


题 6.5 图

6.6 已知相关函数为 $\dfrac{N_0}{2}\delta(\tau)$ 的白噪声 $X(t)$ 通过如图所示的线性系统，求互相关函数 $R_{Y_1Y_2}(\tau)$。

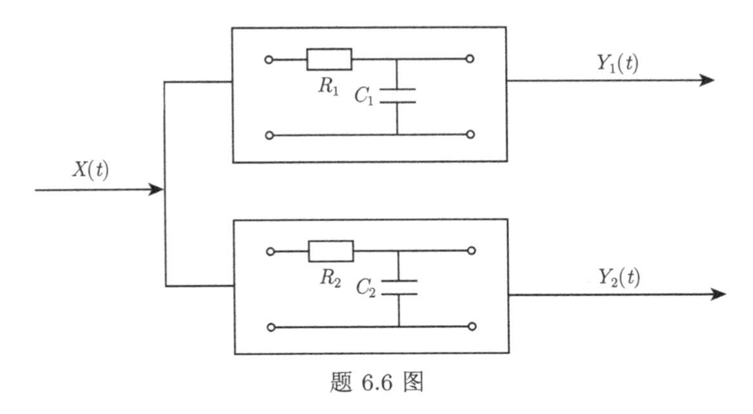


题 6.6 图

6.7 功率谱密度为 $\dfrac{N_0}{2}$ 的 Gauss 白噪声 $X(t)$ 通过一个滤波器，其传递函数 $H(\omega) = \dfrac{1}{1 + j(\omega/\omega_0)}$ $(\omega_0 > 0)$，试求输出噪声的一维概率密度函数。

6.8 Gauss 白噪声 $X(t)$ 通过如图所示的 $LR$ 电路和延迟相加电路，$S_X(\omega) = \dfrac{N_0}{2}$，求输出随机过程 $Y(t)$ 的一维概率密度函数。

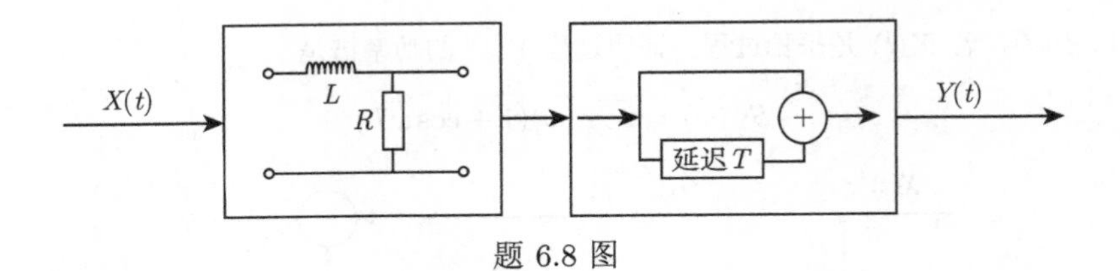

题 6.8 图

6.9　白噪声 $X(t)$ 通过如图所示的系统，$S_X(\omega)=\dfrac{N_0}{2}$，求输出随机过程 $Y(t)$ 的相关函数 $R_Y(\tau)$、方差 $\sigma_Y^2$ 及均值 $m_Y$。

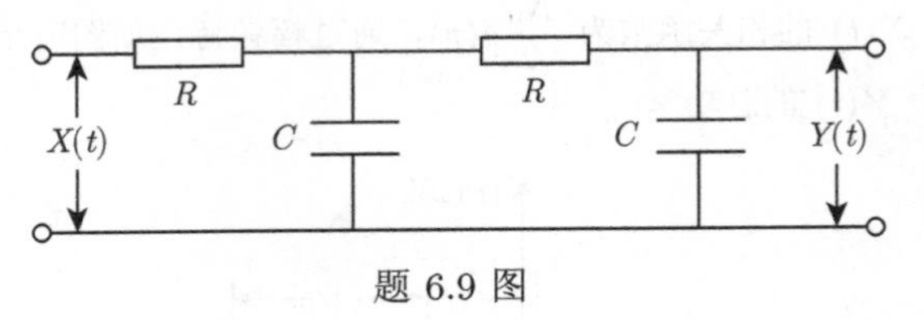

题 6.9 图

6.10　如图所示电路，输入电压 $X(t)$ 是相关函数 $R_X(\tau)=\dfrac{N_0}{2}\delta(\tau)$ 的白噪声，求输出电压 $Y(t)$ 的相关函数 $R_Y(\tau)$ 及谱密度函数 $S_Y(\omega)$。

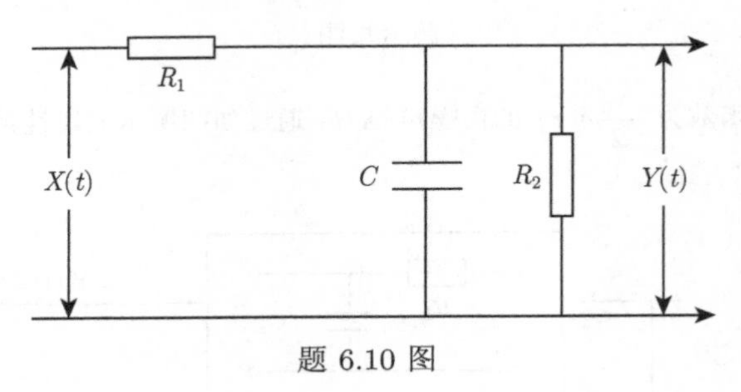

题 6.10 图

6.11　设白噪声 $X(t)$ 的相关函数 $R_X(\tau)=\dfrac{N_0}{2}\delta(\tau)$，加到一个理想窄带放大器的输入端，放大器的频谱特性为

$$H(\omega)=\begin{cases}2, & |\omega-\omega_c|\leqslant\dfrac{\Delta\omega}{2}\\ 0, & |\omega-\omega_c|>\dfrac{\Delta\omega}{2}\end{cases}$$

求输出过程 $Y(t)$ 的总平均功率 $W$。

6.12　设 $X(n)(-\infty<n<+\infty)$ 为白噪声序列，$S_X(\omega)=\dfrac{N_0}{2}$，则

$$Y(n)=\sum_{k=0}^{+\infty}a^kX(n-k),\quad |a|<1$$

为平稳序列，并求它的相关函数和谱密度。

6.13 已知离散线性系统的单位样值响应为

$$h(k)=\begin{cases}e^{-\alpha k}, & k\geqslant 0\\ 0, & k<0\end{cases}$$

即该系统为因果系统 ($\alpha>0$)。设输入信号 $X(n)(-\infty<n<+\infty)$ 为一个平稳序列，它的均值为 0，相关函数为

$$R_X(n)=\begin{cases}\dfrac{N_0}{2}, & n=0\\ 0, & n\neq 0\end{cases}$$

即输入为白噪声的抽样序列，求输出过程 $Y(t)$ 的均值和相关函数。

6.14 设有微分方程组

$$\begin{cases}\dfrac{\mathrm{d}^2Y(t)}{\mathrm{d}t^2}+2\dfrac{\mathrm{d}Y(t)}{\mathrm{d}t}+4Y(t)+Z(t)=X_1(t)\\ \dfrac{\mathrm{d}Z(t)}{\mathrm{d}t}+9Z(t)=X_2(t)\end{cases}$$

$X_1(t),X_2(t)$ 为联合平稳过程，已知 $S_{X_1}(\omega)$，$S_{X_2}(\omega)$，$S_{X_1X_2}(\omega)$，求 $Y(t),Z(t)$ 的功率谱密度 $S_Y(\omega)$，$S_Z(\omega)$ 及其互谱密度 $S_{YZ}(\omega)$。

6.15 已知实信号 $S(t)=\cos\omega_0 t$，求经过两次 Hilbert 变换后的信号 $S_0(t)$。

6.16 证明：

(1) 偶函数的 Hilbert 变换为奇函数；

(2) 奇函数的 Hilbert 变换为偶函数。

6.17 求正弦信号 $X(t)=\sin\omega_0 t$ 的解析信号 $\tilde{X}(t)$。

6.18 设 $\hat{x}(t)$ 为实函数 $x(t)$ 的 Hilbert 变换。证明：

(1) $x(t)$ 和 $\hat{x}(t)$ 在 $-\infty<t<+\infty$ 范围内的平均功率相等，即

$$\lim_{T\to+\infty}\frac{1}{2T}\int_{-T}^{T}x^2(t)\mathrm{d}t=\lim_{T\to+\infty}\frac{1}{2T}\int_{-T}^{T}\hat{x}^2(t)\mathrm{d}t$$

(2) 在 $-\infty<t<+\infty$ 范围内 $x(t)$ 和 $\hat{x}(t)$ 是正交的，即

$$\lim_{T\to+\infty}\frac{1}{2T}\int_{-T}^{T}x(t)\hat{x}(t)\mathrm{d}t=0$$

6.19 设 $X(t)$ 为平稳过程，证明

(1) $R_{\tilde{X}}(\tau)=2[R_X(\tau)+j\hat{R}_X(\tau)]$

(2) $E[\tilde{X}(t+\tau)\tilde{X}(t)]=0$

6.20 设零均值平稳窄带噪声 $X(t)$ 具有对称的功率谱密度，且 $R_X(\tau)=a(\tau)\cos\omega_0\tau$，这里 $\omega_0$ 大于 $a(\tau)$ 的频带上限，求相关函数 $R_{\hat{X}}(\tau)$，$R_{\tilde{X}}(\tau)$ 和方差 $\sigma^2_{\hat{X}}$，$\sigma^2_{\tilde{X}}$。

6.21 设某线性系统的输入、输出过程分别为 $X(t)$，$Y(t)$。若将 $X(t)$ 的 Hilbert 变换 $\hat{X}(t)$ 作为该线性系统的输入，试证明其输出过程亦为 $Y(t)$ 的 Hilbert 变换 $\hat{Y}(t)$。

6.22 设有窄带平稳过程

$$Z(t) = X(t)\cos\omega_0 t - Y(t)\sin\omega_0 t$$

证明：

(1) $R_Y(\tau) = R_Z(\tau)\cos\omega_0\tau + \hat{R}_Z(\tau)\sin\omega_0\tau$

(2) $R_Z(\tau) = R_X(\tau)\cos\omega_0\tau - R_{XY}(\tau)\sin\omega_0\tau$

6.23　具有对称谱的窄带平稳过程为

$$N(t) = N_C(t)\cos\omega_0 t - N_S(t)\sin\omega_0 t$$

证明 $N_C(t)$ 与 $N_S(t)$ 正交，即

$$E[N_C(t)N_S(t+\tau)] = 0$$

6.24　考虑具有对称谱的零均值窄带 Gauss 过程

$$N(t) = X(t)\cos\omega_0 t - Y(t)\sin\omega_0 t$$

已知自相关函数 $R_N(\tau)$，试求四维随机变量 $(X(t), X(t+\tau), Y(t), Y(t+\tau))$ 的联合分布。

# 参考文献


陈克龙, 1993. 随机过程及其应用. 南京: 东南大学出版社.

陈良均, 朱庆棠, 2003. 随机过程及应用. 北京: 高等教育出版社.

陈明, 2020. 信息与通信工程中的随机过程. 4 版. 北京: 科学出版社.

陈萍, 侯传志, 冯予, 2008. 随机数学. 北京: 国防工业出版社.

邓集贤, 杨维权, 司徒荣, 等, 2009. 概率论及数理统计. 4 版. 北京: 高等教育出版社.

邓永录, 1994. 随机模型及其应用. 北京: 高等教育出版社.

樊平毅, 2005. 随机过程理论与应用. 北京: 清华大学出版社.

龚光鲁, 钱敏平, 2004. 应用随机过程教程: 及在算法和智能计算中的随机模型. 北京: 清华大学出版社.

郭业才, 2007. 随机过程与控制. 北京: 清华大学出版社.

何声武, 1989. 随机过程导论. 上海: 华东师范大学出版社.

李裕奇, 刘赪, 王沁, 2018. 随机过程. 4 版. 北京: 北京航空航天大学出版社.

李漳南, 吴荣, 1987. 随机过程教程. 北京: 高等教育出版社.

林元烈, 2002. 应用随机过程. 北京: 清华大学出版社.

刘次华, 2001. 随机过程. 2 版. 武汉: 华中科技大学出版社.

陆大绘, 张颢, 2012. 随机过程及其应用. 2 版. 北京: 清华大学出版社.

马文平, 李兵兵, 田红心, 等, 2006. 随机信号分析与应用. 北京: 科学出版社.

孟玉珂, 1989. 排队论基础及其应用. 上海: 同济大学出版社.

盛骤, 谢式千, 潘承毅, 2020. 概率论与数理统计. 5 版. 北京: 高等教育出版社.

孙荣恒, 2004. 随机过程及其应用. 北京: 清华大学出版社.

唐加山, 2016. 排队论及其应用. 北京: 科学出版社.

汪荣鑫, 2006. 随机过程. 2 版. 西安: 西安交通大学出版社.

王梓坤, 1996. 随机过程通论 (上、下卷). 北京: 北京师范大学出版社.

王梓坤, 2007. 概率论基础及其应用. 3 版. 北京: 北京师范大学出版社.

威廉 • 费勒, 2006. 概率论及其应用. 卷 1. 3 版. 胡迪鹤, 译. 北京: 人民邮电出版社.

熊大国, 1991. 随机过程理论与应用. 北京: 国防工业出版社.

严士健, 王隽骧, 刘秀芳, 1982. 概率论基础. 北京: 科学出版社.

叶尔骅, 张德平, 2005. 概率论与随机过程. 北京: 科学出版社.

应坚刚, 金蒙伟, 2005. 随机过程基础. 上海: 复旦大学出版社.

袁修久, 杨友社, 贺筱军, 等, 2016. 随机过程学习指导. 北京: 清华大学出版社.

张帼奋, 赵敏智, 2017. 应用随机过程. 北京: 高等教育出版社.

张玲华, 郑宝玉, 2003. 随机信号处理. 北京: 清华大学出版社.

张明友, 张扬, 2002. 随机信号分析. 成都: 电子科技大学出版社.

张贤达, 2015. 现代信号处理. 3 版. 北京: 清华大学出版社.

Doob J L, 1953. Stochastic Processes. New York: John Wiley & Sons.

Rosenblatt M, 1974. Random Processes. 2nd ed. New York: Springer-verlag.

Ross S M, 1983. Stochastic Processes. New York: John Wiley & Sons.

# 参 考 答 案

## 习 题 1

1.1 可求得

$$f_X(x)=\begin{cases}\dfrac{1}{2\pi}, & 0\leqslant x\leqslant 2\pi,\\ 0, & 其他,\end{cases}\qquad f_Y(y)=\begin{cases}\dfrac{1}{2\pi}, & 0\leqslant y\leqslant 2\pi\\ 0, & 其他\end{cases}$$

$$f_Z(z)=\begin{cases}\dfrac{1}{2\pi}, & 0\leqslant z\leqslant 2\pi,\\ 0, & 其他,\end{cases}\qquad f_{X,Y}(x,y)=\begin{cases}\dfrac{1}{4\pi^2}, & 0\leqslant x\leqslant 2\pi, 0\leqslant y\leqslant 2\pi\\ 0, & 其他\end{cases}$$

$$f_{Y,Z}(y,z)=\begin{cases}\dfrac{1}{4\pi^2}, & 0\leqslant y\leqslant 2\pi, 0\leqslant z\leqslant 2\pi,\\ 0, & 其他,\end{cases}\qquad f_{Z,X}(z,x)=\begin{cases}\dfrac{1}{4\pi^2}, & 0\leqslant z\leqslant 2\pi, 0\leqslant x\leqslant 2\pi\\ 0, & 其他\end{cases}$$

于是，有

$$f_{X,Y}(x,y)=f_X(x)\cdot f_Y(y),\quad f_{Y,Z}(y,z)=f_Y(y)\cdot f_Z(z),\quad f_{Z,X}(z,x)=f_Z(z)\cdot f_X(x)$$

所以 $X$，$Y$，$Z$ 两两独立。但 $f(x,y,z)\neq f_X(x)\cdot f_Y(y)\cdot f_Z(z)$，即 $X$，$Y$，$Z$ 不相互独立。

1.2 $F_W(w)=\int_0^w \mathrm{d}x\int_0^{w-x}\mathrm{d}y\int_0^{w-x-y}6(1+x+y+z)^{-4}\mathrm{d}z=\dfrac{w^3}{(1+w)^3}$，$w>0$

$$f_W(w)=F'_W(w)=\begin{cases}3w^2(1+w)^{-4}, & w>0\\ 0, & w\leqslant 0\end{cases}$$

1.3
$$\begin{aligned}P\{S_N=n\}&=P\left\{\sum_{j=0}^{N}x_j=n\right\}=\sum_{k=n}^{+\infty}P\{N=k\}P\left\{\sum_{j=0}^{N}X_j=n\middle|N=k\right\}\\&=\sum_{k=n}^{+\infty}\frac{\lambda^k e^{-\lambda}}{k!}\cdot\frac{k!}{n!(k-n)!}p^n(1-p)^{k-n}\\&=\frac{(\lambda p)^n e^{-\lambda}}{n!}\cdot e^{\lambda(1-p)}=\frac{(\lambda p)^n e^{-\lambda p}}{n!}\end{aligned}$$

1.4
$$\begin{aligned}G(u)&=P\{U\leqslant u\}=P\{X+Y\leqslant u\}\\&=P\{X=1\}P\{X+Y\leqslant u|X=1\}+P\{X=2\}P\{X+Y\leqslant u|X=2\}\\&=0.3F_Y(u-1)+0.7F_Y(u-2)\end{aligned}$$

$$g(u)=G'(u)=0.3f(u-1)+0.7f(u-2)$$

1.5 $$P\{X_2 > X_1\} = \sum_{i=1}^{N-1} P\{X_1 = i\} P\{X_2 > X_1 | X_1 = i\}$$

$$= \sum_{i=1}^{N-1} \frac{1}{N} \cdot \frac{N-i}{N-1} = \frac{1}{N} \cdot \frac{1}{N-1} \cdot \frac{N(N-1)}{2} = \frac{1}{2}$$

也可根据对称性证明。

1.6 $\varphi_X(u) = 2\int_0^{+\infty} e^{(ju-2)x}\mathrm{d}x = \frac{2}{ju-2}\left(\lim\limits_{x\to+\infty}\left(e^{-2x}\cdot e^{jux}\right)-1\right) = \frac{2}{2-ju}$

1.7 $$\varphi_X(u) = \int_{-\infty}^{+\infty} e^{jux}\cdot f_X(x)\mathrm{d}x = \int_{-\infty}^{+\infty} e^{jux}\cdot\frac{\alpha}{2}e^{-\alpha|x|}\mathrm{d}x$$

$$= \frac{\alpha}{2}\left[\int_{-\infty}^{0} e^{(ju+\alpha)x}\mathrm{d}x + \int_0^{+\infty} e^{(ju-\alpha)x}\mathrm{d}x\right]$$

$$= \frac{\alpha}{2}\left(\frac{1}{\alpha+ju}+\frac{1}{\alpha-ju}\right) = \frac{\alpha^2}{\alpha^2+u^2}$$

1.8 (1) 由 1.7 题的结果知，当 $\varphi_X(u) = \frac{\alpha^2}{\alpha^2+u^2}$ 时，有 $f_X(x) = \frac{\alpha}{2}e^{-\alpha|x|}$，即

$$\frac{1}{2\pi}\int_{-\infty}^{+\infty}\frac{\alpha^2}{\alpha^2+u^2}e^{-jux}\mathrm{d}u = \frac{\alpha}{2}e^{-\alpha|x|}$$

亦即 $\int_{-\infty}^{+\infty}\frac{\alpha}{\pi(\alpha^2+u^2)}e^{-jux}\mathrm{d}u = e^{-\alpha|x|}$。等号左边的积分变量 $u$ 换为 $-t$，$x$ 换为 $u$，则有 $\int_{-\infty}^{+\infty}\frac{\alpha}{\pi(\alpha^2+t^2)}e^{jut}\mathrm{d}t = e^{-\alpha|u|}$。可见，当 $f_X(x) = \frac{\alpha}{\pi(\alpha^2+x^2)}$ 时，$\varphi_X(u) = e^{-\alpha|u|}$。

(2) 由特征函数的性质知，若 $E(X)$ 存在，则 $\varphi'_X(u)$ 也存在，且 $E(X) = -j\varphi'_X(0)$，由 (1) 的计算知 $\varphi_X(u) = e^{-\alpha|u|}$，而 $\lim\limits_{u\to0^+}\varphi'(u) = \lim\limits_{u\to0^+}\left(-\alpha e^{-\alpha u}\right) = -\alpha$，$\lim\limits_{u\to0^-}\varphi'(u) = \lim\limits_{u\to0^-}(\alpha e^{\alpha u}) = \alpha$。由 $\alpha>0$ 可知，$\lim\limits_{u\to0^+}\varphi'(u) \neq \lim\limits_{u\to0^-}\varphi'(u)$，所以 $X$ 的均值不存在，进而方差也不存在。

1.9 $$\varphi_Y(u) = E(e^{juY}) = E(e^{ju\sin X}) = \int_{-\frac{\pi}{2}}^{\frac{\pi}{2}}\frac{1}{\pi}e^{ju\sin x}\mathrm{d}x$$

令 $y=\sin x$，当 $x\in\left(-\frac{\pi}{2},\frac{\pi}{2}\right)$ 时，$y\in(-1,1)$，于是 $\varphi_Y(u) = \int_{-1}^{1}\frac{1}{\pi}\frac{1}{\sqrt{1-y^2}}e^{juy}\mathrm{d}y$，而 $\varphi_Y(u) = \int_R f_Y(y)e^{juy}\mathrm{d}y$，所以有 $f_Y(y) = \begin{cases}\frac{1}{\pi\sqrt{1-y^2}}, & |y|<1,\\ 0, & \text{其他。}\end{cases}$

1.10 因为 $\varphi_{X,Y}(u,v) = \frac{a}{a-ju}\cdot\frac{a}{a-jv} = \varphi_X(u)\varphi_Y(v)$，这里 $\varphi_X(u) = \frac{a}{a-ju}$，$\varphi_Y(v) = \frac{a}{a-jv}$ 均是参数为 $a$ 的负指数分布对应的特征函数。所以 $X$ 与 $Y$ 独立，于是有 $f_{X,Y}(x,y) = f_X(x)f_Y(y) = \begin{cases}a^2e^{-a(x+y)}, & x\geqslant0, y\geqslant0,\\ 0, & \text{其他。}\end{cases}$

1.11　由特征函数和级数的性质可得

$$\varphi_{X,Y}(u,v)=E[e^{j(uX+vY)}]=E(e^{juX}\cdot e^{jvY})=E\left[\left(\sum_{m=0}^{+\infty}\frac{(juX)^m}{m!}\right)\left(\sum_{n=0}^{+\infty}\frac{(jvY)^n}{n!}\right)\right]$$

$$=\sum_{m=0}^{+\infty}\sum_{n=0}^{+\infty}\left[\frac{(ju)^m(jv)^n}{m!n!}E(X^mY^n)\right]=\sum_{m=0}^{+\infty}\sum_{n=0}^{+\infty}\left[\frac{(ju)^m(jv)^n}{m!n!}E(X^m)\cdot E(Y^n)\right]$$

$$=\sum_{m=0}^{+\infty}\sum_{n=0}^{+\infty}\left[\frac{E(juX)^m}{m!}\cdot\frac{E(jvY)^n}{n!}\right]=\left[\sum_{m=0}^{+\infty}\frac{E(juX)^m}{m!}\right]\cdot\left[\sum_{n=0}^{+\infty}\frac{E(jvY)^n}{n!}\right]$$

$$=E\left[\sum_{m=0}^{+\infty}\frac{(juX)^m}{m!}\right]\cdot E\left[\sum_{n=0}^{+\infty}\frac{(jvY)^n}{n!}\right]=E(e^{juX})\cdot E(e^{jvY})=\varphi_X(u)\cdot\varphi_Y(v)$$

所以有 $X$ 和 $Y$ 相互独立。

1.12　因为 $X_1,X_2,\cdots,X_n$ 相互独立，所以 $X=(X_1,X_2,\cdots,X_n)^{\mathrm{T}}$ 的密度函数为 $f_X(x_1,x_2,\cdots,x_n)=f_1(x_1)f_2(x_2)\cdots f_n(x_n)$，$J=\dfrac{\partial(X_1,X_2,\cdots,X_n)}{\partial(Y_1,Y_2,\cdots,Y_n)}=1$，于是，有 $f_Y(y_1,y_2,\cdots,y_n)=|J|\,f_X(y_1,y_2-y_1,\cdots,y_n-y_{n-1})=f_1(y_1)f_2(y_2-y_1)\cdots f_n(y_n-y_{n-1})$。

1.13　$\begin{pmatrix}U\\V\end{pmatrix}\sim N\left(\begin{pmatrix}a&b\\a&-b\end{pmatrix}\begin{pmatrix}\mu\\\mu\end{pmatrix},\sigma^2\begin{pmatrix}a&b\\a&-b\end{pmatrix}\begin{pmatrix}1&0\\0&1\end{pmatrix}\begin{pmatrix}a&a\\b&-b\end{pmatrix}\right)$，

即 $\begin{pmatrix}U\\V\end{pmatrix}\sim N\left(\mu\begin{pmatrix}a+b\\a-b\end{pmatrix},\sigma^2\begin{pmatrix}a^2+b^2&a^2-b^2\\a^2-b^2&a^2+b^2\end{pmatrix}\right)$，所以

$$r=\frac{\mathrm{cov}(U,V)}{\sigma_U\cdot\sigma_V}=\frac{\sigma^2(a^2-b^2)}{\sigma^2(a^2+b^2)}=\frac{a^2-b^2}{a^2+b^2}$$

$$f_{U,V}(u,v)=\frac{1}{2\pi\cdot 2ab\sigma^2}\exp\left\{-\frac{(a^2+b^2)^2}{8a^2b^2}\left[\left(\frac{u-(a+b)\mu}{\sigma(a^2+b^2)^{\frac12}}\right)^2-2\frac{a^2-b^2}{a^2+b^2}\right.\right.$$

$$\left.\left.\cdot\frac{u-(a+b)\mu}{\sigma(a^2+b^2)^{\frac12}}\cdot\frac{v-(a-b)\mu}{\sigma(a^2+b^2)^{\frac12}}+\left(\frac{v-(a-b)\mu}{\sigma(a^2+b^2)^{\frac12}}\right)^2\right]\right\}$$

$$=\frac{1}{4\pi ab\sigma^2}\exp\left\{-\frac{a^2+b^2}{8a^2b^2\sigma^2}\left[(u-(a+b)\mu)^2-2\frac{a^2-b^2}{a^2+b^2}\right.\right.$$

$$\left.\left.\cdot(u-(a+b)\mu)\cdot(v-(a-b)\mu)+(v-(a-b)\mu)^2\right]\right\}$$

$U,V$ 的联合密度函数另一求法为

$$f_{U,V}(u,v)=|J|\,f_{X,Y}\left(\frac{u+v}{2a},\frac{u-v}{2b}\right)$$

$$=\frac{1}{4\pi ab\sigma^2}\exp\left\{-\frac{1}{2\sigma^2}\left[\left(\frac{u+v}{2a}-\mu\right)^2+\left(\frac{u-v}{2b}-\mu\right)^2\right]\right\}$$

1.14 $|B|=\begin{vmatrix} 1 & 0 & 0 & \cdots & 0 \\ 1 & 1 & 0 & \cdots & 0 \\ 1 & 1 & 1 & \cdots & 0 \\ \vdots & \vdots & \vdots & & \vdots \\ 1 & 1 & 1 & \cdots & 1 \end{vmatrix}=1$，$B^{-1}=\begin{pmatrix} 2 & -1 & 0 & \cdots & 0 & 0 & 0 \\ -1 & 2 & -1 & \cdots & 0 & 0 & 0 \\ 0 & -1 & 2 & \cdots & 0 & 0 & 0 \\ \vdots & \vdots & \vdots & & \vdots & \vdots & \vdots \\ 0 & 0 & 0 & \cdots & -1 & 2 & -1 \\ 0 & 0 & 0 & \cdots & 0 & -1 & 1 \end{pmatrix}$

所以 $X$ 的概率密度函数

$$f_X(x_1,x_2,\cdots,x_n)=(2\pi)^{-\frac{n}{2}}\exp\left\{-\frac{1}{2}\left[x_1^2+(x_2-x_1)^2+(x_3-x_2)^2+\cdots+(x_n-x_{n-1})^2\right]\right\}$$

1.15 $X\sim N\left(\begin{pmatrix}1\\2\\ \vdots\\ n\end{pmatrix},\begin{pmatrix} n & n-1 & \cdots & 2 & 1 \\ n-1 & n & \cdots & 3 & 2 \\ \vdots & \vdots & & \vdots & \vdots \\ 2 & 3 & \cdots & n & n-1 \\ 1 & 2 & \cdots & n-1 & n \end{pmatrix}\right)$

$$Y\sim N\left(\frac{n(n+1)}{2},\sum_{i=1}^{n}\sum_{j=1}^{n}b_{ij}\right)$$

$$\sum_{i=1}^{n}\sum_{j=1}^{n}b_{ij}=n^2+2\left[(n-1)^2+(n-2)^2+\cdots+2^2+1^2\right]$$

$$=2\left(\sum_{i=1}^{n}i^2\right)-n^2=2\times\frac{n}{6}(2n+1)(n+1)-n^2=\frac{n}{3}(2n^2+1)$$

$$\varphi_Y(u)=\exp\left\{j\frac{n(n+1)}{2}u-\frac{n(2n^2+1)}{6}u^2\right\}$$

1.16 $X\sim N(\mu,B),\quad \mu=(\mu_1,\mu_2,\cdots,\mu_n)^{\mathrm{T}}$

$$B=\begin{pmatrix} \sigma^2 & a\sigma^2 & 0 & \cdots & 0 \\ & \sigma^2 & a\sigma^2 & \cdots & 0 \\ & & \ddots & & \vdots \\ & & & & \sigma^2 \end{pmatrix}=\sigma^2\begin{pmatrix} 1 & a & 0 & \cdots & 0 \\ & 1 & a & \cdots & 0 \\ & & \ddots & & \vdots \\ & & & & 1 \end{pmatrix}$$

所以 $\varphi_X(u_1,u_2,\cdots,u_n)=\exp\left\{j\mu^{\mathrm{T}}u-\frac{1}{2}u^{\mathrm{T}}Bu\right\}$，其中 $\mu^{\mathrm{T}}u=a\sum_{i=1}^{n}u_i$，$u^{\mathrm{T}}Bu=\sigma^2\left(\sum_{i=1}^{n}u_i^2+\sum_{i=1}^{n-1}2au_iu_{i+1}\right)$，这里 $u=(u_1,u_2,\cdots,u_n)^{\mathrm{T}}$。

$$\varphi_X(u_1,u_2,\cdots,u_n)=\exp\left\{ja\sum_{i=1}^{n}u_i-\frac{\sigma^2}{2}\left[\sum_{i=1}^{n}u_i^2+2a\sum_{i=1}^{n-1}(u_iu_{i+1})\right]\right\}$$

1.17 (1) $B^{-1}=\begin{pmatrix} 2 & -\frac{1}{2} & -1 \\ -\frac{1}{2} & 1 & 0 \\ -1 & 0 & 4 \end{pmatrix}$, $|B^{-1}|=6$

$$B=\begin{pmatrix} 2 & -\frac{1}{2} & -1 \\ -\frac{1}{2} & 1 & 0 \\ -1 & 0 & 4 \end{pmatrix}^{-1}=\frac{1}{6}\begin{pmatrix} 4 & 2 & 1 \\ 2 & 7 & \frac{1}{2} \\ 1 & \frac{1}{2} & \frac{7}{4} \end{pmatrix}=\frac{1}{24}\begin{pmatrix} 16 & 8 & 4 \\ 8 & 28 & 2 \\ 4 & 2 & 7 \end{pmatrix}$$

$B_Y=ABA^{\mathrm{T}}=\begin{pmatrix} \frac{1}{2} & 0 & 0 \\ 0 & \frac{8}{7} & 0 \\ 0 & 0 & \frac{7}{24} \end{pmatrix}$为对角阵，故 $Y$ 的 3 个分量相互独立。

(2) $C=(2\pi)^{-\frac{3}{2}}|B|^{-\frac{1}{2}}=\dfrac{\sqrt{3\pi}}{2\pi^2}$，本题也可用 (1.4.3) 式证。

1.18 $Y_1=X_1\sim N(0,1)$, $Y_2=|X_2|\operatorname{sgn}(X_1)$

$$\begin{aligned} F_{Y_2}(x)&=P\{Y_2\leqslant x\}=P\{|X_2|\operatorname{sgn}(X_1)\leqslant x\}\\ &=P\{X_1\geqslant 0\}P\{|X_2|\operatorname{sgn}(X_1)\leqslant x\,|X_1\geqslant 0\}\\ &\quad+P\{X_1<0\}P\{|X_2|\operatorname{sgn}(X_1)\leqslant x\,|X_1<0\}\\ &=\frac{1}{2}(P\{|X_2|\leqslant x\}+P\{-|X_2|\leqslant x\}) \end{aligned}$$

当 $x<0$ 时，$F_{Y_2}(x)=\dfrac{1}{2}P\{|X_2|\geqslant -x\}=\dfrac{1}{2}(P\{X_2\leqslant x\}+P\{X_2\geqslant -x\})=F_{X_2}(x)$ 当 $x\geqslant 0$ 时，

$$\begin{aligned} F_{Y_2}(x)&=\frac{1}{2}(P\{-x\leqslant X_2\leqslant x\}+1)=\frac{1}{2}(P\{X_2\leqslant x\}-(1-P\{X_2\leqslant x\})+1)\\ &=P\{X_2\leqslant x\}=F_{X_2}(x) \end{aligned}$$

即 $Y_2$ 与 $X_2$ 同分布，亦即 $Y_2\sim N(0,1)$。

以下证 $Y$ 不服从二维正态分布。令 $y_1<0$，$y_2>0$，则

$$\begin{aligned} F(y_1,y_2)&=P\{Y_1\leqslant y_1,Y_2\leqslant y_2\}=P\{X_1\leqslant y_1,Y_2\leqslant y_2\}\\ &=P\{X_1\leqslant y_1<0\}P(Y_2\leqslant y_2\,|X_1\leqslant y_1<0)\\ &=F_{X_1}(y_1)\cdot P\{-|X_2|\leqslant y_2\}=F_{X_1}(y_1)\cdot 1=F_{X_1}(y_1) \end{aligned}$$

可见 $f(y_1,y_2)=\dfrac{\partial^2F(y_1,y_2)}{\partial y_1\partial y_2}=0$，即 $Y$ 不服从二维正态分布。

1.19 令 $X=\sum_{i=1}^{n}X_i\sim N(\mu,\sigma^2)$，则 $\varphi_X(u)=\exp\left\{j\mu u-\frac{1}{2}\sigma^2u^2\right\}$。因为 $X_1,X_2,\cdots,X_n$ 独立同分布，所以 $\varphi_X(u)=\prod_{i=1}^{n}\varphi_{X_i}(u)=\varphi_{X_1}^n(u)$。于是，有 $\varphi_{X_1}(u)=\left[\exp\left\{j\mu u-\frac{1}{2}\sigma^2u^2\right\}\right]^{\frac{1}{n}}=\exp\left\{j\frac{\mu}{n}\cdot u-\frac{1}{2}\cdot\frac{\sigma^2}{n}u^2\right\}$，即 $X_1\sim N\left(\frac{\mu}{n},\frac{\sigma^2}{n}\right)$。由 $X_1,X_2,\cdots,X_n$ 同分布知每个分量都服从该正态分布。

1.20 (1) 因为不考虑最大载客量，可以认为乘客一直上车，车不开走，此时

$$P\{Y_n=k\}=\mathrm{C}_n^k\left(\frac{1}{2}\right)^k\left(\frac{1}{2}\right)^{n-k}=\mathrm{C}_n^k\frac{1}{2^n}$$

(2) 每辆公共汽车只要有 10 个乘客上车即开车，所以 $A$ 车出发时间 $10\leqslant n\leqslant 20$。令 $A$ 车出发时间为 $n$ 的概率为 $P_n$，则当 $10\leqslant n<20$ 时，$A$ 必定先出发，此时有

$$P_n=\mathrm{C}_{n-1}^9\left(\frac{1}{2}\right)^9\cdot\left(\frac{1}{2}\right)^{n-10}\cdot\frac{1}{2}=\mathrm{C}_{n-1}^9\frac{1}{2^n},\quad n=10,11,\cdots,19$$

当 $n=20$ 时，一定是 $B$ 车先出发，此时有

$$P_{20}=1-\sum_{n=10}^{19}P_n=1-\sum_{n=10}^{19}\mathrm{C}_{n-1}^9\frac{1}{2^n}=\frac{1}{2}$$

注：由对称性知，$A$ 车先出发和 $B$ 车先出发的概率相同，各占 $\frac{1}{2}$。

1.21 (1) 因为 $X(1)$ 的分布律为

| $X(1)$ | 0 | 1 |
|---|---|---|
| $P$ | $\frac{1}{2}$ | $\frac{1}{2}$ |

，所以

$$F_X(x;1)=P\{X(1)\leqslant x\}=\begin{cases}0, & x<0,\\ \frac{1}{2}, & 0\leqslant x<1,\\ 1, & x\geqslant 1,\end{cases}\quad \text{同理}F_X(x;2)=\begin{cases}0, & x<-1\\ \frac{1}{2}, & -1\leqslant x<2\\ 1, & x\geqslant 2\end{cases}$$

(2)
$$\begin{aligned}F_X(x_1,x_2;1,2)&=P\{X(1)\leqslant x_1,X(2)\leqslant x_2\}\\&=\frac{1}{2}P\{0\leqslant x_1,-1\leqslant x_2\}+\frac{1}{2}P\{1\leqslant x_1,2\leqslant x_2\}\\&=\begin{cases}0, & x_1<0\text{或}x_2<-1\\ \frac{1}{2}, & x_1\geqslant 0,-1\leqslant x_2<2\text{或}0\leqslant x_1<1,x_2\geqslant -1\\ 1, & \text{其他}\end{cases}\end{aligned}$$

1.22 不妨令 $t$ 处所在锯齿波起点为 $\tau_0+kT$ ($k$ 为一非负整数)，则 $\frac{A}{T}=\frac{X(t)}{t-kT-\tau_0}$，即 $X(t)=\frac{A}{T}(t-kT-\tau_0)\in[0,A]$。

因为 $\tau_0 \sim U[0,T]$，所以当 $0 \leqslant \tau_0 \leqslant t-\left[\frac{t}{T}\right]T$ 时，$k=\left[\frac{t}{T}\right]$；当 $t-\left[\frac{t}{T}\right]T<\tau_0 \leqslant T$ 时，$k=\left[\frac{t}{T}\right]-1$。这里 $\left[\frac{t}{T}\right]$ 表示不超过 $\frac{t}{T}$ 的整数值，即为取整运算。

于是，当 $0 \leqslant x \leqslant \frac{A}{T}\left(t-\left[\frac{t}{T}\right]T\right)$ 时，

$$
\begin{aligned}
F(x;t)&=P\{X(t)\leqslant x\}=P\left\{0\leqslant \frac{A}{T}\left(t-\left[\frac{t}{T}\right]T-\tau_0\right)\leqslant x\right\}\\
&=P\left\{t-\left[\frac{t}{T}\right]T-\frac{T}{A}x\leqslant \tau_0\leqslant t-\left[\frac{t}{T}\right]T\right\}=\frac{x}{A}
\end{aligned}
$$

当 $\frac{A}{T}\left(t-\left[\frac{t}{T}\right]T\right)<x\leqslant A$ 时，

$$
\begin{aligned}
F(x;t)&=1-P\{x<X(t)\leqslant A\}=1-P\left\{x<\frac{A}{T}\left(t-\left[\frac{t}{T}\right]T+T-\tau_0\right)\leqslant A\right\}\\
&=1-P\left\{t-\left[\frac{t}{T}\right]T\leqslant \tau_0<t-\left[\frac{t}{T}\right]T+T-\frac{T}{A}x\right\}=\frac{x}{A}
\end{aligned}
$$

所以有

$$
f(x;t)=\begin{cases}\dfrac{1}{A}, & 0\leqslant x\leqslant A\\ 0, & \text{其他}\end{cases}
$$

可见 $X(t)\sim U[0,A]$。

1.23 
$$
\begin{aligned}
m_Y(t)&=E[Y(t)]=0\cdot P\{Y(t)=0\}+1\cdot P\{Y(t)=1\}\\
&=P\{X(t)\leqslant x\}=F_X(x;t)
\end{aligned}
$$

$$
\begin{aligned}
R_Y(t_1,t_2)&=E[Y(t_1)Y(t_2)]=P\{Y(t_1)\cdot Y(t_2)=1\}\\
&=P\{Y(t_1)=1,Y(t_2)=1\}=P\{X(t_1)\leqslant x,X(t_2)\leqslant x\}\\
&=F_X(x,x;t_1,t_2)
\end{aligned}
$$

1.24 因为 $t$ 时刻所在周期的起点是 $\left[\frac{t}{T}\right]T$，所以当该周期内的脉冲宽度小于 $t-\left[\frac{t}{T}\right]T$ 时，意味着 $t$ 时刻脉冲已结束，$X(t)=0$，即

$$
P\{X(t)=0\}=\frac{t-\left[\frac{t}{T}\right]T}{T}=\frac{t}{T}-\left[\frac{t}{T}\right]
$$

$$
P\{X(t)=A\}=1-\frac{t}{T}+\left[\frac{t}{T}\right]
$$

$$
f(x;t)=\left(\frac{t}{T}-\left[\frac{t}{T}\right]\right)\delta(x)+\left(1-\frac{t}{T}+\left[\frac{t}{T}\right]\right)\delta(x-A)
$$

1.25　当 $x \leqslant 0$ 时，$f(x;t)=0$。当 $x>0$ 时，

$$F(x;t)=P\left\{X(t)\leqslant x\right\}=\int_0^{+\infty}P\left\{X(t)\leqslant x\,|A=a\right\}f_A(a)\mathrm{d}a$$

$$=\int_0^x 1\cdot f_A(a)\mathrm{d}a+\int_x^{+\infty}\frac{x}{a}\cdot f_A(a)\mathrm{d}a=\int_0^x f_A(a)\mathrm{d}a+\frac{x\sqrt{2}}{\alpha\sqrt{\pi}}e^{-\frac{x^2}{2\alpha^2}}$$

$$f(x;t)=f_A(x)+\frac{\sqrt{2}}{\alpha\sqrt{\pi}}e^{-\frac{x^2}{2\alpha^2}}-\frac{x^2\sqrt{2}}{\alpha^3\sqrt{\pi}}e^{-\frac{x^2}{2\alpha^2}}=\frac{\sqrt{2}}{\alpha\sqrt{\pi}}e^{-\frac{x^2}{2\alpha^2}}$$

综上，有

$$f(x;t)=\begin{cases}\dfrac{\sqrt{2}}{\alpha\sqrt{\pi}}e^{-\frac{x^2}{2\alpha^2}}, & x>0\\ 0, & x\leqslant 0\end{cases}$$

1.26

$$m_Y(t)=E\left[X(t)\right]+g(t)=m_X(t)+g(t)$$

$$\sigma_Y^2(t)=C_Y(t,t)=E\left\{|[X(t)+g(t)]-[m_X(t)+g(t)]|^2\right\}$$

$$=E\left\{|X(t)-m_X(t)|^2\right\}=C_X(t,t)$$

1.27

$$Y(t)=X^2(t)=A^2\sin^2(\omega t+\Theta)=\frac{A^2}{2}-\frac{A^2}{2}\cos(2\omega t+2\Theta)$$

$$R_Y(t_1,t_2)=E\left[Y(t_1)Y(t_2)\right]=\frac{A^4}{4}+\frac{A^4}{8}\cos\left[2\omega(t_1-t_2)\right]$$

1.28　$Y(t)=X(t)-X(t-T)$

$$R_Y(t_1,t_2)=R_X(t_1,t_2)-R_X(t_1,t_2-T)-R_X(t_1-T,t_2)+R_X(t_1-T,t_2-T)$$

1.29　$R_Y(t_1,t_2)=E\left[Y(t_1)Y(t_2)\right]=E(A^2)\cdot R_X(t_1,t_2)=E(A^2)\cdot a^2e^{-2b|t_1-t_2|}$

1.30　$R_X(t_1,t_2)=E\left[X(t_1)\overline{X(t_2t)}\right]=E\left[Ag(t_1)\cdot\overline{Ag(t_2)}\right]$

$$=E\left[|A|^2\cdot g(t_1)\overline{g(t_2)}\right]=g(t_1)\overline{g(t_2)}E(|A|^2)$$

1.31　$R_Z(t_1,t_2)=E\left[Z(t_1)\overline{Z(t_2)}\right]$

$$=R_X(t_1,t_2)+R_{XY}(t_1,t_2)+R_{YX}(t_1,t_2)+R_Y(t_1,t_2)$$

$$R_W(t_1,t_2)=4R_X(t_1,t_2)+2R_{XY}(t_1,t_2)+2R_{YX}(t_1,t_2)+R_Y(t_1,t_2)$$

$$R_{ZW}(t_1,t_2)=2R_X(t_1,t_2)+R_{XY}(t_1,t_2)+2R_{YX}(t_1,t_2)+R_Y(t_1,t_2)$$

$$R_{WZ}(t_1,t_2)=2R_X(t_1,t_2)+2R_{XY}(t_1,t_2)+R_{YX}(t_1,t_2)+R_Y(t_1,t_2)$$

(1) 当 $X(t)$ 与 $Y(t)$ 相互独立时，

$$\begin{pmatrix}R_Z(t_1,t_2)\\R_W(t_1,t_2)\\R_{ZW}(t_1,t_2)\\R_{WZ}(t_1,t_2)\end{pmatrix}=\begin{pmatrix}1&1&1&1\\4&2&2&1\\2&1&2&1\\2&2&1&1\end{pmatrix}\begin{pmatrix}R_X(t_1,t_2)\\m_X(t_1)\overline{m_Y}(t_2)\\m_Y(t_1)\overline{m_X}(t_2)\\R_Y(t_1,t_2)\end{pmatrix}$$

(2) 当 $X(t)$ 与 $Y(t)$ 相互正交时

$$\begin{pmatrix} R_Z(t_1,t_2) \\ R_W(t_1,t_2) \\ R_{ZW}(t_1,t_2) \\ R_{WZ}(t_1,t_2) \end{pmatrix} = \begin{pmatrix} 1 & 1 \\ 4 & 1 \\ 2 & 1 \\ 2 & 1 \end{pmatrix} \begin{pmatrix} R_X(t_1,t_2) \\ R_Y(t_1,t_2) \end{pmatrix}$$

1.32 $m_Y(t) = E[Y(t)] = E[a(t)X(b(t))] = a(t)m_X(b(t))$

$$R_Y(t_1,t_2) = E\left[Y(t_1)\overline{Y(t_2)}\right] = a(t_1)\overline{a(t_2)}R_X(b(t_1),b(t_2))$$

1.33 $E[X(t)] = E[Y(t)] = 0$

$$\begin{aligned} C_{XY}(s,t) = R_{XY}(s,t) &= E[\cos(\omega s+\Theta)\cdot\sin(\omega t+\Theta)] \\ &= \frac{1}{2}E\{\sin[\omega(s+t)+2\Theta] - \sin[\omega(s-t)]\} \\ &= \frac{1}{2}\{0-\sin[\omega(s-t)]\} = \frac{1}{2}\sin[\omega(t-s)] \not\equiv 0 \end{aligned}$$

所以 $X(t)$ 与 $Y(t)$ 不正交、相关、不独立。

1.34 $$\begin{aligned} R_{XY}(s,t) &= E\left[X(s)\overline{Y(t)}\right] = E\left\{X(s)\overline{[aX(t)+b]}\right\} \\ &= E\left[X(s)\cdot a\overline{X(t)} + bX(s)\right] = aR_X(s,t) + bm_X(s) \end{aligned}$$

1.35 由条件知

$$\begin{pmatrix} X \\ Y \end{pmatrix} \sim N\left(\begin{pmatrix} 0 \\ 0 \end{pmatrix}, \begin{pmatrix} \sigma_1^2 & r\sigma_1\sigma_2 \\ r\sigma_1\sigma_2 & \sigma_2^2 \end{pmatrix}\right)$$

(1) $E(XY) = \mathrm{cov}(X,Y) = r\sigma_1\sigma_2$

(2) $\varphi_{X,Y}(u_1,u_2) = \exp\left\{-\dfrac{1}{2}(\sigma_1^2u_1^2 + 2r\sigma_1\sigma_2u_1u_2 + \sigma_2^2u_2^2)\right\}$

$$E(X^2Y^2) = (-j)^4\left.\frac{\partial^{(4)}(u_1,u_2)}{\partial^2u_1\partial^2u_2}\right|_{(0,0)} = \sigma_1^2\sigma_2^2 + 2r^2\sigma_1^2\sigma_2^2 = (1+2r^2)\sigma_1^2\sigma_2^2$$

1.36 由 $S_n = \sum\limits_{i=0}^{n} X_i, S_0 = 0, X_1, X_2, \cdots$ 独立同分布知 $S_n$ 是初始状态为零的独立增量过程，因此 $S_n$ 的协方差函数等于较小时刻的方差，于是有

$$\begin{aligned} &m_S(n) = E(S_n) = \sum_{i=0}^{n} E(X_i) = np \\ &\sigma_S^2(n) = D(S_n) = \sum_{i=0}^{n} D(X_i) = n(E(X_i^2) - (EX_i)^2) = npq \\ &C_S(n_1,n_2) = \sigma_S^2(\min\{n_1,n_2\}) = pq\min\{n_1,n_2\} \end{aligned}$$

1.37 由 $Z$ 与 $X(t)$ 相互独立，且 $X(t)$ 为 $X(0)=0$ 的独立增量过程，得

$$C_Y(t_1,t_2)=C_X(t_1,t_2)+\sigma_Z^2=\sigma_X^2(\min\{t_1,t_2\})+1$$

1.38 根据 Wiener 过程的性质知

$$\begin{pmatrix} X(t_1) \\ X(t_2) \\ \vdots \\ X(t_N) \end{pmatrix} \sim N\left(\begin{pmatrix} 0 \\ 0 \\ \vdots \\ 0 \end{pmatrix},\sigma^2\begin{pmatrix} t_1 & t_1 & \cdots & t_1 \\ t_1 & t_2 & \cdots & t_2 \\ \vdots & \vdots & \ddots & \vdots \\ t_1 & t_2 & \cdots & t_N \end{pmatrix}\right)$$

因 $|B|=\sigma^{2N}\cdot t_1\begin{vmatrix} 1 & 1 & 1 & \cdots & 1 \\ t_1-t_2 & 0 & 0 & \cdots & 0 \\ t_1-t_3 & t_2-t_3 & 0 & \cdots & 0 \\ \vdots & \vdots & \vdots & & \vdots \\ t_1-t_N & t_2-t_N & t_3-t_N & \cdots & 0 \end{vmatrix}=\sigma^{2N}\prod\limits_{i=1}^{N}(t_i-t_{i-1})$，$t_0=0$，所以

$$f_X(x_1,x_2,\cdots,x_N)=\frac{1}{\prod\limits_{i=1}^{N}\sqrt{2\pi}\sigma_X\sqrt{t_i-t_{i-1}}}\exp\left\{-\frac{1}{2}X^{\mathrm{T}}B^{-1}X\right\}$$

这里 $X=(x_1,x_2,\cdots,x_N)^{\mathrm{T}}$，$B=\sigma^2\begin{pmatrix} t_1 & t_1 & \cdots & t_1 \\ t_1 & t_2 & \cdots & t_2 \\ \vdots & \vdots & \ddots & \vdots \\ t_1 & t_2 & \cdots & t_N \end{pmatrix}$。

另一种解法是由定理 1.4.1 可得

$$f_X(x_1,x_2,\cdots,x_N)=\frac{1}{\prod\limits_{i=1}^{N}\sqrt{2\pi}\sigma\sqrt{t_i-t_{i-1}}}\exp\left\{-\frac{1}{2\sigma^2}\sum_{i=1}^{N}\frac{(x_i-x_{i-1})^2}{t_i-t_{i-1}}\right\},\ t_0=0,x_0=0$$

1.39 $m_Y(t)=E[Y(t)]=E\left[e^{-\alpha t}X(e^{2\alpha t})\right]=e^{-\alpha t}\cdot E\left[X(e^{2\alpha t})\right]=0$ 为常数。

$$\begin{aligned}R_Y(t_1,t_2)&=E[Y(t_1)Y(t_2)]=E\left[e^{-\alpha t_1}X(e^{2\alpha t_1})\cdot e^{-\alpha t_2}X(e^{2\alpha t_2})\right]\\&=e^{-\alpha(t_1+t_2)}\cdot C_X(e^{2\alpha t_1},e^{2\alpha t_2})=e^{-\alpha(t_1+t_2)}\cdot\sigma^2\min\left\{e^{2\alpha t_1},e^{2\alpha t_2}\right\}\end{aligned}$$

不妨令 $t_1\leqslant t_2$，因为 $\alpha>0$，所以 $e^{2\alpha t_1}\leqslant e^{2\alpha t_2}$，则

$$R_Y(t_1,t_2)=e^{-\alpha(t_1+t_2)}\cdot\sigma^2\cdot e^{2\alpha t_1}=\sigma^2\cdot e^{-\alpha(t_2-t_1)}$$

一般地，有 $R_Y(t_1,t_2)=\sigma^2\cdot e^{-\alpha|t_2-t_1|}$ 只与 $t_2-t_1$ 有关。可见 $Y(t)$ 为宽平稳过程。

1.40 令 $X(t)=U\cos\omega t+V\sin\omega t=A\cos(\omega t+\Phi)$，则

$$\begin{cases} U=A\cos\Phi, \\ V=-A\sin\Phi, \end{cases}\quad A>0,\Phi\in[0,2\pi],\ J=\frac{\partial(u,v)}{\partial(a,\varphi)}=\begin{vmatrix} \cos\varphi & -a\sin\varphi \\ -\sin\varphi & -a\cos\varphi \end{vmatrix}=-a$$

$$
\begin{aligned}
f_{A,\Phi}(a,\varphi) &= |J|\, f_{U,V}(u(a,\varphi), v(a,\varphi)) \\
&= \frac{a}{\sqrt{2\pi\sigma^2}} \exp\left\{-\frac{1}{2\sigma^2}\left[(a\cos\varphi)^2 + (-a\sin\varphi)^2\right]\right\} \\
&= \frac{a}{\sqrt{2\pi\sigma^2}} \exp\left\{-\frac{a^2}{2\sigma^2}\right\}
\end{aligned}
$$

因为 $Z$，$\Theta$ 为相互独立的随机变量，$\Theta$ 在 $[0,2\pi]$ 上均匀分布，$Z$ 服从瑞利分布，其密度函数为 $f(z)=\begin{cases}\dfrac{z}{\sigma^2}e^{-z^2/2\sigma^2}, & z>0,\\ 0, & z\leqslant 0,\end{cases}$ 所以 $Z$，$\Theta$ 的联合概率密度函数为 $f_{Z,\Theta}(z,\theta)=\dfrac{z}{\sqrt{2\pi\sigma^2}}\exp\left\{-\dfrac{z^2}{2\sigma^2}\right\}$，$z>0, 0\leqslant\theta\leqslant 2\pi$。可见，表示 $X(t)$ 的 $A,\Phi$ 的联合分布与表示 $Y(t)$ 的 $Z,\Theta$ 的联合分布为同分布且表示式也相同。所以 $X(t)$ 与 $Y(t)$ 具有完全相同的有限维分布。

1.41 (1) 因为 $W(t+a)-W(a)$ 与 $W(t)-W(0)=W(t)$ 同分布，而 $W(t)$ 为 Wiener 过程，其协方差函数为较小时刻的方差，可以想到 $W(t+a)-W(a)$ 在 $s$，$t$ 处的协方差也应为 $\sigma^2\cdot\min\{s,t\}$。

事实上，不妨令 $s\leqslant t$，

$$
\begin{aligned}
&E\{[W(s+a)-W(a)][W(t+a)-W(a)]\} \\
&= E\{[W(s+a)-W(a)]\{[W(t+a)-W(s+a)]+[W(s+a)-W(a)]\}\} \\
&= E\{[W(s+a)-W(a)][W(t+a)-W(s+a)]\} \\
&\quad + E\{[W(s+a)-W(a)][W(s+a)-W(a)]\} \\
&= 0 + E[W(s+a)-W(a)]^2 = \sigma^2(s+a-a) = \sigma^2 s = \sigma^2\cdot\min\{s,t\}
\end{aligned}
$$

(2) 不妨令 $0\leqslant s<t$，则

$$
\begin{aligned}
&E\{[W(s+a)-W(s)][W(t+a)-W(t)]\} \\
&= E\{[W(s+a)-W(s)]\{[W(t+a)-W(s+a)]+[W(s+a)-W(t)]\}\} \\
&= 0 + E\{[W(s+a)-W(s)][W(s+a)-W(t)]\}
\end{aligned}
$$

若 $a<t-s$ 即 $s+a<t$，则上式为 0。

若 $a\geqslant t-s$ 即 $s+a\geqslant t$，则

$$
\begin{aligned}
&E\{[W(s+a)-W(s)][W(s+a)-W(t)]\} \\
&= E\{\{[W(s+a)-W(t)]+[W(t)-W(s)]\}[W(s+a)-W(t)]\} \\
&= E\left\{[W(s+a)-W(t)]^2\right\} + 0 = \sigma^2(a+s-t) = \sigma^2[a-(t-s)]
\end{aligned}
$$

综上，有

$$
E\{[W(s+a)-W(s)][W(t+a)-W(t)]\} = \begin{cases} 0, & a<|t-s| \\ \sigma^2(a-|t-s|), & a\geqslant|t-s| \end{cases}
$$

(3) 因为 $E\left[W^2(t)\right]=D\left[W(t)\right]+\{E\left[(t)\right]\}^2=\sigma^2 t+0=\sigma^2 t$，所以

$$C_{W^2}(s,t)=E\left\{\left[W^2(s)-\sigma^2 s\right]\left[W^2(t)-\sigma^2 t\right]\right\}=E\left[W^2(s)W^2(t)\right]-\sigma^4 st$$

由 1.35 题 (2) 知 $E\left[W^2(s)W^2(t)\right]=(1+2r_{s,t}^2)\sigma^4\cdot st=\sigma^4 st+2\sigma^4\min\left\{s^2,t^2\right\}$，所以 $C_{W^2}(s,t)=2\sigma^4\cdot\min\left\{s^2,t^2\right\}$。

1.42 $\begin{pmatrix} X \\ Y \end{pmatrix}\sim N\left(\begin{pmatrix} 0 \\ 0 \end{pmatrix},\begin{pmatrix} \frac{1}{2} & 0 \\ 0 & \frac{1}{2} \end{pmatrix}\right)$

$$X-Y=\begin{pmatrix} 1 & -1 \end{pmatrix}\begin{pmatrix} X \\ Y \end{pmatrix}\sim N\left(0,\begin{pmatrix} 1 & -1 \end{pmatrix}\begin{pmatrix} \frac{1}{2} & 0 \\ 0 & \frac{1}{2} \end{pmatrix}\begin{pmatrix} 1 \\ -1 \end{pmatrix}\right)$$

即 $X-Y\sim N(0,1)$，令 $Z=X-Y$，则 $Z\sim N(0,1)$，于是

$$E(|X-Y|)=E(|Z|)=\int_{-\infty}^{+\infty}|z|\frac{1}{\sqrt{2\pi}}e^{-\frac{z^2}{2}}\mathrm{d}z=-\sqrt{\frac{2}{\pi}}e^{-\frac{z^2}{2}}\bigg|_0^{+\infty}=\sqrt{\frac{2}{\pi}}$$

## 习 题 2

2.1 $E\{[N(t)-E(N(t))][N(t+\tau)-E(N(t+\tau))]\}$

$$=C_N(t,t+\tau)$$

$$=\sigma_N^2(\min\{t,t+\tau\})=\lambda\cdot\min\{t,t+\tau\}$$

2.2 $P\{W_n>N\}=P\{X(N)<n\}=\sum\limits_{i=0}^{n-1}\dfrac{(N/2)^i e^{-N/2}}{i!}$

2.3 对于充分小的正数 $\Delta t$，

$$P(A_k)=P\{X(t)=k-1,X(t+\Delta t)=k\}$$

$$=P\{X(t)=k-1\}\cdot P\{X(t+\Delta t-t)=1\}=\frac{(\lambda t)^{k-1}e^{-\lambda t}}{(k-1)!}\cdot\frac{(\lambda\Delta t)\cdot e^{-\lambda(\Delta t)}}{1!}$$

$$f_{w_k}(t)=\lim_{\Delta t\to 0}\frac{p(A_k)}{\Delta t}=\lim_{\Delta t\to 0}\frac{\lambda(\lambda t)^{k-1}e^{-\lambda t}}{(k-1)!}e^{-\lambda(\Delta t)}=\frac{\lambda(\lambda t)^{k-1}e^{-\lambda t}}{(k-1)!}$$

2.4 $P\{N(s)=k\mid N(t)=n\}=\dfrac{P\{N(s)=k,N(t)=n\}}{P\{N(t)=n\}}$

$$=\frac{\dfrac{(\lambda s)^k e^{-\lambda s}}{k!}\cdot\dfrac{(\lambda(t-s))^{n-k}e^{-\lambda(t-s)}}{(n-k)!}}{\dfrac{(\lambda t)^n e^{-\lambda t}}{n!}}$$

$$=\mathrm{C}_n^k\left(\frac{s}{t}\right)^k\left(1-\frac{s}{t}\right)^{n-k}$$

2.5 由 2.4 题可知：

(1) $P\{N(20)=2 \mid N(60)=2\}=\mathrm{C}_2^2\left(\frac{1}{3}\right)^2\left(\frac{2}{3}\right)^0=\frac{1}{9}$

(2) $P=1-P\{N(20)=0 \mid N(60)=2\}=1-\mathrm{C}_2^0\left(\frac{1}{3}\right)^0\left(\frac{2}{3}\right)^2=1-\frac{4}{9}=\frac{5}{9}$

2.6 令 $T$ 为 $X(t)$ 相邻事件到达的时间间隔，则

$$\begin{aligned}P_k=P\{Y(T)=k\}&=\int_0^{+\infty}P\{Y(T)=k \mid T=t\}f_T(t)\mathrm{d}t\\&=\int_0^{+\infty}\frac{(\lambda_2 t)^k e^{-\lambda_2 t}}{k!}\cdot\lambda_1 e^{-\lambda_1 t}\mathrm{d}t=\frac{\lambda_1\lambda_2^k}{k!}\int_0^{+\infty}t^k e^{-(\lambda_1+\lambda_2)t}\mathrm{d}t\\&=\frac{\lambda_1\lambda_2^k}{k!}\cdot\frac{k!}{(\lambda_1+\lambda_2)^{k+1}}=\frac{\lambda_1}{\lambda_1+\lambda_2}\cdot\left(\frac{\lambda_2}{\lambda_1+\lambda_2}\right)^k\end{aligned}$$

2.7 若记 $N(t)$ 表示 $(0,t]$ 内车辆记录器记录南行、北行车辆总数，则 $N(t)=X(t)+Y(t)$。由 $X(t)$ 与 $Y(t)$ 独立知 $N(t)$ 为参数是 $\lambda_1+\lambda_2$ 的 Poisson 过程，且记录的车辆为南行的概率是 $\frac{\lambda_1}{\lambda_1+\lambda_2}$，北行的概率是 $\frac{\lambda_2}{\lambda_1+\lambda_2}$，于是当 $N(t)=n$ 时，其中南行 $k$ 辆的概率为 $\mathrm{C}_n^k\left(\frac{\lambda_1}{\lambda_1+\lambda_2}\right)^k\left(\frac{\lambda_2}{\lambda_1+\lambda_2}\right)^{n-k}$。

2.8 记 $X(t)=X_1(t)+X_2(t)+X_3(t)$，则 $X(t)$ 是参数为 $\lambda=\lambda_1+\lambda_2+\lambda_3$ 的 Poisson 过程，于是，有

$$\begin{aligned}&P\left\{X_1(t)=k, X_2(t)=j|X(t)=n\right\}\\=&\frac{\dfrac{(\lambda_1 t)^k e^{-\lambda_1 t}}{k!}\cdot\dfrac{(\lambda_2 t)^j e^{-\lambda_2 t}}{j!}\cdot\dfrac{(\lambda_3 t)^{n-k-j}e^{-\lambda_3 t}}{(n-k-j)!}}{\dfrac{(\lambda t)^n e^{-\lambda t}}{n!}}=\frac{n!}{k!j!(n-k-j)!}\frac{\lambda_1^k\lambda_2^j\lambda_3^{n-k-j}}{\lambda^n}\end{aligned}$$

2.9 记 $N_i(t)$ 为第 $i$ 部分机 $(0,t]$ 内电话呼唤次数，则 $N_i(t)$ 是参数为 $\lambda_i$ 的 Poisson 流，$i=1,2,\cdots,n$，且 $N_i(t)$ 之间相互独立。因为 $N(t)=\sum_{i=1}^n N_i(t)$，所以

$$\varphi_N(u;t)=\prod_{i=1}^n\varphi_{N_i}(u;t)=\prod_{i=1}^n e^{-\lambda_i\left(1-e^{ju}\right)}=e^{-\left(\sum\limits_{i=1}^n\lambda_i\right)\left(1-e^{ju}\right)}$$

可见，$N(t)\sim\pi\left(\sum_{i=1}^n\lambda_i\right)$。又由条件知 $N(t)$ 满足 $N(0)=0$，$N(t)$ 为独立、平稳增量过程，故 $N(t)$ 是参数为 $\sum_{i=1}^n\lambda_i$ 的 Poisson 过程。

2.10 根据 Poisson 过程的性质：

(1) $P\left\{X_1\geqslant s\right\}=P\left\{N_1(s)=0, N_3(s)=0\right\}=e^{-\lambda_1 s}e^{-\lambda_3 s}=\exp\left\{-(\lambda_1+\lambda_3)s\right\}$

(2) $P\left\{X_2\geqslant t\right\}=P\left\{N_2(t), N_3(t)=0\right\}=e^{-\lambda_2 t}e^{-\lambda_3 t}=\exp\left\{-(\lambda_2+\lambda_3)s\right\}$

(3) $P\{X_1 \geqslant s, X_2 \geqslant t\} = P\{N_1(s)=0, N_2(t)=0, N_3(\max\{s,t\})=0\}$

$$= e^{-\lambda_1 s} \cdot e^{-\lambda_2 t} \cdot e^{-\lambda_3 \max\{s,t\}} = \exp\{-\lambda_1 s - \lambda_2 t - \lambda_3 \max\{s,t\}\}$$

2.11　由 Poisson 过程的分解定理知，被记录的脉冲流是参数为 $p\lambda$ 的 Poisson 流，所以 $P\{X(t)=k\} = \dfrac{(\lambda p t)^k e^{-\lambda p t}}{k!}$，　$k=0,1,2,\cdots$。

可见，给定 $t \geqslant 0$，随机变量 $X(t)$ 是服从参数为 $p\lambda$ 的 Poisson 分布。

注：本题也可以按定理 2.3.2 的证明方法去做。

2.12　(1) $E[N(t)] = \displaystyle\int_0^t \frac{1}{2}(1+\cos\omega u)\mathrm{d}u = \frac{t}{2} + \frac{\sin\omega t}{2\omega}$

(2) $D[N(t)] = E[N(t)] = \dfrac{t}{2} + \dfrac{\sin\omega t}{2\omega}$

2.13　$P\{N(2)-N(1)=n\} = \dfrac{\left(\int_1^2 (t^2+2t)\mathrm{d}t\right)^n e^{-\int_1^2 (t^2+2t)\mathrm{d}t}}{n!} = \dfrac{1}{n!}\left(\dfrac{16}{3}\right)^n e^{-\frac{16}{3}}$

2.14　(1) 因为 $X(t) \sim \pi(\lambda t)$，所以 $\varphi_X(u;t) = e^{-\lambda t(1-e^{ju})} = e^{\lambda t(e^{ju}-1)}$。

(2)　$P\{X(t_1)=m, X(t_2)=m+n\}$

$$= \frac{(\lambda t_1)^m e^{-\lambda t_1}}{m!} \cdot \frac{[\lambda(t_2-t_1)]^n e^{-\lambda(t_2-t_1)}}{n!} = \frac{\lambda^{m+n} t_1^m (t_2-t_1)^n}{m!n!} e^{-\lambda t_2}$$

2.15　因为 $m_{N_1}(t) = \lambda t$, $\sigma_{N_1}^2(t) = m_{N_1}(t) = \lambda t$，所以

$$m_{N_2}(t) = E(N_1^2(t)) = D[N_1(t)] + \{E[N_1(t)]\}^2 = \lambda t + (\lambda t)^2$$

$$\sigma_{N_2}^2(t) = D[N_2(t)] = D\left[N_1^2(t)\right] = E\left[N_1^4(t)\right] - \left\{E\left[N_1^2(t)\right]\right\}^2$$

由于 $\varphi_{N_1}(u;t) = e^{-\lambda t(1-e^{ju})}$，于是有

$$\begin{aligned} E\left[N_1^4(t)\right] &= (-j)^4 \varphi_{N_1}^{(4)}(u;t)\Big|_{u=0} \\ &= \Big\{\Big[\lambda t(1+\lambda t e^{ju}) + 3(\lambda t)^2(2+\lambda t e^{ju})e^{ju} \\ &\quad + (\lambda t)^3(3+\lambda t e^{ju})e^{2ju}\Big] e^{ju+\lambda t e^{ju}-\lambda}\Big\}\Big|_{u=0} \\ &= \lambda t + 7(\lambda t)^2 + 6(\lambda t)^3 + (\lambda t)^4 \end{aligned}$$

所以

$$\begin{aligned} D[N_2(t)] &= \lambda t + 7(\lambda t)^2 + 6(\lambda t)^3 + (\lambda t)^4 - (\lambda t)^2 - 2(\lambda t)^3 - (\lambda t)^4 \\ &= \lambda t + 6(\lambda t)^2 + 4(\lambda t)^3 \neq E[N_2(t)] \end{aligned}$$

可见 $N_2(t)$ 不是 Poisson 过程。

2.16　(1) 由 $N_1(t)$ 与 $N_2(t)$ 独立知，$N_1(t)+N_2(t)$ 为两过程的合成，因此为 Poisson 过程。(2)—(4) 一般都不是 Poisson 过程，因为它们的状态空间都不是 $\{0,1,2,\cdots\}$，只有当 $C=0$ 时，$N_1(t)-C=N_1(t)$ 是 Poisson 过程，当 $C=1$ 时，$CN_1(t)=N_1(t)$ 是 Poisson 过程。

2.17 $\varphi_X(u;t)=E[e^{juX(t)}]=E\left[\exp\left(ju\sum_{n=0}^{N(t)}Y_n\right)\right]$

$$=\sum_{k=0}^{+\infty}\left\{P\{N(t)=k\}E\left[\exp\left(ju\sum_{n=0}^{N(t)}Y_n\right)\middle|N(t)=k\right]\right\}$$

$$=\sum_{k=0}^{+\infty}\left\{\frac{(\lambda t)^k e^{-\lambda t}}{k!}\cdot[\varphi_{Y_1}(u)]^k\right\}$$

因为 $P\{Y_n=1\}=\dfrac{\lambda_1}{\lambda},P\{Y_n=-1\}=\dfrac{\lambda_2}{\lambda}(n\neq 0)$，所以 $\varphi_{Y_n}(u)=\dfrac{\lambda_1}{\lambda}e^{ju}+\dfrac{\lambda_2}{\lambda}e^{-ju}$。此时，

$$\varphi_X(u;t)=\sum_{k=0}^{+\infty}\left[\frac{(\lambda t)^k e^{-\lambda t}}{k!}\left(\frac{\lambda_1}{\lambda}e^{ju}+\frac{\lambda_2}{\lambda}e^{-ju}\right)^k\right]=e^{-\lambda t}\cdot e^{\left(\lambda_1 e^{ju}+\lambda_2 e^{-ju}\right)t}$$

$$=\exp\{\lambda_1 te^{ju}+\lambda_2 te^{-ju}-\lambda t\}$$

2.18 由 Poisson 过程的分解定理知 $X(t)$ 仍是 Poisson 过程，其参数是 $\lambda p$，所以有

$$P\{X(t)=k\}=\frac{(\lambda pt)^k e^{-\lambda pt}}{k!},\quad k=0,1,2,\cdots$$

2.19 令 $N(t)$ 表示 $t$ 天内订阅杂志的顾客数，$Y_i\,(i=1,2,\cdots,N(t))$ 为第 $i$ 个顾客订阅杂志使出版商挣得的手续费，则 $E(Y_n)=\dfrac{5}{3}$，$D(Y_n)=\dfrac{5}{9}$。因为 $X(t)=\sum\limits_{n=0}^{N/(t)}Y_n$ ，这里 $Y_0=0$，所以 $E[X(t)]=6tE(Y_n)=10t$，$D[X(t)]=6tE(Y_n^2)=20t$。

2.20 (1) 因为 $S_n=\sum\limits_{i=1}^{n}X_i$，而 $X_i\sim\pi(\mu)$ 且 $X_i$ 之间相互独立，所以 $S_n\sim\pi(n\mu)$。

(2) $P\{N(t)=n\}=P\{S_n\leqslant t,S_{n+1}>t\}=P\{S_n\leqslant t\}-P\{S_{n+1}\leqslant t\}$

$$=\sum_{i=n}^{[t]}\frac{(n\mu)^i e^{-n\mu}}{i!}-\sum_{i=n+1}^{[t]}\frac{[(n+1)\mu]^i e^{-(n+1)\mu}}{i!}$$

这里 $[t]$ 表示 $t$ 取整。

2.21 若用 $Y$ 表示机器的寿命，则 $Y$ 的分布函数为连续函数 $F(t)$，密度函数为 $f(t)$，那么更新时间间隔 $X$ 的分布函数

$$F_X(t)=P\{X\leqslant t\}=\begin{cases}F(t), & t<T,\\ 1, & t\geqslant T,\end{cases}\quad f_X(t)=\begin{cases}f(t), & t<T\\ [1-F(T)]\delta(T), & t\geqslant T\end{cases}$$

$E(X)=\int_0^T tf(t)\mathrm{d}t+T[1-F(T)]$，由基本更新定理知，长期工作机器的更新率为 $\left\{\int_0^T tf(t)\mathrm{d}t+T[1-F(T)]\right\}^{-1}$。在更新的机器中，机器由于损坏而更新的占比为 $F(T)$，因此机器单位时间平均损坏频率为 $F(T)\Big/\left\{\int_0^T tf(t)\mathrm{d}t+T[1-F(T)]\right\}$。

## 习 题 3

3.1 (1) $X_n$ 的状态空间 $E_X=\{1,2,3,4,5,6\}$。给定 $X_n=i$，因为 $X_{n+1}$ 的大小与前 $n$ 次的取值无关且取到每个状态的概率均为 $\frac{1}{6}$，所以 $\{X_n, n\geqslant 1\}$ 为齐次 Markov 链，且有 $P_{ij}=P\{X_{n+1}=j\,|X_n=i\}=\frac{1}{6}$, $\forall i,j\in E$，转移矩阵 (略)。

(2) $Y_n$ 的状态空间 $E_Y=\{1,2,3,4,5,6\}$。给定 $Y_n=i$，因为 $Y_{n+1}$ 的取值为 $i$ 与 $X_{n+1}$ 的最大值，所以 $Y_{n+1}$ 的大小与 $X_1,X_2,\cdots,X_{n-1}$ 的取值无关，因此 $\{Y_n,n\geqslant 1\}$ 为 Markov 链。又因为 $X_{n+1}$ 的分布与 $n$ 无关，所以此时 $Y_{n+1}$ 的取值也与 $n$ 无关，即 $\{Y_n,n\geqslant 1\}$ 还是齐次 Markov 链，且有

$$P\{Y_{n+1}=j\,|Y_n=i\}=\begin{cases}\dfrac{i}{6}, & j=i,\\ \dfrac{1}{6}, & j>i,\\ 0, & j<i,\end{cases}\qquad \forall i,j\in E$$

转移矩阵 (略)。

3.2
$$E=\{\cdots,-3,-2,-1,0,1,2,3,\cdots\}=Z$$

给定 $X(n)=i$，因为 $X(n+1)$ 的取值只能为 $i-2,i,i+1,i+2$，且取这 $n$ 个值的概率分别为 $\frac{4}{14},\frac{3}{14},\frac{2}{14}$ 和 $\frac{5}{14}$，可见 $X(n+1)$ 的取值与 $X(m)(m<n)$ 无关，且与 $n$ 也无关，因此 $X(n)$ 为齐次 Markov 链，其一步转移概率 $p_{ij}$ 为

$$p_{ij}=P\{X(n+1)=j\,|X(n)=i\}=\begin{cases}\dfrac{2}{7}, & j=i-2\\ \dfrac{3}{14}, & j=i\\ \dfrac{1}{7}, & j=i+1\\ \dfrac{5}{14}, & j=i+2\\ 0, & \text{其他}\end{cases}$$

3.3 因对任意 $n\geqslant 1$ 和任意状态 $j\in E$，

$$\begin{aligned}P\{X(n)=j\}&=\sum_{i\in E}P\{X(n-1)=i\}P\{X(n)=j\,|X(n-1)=i\}\\&=a_j\cdot 1=a_j\quad(\text{与 } n \text{ 无关})\end{aligned}$$

可见 $\{X(n),n\geqslant 1\}$ 是同分布的随机变量序列。

$$\begin{aligned}&P\{X(1)=i_1,X(2)=i_2,\cdots,X(n)=i_n\}\\&=P\{X(1)=i_1\}p_{i_1,i_2}p_{i_2,i_3}\cdots p_{i_{n-1},i_n}=a_{i_1}a_{i_2}\cdots a_{i_n}\\&=P\{X(1)=i_1\}P\{X(2)=i_2\}\cdots P\{X(n)=i_n\}\end{aligned}$$

由 $n$ 的任意性知 $X(1),X(2),X(3),\cdots$ 是相互独立的随机变量序列。

3.4 $P=\begin{pmatrix} 0 & 1 & 0 & 0 & 0 \\ \frac{1}{3} & \frac{1}{3} & \frac{1}{3} & 0 & 0 \\ 0 & \frac{1}{3} & \frac{1}{3} & \frac{1}{3} & 0 \\ 0 & 0 & \frac{1}{3} & \frac{1}{3} & \frac{1}{3} \\ 0 & 0 & 0 & 1 & 0 \end{pmatrix}$

3.5 $P=\begin{pmatrix} \frac{1}{2} & \frac{1}{2} & 0 & 0 & 0 \\ \frac{1}{3} & \frac{1}{3} & \frac{1}{3} & 0 & 0 \\ 0 & \frac{1}{3} & \frac{1}{3} & \frac{1}{3} & 0 \\ 0 & 0 & \frac{1}{3} & \frac{1}{3} & \frac{1}{3} \\ 0 & 0 & 0 & \frac{1}{2} & \frac{1}{2} \end{pmatrix}$

3.6 (1) 略；(2) $P=\begin{pmatrix} 0 & 1 & 0 & 0 \\ \frac{1}{9} & \frac{4}{9} & \frac{4}{9} & 0 \\ 0 & \frac{4}{9} & \frac{4}{9} & \frac{1}{9} \\ 0 & 0 & 1 & 0 \end{pmatrix}$。

3.7 参考 3.3 题。

3.8 证明 (略)，

$$p_{ij}=P\{X(n+1)=j\,|X(n)=i\}=\sum_{k=0}^{\min\{i,j\}}\left[\mathrm{C}_i^k p^k q^{i-k}\cdot\frac{\lambda^{j-k}e^{-\lambda}}{(j-k)!}\right],\quad \forall i,j\in E$$

3.9 证明 (略)。$E=\{b,b+1,\cdots,N\}$，其一步转移概率为

$$p_{ij}=P\{X(n+1)=j\,|X(n)=i\}=\begin{cases}\dfrac{i(N-i)a}{\mathrm{C}_N^2}=\dfrac{2i(N-i)a}{N(N-1)}, & j=i+1\\ 1-\dfrac{2i(N-i)a}{N(N-1)}, & j=i\\ 0, & \text{其他}\end{cases}$$

3.10 $P\{X(t_n)=i_n\mid X(t_{n+1})=i_{n+1},X(t_{n+2})=i_{n+2},\cdots,X(t_{n+k})=i_{n+k}\}$

$$\begin{aligned}&=(P\{X(t_n)=i_n\}P\{X(t_{n+1})=i_{n+1}\mid X(t_n)=i_n\}\cdots P\{X(t_{n+k})=i_{n+k}\\&\quad\mid X(t_{n+k-1})=i_{n+k-1}\})/(P\{X(t_{n+1})=i_{n+1}\}P\{X(t_{n+2})=i_{n+2}\\&\quad\mid X(t_{n+1})=i_{n+1}\}\cdots P\{X(t_{n+k})=i_{n+k}\mid X(t_{n+k-1})=i_{n+k-1}\})\\&=\frac{P\{X(t_n)=i_n\}P\{X(t_{n+1})=i_{n+1}\mid X(t_n)=i_n\}}{P\{X(t_{n+1})=i_{n+1}\}}\end{aligned}$$

$$=\frac{P\{X(t_n)=i_n,X(t_{n+1})=i_{n+1}\}}{P\{X(t_{n+1})=i_{n+1}\}}$$

$$=P\{X(t_n)=i_n\mid X(t_{n+1})=i_{n+1}\}$$

3.11　由 3.10 题的结果，知

$$\begin{aligned}&P\{X(t_1)=i_1,X(t_3)=i_3\,|X(t_2)=i_2\}\\&=\frac{P\{X(t_1)=i_1\,|X(t_2)=i_2,X(t_3)=i_3\}\cdot P\{X(t_2)=i_2,X(t_3)=i_3\}}{P\{X(t_2)=i_2\}}\\&=P\{X(t_1)=i_1\,|X(t_2)=i_2,X(t_3)=i_3\}\cdot\frac{P\{X(t_2)=i_2,X(t_3)=i_3\}}{P\{X(t_2)=i_2\}}\\&=P\{X(t_1)=i_1\,|X(t_2)=i_2\}\cdot P\{X(t_3)=i_3\,|X(t_2)=i_2\}\end{aligned}$$

3.12　证明 (略)。

3.13　(1)　$f_2(x_2)=\begin{cases}-\ln x_2, & 0<x_2<1\\ 0, & 其他\end{cases}$

(2)　$f_{n+1|1,2,\cdots,n}(x_{n+1}\,|x_1,x_2,\cdots,x_n)=\dfrac{f_{1,2,\cdots,n,n+1}(x_1,x_2,\cdots,x_n,x_{n+1})}{f_{1,2,\cdots,n}(x_1,x_2,\cdots,x_n)}$

$$=\begin{cases}\dfrac{1}{x_n}, & 0<x_{n+1}<x_n<1\\ 0, & 其他\end{cases}$$

可见 $X(n)$ 为 Markov 过程。

(3) 由 (2) 知

$$f_{2|1}(x_2\,|x_1)=\begin{cases}\dfrac{1}{x_1}, & 0<x_2<x_1<1\\ 0, & 其他\end{cases}$$

$$\cdots$$

$$f_{n|n-1}(x_n\,|x_{n-1})=\begin{cases}\dfrac{1}{x_{n-1}}, & 0<x_n<x_{n-1}<1\\ 0, & 其他\end{cases}$$

(4)　$P\left\{X(1)\leqslant\dfrac{3}{4},X(3)\leqslant\dfrac{1}{3}\right\}=\dfrac{1}{6}\left(2\ln\dfrac{3}{2}+1\right)^2+\dfrac{1}{6}$

3.14　$P=\begin{pmatrix}\dfrac{1}{2} & \dfrac{1}{2}\\ \dfrac{1}{3} & \dfrac{2}{3}\end{pmatrix}$，$P^{(2)}=P^2=\begin{pmatrix}\dfrac{5}{12} & \dfrac{7}{12}\\ \dfrac{7}{18} & \dfrac{11}{18}\end{pmatrix}$，所以 5 月 3 日为晴天的概率为 $p_{00}^{(2)}=\dfrac{5}{12}$，5 月 5 日为雨天的概率为 $p_{00}^{(2)}p_{01}^{(2)}+p_{01}^{(2)}p_{11}^{(2)}=\dfrac{259}{432}$。

3.15　证明 (略)。

3.16　(1)　$p_{01}^{(2)}=p_{00}p_{01}+p_{01}p_{11}+p_{02}p_{21}=\dfrac{1}{4}\times\dfrac{3}{4}+\dfrac{3}{4}\times\dfrac{1}{3}+0\times\dfrac{1}{4}=\dfrac{7}{16}$

(2)　$P\{X(0)=0,X(2)=1,X(3)=1\}=\dfrac{1}{4}p_{01}^{(2)}p_{11}=\dfrac{1}{4}\times\dfrac{7}{16}\times\dfrac{1}{3}=\dfrac{7}{192}$

(3) $X(1)$ 的概率分布为

$$\overrightarrow{P}(1)=\overrightarrow{P}(0)P=\left(\frac{1}{4},\frac{1}{2},\frac{1}{4}\right)\begin{pmatrix}\frac{1}{4} & \frac{3}{4} & 0\\ \frac{1}{3} & \frac{1}{3} & \frac{1}{3}\\ 0 & \frac{1}{4} & \frac{3}{4}\end{pmatrix}=\left(\frac{11}{48},\frac{20}{48},\frac{17}{48}\right)$$

3.17 (1) $P^{(2)}=P\cdot P=\begin{pmatrix}0 & 1 & 0\\ 1-p & 0 & p\\ 0 & 1 & 0\end{pmatrix}\begin{pmatrix}0 & 1 & 0\\ 1-p & 0 & p\\ 0 & 1 & 0\end{pmatrix}=\begin{pmatrix}1-p & 0 & p\\ 0 & 1 & 0\\ 1-p & 0 & p\end{pmatrix}$

$$P^{(4)}=P^2\cdot P^2=\begin{pmatrix}1-p & 0 & p\\ 0 & 1 & 0\\ 1-p & 0 & p\end{pmatrix}\begin{pmatrix}1-p & 0 & p\\ 0 & 1 & 0\\ 1-p & 0 & p\end{pmatrix}=\begin{pmatrix}1-p & 0 & p\\ 0 & 1 & 0\\ 1-p & 0 & p\end{pmatrix}=P^{(2)}$$

(2) 由 (1) 知

$$P^{(2m)}=P^{2m}=P^2P^2\cdots P^2=P^2=\begin{pmatrix}1-p & 0 & p\\ 0 & 1 & 0\\ 1-p & 0 & p\end{pmatrix},\quad m=1,2,3,\cdots$$

$$P^{(2m+1)}=P^{2m+1}=P^{2m}\cdot P=P^{(2)}\cdot P$$

$$=\begin{pmatrix}1-p & 0 & p\\ 0 & 1 & 0\\ 1-p & 0 & p\end{pmatrix}\begin{pmatrix}0 & 1 & 0\\ 1-p & 0 & p\\ 0 & 1 & 0\end{pmatrix}=\begin{pmatrix}0 & 1 & 0\\ 1-p & 0 & p\\ 0 & 1 & 0\end{pmatrix}=P,\quad m=0,1,2,\cdots$$

综上有 $P^{(n)}=\begin{cases}P, & n=1,3,5,\cdots,\\ P^{(2)}, & n=2,4,6,\cdots。\end{cases}$

3.18 $P$ 对角化：$Q=\begin{pmatrix}1 & -q^{\frac{3}{2}} & -q^{\frac{3}{2}}\\ 1 & p\sqrt{q}-q\sqrt{p} & p\sqrt{q}+q\sqrt{p}\\ 1 & -p^{\frac{3}{2}} & -p^{\frac{3}{2}}\end{pmatrix}$

$$Q^{-1}=\frac{1}{1-pq}\begin{pmatrix}p^2 & pq & q^2\\ -\frac{1+\sqrt{pq}}{2\sqrt{q}} & \frac{p^{\frac{3}{2}}-q^{\frac{3}{2}}}{2\sqrt{pq}} & \frac{1+\sqrt{pq}}{2\sqrt{p}}\\ -\frac{1-\sqrt{pq}}{2\sqrt{q}} & \frac{p^{\frac{3}{2}}+q^{\frac{3}{2}}}{2\sqrt{pq}} & -\frac{1-\sqrt{pq}}{2\sqrt{p}}\end{pmatrix},\ \Lambda=\begin{pmatrix}1 & & \\ & \sqrt{pq} & \\ & & -\sqrt{pq}\end{pmatrix}$$

$$P^{(n)}=P^n=Q\Lambda^n Q^{-1}$$

$$=\begin{cases} \dfrac{1}{1-pq}\begin{pmatrix} p^2+q(pq)^k & pq-(pq)^{k+1} & q^2-q^2(pq)^k \\ p^2-p^2(pq)^k & pq+(p^2+q^2)(pq)^k & q^2-q^2(pq)^k \\ p^2-p^2(pq)^k & pq-(pq)^{k+1} & q^2+p(pq)^k \end{pmatrix}, & n=2k, k=1,2,\cdots \\ \dfrac{1}{1-pq}\begin{pmatrix} p^2+q(pq)^k & pq+q^3(pq)^{k-1} & q^2-q^2(pq)^{k-1} \\ p^2+q(pq)^k & pq-(pq)^k & q^2+p(pq)^k \\ p^2-p^2(pq)^{k-1} & pq+p^3(pq)^{k-1} & q^2+p(pq)^k \end{pmatrix}, & n=2k-1, k=1,2,\cdots \end{cases}$$

3.19　令 $1=$ (晴, 晴, 晴) $=$ (SSS), $2=$ (晴, 晴, 雨) $=$ (SSR); $3=$ (SRS), $4=$ (SRR), $5=$ (RSS), $6=$ (RSR); $7=$ (RRS), $8=$ (RRR)，一步转移概率矩阵为

$$P=\begin{pmatrix} 0.8 & 0.2 & 0 & 0 & 0 & 0 & 0 & 0 \\ 0 & 0 & 0.4 & 0.6 & 0 & 0 & 0 & 0 \\ 0 & 0 & 0 & 0 & 0.6 & 0.4 & 0 & 0 \\ 0 & 0 & 0 & 0 & 0 & 0 & 0.4 & 0.6 \\ 0.6 & 0.4 & 0 & 0 & 0 & 0 & 0 & 0 \\ 0 & 0 & 0.4 & 0.6 & 0 & 0 & 0 & 0 \\ 0 & 0 & 0 & 0 & 0.6 & 0.4 & 0 & 0 \\ 0 & 0 & 0 & 0 & 0 & 0 & 0.2 & 0.8 \end{pmatrix}$$

3.20　$f_{00}^{(1)}=\dfrac{1}{2}$，　$f_{00}^{(2)}=\dfrac{1}{2}\times\dfrac{1}{3}=\dfrac{1}{6}$，　$f_{00}^{(3)}=\dfrac{1}{2}\times\dfrac{2}{3}\times\dfrac{1}{3}=\dfrac{1}{9}$

$f_{01}^{(1)}=\dfrac{1}{2}$，　$f_{01}^{(2)}=\dfrac{1}{2}\times\dfrac{1}{2}=\dfrac{1}{4}$，　$f_{01}^{(3)}=\left(\dfrac{1}{2}\right)^3=\dfrac{1}{8}$

$p_{00}^{(2)}=p_{00}p_{00}+p_{01}p_{10}=\dfrac{1}{4}+\dfrac{1}{6}=\dfrac{5}{12}$

3.21　$f_{00}^{(1)}=p_0$，　$f_{00}^{(2)}=0$，　$f_{00}^{(3)}=(1-p_0)(1-p_1)(1-p_2)$

$p_{00}^{(1)}=p_0$，　$p_{00}^{(2)}=p_0^2$，　$p_{00}^{(3)}=p_0^3+(1-p_0)(1-p_1)(1-p_2)$

3.22　若 $p_{ii}=0$，则 $P\{Y=k|X(1)=i\}=\begin{cases}1, & k=1, \\ 0, & k=2,3,\cdots\text{。}\end{cases}$

若 $p_{ii}=1$，则 $P\{Y=k|X(1)=i\}=\begin{cases}1, & k=+\infty, \\ 0, & \text{其他。}\end{cases}$

若 $0<p_{ii}<1$，则 $P\{Y=k|X(1)=i\}=p_{ii}^{k-1}(1-p_{ii}), k=1,2,\cdots$。

3.23　充分性：因为 $f_{ij}>0$，所以 $\sum\limits_{1\leqslant k<+\infty} f_{ij}^{(k)>0}$，即必存在一个正整数 $n$，使得 $f_{ij}^{(n)}>0$，当然有 $p_{ij}^{(n)}\geqslant f_{ij}^{(n)}>0$，于是有 $i\to j$。

必要性：因为 $i\to j$，则存在一个正整数 $n$，使得 $p_{ij}^{(n)}>0$，即 $\sum\limits_{k=1}^{n} f_{ij}^{(k)}p_{ij}^{(n-k)}>0$，于是，存在 $1\leqslant l\leqslant n$，使得 $f_{ij}^{(l)}>0$，所以有 $f_{ij}=\sum\limits_{1\leqslant k<+\infty} f_{ij}^{(k)}\geqslant f_{ij}^{(l)}>0$。

3.24 由 $\sum\limits_{j\in E} p_{ij}=1$ 知，$F$ 必为非空集。以下说明 $F$ 为闭集。

反证法：假设 $F$ 为非闭集，则存在 $j_1\in F$，$j_2\notin F$，使得 $j_1\to j_2$，又因为 $i\to j_1$，所以有 $i\to j_2$，即 $j_2\in F$，矛盾，所以 $F$ 为闭集。

$F$ 可能为可约集，也可能为不可约集，如例 3.3.3，如果 $p\neq q$，则 0 为非常返状态，其对应的 $F=E$ 为不可约集；若 Markov 链的状态空间是 $E=\{0,1\}$，转移概率矩阵为 $P=\begin{pmatrix}\frac{1}{2} & \frac{1}{2}\\ 0 & 1\end{pmatrix}$，则非常返状态 0 对应的 $F=\{0,1\}$ 为可约集。

3.25 (1) 因为 $f_{ii}=\sum\limits_{1\leqslant n<+\infty} f_{ii}^{(n)}=\sum\limits_{1\leqslant n<+\infty}\frac{n}{2^{n+1}}=\frac{1}{4}\cdot\left.\frac{1}{(1-x)^2}\right|_{x=\frac{1}{2}}=1$，所以 $i$ 是常返状态，由 $f_{ii}^{(1)}=\frac{1}{4}>0$ 知 $p_{ii}>0$，即 $i$ 是非周期的。

(2) 因为 $\mu_i=\sum\limits_{n=1}^{+\infty} nf_{ii}^{(n)}=\sum\limits_{n=1}^{+\infty}\frac{n^2}{2^{n+1}}=\frac{1}{4}\sum\limits_{n=1}^{+\infty}\left(\frac{n(n+1)}{2^{n-1}}-\frac{n}{2^{n-1}}\right)=3<+\infty$，所以 $i$ 为正常返状态，又因 $i$ 是非周期的，故 $i$ 为遍历态。

3.26 (1) 不可约闭子集为 $\{1\}$。状态 1 为吸收状态，当然为正常返、非周期状态，即为遍历状态；状态 2 为非常返状态，$d_2=+\infty$。

(2) $E=\{1,2\}$ 为其不可约闭集。状态 1 为常返状态且为非周期的，因为 $\mu_1=\frac{3}{2}$，所以状态 1 为正常返状态，进而为遍历状态；因为状态 1 与状态 2 互通，所以状态 2 也为遍历状态。

(3) 不可约闭子集有 $C_1=\{1,3\}$ 和 $C_2=\{4,5\}$ 两个。先判别状态 1 为遍历的，因为 $1\leftrightarrow 3$，所以状态 3 也是遍历的。状态 4、状态 5 的关系完全与状态 1、状态 3 的关系相同，即也都为遍历状态。状态 2 为非常返、非周期状态。

(4) 不可约闭子集有 $C_1=\{1,2\}$，$C_2=\{3\}$。先判别状态 1 为遍历的，因为 $1\leftrightarrow 2$，所以状态 2 也是遍历的。因为状态 3 为吸收状态，所以状态 3 为遍历状态。状态 4 为非常返、非周期状态。状态 5 为非常返的且 $d_5=+\infty$。

3.27 (1) 证明 (略)，

$$p_{ij}=p\{Y(n+1)=j\,|Y(n)=i\}=\begin{cases}p, & j=i+1\\ 1-p, & j=0\\ 0, & \text{其他}\end{cases}$$

(2) $f_{00}^{(n)}=p^{n-1}(1-p)$，$p_{00}^{(n)}=1-p$

(3) 由 $p_{00}=1-p$ 知 0 状态是 $Y(n)$ 非周期状态，又由 $\lim\limits_{n\to+\infty} p_{00}^{(n)}=1-p>0$ 知 0 也是正常返的，再由各状态互通知 $Y(n)$ 是正常返且非周期 Markov 链。

(4) 因为 $P\{T=k\}=f_{00}^{(k)}=p^{k-1}(1-p)$，$k=1,2,\cdots$，可见 $T$ 服从几何分布。于是，有 $E(T)=\frac{1}{1-p}$，$D(T)=\frac{p}{(1-p)^2}$。

3.28 $p_{00}^{(2n)}=\sum\limits_{k=0}^{n}\left[\mathrm{C}_{2n}^{n}\mathrm{C}_{n}^{k}\mathrm{C}_{n}^{k}\cdot\left(\frac{1}{4}\right)^{2n}\right]=\left(\frac{1}{4}\right)^{2n}(\mathrm{C}_{2n}^{n})^2=\left[\mathrm{C}_{2n}^{n}\cdot\left(\frac{1}{2}\right)^{2n}\right]^2$

根据例 3.3.3 的推理结果知原点 $(0,0)$ 是零常返状态。由所有状态互通可知，该对称的二维随机游动是零常返的。

3.29 (1) 定义法：见例 3.5.2。

(2) 因为对任意的 $i,j\in E$，都有 $p_{ij}>0$，所以该 Markov 链为遍历链，于是其极限分布即为平稳分布。由例 3.5.2 知，平稳分布为 $\left(\frac{2}{3},\frac{1}{3}\right)$，所以极限分布也为 $\left(\frac{2}{3},\frac{1}{3}\right)$。

3.30 $\pi_1=\dfrac{q^2}{p^2+pq+q^2}$，$\pi_2=\dfrac{pq}{p^2+pq+q^2}$，$\pi_3=\dfrac{p^2}{p^2+pq+q^2}$

3.31 根据遍历链的定义知，遍历链的状态应该两两互通，而该链的状态 1，2 与 3 不互通，因此，该链不是遍历链。

3.32 由于对任意的状态 $i,j\in E$，都有 $p_{ij}>0$，所以此链是遍历链，因此该链的极限分布与平稳分布为同一分布。可求得两分布均为 $\left(\frac{2}{5},\frac{13}{35},\frac{8}{35}\right)$，各状态的平均返回时间为 $\mu_1=\dfrac{1}{\pi_1}=\dfrac{5}{2}$，$\mu_2=\dfrac{1}{\pi_2}=\dfrac{35}{13}$，$\mu_3=\dfrac{1}{\pi_3}=\dfrac{35}{8}$。

3.33 因为 $\{X(n),n\geqslant 1\}$ 为非周期、不可约有限 Markov 链，所以它是遍历链，因此它的极限分布与平稳分布为同一分布且唯一存在。验证 $\pi_i=\dfrac{1}{N}\ (\forall i\in E)$ 是 (3.5.1) 式的解即可。

3.34 (1) $P=\begin{pmatrix} 0 & p & 0 & 0 & 1-p \\ 1-p & 0 & p & 0 & 0 \\ 0 & 1-p & 0 & p & 0 \\ 0 & 0 & 1-p & 0 & p \\ p & 0 & 0 & 1-p & 0 \end{pmatrix}$

(2) 当 $0<p<1$ 时，由上题结果知其极限分布与平稳分布均为 $\left(\frac{1}{5},\frac{1}{5},\frac{1}{5},\frac{1}{5},\frac{1}{5}\right)$。当 $p=0$ 或 1 时，该链周期 $d=5$，极限分布不存在，但平稳分布由上题的证明过程知仍为 $\left(\frac{1}{5},\frac{1}{5},\frac{1}{5},\frac{1}{5},\frac{1}{5}\right)$。

(3) (2) 已同时回答。

(4) 当 $N=6$ 时，该链周期 $d=2$ 或 6，极限分布不存在，但平稳分布为 $\left(\frac{1}{6},\frac{1}{6},\frac{1}{6},\frac{1}{6},\frac{1}{6}\right)$。

一般规律是奇数个点等分圆周时，当 $0<p<1$，两分布均为 $\pi_i=1/N$，$i\in E$，$p=0$ 或 1 时，极限分布不存在，平稳分布仍为 $\pi_i=1/N$，$i\in E$。当偶数个点等分圆周时，极限分布不存在，平稳分布存在且为 $1/N$，$i\in E$。

3.35 (1) 自第二个状态出发平均经过 7 步可首次到达第三个状态。(2) 自第三个状态出发平均经过 $\dfrac{17}{2}$ 步可首次返回到第三个状态。

3.36 因 $n$ 时刻首次达到最大值 $m$ 的概率为

$$p_n=P\{X(1)<m,X(2)<m,\cdots,X(n-1)<m,X(n)=m\}=\frac{1}{m}\left(1-\frac{1}{m}\right)^{n-1}$$

可见 $X(n)$ 首次取到最大值 $m$ 的分布为几何分布，其均值等于 $m$。

3.37 (1) 不难理解 $f_{i,i-1}=f_{10}(i\geqslant 1)$，于是有 $f_{i0}=f_{i,i-1}f_{i-1,i-2}\cdots f_{10}=(f_{10})^i$。又因为 $f_{10}=q\times 1+pf_{20}$ 即 $f_{10}=q+pf_{10}^2$，解得 $f_{10}=1$ 或 $f_{10}=q/p$。当 $q>p$ 时，$f_{10}=q/p>1$ 不合题意，所以 $f_{10}=1$；当 $q=p$ 时，$f_{10}=1$；当 $q<p$ 时，$f_{10}=1$ 不合题意，否则 $f_{21}=1$，由 $q<p$ 知 $f_{12}\geqslant f_{21}=1$，所以状态 2 为常返状态，这与在 $\{\cdots,-2,-1,0,1,2,\cdots\}$ 上的随机游动，当 $q\neq p$ 时，各状态为非常返状态矛盾 (见例 3.3.3)。所以 $f_{10}=q/p$。

(2) 由 (1) 知 $f_{i0}=1$ 的充要条件是 $q\geqslant p$。

(3) 同 (1) 的说明类似可知，$f_{i0}=1$ 条件下，$\mu_{i,i-1}=\mu_{i-1,i-2}=\cdots=\mu_{10}$，所以有 $\mu_{i0}=i\mu_{10}$，而 $\mu_{10}=1+p\mu_{20}=1+2p\mu_{10}$，所以 $(1-2p)\mu_{10}=1$，即 $(q-p)\mu_{10}=1$。当 $p=q$ 时，$\mu_{10}=+\infty$，这与例 3.3.3 的状态为零常返状态的结果是吻合的。当 $p\neq q$ 时，只有当 $q>p$ 时，满足条件 $f_{10}=1$，此时有 $\mu_{10}=1/(q-p)$，于是 $\mu_{i0}=i/(q-p)$。

3.38 该链若是遍历链，必为不可约非周期的，即状态两两互通，因此必满足

$$\begin{cases} p_{i,i+1}>0, \quad i=0,1,2,\cdots \\ p_{i,i-1}>0, \quad i=1,2,\cdots \\ \displaystyle\sum_{i=0}^{+\infty} p_{ii}>0 \end{cases} \tag{1}$$

在满足以上条件后，该链为遍历链等价于平稳分布存在，即方程组

$$\begin{cases} \pi_0=p_{00}\pi_0+p_{10}\pi_1 \\ \pi_i=p_{i-1,i}\pi_{i-1}+p_{ii}\pi_i+p_{i+1,i}\pi_{i+1}, \quad i\geqslant 1 \end{cases}$$

有解。由归一性及 $\pi_{i+1}=\dfrac{p_{i,i+1}p_{i-1,i}\cdots p_{01}}{p_{i+1,i}p_{i,i-1}\cdots p_{10}}\pi_0$，得

$$\left(1+\sum_{i=0}^{+\infty}\left(\frac{p_{i,i+1}p_{i-1,i}\cdots p_{01}}{p_{i+1,i}p_{i,i-1}\cdots p_{10}}\right)\right)\pi_0=1$$

可见平稳分布存在的充要条件是

$$s_0=1+\sum_{i=0}^{+\infty}\frac{p_{i,i+1}p_{i-1,i}\cdots p_{01}}{p_{i+1,i}p_{i,i-1}\cdots p_{10}}<+\infty \tag{2}$$

综上可见，该 Markov 链为遍历链的充要条件是 (1) 式和 (2) 式成立。

3.39 因为

$$E(|Z_n|)\leqslant 2(n+1)\sigma^2<+\infty$$

$$\begin{aligned} E(Z_{n+1}\,|X_0,X_1,\cdots,X_n) &= E\left\{\left[\left(\sum_{k=0}^{n+1}X_k\right)^2-(n+2)\sigma^2\right]\middle| X_0,X_1,\cdots,X_n\right\} \\ &= E\left\{\left[\left(\sum_{k=0}^{n}X_k\right)^2+2\left(\sum_{k=0}^{n}X_k\right)\right.\right. \\ &\quad \left.\left.\cdot X_{n+1}+X_{n+1}^2-(n+2)\sigma^2\right]\middle| X_0,X_1,\cdots,X_n\right\} \end{aligned}$$

$$= \left(\sum_{k=0}^{n} X_k\right)^2 - (n+1)\sigma^2 = Z_n$$

所以 $\{Z_n, n \geqslant 0\}$ 关于 $\{X_n, n \geqslant 0\}$ 是鞅。

3.40 $T_i$ 为从 0 状态出发到达 $i$ 状态的首达时，因为

$$P\{T_i = n\} = P\{X_1 \neq i, X_2 \neq 2, \cdots, X_{n-1} \neq i, X_n = i | X_0 = i\}$$

所以事件 $\{T_i = n\}$ 由 $X_0, X_1, \cdots, X_n$ 确定。因此 $T_i$ 是关于 $\{X_n, n \geqslant 0\}$ 的一个停时。

## 习 题 4

4.1 (1) $P\left\{X\left(\frac{1}{2}\right) = 1\right\} = p_0 p_{01}\left(\frac{1}{2}\right) + p_1 p_{11}\left(\frac{1}{2}\right)$

$$= \frac{1}{3} \cdot \frac{2 - 2e^{-\frac{3}{2}}}{3} + \frac{2}{3} \cdot \frac{2 + e^{-\frac{3}{2}}}{3} = \frac{2}{3}$$

(2) $P\left\{X\left(\frac{3}{2}\right) = 0, X(2) = 1 \middle| X\left(\frac{1}{2}\right) = 1\right\} = p_{10}(1) p_{01}\left(\frac{1}{2}\right)$

$$= \frac{1 - e^{-3}}{3} \cdot \frac{2 - 2e^{-\frac{3}{2}}}{3}$$

$$= \frac{2}{9}\left(1 - e^{-3}\right)\left(1 - e^{-\frac{3}{2}}\right)$$

(3) $Q = P'(0^+) = \begin{pmatrix} -2 & 2 \\ 1 & -1 \end{pmatrix}$

4.2 试证明 Poisson 过程 $\{X(t), t \geqslant 0\}$ 为齐次 Markov 链。证明 (略)。

4.3 (1) $Q = \begin{pmatrix} -1 & \frac{1}{2} & \frac{1}{2} \\ \frac{1}{2} & -1 & \frac{1}{2} \\ \frac{1}{2} & \frac{1}{2} & -1 \end{pmatrix}$

(2) 前进方程为 $p'_{ij}(t) = \sum_{k \in E} p_{ik}(t) q_{kj}, \quad \forall i, j \in E$，

$$p'_{ij}(t) + \frac{3}{2} p_{ij}(t) = \frac{1}{2}$$

解得 $p_{ij}(t) = \frac{1}{3} + ce^{-\frac{3}{2}t}$，又因 $p_{ij}(0) = \delta_{ij}$，代入上式得 $c = \delta_{ij} - \frac{1}{3}$。故有

$$p_{ij}(t) = \frac{1}{3} + \left(\delta_{ij} - \frac{1}{3}\right) e^{-\frac{3}{2}t} = \begin{cases} \frac{1}{3} + \frac{2}{3} e^{-\frac{3}{2}t}, & j = i \\ \frac{1}{3} - \frac{1}{3} e^{-\frac{3}{2}t}, & j \neq i \end{cases}$$

4.4 (1) $E = \{0, 1, 2, \cdots, m\}$

(2) $$Q=\begin{pmatrix} -m\lambda & m\lambda & 0 & \cdots & 0 & 0 \\ \mu & -[\mu+(m-1)\lambda] & (m-1)\lambda & \cdots & 0 & 0 \\ 0 & 2\mu & -[2\mu+(m-2)\lambda] & \cdots & 0 & 0 \\ \vdots & \vdots & \vdots & & \vdots & \vdots \\ 0 & 0 & 0 & \cdots & m\mu & -m\mu \end{pmatrix}$$

(3) F-P 方程:

$$\begin{cases} p_0'(t)=-m\lambda p_0(t)+\mu p_1(t) \\ p_i'(t)=(m-i+1)\lambda p_{i-1}(t)-[i\mu+(m-i)\lambda]\,p_i(t)+(i+1)\mu p_{i+1}(t), \quad i=1,2,\cdots,m-1 \\ p_m'(t)=\lambda p_{m-1}(t)-m\mu p_m(t) \end{cases}$$

(4) 平稳分布 $\{\pi_i, i\in E\}$ 满足方程组:

$$\begin{cases} -m\lambda\pi_0+\mu\pi_1=0 \\ (m-i+1)\lambda\pi_{i-1}-[i\mu+(m-i)\lambda]\,\pi_i+(i+1)\mu\pi_{i+1}=0, \quad i=1,2,\cdots,m-1 \\ \lambda\pi_{m-1}-m\mu\pi_m=0 \end{cases}$$

解得 $\pi_i=\mathrm{C}_m^i\left(\dfrac{\lambda}{\lambda+\mu}\right)^i\left(\dfrac{\mu}{\lambda+\mu}\right)^{m-i}$, $i\in E$。

4.5 (1) 根据纯生过程的定义知，在一个小区间内，$X(t)$ 只增加一个个体的概率均为 $\lambda(\Delta t)+o(\Delta t)$，无个体增加的概率为 $1-\lambda(\Delta t)+o(\Delta t)$，所以

$$\begin{aligned} p_{m,k}&=\mathrm{C}_m^k\,[\lambda(\Delta t)+o(\Delta t)]^k\,[1-\lambda(\Delta t)+o(\Delta t)]^{m-k} \\ &=\mathrm{C}_m^k\,[\lambda(\Delta t)]^k\,e^{-\lambda(m-k)(\Delta t)}+o(\Delta t) \\ &=\mathrm{C}_m^k\,[\lambda(\Delta t)]^k\,e^{-\lambda m(\Delta t)}\,[1+\lambda k(\Delta t)]+o(\Delta t) \end{aligned}$$

(2) 当 $\Delta t\to 0$，即对固定的 $T$，$m\to+\infty$ 时，

$$\begin{aligned} \lim_{m\to+\infty}p_{m,k}&=\lim_{m\to+\infty}\left\{\mathrm{C}_m^k\,[\lambda(\Delta t)]^k\,e^{-\lambda m(\Delta t)}\,[1+\lambda k(\Delta t)]+o(\Delta t)\right\} \\ &=\lim_{m\to+\infty}\frac{m!}{k!(m-k)!}\cdot\left(\lambda\frac{T}{m}\right)^k e^{-\lambda T} \\ &=\frac{(\lambda T)^k}{k!}e^{-\lambda T}\lim_{m\to+\infty}\left[\left(1-\frac{1}{m}\right)\left(1-\frac{2}{m}\right)\cdots\left(1-\frac{k-1}{m}\right)\right]=\frac{(\lambda T)^k e^{-\lambda T}}{k!} \end{aligned}$$

4.6 构造一个与 $X(t)$ 对应的过程 $Y(t)$，纯灭过程 $X(t)$ 灭掉的个体，即刻进入 $Y(t)$，令 $Y(0)=0$，可见 $X(t)$ 的灭率 $\mu$，就是 $Y(t)$ 的生率 $\mu$，于是 $Y(t)$ 就是一个满足以下条件的纯生截断过程：$Y(0)=0$，$\lambda_k=\mu$，$k=0,1,2,\cdots,n-1$，$\lambda_n=0$，$\mu_k=0$，$k\in E$，$E_Y=\{0,1,\cdots,n\}$。即当 $0\leqslant k\leqslant n-1$ 时，$Y(t)$ 与 Poisson 过程一样是常数生率，而 $\lambda_n=0$ 说明 $n$ 为 $Y(t)$ 的吸收状态，由 Poisson 过程的 F-P 方程前 $n$ 个方程完全相同知，当 $0\leqslant i\leqslant n-1$ 时，$Y(t)$ 的一维分布律与 Poisson 过程的相同，为

$$P\{Y(t)=i\}=\frac{(\mu t)^i e^{-\mu t}}{i!}$$

由归一性可得

$$P\{Y(t)=n\}=1-\sum_{i=0}^{n-1}\frac{(\mu t)^i e^{-\mu t}}{i!}$$

于是，对 $X(t)$ 有

$$p_{nj}(t)=P\{Y(t)=n-j\}=\begin{cases}\dfrac{(\mu t)^{n-j}e^{-\mu t}}{(n-j)!}, & 0<j\leqslant n\\ 1-\displaystyle\sum_{k=0}^{n-1}\frac{(\mu t)^k e^{-\mu t}}{k!}, & j=0\end{cases}$$

注：直接由 $X(t)$ 的前进方程也可以求得上述结果。

4.7　令 $Y(t)=\begin{cases}0, & X(t)\text{取偶数},\\ 1, & X(t)\text{取奇数},\end{cases}$ 则 $E_Y=\{0,1\}$，$Q_Y=\begin{pmatrix}-\lambda_2 & \lambda_2\\ \lambda_1 & -\lambda_1\end{pmatrix}$。由 F-P 方程，得 $Y(t)$ 的绝对概率 $p_j(t)$ 满足如下方程：$p_0'(t)=-\lambda_2 p_0(t)+\lambda_1 p_1(t)$。解得 $p_0(t)=\dfrac{\lambda_1}{\lambda_1+\lambda_2}+\dfrac{\lambda_2}{\lambda_1+\lambda_2}e^{-(\lambda_1+\lambda_2)t}$，$p_1(t)=1-p_0(t)=\dfrac{\lambda_2}{\lambda_1+\lambda_2}\left(1-e^{-(\lambda_1+\lambda_2)t}\right)$。以上概率也正是本题所求 $X(t)$ 分别取偶数和奇数的概率 $q_0(t)$，$q_1(t)$。

4.8　(1)　$X\equiv c$(正常数)

(a)　$P\{Y\geqslant X\}=P\{Y\geqslant c\}=\displaystyle\int_c^{+\infty}\lambda e^{-\lambda y}\mathrm{d}y=e^{-\lambda c}$

(b) 第二个顾客的等待时间 $W=\begin{cases}c-Y, & 0\leqslant Y\leqslant c,\\ 0, & Y>c,\end{cases}$ 故

$$E(W)=\int_0^c (c-y)\lambda e^{-\lambda y}\mathrm{d}y+0=\left(c-\frac{1}{\lambda}\right)(1-e^{-\lambda c})$$

(2)　$X\sim E(\mu)$

(a)　$P\{Y\geqslant X\}=\displaystyle\int_0^{+\infty}P\{Y\geqslant X\,|X=x\}f_X(x)\mathrm{d}x=\frac{\mu}{\lambda+\mu}$

(b)
$$\begin{aligned}E(W)&=E\{X-Y\,|X\geqslant Y\}P(X\geqslant Y)+0\\&=\left(1-\frac{\mu}{\lambda+\mu}\right)\iint\limits_{\{x\geqslant y\}}f_X(x)f_Y(y)(x-y)\mathrm{d}x\mathrm{d}y\\&=\frac{\lambda}{\lambda+\mu}\frac{\lambda}{\mu(\lambda+\mu)}=\frac{1}{\mu}\left(\frac{\lambda}{\lambda+\mu}\right)^2\end{aligned}$$

4.9　(1)　$P\{M=j\}=\displaystyle\int_0^{+\infty}P\{M=j\,|X=t\}f(t)\mathrm{d}t=\int_0^{+\infty}\frac{(\lambda t)^j e^{-\lambda t}}{j!}f(t)\mathrm{d}t$

$$E(M)=\int_0^{+\infty}E\{M\,|X=t\}f(t)\mathrm{d}t=\lambda\int_0^{+\infty}tf(t)\mathrm{d}t=\lambda E(X)=\lambda\tau$$

$$\begin{aligned}E(M^2)&=\int_0^{+\infty}E(M^2\,|X=t)f(t)\mathrm{d}t\\&=\int_0^{+\infty}\left[\lambda t+(\lambda t)^2\right]f(t)\mathrm{d}t=\lambda\tau+\lambda^2(\sigma^2+\tau^2)\end{aligned}$$

$$D(M)=E(M^2)-[E(M)]^2=\lambda\tau+\lambda^2\sigma^2$$

(2) 因为 $P\{X\leqslant t,M=j\}=P\{X\leqslant t\,|M=j\}P\{M=j\}$，同时

$$P\{X\leqslant t,M=j\}=\int_0^t P\{X\leqslant t,M=j\,|X=s\}f(s)\mathrm{d}s=\int_0^t\frac{(\lambda s)^j\,e^{-\lambda s}}{j!}f(s)\mathrm{d}s$$

所以

$$P\{X\leqslant t\,|M=j\}=\frac{1}{P\{M=j\}}\int_0^t\frac{(\lambda s)^j\,e^{-\lambda s}}{j!}f(s)\mathrm{d}s$$

即

$$f_{X\,|\,M=j}(t)=\frac{1}{P\{M=j\}}\frac{(\lambda t)^j\,e^{-\lambda t}}{j!}f(t)$$

于是，有

$$\begin{aligned}E(X\,|M=j\,)&=\frac{j+1}{\lambda P\{M=j\}}\int_0^{+\infty}\frac{(\lambda t)^{j+1}\,e^{-\lambda t}}{(j+1)!}f(t)\mathrm{d}t\\&=\frac{j+1}{\lambda P\{M=j\}}\int_0^{+\infty}P\{M=j+1\,|X=t\}f(t)\mathrm{d}t=\frac{j+1}{\lambda}\cdot\frac{P\{M=j+1\}}{P\{M=j\}}\end{aligned}$$

(3) 充分性：因为 $P\{M=j\}=\dfrac{(\lambda\tau)^j\,e^{-\lambda\tau}}{j!},\quad j=0,1,2,\cdots$，所以

$$E\{X\,|M=j\,\}=\frac{j+1}{\lambda}\cdot\frac{P\{M=j+1\}}{P\{M=j\}}=\frac{j+1}{\lambda}\cdot\frac{\dfrac{(\lambda\tau)^{j+1}}{(j+1)!}e^{-\lambda\tau}}{\dfrac{(\lambda\tau)^j}{j!}e^{-\lambda\tau}}=\tau=E(X)$$

必要性：因为 $E\{X\,|M=j\,\}=E(X)=\tau$ 与 $j$ 无关，所以对任意 $j\in\{0,1,2,\cdots\}$，有 $\dfrac{j+1}{\lambda}\cdot\dfrac{P\{M=j+1\}}{P\{M=j\}}=\tau$，$P\{M=j+1\}=\dfrac{\lambda\tau}{j+1}P\{M=j\}=\dfrac{(\lambda\tau)^2}{(j+1)j}P\{M=j-1\}=\cdots=\dfrac{(\lambda\tau)^{j+1}}{(j+1)!}P\{M=0\}$，由归一性，得 $\left(\displaystyle\sum_{j=0}^{+\infty}\frac{(\lambda\tau)^j}{j!}\right)P\{M=0\}=1$，即 $e^{\lambda\tau}P\{M=0\}=1$，所以 $P\{M=0\}=e^{-\lambda\tau}$，故有 $P\{M=j\}=\dfrac{(\lambda\tau)^j}{j!}P\{M=0\}=\dfrac{(\lambda\tau)^j}{j!}e^{-\lambda\tau}$，$j=0,1,2,\cdots$。

(4)
$$\begin{aligned}P\{M=j\}&=\int_0^{+\infty}P\{M=j\,|X=t\,\}f(t)\mathrm{d}t\\&=\int_0^{+\infty}\frac{(\lambda t)^je^{-\lambda t}}{j!}\cdot\mu e^{-\mu t}\mathrm{d}t=\frac{\lambda^j\mu}{j!}\frac{j}{\lambda+\mu}\int_0^{+\infty}t^{j-1}e^{-(\lambda+\mu)t}\mathrm{d}t=\cdots\\&=\frac{\lambda^j\mu}{j!}\cdot\frac{j!}{(\lambda+\mu)^j}\int_0^{+\infty}e^{-(\lambda+\mu)t}\mathrm{d}t=\frac{\lambda^j\mu}{(\lambda+\mu)^{j+1}}=\left(\frac{\lambda}{\lambda+\mu}\right)^j\cdot\frac{\mu}{\lambda+\mu}\end{aligned}$$

(5) 由 (2)，(4) 结果，得

$$E\{X\,|M=j\}=\frac{j+1}{\lambda}\cdot\frac{\left(\dfrac{\lambda}{\lambda+\mu}\right)^{j+1}\cdot\dfrac{\mu}{\lambda+\mu}}{\left(\dfrac{\lambda}{\lambda+\mu}\right)^{j}\cdot\dfrac{\mu}{\lambda+\mu}}=\frac{j+1}{\lambda+\mu},\quad j=0,1,2,\cdots$$

4.10 因为 $X(t)$ 为纯生过程，且生率为

$$\lambda_n(t)=\lambda\frac{1+an}{1+a\lambda t},\quad a>0,\lambda>0,\quad n=0,1,2,\cdots$$

由 F-P 方程，得

$$p_0'(t)=-\frac{\lambda}{1+a\lambda t}p_0(t) \tag{1}$$

$$p_{n+1}'(t)=\frac{(1+an)\lambda}{1+a\lambda t}p_n(t)-\frac{[1+a(n+1)]\lambda}{1+a\lambda t}p_{n+1}(t),\quad n=0,1,2,\cdots \tag{2}$$

由 (1) 式，得

$$p_0'(t)+\frac{\lambda}{1+a\lambda t}p_0(t)=0,\quad p_0(t)=ce^{-\int\frac{\lambda}{1+a\lambda t}\mathrm{d}t}=c(1+a\lambda t)^{-\frac{1}{a}}$$

因为 $p_0(0)=1$，代入上式得 $c=1$，所以 $p_0(t)=(1+a\lambda t)^{-\frac{1}{a}}$，可用数学归纳法证 $p_k(t)=\dfrac{(\lambda t)^k}{k!}(1+a\lambda t)^{-k-\frac{1}{a}}\cdot\prod\limits_{m=0}^{k-1}(1+am)$，$k\geqslant 1$。(略)

4.11 设服务员服务一个顾客的时间为 $T$，则 $T\sim E(\mu)$。

(1) $E[N(T)]=\displaystyle\int_0^{+\infty}E[N(T)\,|T=t]\,f_T(t)\mathrm{d}t=\lambda\int_0^{+\infty}t\mu e^{-\mu t}\mathrm{d}t=\frac{\lambda}{\mu}$

(2) $P\{N(T)=0\}=\displaystyle\int_0^{+\infty}P\{N(T)=0\,|T=t\}\,f_T(t)\mathrm{d}t=\frac{\mu}{\lambda+\mu}$

4.12 由 (4.4.1) 式得队长的稳态分布为

$$p_j=(1-\rho)\rho^j,\quad \rho=\frac{\lambda}{\mu}<1,\quad j\geqslant 0$$

所以稳态情况下，至少有 $n$ 个顾客的概率为

$$\sum_{j=n}^{+\infty}\left[(1-\rho)(\rho)^j\right]=\rho^n=\left(\frac{\lambda}{\mu}\right)^n$$

4.13 这是 $M/M/k$ 排队模型，其 $Q$ 矩阵为

$$Q=\begin{pmatrix}-\lambda & \lambda & & & & & \\ \mu & -(\lambda+\mu) & \lambda & & & & \\ & 2\mu & -(\lambda+2\mu) & \lambda & & & \\ & & \ddots & \ddots & \ddots & & \\ & & & k\mu & -(\lambda+k\mu) & \lambda & \\ & & & & k\mu & -(\lambda+k\mu) & \lambda \\ & & & \cdots & \cdots & & \end{pmatrix}$$

F-P 方程为

$$\begin{cases} p_0'(t) = -\lambda p_0(t) + \mu p_1(t) \\ p_j'(t) = \lambda p_{j-1}(t) - (\lambda + j\mu)p_j(t) + (j+1)\mu p_{j+1}(t), & 1 \leqslant j \leqslant k-1 \\ p_j'(t) = \lambda p_{j-1}(t) - (\lambda + k\mu)p_j(t) + k\mu p_{j+1}(t), & j \geqslant k \end{cases}$$

4.14 这是一个 $M/M/2/2$ 排队模型，$Q = \begin{pmatrix} -\lambda & \lambda & 0 \\ \mu & -(\lambda+\mu) & \lambda \\ 0 & 2\mu & -2\mu \end{pmatrix}$，求平稳分布

$$\begin{cases} -\lambda p_0 + \mu p_1 = 0, \\ \lambda p_0 - (\lambda+\mu)p_1 + 2\mu p_2 = 0, \\ \lambda p_1 - 2\mu p_2 = 0, \\ p_0 + p_1 + p_2 = 1, \end{cases}$$ 解得 $p_0 = \left[1 + \frac{\lambda}{\mu} + \frac{1}{2}\left(\frac{\lambda}{\mu}\right)^2\right]^{-1}$，

$$p_1 = \left(\frac{\lambda}{\mu}\right)\left[1 + \frac{\lambda}{\mu} + \frac{1}{2}\left(\frac{\lambda}{\mu}\right)^2\right]^{-1}, \quad p_2 = \frac{1}{2}\left(\frac{\lambda}{\mu}\right)^2\left[1 + \frac{\lambda}{\mu} + \frac{1}{2}\left(\frac{\lambda}{\mu}\right)^2\right]^{-1}$$

于是，所求稳态情况下进入加油站接受服务的顾客与抵达加油站的潜在顾客的比率，即为进入加油站就能加油的概率 $p_0 + p_1$。

4.15 这属于有限源排队问题，设 $N(t)$ 表示 $t$ 时刻发生故障的机器数量，则 $E=\{0,1,2,3\}$，且 $Q = \begin{pmatrix} -\frac{3}{10} & \frac{3}{10} & 0 & 0 \\ \frac{1}{8} & -\frac{13}{40} & \frac{1}{5} & 0 \\ 0 & \frac{1}{4} & -\frac{7}{20} & \frac{1}{10} \\ 0 & 0 & \frac{1}{4} & -\frac{1}{4} \end{pmatrix}$。在稳态情况下，队长的分布即平稳分布，即满足如下方程

$$\begin{cases} -\frac{3}{10}p_0 + \frac{1}{8}p_1 = 0 \\ \frac{3}{10}p_0 - \frac{13}{40}p_1 + \frac{1}{4}p_2 = 0 \\ \frac{1}{5}p_1 - \frac{7}{20}p_2 + \frac{1}{4}p_3 = 0 \\ \frac{1}{10}p_2 - \frac{1}{4}p_3 = 0 \\ p_0 + p_1 + p_2 + p_3 = 0 \end{cases}$$

解得

$$p_0 = \frac{125}{761}, \quad p_1 = \frac{24}{10}p_0, \quad p_2 = \frac{48}{25}p_0, \quad p_3 = \frac{96}{125}p_0$$

所以 (1) 出现故障机器数的数学期望为

$$L = p_1 + 2p_2 + 3p_3 = \frac{1068}{761} = 1.4034$$

(2) 两个维修工均忙着维修机器所占的时间比例为

$$p_2 + p_3 = \frac{336}{761} = 0.4415$$

4.16 如果把出租车看作顾客，出租汽车站最前面的车位看成是服务员，出租车从进入汽车站最前面的车位直到有乘客到来上车开走这段时间看作服务员对该车的服务时间，这便是一个 $M/M/1$ 模型，用 $N(t)$ 表示 $t$ 时刻在站的出租车数，因为 $\lambda = 1$，$\mu = 2$，于是，有 $\rho = \frac{1}{2}$，$p_j = (1-\rho)\rho^j = \left(\frac{1}{2}\right)^{j+1}$，$j \geqslant 0$。所以

(1) 平均队长 $L = \sum\limits_{j=0}^{+\infty} j\left(\frac{1}{2}\right)^{j+1} = \frac{1}{4}\sum\limits_{j=1}^{+\infty} j\left(\frac{1}{2}\right)^{j-1} = \frac{1}{4}\cdot\frac{1}{\left(1-\frac{1}{2}\right)^2} = 1$；

(2) 能雇上出租车的顾客比率 $1 - p_0 = 1 - \frac{1}{2} = \frac{1}{2}$。

## 习 题 5

5.1 $E[Y(t)] = E(X_1)E[\sin(X_2 t)] = \frac{1}{2}\int_0^1 \sin(xt)\mathrm{d}x = \frac{1}{2t}(1-\cos t)$

$$R_Y(t_1,t_2) = E(X_1^2)\cdot E[\sin(X_2t_1)\sin(X_2t_2)] = \frac{1}{6}\left(\frac{\sin(t_1-t_2)}{t_1-t_2} - \frac{\sin(t_1+t_2)}{t_1+t_2}\right)$$

5.2 $E[Z(t)] = E[VX(t)Y(t)] = E(V)E[X(t)]E[Y(t)] = 0$

$R_Z(\tau) = E\left[Z(t+\tau)\overline{Z(t)}\right] = (D(V)+|E(V)|^2)R_X(\tau)R_Y(\tau) = 26e^{-2|\tau|}\cos\omega_0\tau(9+e^{-3|\tau|})$

$\sigma_Z^2(t) = D_Z[Z(t)] = C_Z(0) = R_Z(0) = 260$

5.3 因为

$$E[X(t)] = E[Z\sin(t+\Theta)] = E(Z)E[\sin(t+\Theta)] = 0$$
$$R_X(t+\tau,t) = E\{[Z\sin(t+\tau)+\Theta]Z\sin(t+\Theta)\} = \frac{1}{6}\cos\tau$$

所以 $X(t)$ 是宽平稳过程。

$$F_X(t;x) = P\{Z\sin(t+\Theta)\leqslant x\} = \frac{1}{2}P\left\{Z\sin\left(t+\frac{\pi}{4}\right)\leqslant x\right\} + \frac{1}{2}P\left\{Z\sin\left(t-\frac{\pi}{4}\right)\leqslant x\right\}$$

$$F_X\left(0;\frac{\sqrt{2}}{2}\right) = \frac{1}{2}P\left\{\frac{\sqrt{2}}{2}Z\leqslant\frac{\sqrt{2}}{2}\right\} + \frac{1}{2}P\left\{-\frac{\sqrt{2}}{2}Z\leqslant\frac{\sqrt{2}}{2}\right\} = 1$$

$$F_X\left(\frac{\pi}{4};\frac{\sqrt{2}}{2}\right) = \frac{1}{2}P\left\{Z\leqslant\frac{\sqrt{2}}{2}\right\} + \frac{1}{2}P\left\{0\leqslant\frac{\sqrt{2}}{2}\right\} = \frac{3}{4}+\frac{\sqrt{2}}{8} \neq F_X\left(0;\frac{\sqrt{2}}{2}\right)$$

可见 $F_X(t;x)$ 与 $t$ 有关，即 $X(t)$ 不是一级宽平稳过程。

5.4 对任意的正整数 $n$ 及 $t_1,t_2,\cdots,t_n,\tau$ 因为

$$\varphi_X(t_1+\tau,t_2+\tau,\cdots,t_n+\tau;u_1,u_2,\cdots,u_n)=E\left\{\exp\left[j\sum_{i=1}^{n}Zu_i\sin(w(t_i+\tau)+\Theta)\right]\right\}$$

$$=\int_{-\infty}^{+\infty}\int_0^{2\pi}\exp\left\{j\sum_{i=1}^{n}\{zu_i\sin[\omega t_i+(\omega\tau+\theta)]\}\right\}\frac{1}{2\pi}f_Z(z)\mathrm{d}\theta\mathrm{d}z$$

$$=\int_{-\infty}^{+\infty}\left\{\int_{\omega\tau}^{2\pi+\omega\tau}\frac{1}{2\pi}\exp\left\{j\sum_{i=1}^{n}[zu_i\sin(\omega t_i+\varphi)]\right\}\mathrm{d}\varphi\right\}f_Z(z)\mathrm{d}z$$

$$=\int_{-\infty}^{+\infty}\int_0^{2\pi}\exp\left\{j\sum_{i=1}^{n}\{zu_i\sin(\omega t_i+\varphi)\}\right\}\frac{1}{2\pi}f_Z(z)\mathrm{d}z\mathrm{d}\varphi$$

$$=\int_{-\infty}^{+\infty}\int_0^{2\pi}\exp\left\{j\sum_{i=1}^{n}\{zu_i\sin(\omega t_i+\theta)\}\right\}f_{Z,\theta}(z,\theta)\mathrm{d}z\mathrm{d}\theta=E\left\{\exp\left[j\sum_{i=1}^{n}Zu_i\sin(\omega t_i+\Theta)\right]\right\}$$

$$=E\left\{\exp\left[j\sum_{i=1}^{n}u_iX(t_i)\right]\right\}=\varphi_X(t_1,t_2,\cdots,t_n;u_1,u_2,\cdots,u_n)$$

所以 $X(t)$ 为严平稳过程。

5.5 首先求平稳分布得 $\pi_0=\dfrac{p_2}{p_1+p_2},\pi_1=\dfrac{p_1}{p_1+p_2}$，可见 $\pi_0=P\{X(0)=0\},\pi_1=P\{X(0)=1\}$，由平稳分布性质知 $X(n)$ 的绝对分布 $p_j(n)=\pi_j,j\in E=\{0,1\}$。任取 $s,m$ 及 $0<n_1<n_2<\cdots<n_s,P\{X(n_1+m)=i_1,X(n_2+m)=i_2,\cdots,X(n_s+m)=i_s\}=P\{X(n_1+m)=i_1\}P\{X(n_2+m)=i_2|X(n_1+m)=i_1\}\cdots P\{X(n_s+m)=i_s|X(n_{s-1})=i_{s-1}\}=\pi_{i_1}p_{i_1i_2}^{((n_2+m)-(n_1+m_1))}\cdots p_{i_{s-1}i_s}^{((n_s+m)-(n_{s-1}+m))}=\pi_{i_1}p_{i_1i_2}^{(n_2-n_1)}\cdots p_{i_{s-1}i_s}^{(n_s-n_{s-1})}$ 与 $m$ 无关，即与 $m=0$ 时的联合分布相同，所以 $X(n)$ 为严平稳过程。

5.6 $m_X(t)=\dfrac{1}{3}(1+\sin t+\cos t)$，$R_X(t_1,t_2)=\dfrac{1}{3}+\dfrac{1}{3}\cos(t_1-t_2)$

5.7 $m_Y(t)=m_X+f(t)$

$$R_Y(t+\tau,t)=C_X(\tau)+|m_X|^2+\overline{f(t)}m_X+f(t+\tau)\overline{m_X}+f(t+\tau)\overline{f(t)}$$

可见如果 $f(t)$ 与 $t$ 有关，即 $f(t)$ 不是常函数，$Y(t)$ 就不是平稳过程。

5.8 $m_Z(t)=E[Z(t)]=E[X(t)Y(t)]=E[X(t)]E[Y(t)]=m_Xm_Y$ 与 $t$ 无关，$R_Z(t+\tau,t)=E[Z(t+\tau)\overline{Z(t)}]=R_X(\tau)R_Y(\tau)$，只与 $\tau$ 有关，故 $Z(t)=X(t)Y(t)$ 也是平稳过程。

5.9 因为 $E(A)=E(B)=0,D(A)=D(B),E(AB)=0$，所以 $m_X(t)=0$ 与 $t$ 无关。$R_X(t+\tau,t)=E\{[A\cos\omega_0(t+\tau)+B\sin\omega_0(t+\tau)](A\cos\omega_0t+B\sin\omega_0t)\}=D(A)\cdot\cos\omega_0\tau$ 与 $\tau$ 无关，故 $X(t)$ 是宽平稳过程。

又因 $F_X(0;x)=P\{X(0)\leqslant x\}=P\{A\leqslant x\}=F_A(x)$，$F_X\left(\dfrac{\pi}{2\omega_0};x\right)=P\{B\leqslant x\}=F_B(x)$，而 $A$ 和 $B$ 的概率密度函数不同，所以 $F_A(x)\neq F_B(x)$，故 $X(t)$ 不是一级严平稳过程，当然不是严平稳过程。

5.10
$$\begin{aligned} m_X(t) &= \sigma e^{-\eta t}E\big[W_0(e^{2\alpha t}-1)\big] = 0 \\ R_X(t+\tau,t) &= E[X(t+\tau)X(t)] \\ &= \sigma^2 e^{-\eta(2t+\tau)}C_{W_0}(e^{2\alpha(t+\tau)}-1, e^{2\alpha t}-1) \\ &= \sigma^2 e^{-\eta(2t+\tau)}\cdot\min\{e^{2\alpha(t+\tau)}-1, e^{2\alpha t}-1\} \end{aligned}$$

5.11 $E[X(t)]=0$，$R_X(t+\tau,t)=\dfrac{1}{2}\cos\omega_0\tau$；$E[Y(t)]=0$，$R_Y(t+\tau,t)=\dfrac{1}{2}\cos\omega_0\tau$。可见 $X(t)$ 和 $Y(t)$ 都是平稳过程。$R_{XY}(t+\tau,t)=C_{XY}(t+\tau,t)=-\dfrac{1}{2}\sin(\omega_0\tau)$，$R_{YX}(t+\tau,t)=C_{YX}(t+\tau,t)=R_{XY}(-\tau)=\dfrac{1}{2}\sin\omega_0\tau$，故 $X(t)$ 与 $(t)$ 是联合平稳过程。由 $R_{XY}(\tau)\not\equiv 0$ 知，$X(t)$ 与 $Y(t)$ 不正交；由 $C_{XY}(\tau)\not\equiv 0$ 知，$X(t)$ 与 $Y(t)$ 相关，当然也就不独立了。

5.12 $E\big[(X_n-0)^2\big]=E(X_n^2)=\dfrac{1}{n^2}\cdot n^2+\left(1-\dfrac{1}{n^2}\right)\times 0=1\not\to 0$，所以 $X_n$ 不均方收敛于零。用几乎处处收敛的充要条件

$$X_n \xrightarrow{\text{a.e.}} X \Leftrightarrow \forall\varepsilon>0, P\left\{\bigcap_{n=1}^{+\infty}\bigcup_{m=n}^{+\infty}\{|X_m-X|\geqslant\varepsilon\}\right\}=0$$

来证明 $X_n\xrightarrow{\text{a.e.}}0$。$\forall\varepsilon>0$，因 $P\{|X_m-0|\geqslant\varepsilon\}\leqslant P\{X_m=m\}=\dfrac{1}{m^2}$，于是当 $n\geqslant 2$ 时，有 $P\left\{\bigcup\limits_{m=n}^{+\infty}\{|X_m-0|\geqslant\varepsilon\}\right\}\leqslant\sum\limits_{m=n}^{+\infty}P\{|X_m-0|\geqslant\varepsilon\}\leqslant\sum\limits_{m=n}^{+\infty}P\{X_m=m\}=\sum\limits_{m=n}^{+\infty}\dfrac{1}{m^2}<\sum\limits_{m=n}^{+\infty}\dfrac{1}{m(m-1)}=\sum\limits_{m=n}^{+\infty}\left(\dfrac{1}{m-1}-\dfrac{1}{m}\right)\leqslant\dfrac{1}{n-1}$。又因为对任意的 $N\geqslant 2$，有

$$\begin{aligned} P\left\{\bigcap_{n=1}^{N}\bigcup_{m=n}^{+\infty}\{|X_m|\geqslant\varepsilon\}\right\} &\leqslant P\left\{\bigcap_{n=2}^{N}\bigcup_{m=n}^{+\infty}\{|X_m|\geqslant\varepsilon\}\right\}\leqslant\min_{2\leqslant n\leqslant N}P\left\{\bigcup_{m=n}^{+\infty}\{|X_m-0|\geqslant\varepsilon\}\right\} \\ &\leqslant\min_{2\leqslant n\leqslant N}\left\{\frac{1}{n-1}\right\}=\frac{1}{N-1} \end{aligned}$$

令 $N\to\infty$，则有 $P\left\{\bigcap\limits_{n=1}^{+\infty}\bigcup\limits_{m=n}^{+\infty}\{|X_m-0|\geqslant\varepsilon\}\right\}=0$，故 $X_n\xrightarrow{\text{a.e.}}0$。

5.13 $$E\big[|X_n-0|^2\big]=E(X_n^2)=E(\xi_{ki}^2)=\frac{1}{k}\cdot 1^2+\left(1-\frac{1}{k}\right)\cdot 0^2=\frac{1}{k}$$

且当 $n\to+\infty$ 时，$k\to+\infty$。于是，有 $\lim\limits_{n\to+\infty}E\left[|X_n-0|^2\right]=\lim\limits_{k\to+\infty}\dfrac{1}{k}=0$，故 $X_n$ 均方收敛于零，即 $X_n\xrightarrow{E_2}0$。

任意固定 $\omega\in\Omega$，任取正整数 $k$，则恰有一个 $i$，使 $\xi_{ki}(\omega)=1$，而对其余的 $j\,(j\neq i)$ 有 $\xi_{kj}(\omega)=0$，即取 $\varepsilon_0=\dfrac{1}{2}$，不存在正整数 $N$，使得当 $n>N$ 时，恒有 $|X_n-0|<\varepsilon_0=\dfrac{1}{2}$ 成立。故 $\{X_n(\omega),n=1,2,\cdots\}$ 对每一个 $\omega\in\Omega$ 都不收敛于零，当然也就不几乎处处收敛于零了。

5.14 $$\lim_{n_1,n_2\to+\infty} E\left[X_{n_1}\overline{X_{n_2}}\right] = \lim_{n_1,n_2\to+\infty} R_X(n_1,n_2) = \lim_{n_1,n_2\to+\infty}\left[1-\frac{|n_1-n_2|}{2n_1n_2}\right]$$
$$= \lim_{n_1,n_2\to+\infty}\left[1-\frac{1}{2}\left|\frac{1}{n_2}-\frac{1}{n_1}\right|\right] = 1 < +\infty$$
根据 Loéve 准则知 $X_n$ 均方收敛。若 $\lim\limits_{n\to+\infty} E(X_n)=0$，则有

$$\lim_{n\to+\infty} D(X_n) = \lim_{n\to+\infty}\left[E\left|X_n\right|^2 - \left|E(X_n)\right|^2\right]$$
$$= \lim_{n\to+\infty} R_X(n,n) - \lim_{x\to+\infty}\left|E(X_n)\right|^2 = 1-0 = 1$$

5.15 (1) 题 5.15 图为过程的一个典型样本函数。可见在 $N(t)$ 随机点发生时刻，样本函数一般不连续。

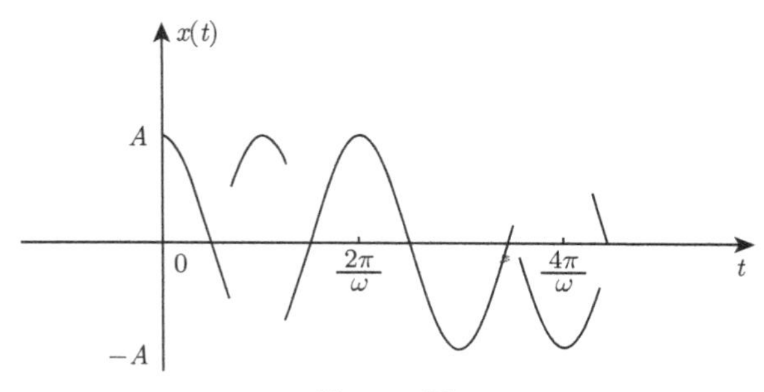


题 5.15 图

(2) $$R_X(t_1,t_2) = E\left\{A^2\cos\left[\omega t_1+\pi N(t_1)\right]\cos\left[\omega t_2+\pi N(t_2)\right]\right\}$$
$$= \frac{1}{2}E\left\{\cos\left[\omega(t_1+t_2)\right]+\pi\left[N(t_1)+N(t_2)\right]\right\}$$
$$+\frac{1}{2}E\left\{\cos\left[\omega(t_1-t_2)\right]+\pi\left[N(t_1)-N(t_2)\right]\right\}$$
当 $t_1\to t, t_2\to t$ 时，$N(t_1)-N(t_2)\to 0$，$N(t_1)+N(t_2)\to 2N(t)$。$\lim\limits_{t_1,t_2\to t} R_X(t_1,t_2) = \frac{1}{2}\left[\cos(2\omega t)+1\right] = R_X(t,t)$，故 $X(t)$ 均方连续。

5.16 (1) 因为 $R_X(t_1,t_2)=\dfrac{\sigma^2}{1-t_1t_2}$ 在 $(t,t)$ 处连续 $(t\in(0,1))$，所以 $X(t)$ 均方连续。又因为 $\dfrac{\partial^2 R_X(t_1,t_2)}{\partial t_1\partial t_2}=\dfrac{(1+t_1t_2)\sigma^2}{(1-t_1t_2)^3}$ 在 $(t,t)$ 处连续 $(t\in(0,1))$，故 $X(t)$ 均方可微，且有

$$R_{\dot X}(t_1,t_2) = \frac{\partial^2 R_X(t_1,t_2)}{\partial t_1\partial t_2} = \frac{(1+t_1t_2)\sigma^2}{(1-t_1t_2)^3}$$
$$R_{\dot X X}(t_1,t_2) = \frac{\partial R_X(t_1,t_2)}{\partial t_1} = \frac{t_2\sigma^2}{(1-t_1t_2)^2}$$

(2) 因为当 $t_1,t_2\in(0,1)$ 时，$R_X(t_1,t_2)$ 对 $t_1,t_2$ 存在任意阶偏导数，包括任意阶混合偏导数，所以 $X^{(n)}(t)$ 是存在的 $(t\in(0,1))$。

5.17 (1) 因为 $R_X(t_1,t_2)$ 是关于 $t_1,t_2$ 的多项式，自然是连续、任意阶可导，所以 $X(t)$ 均方连续、均方可微和在任意闭集 $[a,b]$ 上均方可积。

(2) 因为 $R_X(t_1,t_2)=\sigma^2\min\{t_1,t_2\}$ 关于 $t_1,t_2$ 是连续的，因此 $X(t)$ 是均方连续的，进而在任意闭集 $[a,b]$ 上均方可积。又因为当 $h_1>h_2>0$ 时，有

$$\frac{R_X(t+h_1,t+h_2)-R_X(t+h_1,t)-R_X(t,t+h_2)+R_X(t,t)}{t_1t_2}$$
$$=\sigma^2\cdot\frac{t+h_2-t-t+t}{h_1h_2}=\frac{\sigma^2}{h_1}\to+\infty\quad(h_1\to 0^+)$$

可见 $R_X(t_1,t_2)$ 在 $(t,t)$ 处不是广义二次可微的，因而 $X(t)$ 在 $t$ 处不均方可微。

5.18 $m_X(t)=E(A)t^2+E(B)t+E(C)$，$m_{\dot X}(t)=m'_X(t)=2E(A)t+E(B)$

$$\begin{aligned}R_X(t_1,t_2)=&\left[E(A^2)\right]t_1^2t_2^2+[E(AB)](t_1^2t_2+t_1t_2^2)\\&+[E(AC)](t_1^2+t_2^2)+\left[E(B^2)\right]t_1t_2+[E(BC)](t_1+t_2)\end{aligned}$$

$$\begin{aligned}C_{\dot X}(t_1,t_2)&=R_{\dot X}(t_1,t_2)-m_{\dot X}(t_1)m_{\dot X}(t_2)=\frac{\partial^2R_X(t_1,t_2)}{\partial t_1\partial t_2}-m_{\dot X}(t_1)m_{\dot X}(t_2)\\&=4\left[E(A^2)-(E(A))^2\right]t_1t_2+2[E(AB)\\&\quad-E(A)E(B)](t_1+t_2)+\left[E(B^2)-(E(B))^2\right]\end{aligned}$$

5.19 (1) $m_Y(t)=E\left[Y(t)\right]=E\left[\dfrac{1}{t}\displaystyle\int_0^t X(u)\mathrm{d}u\right]=\dfrac{1}{3}E(A)t^2+\dfrac{1}{2}E(B)t+E(C)$

$$\begin{aligned}C_Y(t_1,t_2)&=E\left[\frac{1}{t_1}\int_0^{t_1}X(u)\mathrm{d}u\cdot\frac{1}{t_2}\int_0^{t_2}X(v)\mathrm{d}v\right]-m_Y(t_1)m_Y(t_2)\\&=\frac{1}{9}\left[E(A^2)-(E(A))^2\right]t_1^2t_2^2+\frac{t_1t_2}{6}[E(AB)-E(A)E(B)](t_1+t_2)\\&\quad+\frac{1}{3}[E(AC)-E(A)E(C)](t_1^2+t_2^2)+\frac{1}{4}\left[E(B^2)-(E(B))^2\right]t_1t_2\\&\quad+\frac{1}{2}[E(BC)-E(B)E(C)](t_1+t_2)-\left[E(C^2)-(E(C))^2\right]\end{aligned}$$

(2) $m_Y(t)=E[Y(t)]=E\left[\dfrac{1}{t}\displaystyle\int_0^t X(u)\mathrm{d}u\right]=\dfrac{1}{t}\displaystyle\int_0^t m_X(u)\mathrm{d}u=\dfrac{1}{t}\displaystyle\int_0^t 0\mathrm{d}u=0$ 不妨令 $t_1\leqslant t_2$，则有

$$\begin{aligned}C_Y(t_1,t_2)&=\frac{1}{t_1t_2}\int_0^{t_1}\int_0^{t_2}C_X(u,v)\mathrm{d}u\mathrm{d}v=\frac{\sigma^2}{t_1t_2}\int_0^{t_1}\int_0^{t_2}\min\{u,v\}\mathrm{d}u\mathrm{d}v\\&=\frac{\sigma^2}{t_1t_2}\int_0^{t_1}\mathrm{d}u\left[\int_0^u v\mathrm{d}v+\int_u^{t_2}u\mathrm{d}v\right]=\frac{\sigma^2}{t_1t_2}\int_0^{t_1}\left[\frac{u^2}{2}+u(t_2-u)\right]\mathrm{d}u\\&=\frac{\sigma^2}{t_1t_2}\cdot\frac{1}{6}t_1^2(3t_2-t_1)=\frac{\sigma^2t_1}{6t_2}(3t_2-t_1)\end{aligned}$$

5.20 因为 $R_X(\tau)$ 不具有任何周期分量，从物理意义上考虑随机平稳信号 $X(t)$，当 $|\tau|\to +\infty$ 时，$X(t)$ 与 $X(t+\tau)$ 应趋于独立，因此 $\lim\limits_{|\tau|\to+\infty} R_X(\tau)=|m_X|^2$，而

$$\lim_{|\tau|\to+\infty} R_X(\tau)=\lim_{|\tau|\to+\infty}\left[\sigma^2e^{-\alpha|\tau|}(1+\alpha|\tau|)\right]=0$$

所以 $m_X(t)=m_X=0$，故 $E\left[X'(t)\right]=\dfrac{\mathrm{d}m_X(t)}{\mathrm{d}t}=0$。于是，有

$$\sigma_Y^2(t)=E|X(t+\tau)|^2-|E\left[X(t+\tau)\right]|^2=R_X(0)-|m_X|^2=\sigma^2$$
$$\sigma_Z^2(t)=E\left|X'(t+\tau)\right|^2-|E\left[X'(t+\tau)\right]|^2=R_{\dot X}(0)-0=-R''_X(0)$$

因为 $R'_X(\tau)=-\sigma^2\alpha^2\tau e^{-\alpha|\tau|}(\tau\neq 0)$，而 $R'_X(0)=\lim\limits_{\tau\to0}\dfrac{\sigma^2e^{-\alpha|\tau|}(1+\alpha|\tau|)-\sigma^2}{\tau}=\lim\limits_{\tau\to0}\sigma^2\cdot \dfrac{[1-\alpha|\tau|+o(\tau)](1+\alpha|\tau|)-1}{\tau}=0$，所以

$$\sigma_Z^2(t)=-R''_X(o)=\sigma^2\alpha^2\lim_{\tau\to0}\frac{\tau e^{-\alpha|\tau|}}{\tau}=\sigma^2\alpha^2$$

5.21 $R_{X\ddot X}(\tau)=R''_X(\tau)$

当 $\tau>0$ 时，

$$R'_X(\tau)=-\frac{A\alpha^2\tau}{3}(1+\alpha\tau)e^{-\alpha\tau},\quad R''_X(\tau)=\frac{A}{3}\alpha^2(\alpha^2\tau^2-\alpha\tau-1)e^{-\alpha\tau}$$

当 $\tau<0$ 时，

$$R'_X(\tau)=-\frac{A\alpha^2\tau}{3}(1-\alpha\tau)e^{\alpha\tau},\quad R''_X(\tau)=\frac{A}{3}\alpha^2(\alpha^2\tau^2+\alpha\tau-1)e^{\alpha\tau}$$

当 $\tau=0$ 时，

$$\begin{aligned}R'_X(0)&=\lim_{\tau\to0}\frac{Ae^{-\alpha|\tau|}\left(1+\alpha|\tau|+\dfrac{1}{3}\alpha^2\tau^2\right)-A}{\tau}\\&=A\lim_{\tau\to0}\frac{(1-\alpha|\tau|+o(\tau))\left(1+\alpha|\tau|+\dfrac{1}{3}\alpha^2\tau^2\right)-1}{\tau}=A\lim_{\tau\to0}\frac{o(\tau)}{\tau}=0\end{aligned}$$

$R''_X(0)=-\dfrac{A}{3}\alpha^2$，综上，有 $R''_X(\tau)=\dfrac{A}{3}\alpha^2(\alpha^2\tau^2-\alpha|\tau|-1)e^{-\alpha|\tau|}$，即

$$R_{X\ddot X}(\tau)=\frac{A}{3}\alpha^2(\alpha^2\tau^2-\alpha|\tau|-1)e^{-\alpha|\tau|}$$

5.22 (1) 因为 $R_X(\tau)=e^{-\alpha\tau^2}$ 连续且有连续的二阶导数，所以 $X(t)$ 均方连续且均方可微。

(2) 因为 $R_X(\tau)=\sigma^2e^{-\alpha|\tau|}$ 连续，所以 $X(t)$ 均方连续。由于

$$R'_X(0^-)=\sum_{\tau\to0^-}\frac{\sigma^2e^{\alpha\tau}-\sigma^2}{\tau}=\sigma^2\lim_{\tau\to0^-}\frac{\alpha\tau+o(\tau)}{\tau}=\alpha\sigma^2$$
$$R'_X(0^+)=\sum_{\tau\to0^+}\frac{\sigma^2e^{-\alpha\tau}-\sigma^2}{\tau}=\sigma^2\lim_{\tau\to0^+}\frac{-\alpha\tau+o(\tau)}{\tau}=-\alpha\sigma^2$$

而 $\alpha>0,\sigma^2>0$，则 $R'_X(0^-)\neq R'_X(0^+)$，即 $R'_X(0)$ 不存在，故 $X(t)$ 不均方可微。

5.23 $R_{\dot{X}X}(\tau)=R'_X(\tau)=-2\alpha\tau e^{-\alpha\tau^2}$，$R_{\dot{X}}(\tau)=-R''_X(\tau)=2\alpha(1-2\alpha\tau^2)e^{-\alpha\tau^2}$

5.24 $R_Y(\tau)=R_X(\tau)+R''_X(\tau)+R_X^{(4)}(\tau)$

5.25 $R_Y(\tau)=\dfrac{4}{3}(1+|\tau|)e^{-|\tau|}$

5.26 (1) $m_X(t)=E[X(t)]=E(Z)\cdot\cos t=\dfrac{1}{2}\cos t$ 与 $t$ 有关。

$$R_X(t_1,t_2)=E\left[Z\cos t_1\cdot Z\cos t_2\right]=E(Z^2)\cdot\cos t_1\cos t_2=\frac{1}{3}\cos t_1\cos t_2$$

可见 $X(t)$ 不是平稳过程。

(2) $$Y(t)=\frac{1}{T}\int_{t-T}^{t}X(u)\mathrm{d}u=\frac{1}{T}\int_{t-T}^{t}Z\cos u\mathrm{d}u=Z\cdot\frac{1}{T}[\sin t-\sin(t-T)]$$
$$=Z\cdot\frac{2}{T}\cos\left[\frac{1}{2}(2t-T)\right]\sin\frac{T}{2}=Z\cdot\mathrm{Sa}\left(\frac{T}{2}\right)\cos\left(t-\frac{T}{2}\right)$$

(3) $E[Y(t)]=E(Z)\mathrm{Sa}\left(\dfrac{T}{2}\right)\cos\left(t-\dfrac{T}{2}\right)=\dfrac{1}{2}\mathrm{Sa}\left(\dfrac{T}{2}\right)\cos\left(t-\dfrac{T}{2}\right)$ 与 $t$ 有关。

$$R_Y(t_1,t_2)=E(Z^2)\left[\mathrm{Sa}\left(\frac{T}{2}\right)\right]^2\cos\left(t_1-\frac{T}{2}\right)\cos\left(t_2-\frac{T}{2}\right)$$

可见 $Y(t)$ 也不是平稳过程。

5.27 $m_S(t)=0$，$R_S(t_2,t_2)=\displaystyle\int_0^{t_1}\int_0^{t_2}R_X(u-v)\mathrm{d}u\mathrm{d}v$，通过变量代换可得 $D[S(t)]=R_S(t,t)=\dfrac{2}{\alpha^2}[(2\alpha t-3)+(\alpha t+3)e^{-\alpha t}]$，因为 $D[S(t)]$ 与 $t$ 有关，所以 $S(t)$ 不是平稳过程。

5.28 对于任意时刻 $t,t$ 位于所在周期脉冲内的概率为 $\dfrac{b}{t_a}$。对于任意的时刻 $t_1,t_2$，(1) 当 $|t_1-t_2|>b$ 时，有 $R_X(t_1,t_2)=0$。(2) 当 $|t_1-t_2|\leqslant b$ 时，此时 $t_1$，$t_2$ 可能在同一脉冲内，也可能不在同一脉冲内，用 $C$ 表示事件“$t_1$, $t_2$ 在同一脉冲内”，利用例 1.5.3 的方法可求得 $P(C)=\dfrac{b-|t_2-t_1|}{t_a}$，于是，有

$$R_X(t_1,t_2)=P(C)E\left[X(t_1)X(t_2)|C\right]+P(\bar{C})E\left[X(t_1)X(t_2)|\bar{C}\right]$$
$$=a^2\cdot\frac{b-|t_2-t_1|}{t_a}=\frac{a^2}{t_a}\cdot(b-|t_2-t_1|)$$

进而有 $E\left[X^2(t)\right]=R_X(t,t)=\dfrac{a^2b}{t_a}$。

5.29 (1) $E\left[X(t)\right]=0$，$R_X(t+\tau,t)=\dfrac{A^2}{2}E[\cos(2\pi\Theta\tau)]$，所以 $X(t)$ 为平稳过程。

(2) $\langle X(t)\rangle=\underset{T\to+\infty}{\mathrm{l.i.m}}\dfrac{1}{2T}\displaystyle\int_{-T}^{T}A\sin(2\pi\Theta t+\Phi)\mathrm{d}t=0\overset{\text{处处}}{=\!=}E[X(t)]$，所以 $X(t)$ 的均值是各态历经的。

5.30 $E\left[X(t)\right]=0$，$R_X(t_1,t_2)=E(A^2)\cos(t_2-t_1)+0=E(A^2)\cos(t_2-t_1)$，因此 $X(t)$ 为平稳过程，且有 $R_X(\tau)=E(A^2)\cos\tau$。

$$\langle X(t)\rangle = \underset{T\to+\infty}{\text{l.i.m}}\frac{1}{2T}\int_{-T}^{T}(A\sin t + B\cos t)\mathrm{d}t = 0 = E[X(t)] \text{ 处处相等}$$

$$\begin{aligned}\langle X(t+\tau)X(t)\rangle &= \underset{T\to+\infty}{\text{l.i.m}}\frac{1}{2T}\int_{-T}^{T}\{[A\sin(t+\tau)+B\cos(t+\tau)](A\sin t + B\cos t)\}\mathrm{d}t \\ &= \frac{1}{2}(A^2+B^2)\cos\tau\end{aligned}$$

由条件知，$A$，$B$ 为非退化随机变量，所以

$$\langle X(t+\tau)X(t)\rangle \overset{\text{a.e.}}{\neq} R_X(\tau)$$

可见 $X(t)$ 关于相关函数不是遍历的，即 $X(t)$ 不是各态历经的。

5.31　$E[X(t)]=0, R_X(t+\tau,t)=\dfrac{4}{5\tau}\sin 5\tau = 4\mathrm{Sa}(5\tau)$，所以 $X(t)$ 为平稳过程。$\langle X(t)\rangle = 0$，$\langle X(t+\tau)X(t)\rangle = \dfrac{A^2}{2}\cos\omega\tau \overset{\text{a.e.}}{\neq} R_X(t+\tau,t)$，所以 $X(t)$ 不是各态历经的。

5.32　$E[X(t)] = \displaystyle\int_0^T \frac{1}{T}S(t+\varphi)\mathrm{d}\varphi = \frac{1}{T}\int_t^{t+T}S(u)\mathrm{d}u = \frac{1}{T}\int_0^T S(u)\mathrm{d}u$ 与 $t$ 无关。$R_X(t+\tau,t) = \displaystyle\frac{1}{T}\int_0^T S(t+\tau+\varphi)\overline{S(t+\varphi)}\mathrm{d}\varphi = \frac{1}{T}\int_t^{t+T}S(\tau+u)\overline{S(u)}\mathrm{d}u = \frac{1}{T}\int_0^T S(\tau+u)\overline{S(u)}\mathrm{d}u$ 与 $t$ 也无关，所以 $X(t)$ 为平稳过程。

$$\begin{aligned}\langle X(t)\rangle &= \underset{T'\to+\infty}{\text{l.i.m}}\frac{1}{2T'}\int_{-T'}^{T'}S(t+\Phi)\mathrm{d}t = \underset{m\to+\infty}{\text{l.i.m}}\frac{1}{2mT}\int_{-mT}^{mT}S(t+\Phi)\mathrm{d}t \\ &= \underset{m\to+\infty}{\text{l.i.m}}\frac{1}{T}\int_0^T S(t+\Phi)\mathrm{d}t = \frac{1}{T}\int_0^T S(t+\Phi)\mathrm{d}t = \frac{1}{T}\int_0^T S(u)\mathrm{d}u = E[X(t)]\end{aligned}$$

$$\begin{aligned}\langle X(t+\tau)\overline{X(t)}\rangle &= \underset{m\to\infty}{\text{l.i.m}}\frac{1}{2mT}\int_{-mT}^{mT}S(t+\tau+\Phi)\overline{S(t+\Phi)}\mathrm{d}t \\ &= \underset{m\to+\infty}{\text{l.i.m}}\frac{1}{T}\int_0^T S(t+\tau+\Phi)\overline{S(t+\Phi)}\mathrm{d}t \\ &= \frac{1}{T}\int_0^T S(u+\tau)S(u)\mathrm{d}u = R_X(t+\tau,t)\end{aligned}$$

均处处成立。所以 $X(t)$ 是各态历经的。

5.33　(1) $S_X(\omega) = \displaystyle\int_{-\infty}^{+\infty}R_X(\tau)e^{-j\omega\tau}\mathrm{d}\tau = \frac{\alpha}{\alpha^2+(\omega-\omega_0)^2} + \frac{\alpha}{\alpha^2+(\omega+\omega_0)^2}$

(2) $S_X(\omega) = \sigma^2\displaystyle\int_{-\infty}^{+\infty}e^{-\alpha\left(\tau+\frac{j\omega}{2\alpha}\right)^2-\frac{\omega^2}{4\alpha}}\mathrm{d}\tau = \sigma^2 e^{-\frac{\omega^2}{4\alpha}}\int_{-\infty}^{+\infty}\exp\left\{-\frac{\left(\tau+\dfrac{j\omega}{2\alpha}\right)^2}{2\left(\dfrac{1}{\sqrt{2\alpha}}\right)^2}\right\}\mathrm{d}\tau$

$$= \sigma^2\cdot e^{-\frac{\omega^2}{4\alpha}}\cdot\sqrt{2\pi}\frac{1}{\sqrt{2\alpha}} = \sigma^2\sqrt{\frac{\pi}{\alpha}}e^{-\frac{\omega^2}{4\alpha}}$$

(3) 由 (2) 知 $\mathcal{F}(\sigma^2 e^{-\alpha\tau^2}) = \sigma^2\sqrt{\dfrac{\pi}{\alpha}}e^{-\frac{\omega^2}{4\alpha}}$，所以

$$S_X(\omega) = \mathcal{F}(\sigma^2 e^{-\alpha\tau^2}\cdot\cos\beta\tau) = \frac{\sigma^2}{2}\sqrt{\frac{\pi}{\alpha}}\left(e^{-\frac{(\omega-\beta)^2}{4\alpha}} + e^{-\frac{(\omega+\beta)^2}{4\alpha}}\right)$$

(4) $S_X(\omega) = \displaystyle\int_{-T_0}^{T_0}\left(1-\frac{|\tau|}{T_0}\right)(\cos\omega\tau - j\sin\omega\tau)\mathrm{d}\tau = T_0\mathrm{Sa}^2\left(\frac{\omega T_0}{2}\right)$

5.34 $S_X(\omega) = \displaystyle\int_{-\infty}^{+\infty}\left(4e^{-|\tau|}\cdot\frac{e^{j\pi\tau}+e^{-j\pi\tau}}{2} + \frac{e^{j3\pi\tau}+e^{-j3\pi\tau}}{2}\right)e^{-j\omega\tau}\mathrm{d}\tau$

$$= \frac{4}{1+(\omega-\pi)^2} + \frac{4}{1+(\omega+\pi)^2} + \pi\delta(\omega-3\pi) + \pi\delta(\omega+3\pi)$$

5.35 (1) $R_X(\tau) = \dfrac{1}{\sqrt{2}}e^{-\sqrt{2}|\tau|} - \dfrac{1}{2}e^{-|\tau|}$，$E|X(t)|^2 = R_X(0) = \dfrac{\sqrt{2}-1}{2}$

(2) $R_X(\tau) = \dfrac{1}{\sqrt{3}}e^{-\sqrt{3}|\tau|} - \dfrac{1}{2\sqrt{2}}e^{-\sqrt{2}|\tau|}$，$E|X(t)|^2 = \dfrac{2\sqrt{2}-\sqrt{3}}{2\sqrt{6}}$

5.36 $R_X(\tau) = \dfrac{1}{\pi}\displaystyle\int_{\omega_0-\Delta\omega}^{\omega_0+\Delta\omega} S_0\cos\omega\tau\mathrm{d}\omega + 0 = \frac{2S_0}{\pi\tau}\cos\omega_0\tau\sin(\Delta\omega)\tau$

$$E[|X(t)|^2] = R_X(0) = \lim_{\tau\to 0}\frac{2S_0}{\pi\tau}\cos\omega_0\tau\sin(\Delta\omega)\tau = \frac{2(\Delta\omega)S_0}{\pi}$$

5.37 $R_X(\tau) = \dfrac{1}{2\pi}\displaystyle\int_{-10}^{10}\left[2\delta(\omega) + 5\left(1-\frac{|\omega|}{10}\right)\right](\cos\omega\tau + j\sin\omega\tau)\mathrm{d}\omega$

$$= \frac{1}{\pi} + \frac{5}{\pi}\int_0^{10}\left(1-\frac{\omega}{10}\right)\cos\omega\tau\mathrm{d}\omega$$

$$= \frac{1}{\pi} + \frac{1}{2\pi\tau^2}(1-\cos 10\tau) = \frac{1}{\pi} + \frac{25}{\pi}\mathrm{Sa}^2(5\tau)$$

5.38 $R_X(\tau) = \dfrac{1}{2}\displaystyle\sum_{n=1}^{+\infty}\left[(a_n^2+b_n^2)\cos n\omega_0\tau\right]$

$$S_X(\omega) = \frac{\pi}{2}\sum_{n=1}^{+\infty}\left\{(a_n^2+b_n^2)\left[\delta(\omega-n\omega_0)+\delta(\omega+n\omega_0)\right]\right\}$$

5.39 (1) 同 5.28 的解法。

$$R_X(\tau) = R_X(t+\tau,t) = \begin{cases} 1-|\tau|, & |\tau|\leqslant 1 \\ 0, & |\tau|>1 \end{cases}$$

(2) $S_X(\omega) = \displaystyle\int_{-1}^{1}(1-|\tau|)e^{-j\omega\tau}\mathrm{d}\tau = \frac{2}{\omega^2}(1-\cos\omega) = \mathrm{Sa}^2\left(\frac{\omega}{2}\right)$

5.40 $P\{Y(\tau)=n\} = \dfrac{(\lambda\tau)^n e^{-\lambda t}}{n!}$, $\quad n=0,1,2,\cdots$

$$P\{Y(\tau)=\text{偶数}\} = \sum_{m=0}^{+\infty}\frac{(\lambda\tau)^{2m}e^{-\lambda\tau}}{(2m)!},\quad P\{Y(\tau)=\text{奇数}\} = \sum_{m=0}^{+\infty}\frac{(\lambda\tau)^{2m+1}e^{-\lambda\tau}}{(2m+1)!}$$

(1) $R_X(\tau)=A^2e^{-2\lambda|\tau|}$,  (2) $S_X(\omega)=\dfrac{4\lambda A^2}{4\lambda^2+\omega^2}$

5.41 $S_X(\omega)=\dfrac{\pi a^2}{2}[\delta(\omega-\omega_0)+\delta(\omega+\omega_0)]+\dfrac{2\alpha b^2}{\alpha^2+\omega^2}$

5.42 $R_{XY}(t+\tau,t)=E[X(t+\tau)\overline{Y(t)}]=E[X(t+\tau)]E[\overline{Y(t)}]=m_X\overline{m_Y}$

$$R_{XZ}(t+\tau,t)=E[X(t+\tau)\overline{Z(t)}]=E\{X(t+\tau)[\overline{X(t)+Y(t)}]\}=R_X(\tau)+R_{XY}(\tau)$$

$$S_{XY}(\omega)=2\pi m_X\bar{m}_Y\delta(\omega),\quad S_{XZ}(\omega)=S_X(\omega)+2\pi m_X\bar{m}_Y\delta(\omega)$$

5.43 (1) $R_Z(\tau)=R_X(\tau)R_Y(\tau)$, $S_Z(\omega)=\dfrac{1}{2\pi}S_X(\omega)*S_Y(\omega)$

(2) $R_Y(\tau)=\dfrac{1}{2}\cos\omega_0\tau$, $S_Y(\omega)=\dfrac{\pi}{2}[\delta(\omega-\omega_0)+\delta(\omega+\omega_0)]$

$$S_Z(\omega)=\frac{1}{2\pi}S_X(\omega)*S_Y(\omega)=\frac{1}{4}\left[\mathrm{Sa}^2\left(\frac{\omega-\omega_0}{2}\right)+\mathrm{Sa}^2\left(\frac{\omega+\omega_0}{2}\right)\right]$$

5.44

$$R_Z(t+\tau,t)=|A|^2E(e^{j\Omega\tau})=|A|^2\int_{-\infty}^{+\infty}e^{j\omega'\tau}f_\Omega(\omega')\mathrm{d}\omega'$$

$$\begin{aligned}S_Z(\omega)&=\int_{-\infty}^{+\infty}|A|^2\left(\int_{-\infty}^{+\infty}e^{j\omega'\tau}f_\Omega(\omega')\mathrm{d}\omega'\right)e^{-j\omega\tau}\mathrm{d}\tau\\&=\int_{-\infty}^{+\infty}|A|^2f_\Omega(\omega')\mathrm{d}\omega'\int_{-\infty}^{+\infty}e^{-j(\omega-\omega')\tau}\mathrm{d}\tau\\&=|A|^2\int_{-\infty}^{+\infty}f_\Omega(\omega')\cdot 2\pi\delta(\omega-\omega')\mathrm{d}\omega'=2\pi|A|^2f_\Omega(\omega)\end{aligned}$$

5.45 (1) $W(t)$ 是平稳过程的充要条件是 $\begin{cases}m_X=m_Y=0,\\R_X(\tau)=R_Y(\tau),R_{XY}(\tau)=-R_{YX}(\tau)。\end{cases}$

(2) 在满足上述条件下，有

$$S_W(\omega)=\frac{1}{2}[S_X(\omega-\omega_0)+S_X(\omega+\omega_0)]+\frac{j}{2}[S_{XY}(\omega-\omega_0)-S_{XY}(\omega+\omega_0)]$$

## 习 题 6

6.1 $R_{XY}(\tau)=R_X(\tau)*h(-\tau)=\displaystyle\int_{-\infty}^{+\infty}R_X(\tau+u)h(u)\mathrm{d}u=\int_0^{+\infty}e^{-\alpha|\tau+u|}e^{-\beta u}\mathrm{d}u$

当 $\tau\geqslant 0$ 时，

$$R_{XY}(\tau)=\int_0^{+\infty}e^{-\alpha(\tau+u)}e^{-\beta u}\mathrm{d}u=\frac{1}{\alpha+\beta}e^{-\alpha\tau}$$

当 $\tau<0$ 时，

$$R_{XY}(\tau)=\int_0^{-\tau}e^{\alpha(\tau+u)}e^{-\beta u}\mathrm{d}u+\int_{-\tau}^{+\infty}e^{-\alpha(\tau+u)}e^{-\beta u}\mathrm{d}u$$

$$=\begin{cases}\dfrac{1}{\beta-\alpha}(e^{\alpha\tau}-e^{\beta\tau})+\dfrac{1}{\alpha+\beta}e^{\beta\tau}, & \alpha\neq\beta\\ \left(\dfrac{1}{2\alpha}-\tau\right)e^{\alpha\tau}, & \alpha=\beta\end{cases}$$

6.2 由 $V_C(t)+Y(t)=X(t), RCV_C'(t)=Y(t)$ 得 $Y'(t)+\dfrac{1}{RC}Y(t)=X'(t)$，

$$H(\omega)=\frac{j\omega}{\alpha+j\omega},\quad \alpha=\frac{1}{RC}$$

$$R_X(t+\tau,t)=E[X(t+\tau)X(t)]=\frac{1}{3}+\frac{1}{2}\cos 2\pi\tau$$

$$S_X(\omega)=\int_{-\infty}^{+\infty}R_X(\tau)e^{-j\omega\tau}\mathrm{d}\tau=\frac{2\pi}{3}\delta(\omega)+\frac{\pi}{2}\delta(\omega-2\pi)+\frac{\pi}{2}\delta(\omega+2\pi)$$

$$S_Y(\omega)=\frac{\omega^2}{\alpha^2+\omega^2}\left[\frac{2\pi}{3}\delta(\omega)+\frac{\pi}{2}\delta(\omega-2\pi)+\frac{\pi}{2}\delta(\omega+2\pi)\right]$$

$$R_Y(\tau)=\frac{1}{2\pi}\int_{-\infty}^{+\infty}S_Y(\omega)e^{j\omega\tau}\mathrm{d}\omega=\frac{2\pi^2}{\alpha^2+4\pi^2}\cos 2\pi\tau$$

6.3 证明 (略)。

6.4 证明 (略)。

6.5
$$S_Y(\omega)=|H(\omega)|^2S_X(\omega)=\begin{cases}\dfrac{N_0}{2}, & ||\omega|-\omega_0|\leqslant\dfrac{\Omega}{2}\\ 0, & \text{其他}\end{cases}$$

$$W=R_Y(0)=\frac{1}{2\pi}\int_{-\infty}^{+\infty}S_Y(\omega)\mathrm{d}\omega=\frac{1}{\pi}\int_{\omega_0-\frac{\Omega}{2}}^{\omega_0+\frac{\Omega}{2}}\frac{N_0}{2}\mathrm{d}\omega=\frac{N_0\Omega}{2\pi}$$

6.6
$$H_i(\omega)=\frac{\alpha_i}{\alpha_i+j\omega},\quad \alpha_i=\frac{1}{R_iC_i},\quad i=1,2$$

$$S_{Y_1Y_2}(\omega)=H_1(\omega)\overline{H_2(\omega)}S_X(\omega)=\frac{N_0\alpha_1\alpha_2}{2\alpha_1+\alpha_2}\left(\frac{1}{\alpha_1+j\omega}+\frac{1}{\alpha_2-j\omega}\right)$$

$$R_{Y_1Y_2}(\tau)=\frac{N_0\alpha_1\alpha_2}{2(\alpha_1+\alpha_2)}\left(e^{-\alpha_1\tau}u(\tau)+e^{\alpha_2\tau}u(-\tau)\right)$$

6.7 $E[Y(t)]=0$，$S_Y(\omega)=\dfrac{N_0\omega_0}{4}\cdot\dfrac{2\omega_0}{\omega_0^2+\omega^2}$，$R_Y(\tau)=\dfrac{N_0\omega_0}{4}e^{-\omega_0|\tau|}$，$\sigma_Y^2(t)=R_Y(0)=\dfrac{N_0\omega_0}{4}$。$Y(t)\sim N\left(0,\dfrac{N_0\omega_0}{4}\right)$，$f(x;t)=\dfrac{2}{\sqrt{2\pi N_0\omega_0}}e^{-\frac{2x^2}{N_0\omega_0}}$。

6.8 设第一级输出为 $Z(t)$，则由电路知识得 $\dfrac{L}{R}Z'(t)+Z(t)=X(t)$，令 $\alpha=\dfrac{R}{L}$，则 $Z'(t)+\alpha Z(t)=\alpha X(t)$，把 $X(t)=e^{j\omega t}, Z(t)=H(\omega)e^{j\omega t}$ 代入上式，得 $H(\omega)=\dfrac{\alpha}{\alpha+j\omega}$，所以 $S_Z(\omega)=\dfrac{N_0\alpha}{4}\cdot\dfrac{2\alpha}{\alpha^2+\omega^2}$，$R_Z(\tau)=\dfrac{N_0\alpha}{4}e^{-\alpha|\tau|}$。又因为 $Y(t)=Z(t)+Z(t-T)$，由

$E[X(t)]=0$，得 $E[Z(t)]=0$，进而 $E[Y(t)]=0$，于是 $D[Y(t)]=E|Z(t)+Z(t-T)|^2=2(R_Z(0)+R_Z(T))=\frac{N_0\alpha}{2}\left(1+e^{-\alpha|T|}\right)=\frac{N_0R}{2L}\left(1+e^{-\frac{RT}{L}}\right)\hat{=}\sigma^2$，由 $X(t)$ 为 Gauss 过程知，$Z(t)$，$Y(t)$ 也都是 Gauss 过程，所以 $f_Y(y;t)=\frac{1}{\sqrt{2\pi}\sigma}e^{-\frac{y^2}{2\sigma^2}}$。

6.9
$$H(\omega)=\frac{\alpha}{\alpha+j\omega},\quad \alpha=\frac{1}{RC}$$

$$\begin{aligned}S_Y(\omega)&=S_X(\omega)|H(\omega)|^2|H(\omega)|^2\\&=\frac{N_0}{2}\cdot\frac{\alpha^4}{(\alpha^2+\omega^2)^2}=\frac{N_0\alpha^2}{8}\cdot\frac{2\alpha}{\alpha^2+\omega^2}\cdot\frac{2\alpha}{\alpha^2+\omega^2}\end{aligned}$$

所以

$$R_Y(\tau)=\frac{N_0\alpha^2}{8}e^{-\alpha|\tau|}*e^{-\alpha|\tau|}=\frac{N_0\alpha^2}{8}\int_{-\infty}^{+\infty}e^{-\alpha|u|}e^{-\alpha|\tau-u|}\mathrm{d}u=\frac{N_0\alpha}{8}(1+\alpha|\tau|)e^{-\alpha|\tau|}$$

所以 $\sigma_Y^2=R_Y(0)-m_Y^2$，而 $m_X=0$，可得 $m_Y=0$，所以 $\sigma_Y^2=R_Y(0)=\frac{N_0\alpha}{8}$。

6.10 由电路知识知 $R_1\left[CY'(t)+\frac{1}{R_2}Y(t)\right]+Y(t)=X(t)$，即

$$Y'(t)+\left(\frac{1}{CR_1}+\frac{1}{CR_2}\right)Y(t)=\frac{1}{CR_1}X(t)$$

记 $\alpha_1=\frac{1}{CR_1}$，$\alpha_2=\frac{1}{CR_2}$，则 $Y'(t)+(\alpha_1+\alpha_2)Y(t)=\alpha_1X(t)$。令 $X(t)=e^{j\omega t}$，则 $Y(t)=H(\omega)e^{j\omega t}$，代入上式得 $H(\omega)=\frac{\alpha_1}{(\alpha_1+\alpha_2)+j\omega}$。

$$S_Y(\omega)=\frac{N_0\alpha_1^2}{4(\alpha_1+\alpha_2)}\cdot\frac{2(\alpha_1+\alpha_2)}{(\alpha_1+\alpha_2)^2+\omega^2}$$

$$R_Y(\tau)=\frac{N_0\alpha_1^2}{4(\alpha_1+\alpha_2)}\cdot e^{-(\alpha_1+\alpha_2)|\tau|},\quad \text{这里 } \alpha_1=\frac{1}{CR_1},\quad \alpha_2=\frac{1}{CR_2}$$

6.11 $S_Y(\omega)=|H(\omega)|^2S_X(\omega)=\begin{cases}2N_0, & |\omega-\omega_c|\leqslant\frac{\Delta\omega}{2}\\0, & |\omega-\omega_c|>\frac{\Delta\omega}{2}\end{cases}$

$$W=R_Y(0)=\frac{1}{2\pi}\int_{-\infty}^{+\infty}S_Y(\omega)\mathrm{d}\omega=\frac{1}{2\pi}\int_{\omega_c-\frac{\Delta\omega}{2}}^{\omega_c+\frac{\Delta\omega}{2}}2N_0\mathrm{d}\omega=\frac{2N_0(\Delta\omega)}{2\pi}=\frac{N_0(\Delta\omega)}{\pi}$$

6.12 $S_X(\omega)=\frac{N_0}{2}$，所以 $R_X(n)=\frac{N_0}{2}\delta(n)$，$\Phi_X(z)=\frac{N_0}{2}$。又因为 $Y(n)=\sum_{k=0}^{+\infty}a^k(n-k)$，所以 $h_k=a^ku(k)$，$H(z)=\sum_{k=0}^{+\infty}a^kz^{-k}=\frac{1}{1-az^{-1}}$，即 $Y(n)$ 是平稳序列 $X(n)$ 通过线性系统的输出信号，自然是平稳序列，且

$$\Phi_Y(z)=\Phi_X(z)H(z)H\left(\frac{1}{z}\right)=\frac{N_0}{2}\cdot\frac{1}{1-az}\cdot\frac{1}{1-\dfrac{a}{z}}=\frac{N_0 z}{2(1-az)(z-a)}$$

$$S_Y(\omega)=\Phi_Y(e^{j\omega})=\frac{N_0e^{j\omega}}{2(1-ae^{j\omega})(e^{j\omega}-a)}=\frac{N_0}{2(1+a^2-2a\cos\omega)}$$

$$R_Y(n)=R_X(n)*h_n*h_{-n}=\sum_{k=-\infty}^{+\infty}\sum_{i=-\infty}^{+\infty}R_X(n-k+i)h_kh_i=\frac{N_0}{2}\sum_{k=0}^{+\infty}\sum_{i=0}^{+\infty}a^{k+i}\delta(n-k+i)$$

当 $n\geqslant 0$ 时

$$R_Y(n)=\frac{N_0}{2}\sum_{i=0}^{+\infty}a^{i+n+i}=\frac{N_0}{2}\sum_{i=0}^{+\infty}a^n\cdot a^{2i}=\frac{N_0a^n}{2}\frac{1}{1-a^2}$$

因为 $R_Y(n)$ 为偶函数，于是有 $R_Y(n)=\dfrac{N_0a^{|n|}}{2(1-a^2)}$。

6.13　因为 $E[X(n)]=0$，所以 $E[Y(n)]=0$。

$$R_Y(n)=R_X(n)*h(n)*h(-n)=\frac{N_0}{2}\sum_{k=0}^{+\infty}\sum_{i=0}^{+\infty}e^{-\alpha(k+i)}\delta(n-k+i)$$

考虑 $n\geqslant 0$ 时的情况

$$R_Y(n)=\frac{N_0}{2}\sum_{i=0}^{+\infty}e^{-\alpha(n+2i)}=\frac{N_0}{2}e^{-\alpha n}\sum_{i=0}^{+\infty}e^{-2\alpha i}=\frac{N_0}{2}\frac{e^{-\alpha n}}{1-e^{-2\alpha}}$$

因为 $R_Y(n)$ 为偶函数，因此一般地有 $R_Y(n)=\dfrac{N_0}{2}\dfrac{e^{-\alpha|n|}}{1-e^{-2\alpha}}$。

6.14　对于 $Z'(t)+9Z(t)=X_2(t)$，当 $X_2(t)=e^{j\omega t}$ 时，$Z(t)=H_Z(\omega)e^{j\omega t}$ 代入该微分方程得 $H_Z(\omega)=\dfrac{1}{9+j\omega}$。于是，有 $S_Z(\omega)=\dfrac{1}{81+\omega^2}S_{X_2}(\omega)$。

再考虑 $Y''(t)+2Y'(t)+4Y(t)+Z(t)=X_1(t)$。令 $X(t)=X_1(t)-Z(t)$，则当 $X(t)=e^{j\omega t}$ 时，$Y(t)=H_Y(\omega)e^{j\omega t}$ 代入该微分方程，得 $H_Y(\omega)=\dfrac{1}{4-\omega^2+2j\omega}$。于是 $S_Y(\omega)=|H_Y(\omega)|^2S_X(\omega)$，而

$$\begin{aligned}R_X(\tau)&=E\left\{[X_1(t+\tau)-Z(t+\tau)]\overline{[X_1(t)-Z(t)]}\right\}\\&=R_{X_1}(\tau)-R_{X_1X_2}(\tau)*h_Z(-\tau)-R_{X_2X_1}(\tau)*h_Z(\tau)+R_{X_2}(\tau)*h_Z(\tau)*h_Z(-\tau)\end{aligned}$$

$$\begin{aligned}S_X(\omega)&=S_{X_1}(\omega)-\overline{H_Z(\omega)}S_{X_1X_2}(\omega)-H_Z(\omega)S_{X_2X_1}(\omega)+|H_Z(\omega)|^2S_{X_2}(\omega)\\&=S_{X_1}(\omega)-2\mathrm{Re}\left[\overline{H_Z(\omega)}S_{X_1X_2}(\omega)\right]+|H_Z(\omega)|^2S_{X_2}(\omega)\end{aligned}$$

$$S_Y(\omega)=\frac{S_X(\omega)}{(4-\omega^2)^2+4\omega^2}$$

6.15　$S_0(t)=H\{H[S(t)]\}=-S(t)=-\cos\omega_0t$

6.16　(1) 令 $x(t)$ 为偶函数，即 $x(-t)=x(t)$，则

$$\hat{x}(-t)=x(-t)*\frac{1}{\lambda\cdot(-t)}=-x(t)*\frac{1}{\lambda t}=-\hat{x}(t)$$

所以 $\hat{x}(t)$ 为奇函数。

(2)(略)。

6.17　当 $\omega_0>0$ 时，$\hat{X}(t)=-\cos\omega_0 t$。于是，有

$$\tilde{X}(t)=X(t)+j\hat{X}(t)=\sin\omega_0 t-j\cos\omega_0 t$$

当 $\omega_0<0$ 时，$\hat{X}(t)=H\left[-\sin(-\omega_0 t)\right]=-\left[-\cos(-\omega_0 t)\right]=\cos\omega_0 t$。于是，有

$$\tilde{X}(t)=X(t)+j\hat{X}(t)=\sin\omega_0 t+j\cos\omega_0 t$$

6.18　(1) 因为对于实函数 $x(t)$，有 $R_x(\tau)=R_{\hat{x}}(\tau)$。令 $\tau=0$，则 $R_x(0)=R_{\hat{x}}(0)$，因而有 $\lim\limits_{T\to+\infty}\dfrac{1}{2T}\displaystyle\int_{-T}^{T}x^2(t)\mathrm{d}t=\lim\limits_{T\to+\infty}\dfrac{1}{2T}\displaystyle\int_{-T}^{T}\hat{x}^2(t)\mathrm{d}t$。

(2) 因为 $R_{x\hat{x}}(\tau)=-\hat{R}_x(\tau)$，令 $\tau=0$，则有 $R_{x\hat{x}}(0)=-\hat{R}_x(0)$，而 $R_x(\tau)$ 为偶函数，所以 $\hat{R}_x(\tau)$ 为奇函数。于是有 $\hat{R}_x(0)=0$，而 $R_{x\hat{x}}(0)=0$，进而

$$\lim_{T\to+\infty}\frac{1}{2T}\int_{-T}^{T}x(t)\hat{x}(t)\mathrm{d}t=0$$

6.19　(1)　$R_{\tilde{X}}(\tau)=E\left\{[X(t+\tau)+j\hat{X}(t+\tau)]\overline{[X(t)+j\hat{X}(t)]}\right\}$

$$=[R_X(\tau)+R_{\hat{X}}(\tau)]-j\left[R_{X\hat{X}}(\tau)-R_{\hat{X}X}(\tau)\right]=2[R_X(\tau)+j\hat{R}_X(\tau)]$$

(2)　$E[\tilde{X}(t+\tau)\tilde{X}(t)]=E\left\{[X(t+\tau)+j\hat{X}(t+\tau)][X(t)+j\hat{X}(t)]\right\}$

$$=[R_X(\tau)-R_{\hat{X}}(\tau)]+j\left[R_{X\hat{X}}(\tau)+R_{\hat{X}X}(\tau)\right]=0$$

6.20　$R_{\hat{X}}(\tau)=R_X(\tau)=a(\tau)\cos\omega_0\tau$

由 6.19 题 (1) 的结果和 Hilbert 变换的性质可得

$$R_{\tilde{X}}(\tau)=2[R_X(\tau)+j\hat{R}_X(\tau)]=2\left[a(\tau)\cos\omega_0\tau+ja(\tau)\sin\omega_0\tau\right]=2a(\tau)e^{j\omega_0\tau}$$

于是，有 $\sigma_{\overline{X}}^2=R_{\overline{X}}(0)=a(0)$，$\sigma_{\tilde{X}}^2=R_{\tilde{X}}(0)=2a(0)$。

6.21　设该线性系统的冲击响应为 $h(t)$，即 $Y(t)=X(t)*h(t)$，当输入信号为 $\hat{X}(t)$ 时，其输出位置为

$$\hat{X}(t)*h(t)=X(t)*\frac{1}{\pi t}*h(t)=X(t)*h(t)*\frac{1}{\pi t}=Y(t)*\frac{1}{\pi t}=\hat{Y}(t)$$

可见，$\hat{X}(t)$ 对应的输出为 $\hat{Y}(t)$。

6.22　(1) 此即 (6.6.3) 式结论。

(2) 由 (6.6.3) 及 (6.6.4) 可知

$$R_X(\tau)=R_Y(\tau),\quad R_{XY}(\tau)=-R_{YX}(\tau)$$

$$R_Z(\tau)=E[Z(t+\tau)Z(t)]=R_X(\tau)\cos\omega_0\tau-R_{XY}\sin\omega_0\tau$$

6.23 由于 $N(t)$ 具有对称谱且功率谱密度为偶函数，则当 $|\omega| < \dfrac{\Delta\omega}{2}$ 时，有 $S_N(\omega_0+\omega) = S_N(\omega_0-\omega) = S_N(\omega-\omega_0)$，这里 $\Delta\omega$ 为通频带宽。又因为 $S_{N_C N_S}(\omega) = -jL_P\left[S_N(\omega-\omega_0) - S_N(\omega+\omega_0)\right]$，所以 $S_{N_v N_s}(\omega) = 0$。因而有 $R_{N_C}N_{N_S}(\tau) = 0$，即 $E\left[N_C(t+\tau)N_S(t)\right] = 0$。可见 $N_C(t)$ 与 $N_S(t)$ 是两个正交过程。

6.24 由 6.23 题的分析知 $S_N(\omega+\omega_0) = S_N(\omega-\omega_0)$，$R_{XY}(\tau) = 0$，又由 $E[N(t)] = 0$ 知，$E[X(t)] = E[Y(t)] = 0$，于是有 $C_{XY}(\tau) = R_{XY}(\tau) = 0$，因为 $R_X(\tau) = R_Y(\tau) = R_N(\tau)\cos\omega_0\tau + \hat{R}_N(\tau)\sin\omega_0\tau \hat{=} \sigma^2(\tau)$，当 $\tau = 0$ 时，

$$E[X^2(t)] = E[X^2(t+\tau)] = E[Y^2(t)] = E[Y^2(t+\tau)] = R(0) = \sigma^2(0) \hat{=} \sigma^2$$

$$E[X(t)X(t+\tau)] = C_X(\tau) = R_X(\tau) = \sigma^2(\tau)$$

$$E[Y(t)Y(t+\tau)] = C_Y(\tau) = R_Y(\tau) = \sigma^2(\tau)$$

故四维随机变量 $(X(t), X(t+\tau), Y(t), Y(t+\tau))$ 的均值向量为零向量，协方差阵为

$$B = \begin{pmatrix} \sigma^2 & \sigma^2(\tau) & 0 & 0 \\ \sigma^2(\tau) & \sigma^2 & 0 & 0 \\ 0 & 0 & \sigma^2 & \sigma^2(\tau) \\ 0 & 0 & \sigma^2(\tau) & \sigma^2 \end{pmatrix}$$

由于 $N(t)$ 与 $\hat{N}(t)$ 是联合平稳 Gauss 过程，而 $(X(t), X(t+\tau), Y(t), Y(t+\tau))$ 又是由 $N(t)$ 与 $\hat{N}(t)$ 联合有限维随机变量的线性变换而来，即该四维随机变量服从正态分布。综上，有 $(X(t), X(t+\tau), Y(t), Y(t+\tau)) \sim N(0, B)$。